高等院校模具课系列教材

模具设计与制造

（非模具专业使用）

主　编　张信群　王春香
副主编　王秋红

合肥工业大学出版社

图书在版编目(CIP)数据

模具设计与制造/张信群,王春香主编. —合肥:合肥工业大学出版社,2010.6(2017.6重印)

ISBN 978-7-5650-0222-9

Ⅰ.①模… Ⅱ.①张… ②王… Ⅲ.①模具—设计—高等学校:技术学校—教材 ②模具—制造—高等学校:技术学校—教材 Ⅳ.①TG76

中国版本图书馆 CIP 数据核字(2010)第116747号

模具设计与制造

主编 张信群 王春香　　　责任编辑 汤礼广

出 版	合肥工业大学出版社	**版 次**	2010年7月第1版
地 址	合肥市屯溪路193号	**印 次**	2017年6月第3次印刷
邮 编	230009	**开 本**	787毫米×1092毫米 1/16
电 话	总 编 室:0551-62903038	**印 张**	19
	市场营销部:0551-62903198	**字 数**	462千字
网 址	www.hfutpress.com.cn	**印 刷**	安徽昶颉包装印务有限责任公司
E-mail	hfutpress@163.com	**发 行**	全国新华书店

ISBN 978-7-5650-0222-9　　　定价:33.00元

前　言

“模具设计与制造”是高等职业技术院校机械类非模具专业学生学习模具知识的重要课程，也是拓展学生知识面和培养学生专业基本技能的重要课程。

本书综合了模具设计与制造专业的“冲压模具设计与制造”和“塑料模具设计与制造”课程的主要内容。在编写过程中，编者充分考虑了非模具专业学生学习本课程的基本特点，明确列出各章的知识目标、技能目标，阐述时尽量做到图文配合，力求语言通俗易懂，目的是使学生对模具设计与制造的基本知识能够获得全面的认识和正确的理解。全书共11章，主要内容有：模具基础知识、冲压成形工艺基础、冲裁工艺与冲裁模、弯曲工艺与弯曲模、拉深工艺与拉深模、其他冲压成形工艺与模具、塑料成型工艺基础、注射成型工艺与注射模、其他塑料成型工艺与模具、冲压模具制造与装配、塑料模具制造与装配，并附有必要的技术标准摘录。

本书由滁州职业技术学院张信群和安徽机电职业技术学院王春香担任主编，由安徽机电职业技术学院王秋红任副主编。编写分工为：第1章、第7章、第8章由王春香编写，第2章、第3章由王秋红编写，第4章、第5章、第6章、第9章、第10章、第11章由张信群编写。全书由张信群负责统稿和修改。

本书可作为高等职业技术院校非模具专业学生的教材，也可供从事模具设计与制造的工程技术人员参考。

由于编者水平有限，书中难免存在缺点和错误，敬请专家和广大读者批评指正。

编　者

前言

目　录

第1章　模具基础知识

【知识目标】

- 了解模具工业在国民生产中的重要性。
- 认识了解各类模具。
- 了解模具技术现状和发展方向。

【技能目标】

- 掌握常用冲压模和塑料模的种类和概念。

模具是生产各种产品的重要工艺装备，它是以特定的形状，通过一定的方式将原材料加工成为零件。采用模具成形方法生产零件，具有优质、高效、省料、低成本等优点。因此在国民经济各个部门，尤其是在机械制造、汽车、家用电器、仪器仪表、石油化工、轻工用品等工业部门得到了极其广泛的应用。

1.1　模具工业的重要性

采用模具成形方法生产零件，具有生产效率高、质量好、成本低、节约原材料等诸多优点，已经成为现代工业生产的重要手段。据统计，利用模具制造的零件，在汽车、飞机、电机电器、仪器仪表等机电产品中占 70%以上；在电视机、录音机、计算机等电子产品中占 80%以上；在手表、洗衣机、电冰箱等轻工产品中占 85%以上。

模具是现代工业生产的重要工艺装备，而模具工业则是为工业生产提供模具这一重要装备的基础工业。现代工业产品的发展和技术水平的提高，在很大程度上取决于模具工业的发展水平，因此，模具技术已成为衡量一个国家工业产品制造水平的一个重要标志。

我国的模具工业从起步到飞速发展，历经了半个多世纪。自 1997 年以来，国家相继把模具及其加工设备列入了《当前国家重点鼓励发展的产业、技术和技术目录》及《鼓励外商投资产业目录》中，并对优秀模具企业实行增值税返还的优惠政策。近年来，我国的模具设计与制造水平有了较大提高，大型、精密、复杂、高效和长寿命模具技术得到飞速发展。我国的模具工业也迅速发展，现有模具制造企业约 20000 家，并且以每年 10%～15%的速度快速增长，模具工业年产值已达 500 亿元。

1.2 模具的种类

模具的种类包括:冲压模、塑料模、锻造模、铸造模、粉末冶金模、拉丝模等。

1. 冲压模

(1)冲裁模

冲裁是利用模具使板料沿一定的轮廓形状产生分离的一种成形方法。

(2)弯曲模

弯曲是利用压力将板材、管材、型材等弯曲成一定的曲率或角度,以得到一定形状零件的成形方法。

(3)拉深模

拉深是利用模具把平板坯料或开口空心毛坯加工成开口空心零件的成形方法。

(4)翻边模

翻边是使坯料的孔边缘或外边缘沿一定曲线翻起竖立直边的成形方法。

(5)胀形模

胀形是利用模具使板料拉伸、变薄、局部表面积增大的成形方法。

(6)扩口模

扩口是将管子或平板材料经冲压加工成口部直径扩大的空心件的成形方法。

(7)缩口模

缩口是将空心件或管件的口部直径缩小的成形方法。

(8)冷挤压模

冷挤压是在室温下,在强大的压力和一定的速度作用下,使金属材料在模腔内产生塑性变形,金属从凹模孔或凸模、凹模之间的间隙中挤出,从而获得所需形状、尺寸并有较高精度制件的成形方法。

2. 塑料模

(1)注射模

注射成型是用注射机的螺杆或柱塞使料筒内的熔料经注射机喷嘴和模具的浇注系统,注入型腔而固化成型的加工方法。

(2)压缩模

压缩成型是借助加热和加压,使直接放入模具型腔内的塑料流动,充满型腔的各个角落,然后借助化学或物理变化而固化成型的加工方法。

(3)压注模

压注成型是通过柱塞,使在加料腔内受热塑化熔融的塑料,经浇注系统压入加热的闭合型腔固化成型的加工方法。

(4)吹塑模

吹塑成型是将挤出的熔融塑料毛坯置于模具内,借助压缩空气吹胀而贴于型腔壁上,经冷却硬化为塑件的加工方法。此方法主要用于成型空心塑件。

(5)挤出模

挤出成型是将加热料筒内的塑料加热塑化呈熔融状态，在螺杆的推动下使其通过特殊形状的口模而成为与口模形状相仿的连续体，逐渐冷却硬化成型的加工方法。它通常用于制造连续型材的塑件。

(6)发泡模

发泡成型是将发泡性树脂直接填入模具内，使其受热熔融，形成气液饱和溶液，通过成核作用形成大量微小泡核，泡核增长，制成泡沫塑件的加工方法。常用发泡方法有三种：物理发泡法、化学发泡法、机械发泡法。

(7)真空及压缩空气成型模

真空及压缩空气成型是把热塑性塑料板、片固定在模具上，用辐射加热器进行加热；加热至软化温度后，用真空泵把板材和模具之间的空气抽掉，靠大气的压力(或借助压缩空气的压力)使板材贴合在模具的型腔表面，冷却后固化成型的加工方法。

3. 锻造模

金属在热态和冷态下进行体积成形时所用的模具统称为锻模。模锻工艺分为模型锻造、自由锻造、胎模锻造。

4. 铸造模

砂模铸造是用型砂紧实成型的铸造方法，它适用于各种形状、尺寸及各种常用合金铸件的生产，设备投资少，原材料易得且价格低廉。

金属模铸造是在重力作用下将熔融金属浇铸到金属型腔中获得铸件的方法。

5. 粉末冶金模

粉末冶金技术是用金属粉末(或金属粉末与非金属粉末的混合物)作为原料，经过成形和烧结，制造金属材料、复合材料以及各种类型制品的工艺技术。

6. 拉丝模

在金属压力加工中，在外力作用下使金属强行通过模具，金属横截面被压缩，并获得所要求的横截面形状和尺寸的零件的加工方法称为金属拉丝工艺。使其改变形状、尺寸的工具称为拉丝模。

1.3　模具技术的现状与发展方向

1.3.1　我国模具技术的现状

随着科学技术的进步与国民经济发展对各类通过模具生产的零件的广泛需求，模具技术正向高精度、高效率、长寿命的方向迈进。由于这是一项综合性技术，所以其发展必然涉及许多领域的共同配合。一定要有分析、有总结，才有发展。

目前我国模具技术落后、经济效益低，其主要原因有：①冲压基础理论与成形工艺落后；②模具标准化程度低；③模具设计方法和手段、模具制造工艺及设备落后；④模具专业化水平低。以上结果导致我国的模具在寿命、效率、加工精度、生产周期等方面与工业发达国家的模具相比差距相当大。我国塑料模具技术与工业发达国家的比较如表 1-1 所示。

表 1-1 国内外塑料模具技术比较

项 目	国 外	国 内
注塑模型腔精度	0.005mm～0.01mm	0.02mm～0.05mm
型腔表面粗糙度	R_a0.01μm～0.05μm	R_a0.20μm
非淬火钢模具寿命	10万～60万次	10万～30万次
淬火钢模具寿命	160万～300万次	50万～100万次
热流道模具使用率	80%以上	总体不足10%
标准化程度	70%～80%	小于30%
中型塑料模生产周期	1个月左右	2～4个月

1.3.2 模具技术的发展方向

分析模具技术发展方向，在产品市场向多品种、少批量、更新换代速度变化快的牵引下，在计算机技术等制造新技术的推动下，模具设计与制造技术正由手工设计、依靠人工经验和常规机械加工技术向以计算机辅助设计(CAD)、数控切削加工、数控电加工为核心的计算机辅助设计与制造(CAD/CAM)方向转变。

1. 开发模具新材料

当前，模具钢的发展有两大趋向：

(1)沿碳素工具钢→低合金工具钢→高合金工具钢路线发展。为满足需求，使模具材料获得优异的强韧性、耐磨性、耐热性，除改进现有各系列合金钢质量外，采用粉末冶金工艺制作的硬质合金、陶瓷材料及复合材料，解决了原有钢种在熔炼过程中会产生一次碳化物粗大和偏析而影响材质的问题，具有碳化物细化、组织均匀和材料无异向性等优点，是一种大有发展前途的模具材料。

(2)从高级材料(一般热处理)→低级材料(表面硬化处理)发展。这是热处理新技术特别是表面强化处理技术发展的结果。近年来，我国研制的PMS镜面塑料模具钢和美国的P21及日本的NAK55钢，就是在中、低碳钢中加入Ni、Cr、Al、Cu、Ti等合金元素，对模具毛坯先进行淬火与回火处理，使其硬度≤HRC30，然后加工成形，再进行时效处理。由于金属间化合物的析出，使模具硬度上升到HRC40～50。为了改善其切削性，在钢中加入S、Pb、Ca等元素。这类钢的耐热性和耐磨性优于预硬化钢，可用于复杂、精密模具或大批量生产用的长寿命模具。

2. 研制新设备

主要是研制高效、精密、自动化的模具加工设备，从手工机械操作向计算机数控操作方向发展。例如，数控化、高速化、复合化加工技术；先进特种加工技术；精密磨削、微细加工技术；数控测量等。在模具制造方面出现了自动化加工系统，如：日本三菱公司建立了NC(数控)一加工中心一真空热处理一成形磨床一电加工一坐标磨床一装配试模的自动加工系统，大大缩短了制造周期，减少了制造误差，提高了模具质量，为模具的设计和制造过程全线自动化打下了基础。

3. 应用新技术

当今，最突出的新技术莫过于模具设计与制造的CAD/CAM/CAE技术和模具表面强化处理技术。

(1)CAD/CAM/CAE技术的进一步发展

CAD、CAM、CAE分别是模具计算机辅助设计(Computer Aided Design)、制造(Computer Aided Manufacturing)和模拟分析(Computer Aided Engineering)的缩写。

CAD是人和计算机相结合、各尽所长的智能与集成化设计方法。

CAM是利用CAD产生的几何模型，自动生成NC加工程序。

CAE是产品设计人员进行创造思维活动的有力工具。它在设计过程中主要起模拟分析作用，如：冲压加工过程中的运动模拟分析，塑料注射模在注射过程中模腔内塑料融体流动的模拟分析和模具可制造性评价等。

开发和应用CAD/CAM/CAE新技术，是提高模具设计质量和效率、提高制造精度和缩短制造周期的有效措施和发展方向。利用电子计算机辅助模具设计和制造，是用程序模拟整个人工设计和制造模具的过程，它是机械、计算机和数学三门学科的综合应用，是利用计算机图形工作站和绘图机等进行模具设计与制造的一项新技术。该技术的应用特点在于加快了模具的研制速度，缩短了产品更新换代的时间，并可优化模具制造工艺及其结构参数，从而提高了产品质量。

(2)模具表面强化处理新技术的应用

为了提高模具工作表面的耐磨性、硬度和耐腐蚀性，除了人们已经熟悉的镀硬铬、渗碳、渗氮、渗硼等表面化学处理外，近年来，模具表面性能强化技术又有了新的发展并引起了重视。其中，化学气相沉淀、物理气相沉淀及盐浴渗金属的方法是几种发展较快、应用较广的表面涂覆硬化处理的新技术。它对于提高模具的寿命和减少模具昂贵的材料消耗有着十分重要的意义。

4. 实施标准化

模具的标准化对于提高模具的质量、缩短制模周期、提高生产效率、降低制造成本是十分重要的。

模具标准化，就是将组成模具的许多零件的形状和尺寸以及各种典型组合和典型结构按统一结构形式及尺寸，实行标准化和系列化并组织专业化生产，以充分满足用户选用，象普通工具一样在市场上销售和选购。

思考题

1. 什么是模具？
2. 模具的种类有哪些？

第2章 冲压成形工艺基础

【知识目标】

- 熟悉冲压成形的概念和特点。
- 熟悉冲压工序的分类及应用。
- 了解常用的冲压材料和冲压模具材料。

【技能目标】

- 认识常见的冲压设备，并且能够正确选用。
- 能够正确选用冲压模具材料。

冲压加工是金属材料塑性变形的过程，不同的冲压产品要用不同的冲压工序来完成；冲压材料品种繁多，性能各异，正确选择冲压材料是冲压产品和模具设计的一个重要内容；冲压设备主要是各种吨位和结构形式的压力机，在模具设计过程中还要考虑压力机的选择。

2.1 冲压成形特点与分类

2.1.1 冲压成形特点

1. 冲压成形的概念

冲压成形是利用安装在压力机上的模具，对常温下毛坯施加外力，使其产生变形或分离，从而获得一定形状、尺寸和性能的工件。一般是以金属板料为原材料（也有采用金属管料和非金属材料的），所以也称板料冲压。

2. 冲压成形的特点

在全世界的钢材中，板料大约占60%～70%，而其中大部分是经过冲压工艺制成成品的。与其他加工方法相比，冲压产品具有以下特点：

(1)与铸造和锻造方法相比，冲压制件具有表面光洁、精度较高、尺寸稳定、互换性好的特点，采用精密模具制成的工件精度可达微米级。冲压加工还可制造出其他方法难于制造的带有翻边、起伏、加强筋的工件。

(2)生产效率高、生产成本低、操作简单，容易实现自动化和机械化，特别适合于大批量生产，可实现由带材开卷、校平、冲裁到成型、精整的全自动化生产。一台冲压设备每分钟可加工几十件到几百件工件。

(3)冲压制件一般不需要再进行切削加工，或仅需要少量的切削加工，可节约金属材料。

(4)冲压加工一般不需要加热，可节省能源。

由于具有上述优点，冲压加工在现代汽车、家用电器、仪表以及轻工生产中占有十分重要的地位。如汽车的车身、空心凸轮轴、发动机支架、框架结构件、横纵梁底盘、油箱、散热器片、锅炉的锅筒、容器的壳体，电动机、电器的铁心硅钢片等工件都是冲压加工的。此外，在兵器、飞机、导弹等制造行业，冲压加工量所占的比例也是相当大的。据统计，2003 年我国生产汽车冲压件约 240 万吨、8 亿件，摩托车冲压件约 28 万吨、19 亿件，拖拉机、农用车冲压件约 10 万吨、7.1 亿件，家用空调和冰箱冲压件 110 万吨、12.8 亿件。随着冲压成形行业最大的用户——汽车产业的迅猛发展，冲压行业将迎来又一个快速发展时期。

2.1.2　冲压工序分类及应用

生产中为满足冲压零件形状、尺寸、精度、批量、原材料性能等方面的要求，采用多种多样的冲压加工方法。概括起来冲压加工可以分为分离工序与成形工序两大类。

(1)分离工序　是在冲压过程中使冲压件与板料沿一定的轮廓线相互分离的工序。如表 2-1 所示。

表 2-1　分离工序

工序名称	简　图	工序特征	应用范围
落料	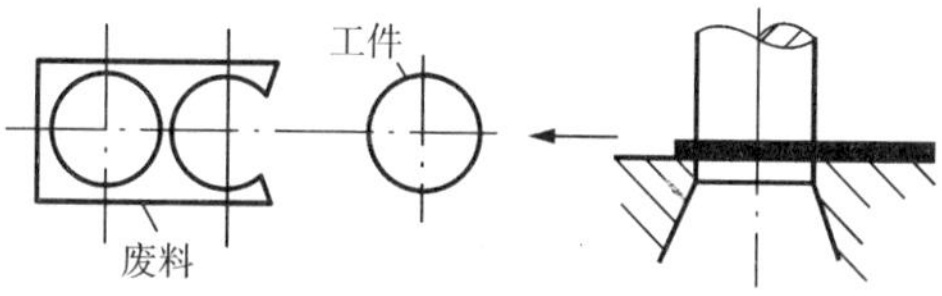	用模具沿封闭线冲切板料，冲下的部分为工件	用于制造各种形状的平板零件
冲孔	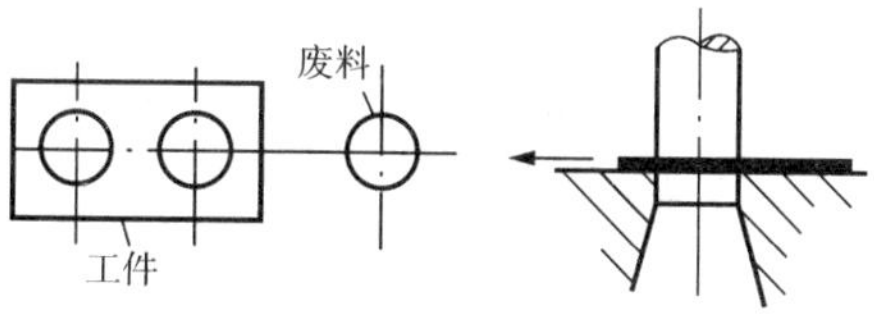	用模具沿封闭线冲切板料，冲下的部分为废料	用于冲平板件或成形工件上的孔
切断	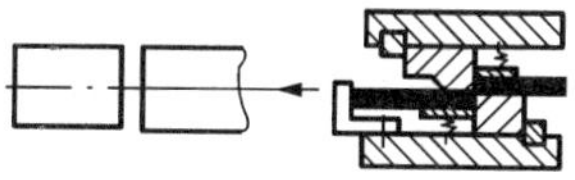	用剪刀或模具切断板料，切断线不是封闭的	多用于加工形状简单的平板零件
切边	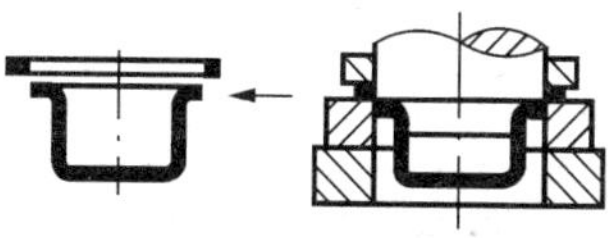	用模具将工件边缘多余的材料冲切下来	主要用于立体成形件
剖切	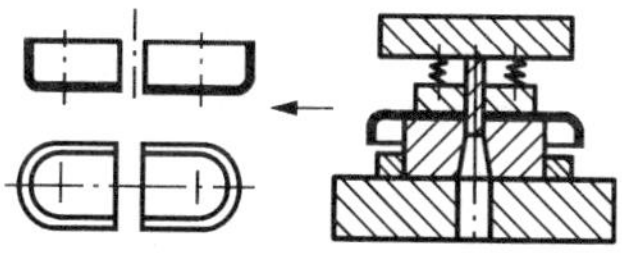	把冲压加工成的半成品切开成为两个或数个零件	多用于不对称的成双或成组冲压之后

(2)成形工序　是毛坯在不被破坏的条件下产生塑性变形，形成所要求的形状和尺寸精度的制件的工序。如表 2-2 所示。

表 2－2　成形工序

工序名称	简　图	工序特征
弯曲	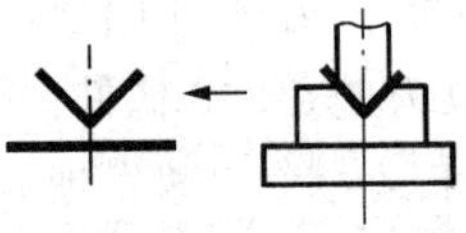	用模具将板料弯曲成一定角度的零件，或将已弯件再弯
拉深	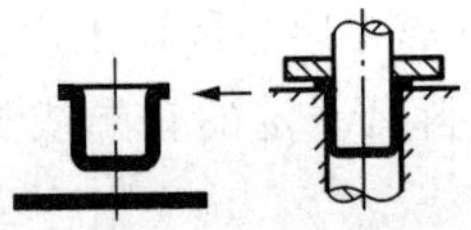	用模具将板料压成任意形状的空心件，或将空心件作进一步变形
翻边	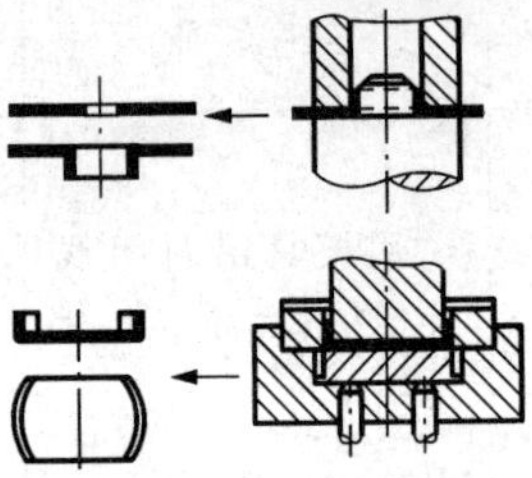	用模具将板料上的孔或外缘翻成直壁
胀形	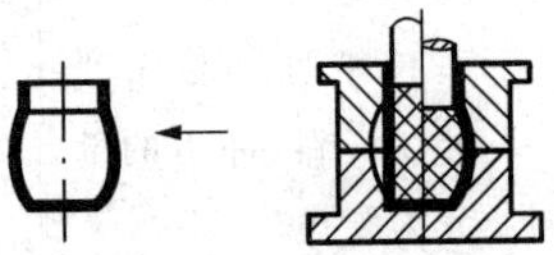	用模具对空心件施加向外的径向力，使局部直径扩张
缩口	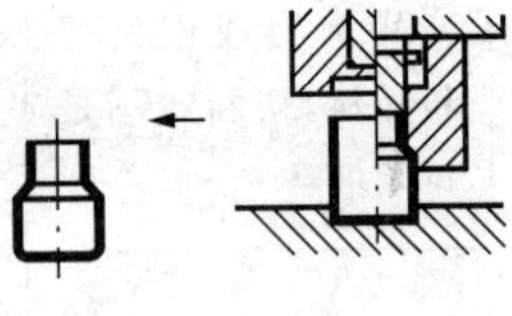	用模具对空心件口部施加由外向内的径向压力，使局部直径缩小
挤压	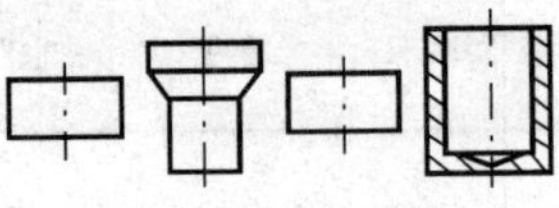	把毛坯放在模腔内，加压使其从模具空隙中挤出，以成形空心或实心零件
卷圆	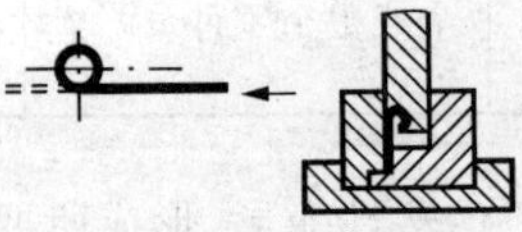	把板料端部卷成接近封闭的圆头，用以加工类似铰链的零件

（续表）

工序名称	简 图	工序特征
扩口	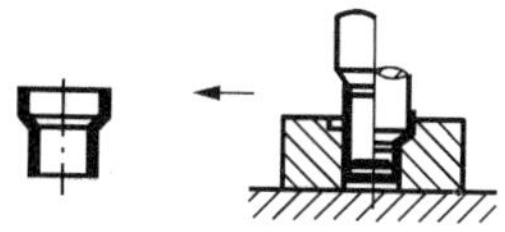	在空心毛坯或管状毛坯的某个部位上使其径向尺寸扩大的变形方法
整形	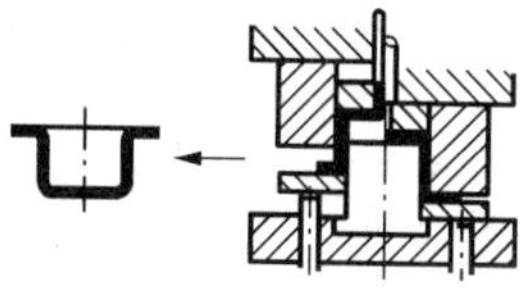	将工件不平的表面压平；将已弯曲或拉深的工件压成正确的形状
校平	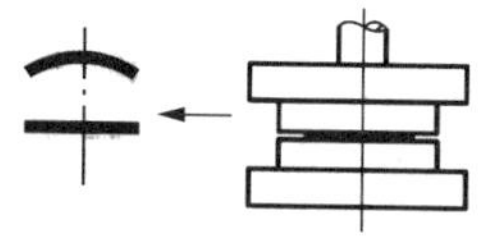	将工件不平的表面压平
起伏	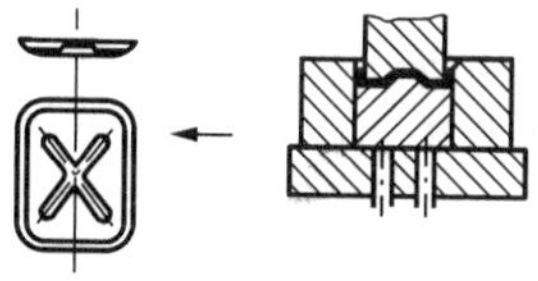	在板料毛坯或半成品上压出筋条、花纹或文字
冷挤压	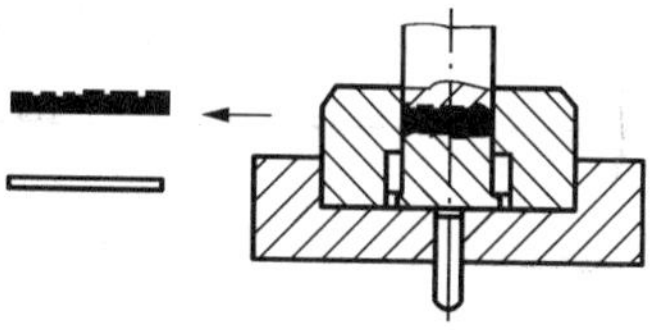	改变工件厚度，在工件表面上压出文字或花纹

2.2 冲压设备

用来完成冲压件各种冲压工艺的机床通称为冲压设备。冲压设备种类很多，按照传动方式的不同，主要有机械压力机和液压压力机两大类。机械压力机包括曲柄压力机、偏心压力机、拉深压力机、摩擦压力机、粉末制品压力机、模锻精压机、挤压用压力机和专用压力机等；液压压力机有冲压液压机、一般用途液压机、弯曲校正压紧用液压机、打包压块用液压机和专门化液压机等。其中以机械式曲柄压力机、摩擦压力机、偏心压力机、液压机在冲压生产中的应用最为广泛。下面简要介绍它们的工作原理和特点。

表 2-3 常用冷冲压设备的工作原理和特点

类型	设备名称	工作原理	特点
机械压力机	摩擦压力机	利用摩擦盘与飞轮之间相互接触并传递动力，借助螺杆与螺母相对运动原理而工作	结构简单，当超负荷时，只会引起飞轮与摩擦盘之间的滑动，而不致损坏机件。但飞轮轮缘磨损大，生产率低。适用于中小型件的冲压加工，对于校正、压印和成形等冲压工序尤为适宜
	曲柄压力机	利用曲柄连机构进行工作，电机通过皮带轮及齿轮带动曲轴传动，经连杆使滑块作直线往复运动。曲柄压力机分为偏心压力机和曲轴压力机，二者区别主要在主轴，前者主轴是偏心轴，后者主轴是曲轴。偏心压力机一般是开式压力机，而曲轴压力机有开式和闭式之分	生产率高，适用于各类冲压加工
	高速冲床	工作原理与曲柄压力机相同，但其刚度、精度、行程次数都比较高，一般带有自动送料装置、安全检测装置等辅助装置	生产率很高，适用于大批量生产，模具一般采用多工位级进模
液压机	油压机 水压机	利用帕斯卡原理，以水或油为工作介质，采用静压力传递进行工作，使滑块上、下往复运动	压力大，而且是静压力，但生产率低。适用于拉深、挤压等成形工序

2.2.1 常用冲压设备

1. 曲柄压力机

(1)曲柄压力机的工作原理

曲柄压力机是主要的冲压设备。它能进行冲裁、弯曲、拉深和挤压等冲压工艺。各种曲柄压力机虽然公称压力大小和形状不同，但是它们的基本结构相同，都由传动系统(由带轮、传动带、齿轮、离合器、制动器及传动轴组成)、工作机构(由曲轴、连杆和滑块组成)、床身三个主要部分组成，如图 2-1 所示。此外，为了保护操作者和机器的安全，压力机还设有人身安全装置和过载保护装置。

压力机的工作过程为:电动机 1 起动后，通过带轮 2、传动带 3 和传动轴带动飞轮 4 旋转。当踏下脚踏板时，制动器 13 松开，随即离合器 5 接合，将传动系统与工作机构连接起来，曲轴 7 的旋转运动经过连杆 8 变成滑块 9 的往复运动。冲模的上模固定在滑块上，随之进行冲压成形过程。当松开脚踏板时，离合器 5 脱开，飞轮 4 空转，曲轴 7 被制动器 13 在最高点制动，滑块即停在上止点位置。

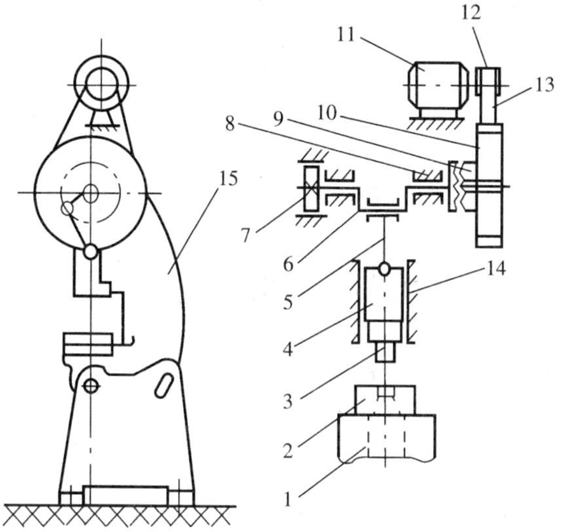

图 2-1　曲柄压力机结构示意图

11—电动机　12—带轮　13—传动带　10—飞轮　9—离合器　8—轴承　6—曲轴　5—连杆
4—滑块　3—上模　2—下模　1—工作台　7—制动器　14—导块　15—床身

(2)曲柄压力机的分类

① 根据床身结构不同分类,可分为开式压力机和闭式压力机。

开式压力机具有 C 形的开式机身,工作台在三个方向是敞开的,并且工作台有固定台式也有可倾台式,因此操作和安装、调整模具都很方便。开式压力机公称压力较小,大都在 10^6 N 之下,在中、小型冲件的生产中得到广泛的使用。

闭式压力机亦称龙门冲床。这种冲床刚度大、精度高,一般公称压力较大,属于大、中型压力机。闭式压力机,工作台在两个方向是敞开的,有两根支柱,操作方便且刚性好,故大吨位的曲轴压力机均为闭式。

② 按连杆数目分类,分为单连杆(单点式)压力机和双连杆(双点式)压力机。

③ 按滑块数目分类,分为单动压力机、双动压力机和三动压力机。

a. 单动压力机。只有一个滑块的压力机,如图 2-1 所示为单动压力机。

b. 双动压力机。有两个滑块的压力机(内部为成形滑块,外部为制件压紧滑块)。

c. 三动压力机。有三个滑块(外部为制件压紧滑块,内部为成形滑块。成形滑块有两个,做相反方向运动)。

2. 液压机

液压机是以高压液体(油、乳化液等)传送工作压力的锻压机械。液压机的行程是可变的,能够在任意位置发出最大的工作力。液压机工作平稳,没有振动,容易达到较大的锻造深度,最适合于大锻件的锻造和大规格板料的拉深、打包和压块等工作,一些弯曲、矫正、剪切工艺也采用液压机。液压机主要包括水压机和油压机。

液压机是进行拉深、弯曲、成形和挤压等工艺的重要设备。液压机虽有多种规格,但其工作原理是一致的。

各种液压机都由三部分组成，如图 2-2 所示。

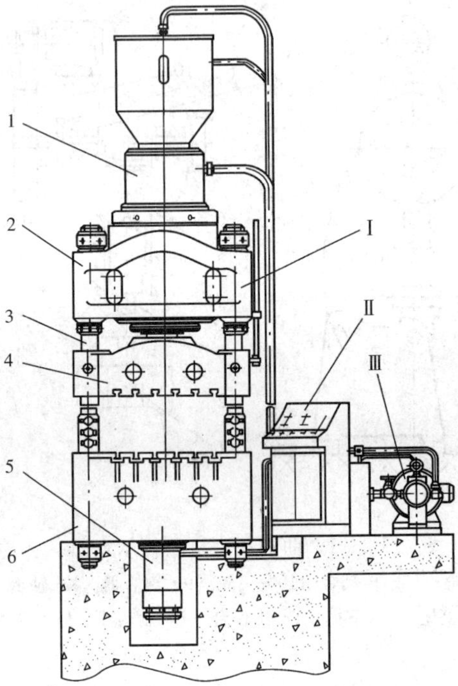

图 2-2 Y32—300 型液压机外形图

1—工作缸 2—上横梁 3—立柱 4—活动横梁 5—顶出缸 6—下横梁

Ⅰ—本体部分 Ⅱ—操纵控制系统 Ⅲ—动力部分

(1)本体部分：包括立柱，上、下横梁，活动横梁，工作缸，顶出缸。

(2)动力部分：为工作缸和顶出缸提供高压油的高压泵。

(3)操纵控制系统：包括操纵箱和一些操纵阀。通过这些操纵阀来控制和分配各工作液压缸高压液体的流量和流动方向，以实现液压机的活动横梁快速下行，并进行加压、保压、卸压、快速回程、顶出缸活塞顶出和回程等动作。

液压机的特点为：在全行程内都能实现全压和长时间保压；工作速度可调节，如空行程和回程时可快速运行，合模时慢速运行，既利于操作，又可提高生产效率；此外，还具有工作平稳、撞击和振动轻、噪声小等优点。

2.2.2 冲压设备的选用

冲压设备的选用是冲压工艺及模具设计中的一项重要内容，它直接关系到冲压设备的安全使用、冲压工艺的实现，以及模具寿命、产品质量、生产效率及成本等重要问题。冲压设备的选用包括选择设备类型和确定设备规格两项内容。

1. 冲压设备类型

选择冲压设备类型，主要是根据冲压工艺特点和生产率、安全操作等因素来确定。

在中小型冲压件生产中，主要选用开式压力机；对于薄材料的冲裁工序，最好选用导向准确的精密压力机；对于大型拉深件的冲压工序，最好选用拉深压力机；在大量生产中，应选用高速压力机或多工位自动压力机；对于不允许冲模导套离开导柱的冲压工序，最好选用行程可调整的偏心式压力机；对需要变形力大的冲压工序（如冷挤压等），应选用刚性好且比较精密的闭式压力机；对于校平、整形和温、热挤压等工序，最好选用摩擦压力机。各类压力机所适用的工作范围见表 2－4。

表 2－4　各类压力机所适用的工作范围

<table>
<tr><th>工序名称
机床类型</th><th>冲孔
落料</th><th>拉深</th><th>落料
拉深</th><th>立体
成形</th><th>弯曲</th><th>型材
弯曲</th><th>冷挤压</th><th>整形
校平</th></tr>
<tr><td>小行程曲柄压力机</td><td rowspan="3">√</td><td colspan="2">×</td><td rowspan="2">×</td><td rowspan="3">√</td><td>×</td><td rowspan="2">×</td><td>×</td></tr>
<tr><td>中行程曲柄压力机</td><td rowspan="2">○</td><td rowspan="3">√</td><td>○</td><td>○</td></tr>
<tr><td>大行程曲柄压力机</td><td>√</td><td>√</td><td>○</td><td>√</td></tr>
<tr><td>双动拉深压力机</td><td>×</td><td>√</td><td colspan="3" rowspan="2">×</td><td rowspan="2">×</td><td rowspan="2">×</td></tr>
<tr><td>曲柄高速自动压力机</td><td>√</td><td colspan="2">×</td></tr>
<tr><td>摩擦压力机</td><td colspan="3">○</td><td>√</td><td rowspan="2">√</td><td colspan="2">○</td><td>√</td></tr>
<tr><td>偏心压力机</td><td colspan="3">√</td><td></td><td>√</td><td colspan="2">○</td></tr>
<tr><td>卧式压力机</td><td rowspan="2">×</td><td>×</td><td rowspan="2">×</td><td colspan="3">×</td><td>√</td><td>×</td></tr>
<tr><td>油压机</td><td>○</td><td colspan="5">○</td></tr>
<tr><td>自动弯曲机</td><td>√</td><td colspan="3">×</td><td colspan="2">√</td><td colspan="2">×</td></tr>
</table>

注："√"表示适用，"○"表示尚可适用，"×"表示不适用。

2. 冲压设备规格

在选定压力机的类型之后，应根据冲压力的大小、冲压件尺寸和模具尺寸来确定压力机的规格，一般需考虑下列主要技术参数：

（1）公称压力（吨位）的确定　公称压力（额定压力）是指滑块离下死点前某一特定距离 S_p 或特定角度 α_p 时，滑块上所允许承受的最大作用力，又叫做标称压力，如图 2－3 所示。

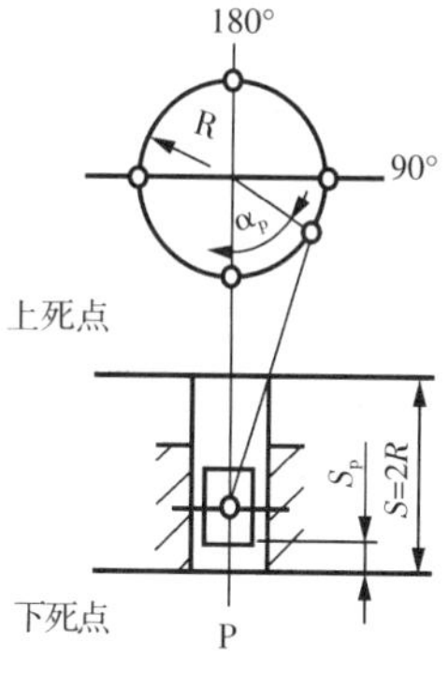

图 2－3　J23—40 型开式压力机压力曲线图

公称压力是压力机的重要技术参数，我国生产的压力机公称压力已经系列化了，如 63kN、100kN、160kN、250kN、400kN、630kN、800kN、1000kN、1250kN、1600kN 等。公称压力必须大于冲压工艺所需的冲压力。

在使用中，为了简便起见，对于施力行程很小（如冲孔、落料等）的冲压工序，可直接选用公称压力大于冲压所需工艺力总和的压力机。对于施力行程较大的（如深拉深、深弯曲等）冲压工序，应按照冲压所需工艺力总和小于或等于压力机公称压力的 50％～60％的条件来选择压力机。

（2）滑块行程的选择　滑块行程是指曲柄旋转一周，下死点至上死点的距离，其值为曲柄半径 R 的两倍，即 $S=2R$，如图 2－3 所示。滑块行程大小应保证方便毛坯的放入和零件的取出，对于上出件的拉深等冲压工序，滑块行程要大于零件高度的两倍。

(3)行程次数的选择　行程次数是指滑块每分钟往复运动的次数，它主要根据所需生产率、操作的可能性和允许的变形速度等来确定。

(4)工作台面尺寸和漏料孔尺寸　工作台面(或工作垫板)尺寸一般应大于模具底座50mm～70mm，以便安装模具。其漏料孔尺寸应大于工件或废料尺寸，以便漏料。对于有弹顶装置的模具，下弹顶器的外形尺寸还应小于漏料孔尺寸。

(5)闭合高度的选择　压力机的闭合高度是指滑块在下死点位置时，滑块下端面到工作台上表面的距离。闭合高度减去垫板厚度的差值，称为压力机的装模高度。没有垫板的压力机，其装模高度与闭合高度相等。

模具的闭合高度是指工作行程终了时，模具上模座顶面到下模座底面之间的距离。

选择压力机时，最好使模具的闭合高度介于压力机的最大装模高度与最小装模高度之间(图2-4)，一般应满足：

$$(H_{max}-H_1)-5 \geqslant H \geqslant (H_{min}-H_1)+10$$

式中：H_{max}——最大闭合高度，连杆调到最短时；

H_{min}——最小闭合高度，连杆调到最长时。压力机的闭合高度 $H_{min}=H_{max}-M$；

H_1——压力机工作垫板厚度；

$(H_{max}-H_1)$——压力机最大装模高度；

$(H_{min}-H_1)$——压力机最小装模高度；

H——模具的闭合高度；

M——连杆调节长度。

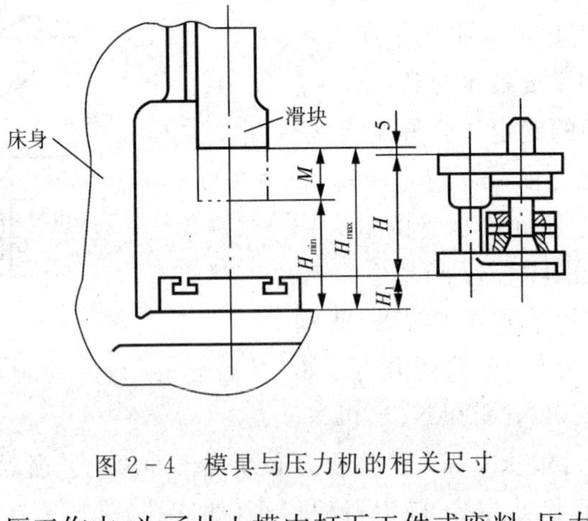

图2-4　模具与压力机的相关尺寸

(6)打料装置　在冲压工作中，为了从上模中打下工件或废料，压力机上装有打料装置。在滑块的矩形横向孔中，横放有打料横梁。当滑块回程，打料横梁与床身上制动螺杆相碰时，即可通过上模中的打杆将工件或废料从上模内打出。调节制动螺钉，便可控制打料行程。

(7)电动机功率的选择　在某些情况下(如大型件的斜刃冲裁、深度很大的变薄拉深等)，必须对压力机的电机功率进行校核，并选择电机的功率大于冲压所需功率的压力机。

2.3 冲压材料

1. 冲压材料的种类

冲压材料可分为金属材料和非金属材料两大类。

(1)金属材料　常用的金属材料包括黑色金属材料和有色金属材料。黑色金属材料有主要用于平板类制件或变形量小的简单制件的碳素结构钢、用于成形复杂的拉深或弯曲件的优质碳素结构钢、用于受力复杂的关键零件的低合金钢等。有色金属材料有适用于深拉深件的黄铜,用于制作电器零件的纯铜,广泛应用于航空制造、仪表和无线电工业中的铝材等。

(2)非金属材料　非金属材料有橡胶、胶木、塑料、云母等。

2. 冲压材料的形状

冲压用材料大都以板料、带料、条料和块料形状供货。板料是冲压生产中使用最广泛的材料,用于大型零件的冲压;带料(卷料)由厂家制成卷料,或将卷料纵切成一定宽度的带料供应市场,适用于大批量生产时自动送料;条料是在剪板机上将板料裁剪而成,用于中、小零件的冲压;块料一般用于单件生产和贵重金属的冲压。

冲压生产中常用的材料及其力学性能见表 2-5。

表 2-5　冲压生产中常用的材料及其力学性能

材料名称	牌号	材料状态	力学性能			
			抗剪强度 τ	抗拉强度 σ_b	屈服点 σ_s	伸长率 δ_{10}(%)
			/MPa			
电工用工业纯铁 $w(C)<0.025$	DT1,DT2,DT3	退火	177	225		26
电工硅钢	D11,D12,D21,D31,D32	退火	441			
	D41～D43,D310～D340	未退火	549			
碳素结构钢	Q195	未退火	255～314	314～392	195	28～33
	Q235		304～373	432～461	235	21～25
	Q275		392～490	569～608	275	15～19
优质碳素结构钢	08F	已退火	216～304	275～383	177	32
	08		255～353	324～441	196	32
	10F		216～333	275～412	186	30
	10		255～333	294～432	206	29
	15		265～373	333～471	225	26
	20		275～392	353～500	245	25
	30		353～471	441～588	294	22
	35		392～511	490～637	314	20
	45		432～549	539～686	353	16

2.4 常用冲压模具材料及其性能

2.4.1 冲压对模具材料的要求

不同冲压方法，其模具类型不同，模具工作条件会有差异，对模具材料的要求也有所不同。表 2-6 是不同模具工作条件及对模具零件材料的性能要求。

表 2-6 模具工作条件及对模具工作零件材料的性能要求

模具类型	工作条件	模具工作零件材料的性能要求
冲裁模	主要用于各种板料的冲切成形，其刃口在工作过程中受到强烈的摩擦和冲击	具有高的耐磨性、冲击韧性以及耐疲劳断裂性能
弯曲模	主要用于板料的弯曲成形，工作负荷不大，但有一定的摩擦	具有高的耐磨性和断裂抗力
拉深模	主要用于板料的拉深成形，工作应力不大，但凹模入口处承受强烈的摩擦	具有高的硬度及耐磨性，凹模工作表面粗糙度值比较低

2.4.2 常用冲压模具材料种类

目前，在冲压成形工艺中，常使用的模具材料有工具钢、硬质合金、高速工具钢、铸铁、锌基合金、低熔点合金、环氧树脂、聚氨酯橡胶等。其中，工具钢是模具工作零件的主要材料。几种常用模具钢的特点和应用范围见表 2-7。

表 2-7 常用模具钢的特点和应用范围

材　料		性　能	应　用
碳素工具钢热轧钢板	T8A、T10A	加工性好，价格便宜，但淬透性和热硬性差，热处理变形大	适用于制造工作负荷不大、形状简单的凸模、凹模和要求耐磨的其他模具零件
低合金工具钢	CrWMn、9SiCr、GCr15、9Mn2V	高的淬透性，热处理变形小，有较高的硬度和耐磨性	作形状复杂的中小型冲裁模和弯曲模的工作零件

（续表）

材料		性能	应用
高碳高铬工具钢	Cr12、Cr12Mo Cr12MoV	较好的淬硬性、淬透性、耐磨性、抗回火稳定性，热处理变形小，但碳化物偏析严重，需反复镦拔改锻后使用	制造工作负荷大或要求耐磨性好、形状复杂的精密模具的凸模、凹模和冷挤压凹模
高碳中铬工具钢	Cr4WV、Cr4W2MoV	具有较高的淬硬性、淬透性、耐磨性和尺寸稳定性	冲裁模的凸模、凹模和冷挤压凹模
高速工具钢	W18Cr4V W6Mo5Cr4V2 6W6Mo5Cr4V	具有高强度、高硬度、高耐磨性、高韧性和抗回火稳定性	制作反挤压凸模
硬质合金	YG6、YG8、YG11	具有更高的硬度和耐磨性，但抗弯强度和韧性差，加工困难	冲击性小而要求耐磨的模具
	YG15、YG20、YG25		冲击性大、工作压力大的模具

2.4.3 模具零件材料和热处理要求

一般冷冲压模具零件常选用的材料及热处理要求如表 2－8 所示。

表 2－8 模具零件材料及热处理要求

模具零件		材料牌号	热处理	硬度 HRC
冲裁凸、凹模	制件形状简单，产量小	T8A、T10A、9Mn2V、CrWMn	淬火	58～62
	制件形状复杂，产量大	CrWMn、Cr12MoV、GCr15、YG15、Cr6WV、Cr4W2MoV		
弯曲、成形模	凸模、凹模	T10A、Cr12、9Mn2V、Cr4W2MoV、CrWMn、Cr12MoV、Cr6WV	淬火	58～62
	加热弯曲用凸模、凹模	5CrNiMo、5CrMnMo		52～56
拉深、翻边模	凸模、凹模	CrWMn、Cr12MoV、Cr6WV、YG8、YG15	淬火	58～62
	加热拉深用凸模、凹模	5CrNiMo、5CrMnMo		56～58

（续表）

模具零件			材料牌号	热处理	硬度 HRC
冷挤压模	凸模		W18Cr4V、Cr12Mo、GCr15、Cr12MoV、W6Mo5Cr4V2、65Nb、6W6Mo5Cr4V	淬火	60～62
	凹模	铝制件	Cr12Mo、CrWMn、T10A、YG8、YG15	淬火	60～64
		锌制件	Cr12Mo、CrWMn、YG15、YG20		
		铜制件	Cr12MoV、W18Cr4V、GCr15、CrWMn		
		钢制件	Cr12MoV、6W6Mo5Cr4V、YG20、YG25		
上模座、下模座			HT200、Q235、45		
模柄、固定板、卸料板、导料板、承料板、限制柱弹顶器座圈			Q235		
垫板	标准规格		45	淬火	43～48
	非标准规格		T7、T8		54～58
顶杆、推杆、打杆、键、推板、顶板、挡料销、卸料螺钉、定位钉、定位板			45	淬火	43～48
导柱			20	渗碳深 0.5～0.8 mm 淬火	60～64
导套	滚动式		GCr15	淬火	58～62
	滑动式		20	渗碳深 0.5～0.8 mm 淬火	58～62
压边圈 侧刃、废料切刀 斜楔、滑块 导正销 非标准导柱、导套			T8、T10 T8A、T10A	淬火	54～58 58～62 58～62 52～56 58～62
弹簧			65Mn、60Si2Mn	淬火	43～48

思考题

1. 什么是冲压成形？冲压成形有哪些特点？
2. 冲压工序可以分为哪两大类？它们的主要区别是什么？
3. 常用的冲压设备有哪些？
4. 曲柄压力机的主要技术参数有哪些？
5. 常用冲压材料的种类有哪些？
6. 常用冲压模具材料的种类有哪些？

第3章 冲裁工艺与冲裁模

【知识目标】

- 了解冲裁变形过程及冲裁件的工艺性分析。
- 了解认识各类典型冲裁模具结构。
- 掌握冲裁模具设计知识的应用。

【技能目标】

- 具备独立分析中等复杂冲裁件的工艺性并能合理制订冲裁方案的能力。
- 掌握冲裁模具设计的基本方法和步骤。
- 具备设计中等复杂冲裁模具的能力。

本章案例：垫片冲裁模设计。

零件名称：垫片。

材料：Q235 钢。

料厚：1.2mm。

批量：大批量。

零件简图：如图 3－1 所示。

3.1 冲裁工艺概述

冲裁是利用模具在压力机上使板料沿一定轮廓形状产生分离的一种冲压工序。它包括落料、冲孔、切口、切边、剖切等多种工序，其中落料和冲孔是最常见的两种工序。

如果使材料沿封闭曲线相互分离，封闭曲线以内的部分作为冲裁件时，称为落料；如果使材料沿封闭曲线相互分离，封闭曲线以外的部分作为冲裁件时，则称为冲孔。例如冲制一个如图 3－2 所示的平垫圈，就是由落料和冲孔两道工序完成，冲其外形 $\phi24$ 称为落料，冲其内孔 $\phi13$ 称为冲孔。

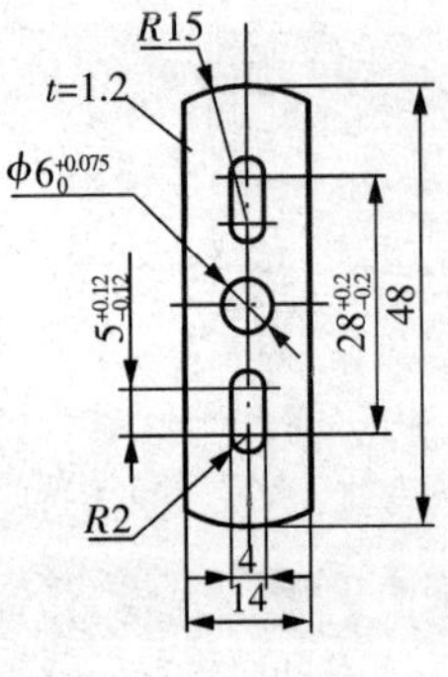

图 3－1 垫片零件图

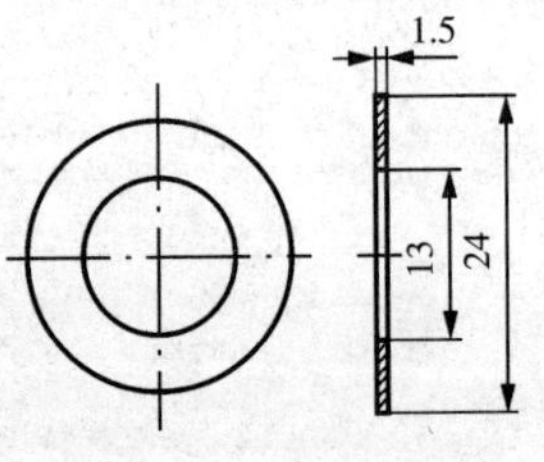

图 3－2 平垫圈图

冲裁的应用非常广泛，它既可直接冲出成品零件也可以为弯曲、拉深和挤压等其他工序准备坯料，还可以对已成形的工件进行再加工（切边、切舌、冲孔等工序）。冲裁所使用的模具叫冲裁模，它是冲裁过程必不可少的工艺装备。

根据冲裁的变形机理不同，冲裁工艺可以分为普通冲裁和精密冲裁两大类。精密冲裁断面较光洁，精度较高，但是需要专门的精冲设备与模具。本章主要介绍普通冲裁。

3.2　冲裁变形过程分析

3.2.1　冲裁变形过程

板（带）料在凸模、凹模之间被剪切、使板料产生分离的变形过程，称为冲裁变形过程。冲裁变形过程非常复杂，经研究表明，如果凸模、凹模之间间隙正常，冲裁变形过程大致可分为三个阶段。

1. 弹性变形阶段

如图 3-3a 所示。在凸模和凹模压力的作用下，凸模与板料接触并压下板料，板料产生弹性压缩、拉伸和弯曲变形，凸模下部略微挤入板料上部，板料的下部则略微挤入凹模洞口，凹模上的板料则向上翘曲。在这一变形阶段中，材料内的应力未超过材料的弹性极限，所以当凸模卸载后，板料将立即恢复原状。

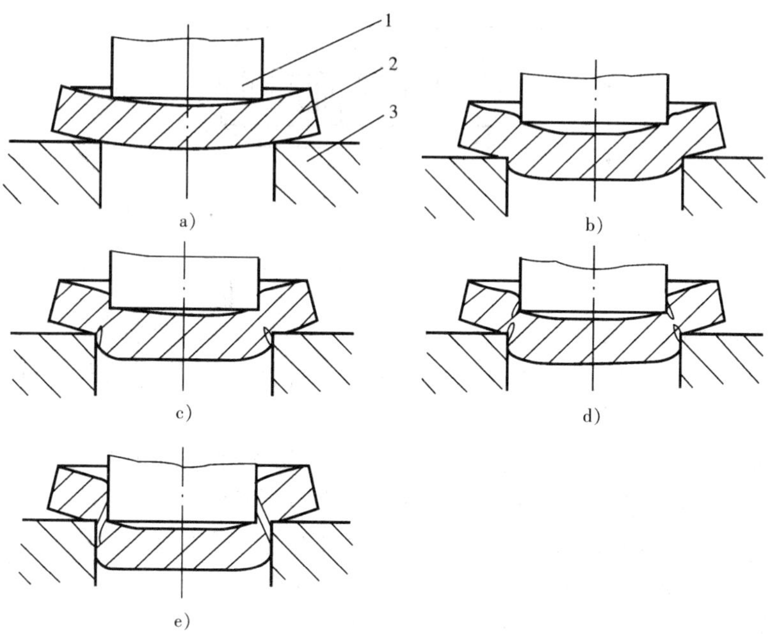

图 3-3　冲裁变形过程
1—凸模　2—板料　3—凹模

2.塑性变形阶段

如图 3-3b 所示。当凸模继续压入，压力增加，如果材料内的应力达到屈服强度时便开始进入塑性变形阶段。凸模挤入板料上部，同时板料下部挤入凹模孔内，形成光亮的塑性剪切面。

随凸模挤入板料深度的增大，塑性变形程度增大，变形区材料硬化加剧，冲裁变形力不断增大，直到刃口附近侧面的材料由于拉应力的作用出现微裂纹时，塑性变形阶段便告终，此时冲裁变形力达到最大值。

3.断裂分离阶段

如图 3-3c、d、e 所示。材料内裂纹首先在凹模刃口附近的侧面产生，紧接着才在凸模刃口附近的侧面产生。已形成的上下微裂纹随凸模继续压入，沿着最大剪应力方向不断向材料内部扩展，当上下裂纹重合时，板料便被剪断分离。随后，凸模将被分离的材料推入凹模孔内。

3.2.2 冲裁断面特征

由于冲裁变形的特点，冲裁件的断面具有明显的区域性特征，可以分成圆角带、光亮带、断裂带和毛刺四个部分，如图 3-4 所示。

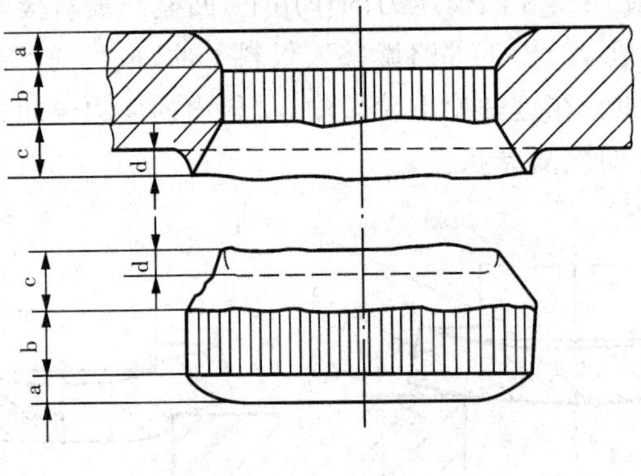

图 3-4　冲裁区应力、变形和冲裁件正常的断面状况

a—圆角带　b—光亮带　c—断裂带　d—毛刺区

圆角带 a：由于凸模和凹模之间存在间隙，当凸模刃口压入材料时，刃口附近的材料产生弯曲和伸长变形，材料被拉入间隙，形成圆角带。材料的塑性越好、凸模和凹模的间隙越大，圆角带也越大。

光亮带 b：该区域发生在塑形变形阶段。当刃口切入材料后，材料与凸模、凹模切刃的侧表面挤压而形成光亮垂直的断面。通常光亮带占整个断面的 1/2～1/3。

断裂带 c：该区域是在断裂阶段形成，是由刃口附近的微裂纹在拉应力作用下不断扩展而形成的撕裂面，此处冲裁件断面粗糙不光滑，且略带有斜度。

毛刺区 d：毛刺的形成是由于在塑性变形阶段后期，由于微裂纹产生的位置不是正对刃口，而是在刃口附近的侧面上，在拉应力的作用下，裂纹加长，材料断裂而产生毛刺，裂纹的产生点和刃口尖的距离成为毛刺的高度。在普通冲裁中毛刺是不可避免的，普通冲裁允许的毛刺高度见表 3-1。

表 3-1　普通冲裁毛刺的允许高度

料厚 t/mm	≈0.3	>0.3～0.5	>0.5～1.0	>1.0～1.5	>1.5～2
生产时	≤0.05	≤0.08	≤0.10	≤0.13	≤0.15
试模时	≤0.015	≤0.02	≤0.03	≤0.04	≤0.05

在冲裁件断面的四个部分区中，光亮带越宽，断面质量越好。但各部分的大小和断面上所占的比例并非一成不变，而是随着材料性能、模具间隙、刃口状态等条件的不同而变化。

3.3　冲裁间隙

3.3.1　冲裁间隙的概念

冲裁模凸模与凹模刃口部分横向尺寸之差称为冲裁间隙，用 Z 表示，如图 3-5 所示。冲裁间隙值可为正，也可为负，但在普通冲裁模中均为正值。

$$Z=D_d-D_p \tag{2-1}$$

式中：Z——冲裁间隙(mm)；

D_d——凹模尺寸(mm)；

D_p——凸模尺寸(mm)。

Z 表示双面间隙，单面间隙用 Z/2 表示，如无特殊说明，冲裁间隙就是指双面间隙。Z 值可为正，也可为负，但在普通冲裁中，均为正值。

3.3.2　冲裁间隙值的确定

由于凸模、凹模间隙对冲裁件质量、冲裁力、模具寿命和冲裁件尺寸精度都有很大的影响。因此，生产中通常选择一个适当的范围作为合理间隙，只要间隙在这个范围内，就可冲出良好的制件。这个范围的最小值称为最小合理间隙(Z_{min})，最大值称为最大合理间隙(Z_{max})。考虑到在生产过程中的磨损使间隙变大，故设计与制造新模具时应采用最小合理间隙 Z_{min}。

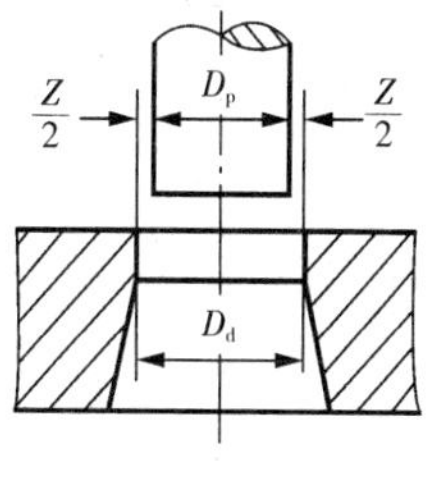

图 3-5　冲裁间隙

确定初始间隙的方法一般用经验确定法。根据近年来的研究与使用经验，在确定初始间隙值时要按使用要求分类选用。尺寸精度和断面质量要求较高的冲裁件，应选用较小间隙值，如表 3-2 所示。尺寸精度和断面质量要求一般的冲裁件，应以降低冲裁力、提高模具寿命为主，可采用较大间隙值，如表 3-3 所示。

表 3-2 冲裁模初始双面间隙值 (mm)

材料厚度	软铝		纯铜、黄铜、软钢 $\omega_C=(0.08\sim0.2)\%$		杜拉铝、中等硬钢 $\omega_C=(0.3\sim0.4)\%$		硬钢 $\omega_C=(0.5\sim0.6)\%$	
	Z_{min}	Z_{max}	Z_{min}	Z_{max}	Z_{min}	Z_{max}	Z_{min}	Z_{max}
0.2	0.008	0.012	0.010	0.014	0.012	0.016	0.014	0.018
0.3	0.012	0.018	0.015	0.021	0.018	0.024	0.021	0.027
0.4	0.016	0.024	0.020	0.028	0.024	0.032	0.028	0.036
0.5	0.020	0.030	0.025	0.035	0.030	0.040	0.035	0.045
0.6	0.024	0.036	0.030	0.042	0.036	0.048	0.042	0.054
0.7	0.028	0.042	0.035	0.049	0.042	0.056	0.049	0.063
0.8	0.032	0.048	0.040	0.056	0.048	0.064	0.056	0.072
0.9	0.036	0.054	0.045	0.063	0.054	0.072	0.063	0.081
1.0	0.040	0.060	0.050	0.070	0.060	0.080	0.070	0.090
1.2	0.050	0.084	0.072	0.096	0.084	0.108	0.096	0.120
1.5	0.075	0.105	0.090	0.120	0.105	0.135	0.120	0.150
1.8	0.090	0.126	0.108	0.144	0.126	0.162	0.144	0.180
2.0	0.100	0.140	0.120	0.160	0.140	0.180	0.160	0.200
2.2	0.132	0.176	0.154	0.198	0.176	0.220	0.198	0.242
2.5	0.150	0.200	0.175	0.225	0.200	0.250	0.225	0.275
2.8	0.168	0.224	0.196	0.252	0.224	0.280	0.252	0.308
3.0	0.180	0.240	0.210	0.270	0.240	0.300	0.270	0.330
3.5	0.245	0.315	0.280	0.350	0.315	0.385	0.350	0.420
4.0	0.280	0.360	0.320	0.400	0.360	0.440	0.400	0.480
4.5	0.315	0.405	0.360	0.450	0.405	0.490	0.450	0.540
5.0	0.350	0.450	0.400	0.500	0.450	0.550	0.500	0.600
6.0	0.480	0.600	0.540	0.660	0.600	0.720	0.660	0.780
7.0	0.560	0.700	0.630	0.770	0.700	0.840	0.770	0.910
8.0	0.720	0.880	0.800	0.960	0.880	1.040	0.960	1.120
9.0	0.870	0.990	0.900	1.080	0.990	1.170	1.080	1.260
10.0	0.900	1.100	1.000	1.200	1.100	1.300	1.200	1.400

注:(1)初始间隙的最小值相当于间隙的公称数值。

(2)初始间隙的最大值是考虑到凸模和凹模的制造公差所增加的数值。

(3)在使用过程中,由于模具工作部分的磨损,间隙将有所增加,因而间隙的使用最大数值要超过表列数值。

表 3-3　冲裁模初始双面间隙值　(mm)

材料厚度	08、10、35 09Mn2、Q235		16Mn		40、50		65Mn	
	Z_{min}	Z_{max}	Z_{min}	Z_{max}	Z_{min}	Z_{max}	Z_{min}	Z_{max}
小于 0.5	极小间隙							
0.5	0.040	0.060	0.040	0.060	0.040	0.060	0.040	0.060
0.6	0.048	0.072	0.048	0.072	0.048	0.072	0.048	0.072
0.7	0.064	0.092	0.064	0.092	0.064	0.092	0.064	0.092
0.8	0.072	0.104	0.072	0.104	0.072	0.104	0.064	0.092
0.9	0.090	0.126	0.090	0.126	0.090	0.126	0.090	0.126
1.0	0.100	0.140	0.100	0.140	0.100	0.140	0.090	0.126
1.2	0.126	0.180	0.132	0.180	0.132	0.180		
1.5	0.132	0.240	0.170	0.240	0.170	0.240		
1.75	0.220	0.320	0.220	0.320	0.220	0.320		
2.0	0.246	0.360	0.260	0.380	0.260	0.380		
2.1	0.260	0.380	0.280	0.400	0.280	0.400		
2.5	0.360	0.500	0.380	0.540	0.380	0.540		
2.75	0.400	0.560	0.420	0.600	0.420	0.600		
3.0	0.460	0.640	0.480	0.660	0.480	0.660		
3.5	0.540	0.740	0.580	0.780	0.580	0.780		
4.0	0.640	0.880	0.680	0.920	0.680	0.920		
4.5	0.720	1.000	0.680	0.960	0.780	1.040		
5.5	0.940	1.280	0.780	1.100	0.980	1.320		
6.0	1.080	1.440	0.840	1.200	1.140	1.500		
6.5			0.940	1.300				
8.0			1.200	1.680				

注：冲裁皮革、石棉和纸板时，间隙取 08 钢的 25%。

3.4　冲裁件的工艺性分析

冲裁件的工艺性，是指冲裁件对冲压工艺的适应性能，即冲裁件的结构形状、尺寸大小、工件精度等对冲裁加工难易程度的影响。良好的冲裁工艺性，应能保证材料消耗最低、工序数目最少、冲模结构简单并且满足寿命长、产品质量稳定、生产率高等要求。因此，冲裁件的工艺性对冲裁件的质量、模具寿命和生产效率影响很大。

3.4.1 冲裁件的尺寸精度

1.冲裁件尺寸精度

普通冲裁件内、外形尺寸的经济精度一般不高于 IT11 级，落料件精度最好低于 IT10 级，冲孔件最好低于 IT9 级。冲裁得到的工件的内、外形尺寸的公差见表 3-4。如果工件要求的公差值小于表值，冲裁后需经整修或采用精密冲裁。

表 3-4 冲裁件内、外形尺寸的公差 (mm)

材料厚度 t	工件尺寸							
	一般精度的工件				较高精度的工件			
	<10	10～50	50～150	150～300	<10	10～50	50～150	150～300
0.2～0.5	$\frac{0.08}{0.05}$	$\frac{0.10}{0.08}$	$\frac{0.14}{0.12}$	0.2	$\frac{0.025}{0.02}$	$\frac{0.03}{0.04}$	$\frac{0.05}{0.08}$	0.08
0.5～1	$\frac{0.12}{0.05}$	$\frac{0.16}{0.08}$	$\frac{0.22}{0.12}$	0.3	$\frac{0.03}{0.02}$	$\frac{0.04}{0.04}$	$\frac{0.06}{0.08}$	0.10
1～2	$\frac{0.18}{0.06}$	$\frac{0.22}{0.10}$	$\frac{0.30}{0.16}$	0.5	$\frac{0.04}{0.03}$	$\frac{0.06}{0.06}$	$\frac{0.08}{0.10}$	0.12
2～4	$\frac{0.24}{0.08}$	$\frac{0.28}{0.12}$	$\frac{0.40}{0.20}$	0.7	$\frac{0.06}{0.04}$	$\frac{0.08}{0.08}$	$\frac{0.10}{0.12}$	0.15
4～6	$\frac{0.30}{0.10}$	$\frac{0.35}{0.15}$	$\frac{0.50}{0.25}$	1.0	$\frac{0.08}{0.05}$	$\frac{0.12}{0.10}$	$\frac{0.15}{0.15}$	0.20

注：分子为外形公差，分母为内孔公差。

2.冲裁件尺寸标注

冲裁件尺寸的基准应尽可能与其冲压时的定位基准重合，并选择在冲裁过程中基本上下不变动的面或线上。如图 3-6a 所示的尺寸标注，对孔距要求较高的冲裁件是不合理的。这是因为当两孔中心距要求较高时，尺寸 B 和 C 标注的公差等级高，而模具(同时冲孔与落料)的磨损，使尺寸 B 和 C 的精度难以达到要求。改用图 3-6b 的标注方法就比较合理，这时孔中心距尺寸不再受模具磨损的影响。

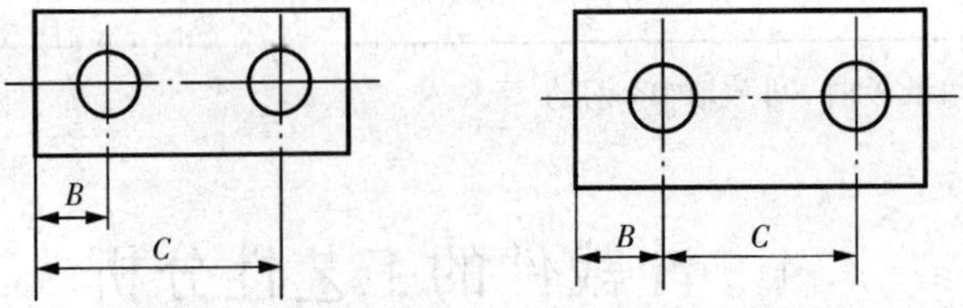

a)不合理 b)合理

图 3-6 冲裁件尺寸标注

3.4.2 冲裁件的形状精度和表面粗糙度

冲裁件形状精度也不太高，会产生翘曲、扭曲、变形等缺陷。冲裁件呈曲面不平现象称之为翘曲。它是由于间隙过大、弯矩增大、变形拉伸和弯曲成分增多而造成的，另外材料的各向异性和卷料未矫正也会产生翘曲。冲裁件呈扭歪现象称之为扭曲。它是由于材料的不平、间隙不均匀、凹模后角对材料摩擦不均匀等造成的。冲裁件的变形是由于在坯料的边缘冲孔或孔距太小等原因，因胀形而产生的。

用普通冲裁方式冲裁厚度 2 mm 以下的金属板材料，其断面粗糙度 R_a 可达 12.5μm～3.2μm，毛刺允许高度为 0.01mm～0.05mm。

3.4.3　冲裁件的的结构工艺性

（1）冲裁件的形状应力求简单、对称。

（2）冲裁件的内形及外形的转角处应以圆弧过渡，如图 3－7 所示。这样可以便于模具加工，减少热处理开裂，减少冲裁时尖角处的崩刃和过快磨损。圆角半径 R 的最小值，可参照表 3－5 选取。

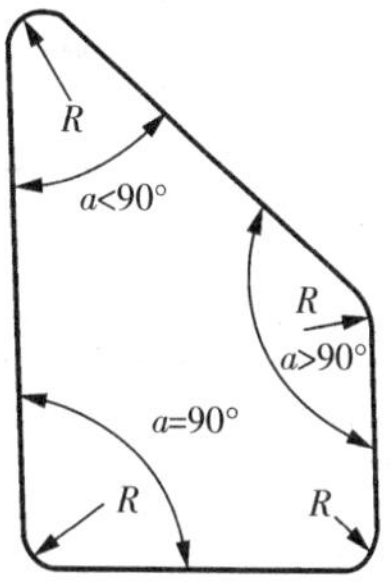

图 3－7　冲裁件转角处以圆弧过渡

表 3－5　冲裁最小圆角半径

工　序	圆弧角度	黄铜、纯铜、铝	合金钢	软钢
落料	交角 α≥90° 交角 α<90°	0.18t 0.35t	0.35t 0.70t	0.25t 0.50t
冲孔	交角 α≥90° 交角 α<90°	0.20t 0.40t	0.45t 0.90t	0.30t 0.60t

注：t 为料厚。

（3）冲裁件上应尽量避免出现过长和过窄的凸出悬臂和凹槽，孔与孔之间、孔与边缘之间的距离也不宜过小。如图 3－8 所示，一般要求 $b \geqslant 1.5t$，$l \leqslant 5b$，$c \geqslant 1.0t$，$c' \geqslant 1.5t$。

（4）在弯曲件或拉深件上冲孔时，孔边与直壁之间应保持一定距离，以免冲孔时凸模受侧向力而折断。如图 3－9 所示，$l \geqslant R + 0.5t$，$l_1 \geqslant R_1 + 0.5t$。

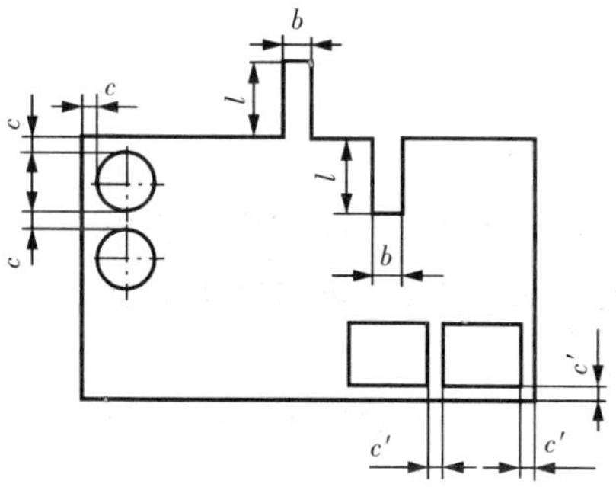

图 3－8　冲裁件的结构工艺性图

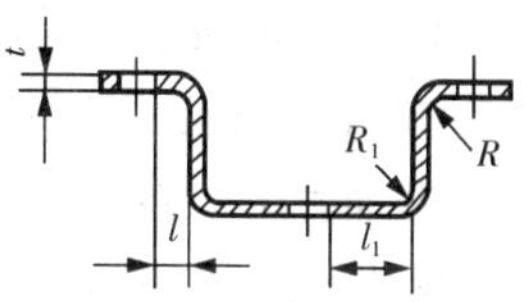

图 3－9　弯曲件上冲孔的位置

（5）冲孔时，因受凸模强度的限制，孔的尺寸不应太小，否则凸模易折断或压弯。用无导套凸模和有导套凸模所能冲制的最小尺寸，分别见表 3－6 和表 3－7。

表 3-6　用无保护套凸模冲孔的最小尺寸

材　料	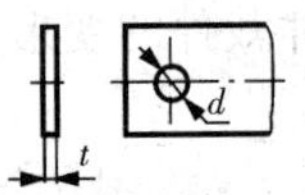	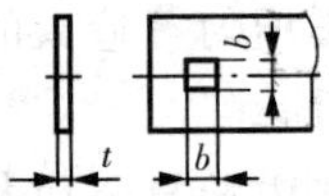	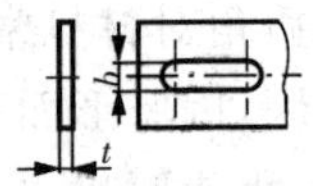	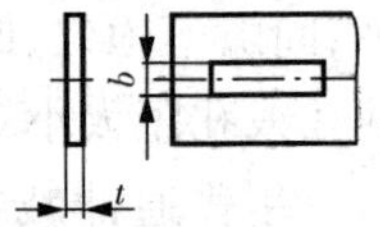
钢 $\tau>700$MPa	$d\geqslant1.5t$	$b\geqslant1.35t$	$b\geqslant1.1t$	$b\geqslant1.2t$
钢 $\tau\approx400\sim700$MPa	$d\geqslant1.3t$	$b\geqslant1.2t$	$b\geqslant0.9t$	$b\geqslant1.0t$
钢 $\tau\approx400$MPa	$d\geqslant1.0t$	$b\geqslant0.9t$	$b\geqslant0.7t$	$b\geqslant0.8t$
黄铜、铜	$d\geqslant0.9t$	$b\geqslant0.8t$	$b\geqslant0.6t$	$b\geqslant0.7t$
铝、锌	$d\geqslant0.8t$	$b\geqslant0.7t$	$b\geqslant0.5t$	$b\geqslant0.6t$

注：t 为料厚，τ 为抗剪强度。

表 3-7　用带保护套凸模冲孔的最小尺寸

材　料	圆孔(直径)	矩形孔(短边宽)
硬钢	$\geqslant0.5t$	$\geqslant0.4t$
黄铜、软钢	$\geqslant0.35t$	$\geqslant0.3t$
铝、锌	$\geqslant0.3t$	$\geqslant0.28t$

注：t 为料厚。

【例 3-1】　垫片零件的冲裁工艺性分析。

参照图 3-1，垫片零件的冲裁工艺性分析如下：

(1)垫片的结构工艺性关系

① 该零件形状简单、对称。

② 该零件圆弧与直线相交处有尖角，但图纸上无特殊要求，用线切割钼丝半径加单边放电间隙代替尖角是允许的。

③ 冲件上无悬臂和狭槽。

④ 最小孔边距为 $(14-6)/2=4>t$，最小孔间距为 $(28-2\times5-2\times2-6)/2=4>t=1.2$。

⑤ 该冲件端部带圆弧，用落料成形是允许的。

⑥ 检查最小孔的刚度和强度。由 Q235 钢查得 $\tau=304\sim73$ MPa。再由工具书查得 $b\geqslant0.8t=0.8\times1.2=0.96$，该件上的最窄孔为 4，远远大于 $b=0.96$ 的要求。

(2)垫片的尺寸精度公差和表面粗糙度分析

① 公差　普通冲裁件的尺寸精度一般在 IT10～IT11 级以下，冲孔精度比落料精度高一级。普通冲裁件长度 L、直径 D、d 的极限偏差可查表。

该件的最小公差的尺寸为 $\phi6_{0}^{+0.075}$，查得精度等级为 IT11，低于冲孔可以达到的精度等级 IT10。

② 粗糙度　普通冲裁件的表面粗糙度一般 $R_a<6.3\mu$m。本例粗糙度未作特殊要求。

本例的材料为 Q235，冲裁性能很好，可以采取冲压加工。

3.5 冲裁工艺方案的确定

确定冲裁工艺方案，就是确定工序数目、工序顺序和工序组合。考虑到计划冲裁件的生产批量、形状复杂程度、尺寸大小、材料厚薄、模具制造和维修条件及冲压设备条件等多方面的因素，拟订出多种可能的不同工艺方案，进行分析比较，选取一个较为合理的方案。

3.5.1 冲裁工序的组合

冲裁工序数目一般是由冲裁件的形状所确定的。但对于形状复杂的冲裁件，为了保证其工艺性更趋合理，有时会将一道工序分解为两道或多道工序。

冲裁工序组合按组合程度可分为单工序冲裁、复合冲裁和级进冲裁，所使用的模具对应为单工序模、复合模和级进模。确定冲裁工序组合就是确定用单工序冲裁还是用复合冲裁或级进冲裁。生产批量和模具类型之间的关系见表3-8。

表3-8 冲压生产批量与合理模具形式

项 目	批量/(千件/年)				
	单件	小批	中批	大批	大量
大件 中件 小件	<1 <1 <1	1～2 1～5 1～10	2～20 5～50 10～100	20～300 50～1000 100～5000	>300 >1000 >5000
模具形式	简易模、单工序模	单工序模、简易模	级进模、复合模、单工序模	级进模、复合模	级进模、复合模
设备形式	通用压机	通用压机	高速压机、自动和半自动通用压机	机械化高速压机、自动机	专用压机与自动机

单工序模、复合模和级进模的比较见表3-9。

表3-9 单工序模、复合模和级进模的比较

比较项目	单工序模	级进模	复合模
工件尺寸精度	较低	一般IT11级以下	较高，IT9级以下
工件形位公差	工件不平整，同轴度、对称度及位置度误差大	工件不太平整，有时要校平，同轴度、对称度及位置度误差大	工件平整，同轴度、对称度及位置度误差小
冲压生产率	低，冲床一次行程内只能完成一个工序	高，冲床一次行程内能完成多个工序	较高，冲床一次行程内能完成两个以上工序

（续表）

比 较 项 目	单工序模	级进模	复合模
实现操作机械化、自动化的可能性	较易，尤其适合于多工位冲床上实现自动化	容易，尤其适合于单件上实现自动化	难，工件与废料排除较复杂，只能在单件上实现部分机械化操作
对材料的要求	对条料宽度要求不严，可用边角料	对条料或带料宽度要求严格	对条料宽度要求不严，可用边角料
生产安全性	安全性较差	比较安全	安全性较差
模具制造的难易程度	较易，结构简单，制造周期短，价格低	形状简单件比用复合模制造难度低	形状复杂件比用级进模制造难度低
应用	通用性好，适用中、小批量生产和大型件的大量生产	通用性较差，适用于形状简单、尺寸不大、精度要求不高件的大批量生产	通用性较差，适用于形状简单、尺寸不大、精度要求较高件的大批量生产

3.5.2 冲裁顺序的安排

复合冲裁由于是在同一工位完成多道工序，所以不存在冲裁工序顺序的安排问题。级进冲裁的工序可以参考以下原则：

(1)采用导正销定距级进冲裁时，一般先冲孔（冲裁件的结构废料）后落料（将制件与条料分离）。首先冲出的孔，一般可作后续定位用，若定位要求高，则要冲出专供定位的工艺孔。

(2)采用侧刃定距级进冲裁时，侧刃裁边工序一般安排在前，与首次冲孔（冲裁件的结构废料）同时进行。为节省尾料，采用两个定距侧刃时，可安排一前一后。

(3)采用裁搭边排样级进冲裁（冲废级进）时，一般也是侧刃裁边安排在前，制件形状按照由里到外的顺序冲裁，最后切断，将制件分离成形，如图 3-10 所示。

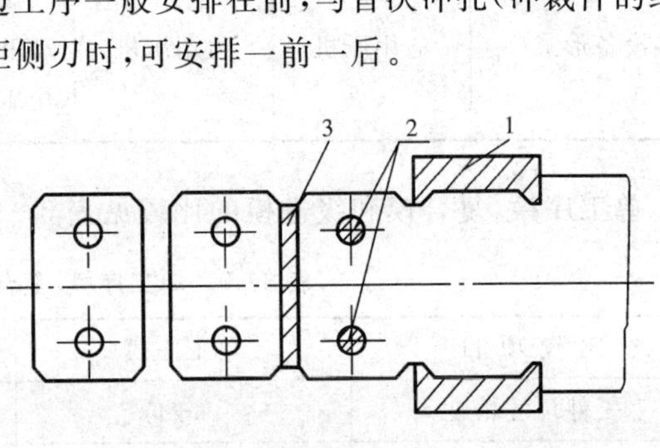

图 3-10　采用裁搭边排样的级进模

1—定距侧刃切边　2—冲孔　3—切断分离

(4)多工序冲裁件用单工序冲裁时，应先将制件与毛坯分离，然后以外轮廓定位进行其他冲裁。注意后续各冲裁工序定位基准要一致，以避免定位误差与尺寸链换算。对于大小不同、相距较近的孔，为减少孔的变形，应先冲大孔后冲小孔。

【例 3-2】 确定垫片的冲裁工艺方案。

由图 3-1 可知，该零件外形为落料，内形为冲孔，冲孔有一圆孔和两长圆形孔。有以下几种冲裁工艺方案可以选择。

方案一：先落料、后分三次冲孔，采用四副单工序模。

方案二：先落料、后同时冲三孔，采用二副单工序模。

方案三：先冲孔、后落料，采用级进模冲裁。

方案四：先冲孔、后切断，采用少废料级进模冲裁。

方案五：同时冲孔、落料，采用复合工序模。

方案一和方案二的模具结构简单，生产率低，既不能满足产量要求又不经济；方案四最大的特点是省料，但冲件精度低，若按长度方向送进，零件尺寸可以保证但料窄，送料步距大，不方便；若按宽度方向送进，冲件圆弧与直边吻接不好。方案五冲件精度高但操作不方便，生产率不高；方案三既能满足冲件精度要求，模具数量少，操作方便，生产率高，若采用侧刃定距还便于实现自动送料。通过以上分析，采用方案三较好。

3.6　冲裁排样

冲裁件在条料、带料或板料上的布置方法叫排样。一般说来，在冲压生产中材料的费用要占整个工件成本费用的 60%～80% 以上。合理的排样是提高材料利用率、降低成本、保证冲件质量及模具寿命的有效措施。

3.6.1　排样分类和排样形式

1. 排样方法

根据材料的经济实用程度，条料排样方法可分为三种：有废料排样、少废料排样、无废料排样，如图 3 - 11 所示。

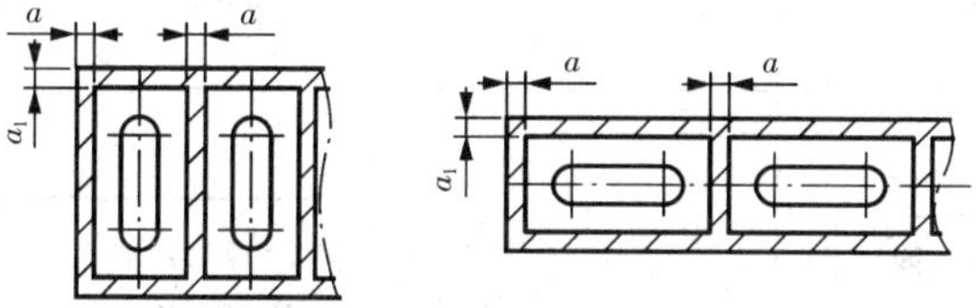

a）有废料排样

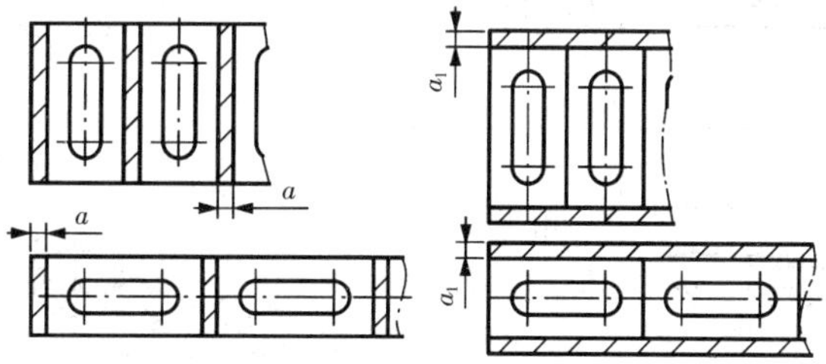

b）少废料排样

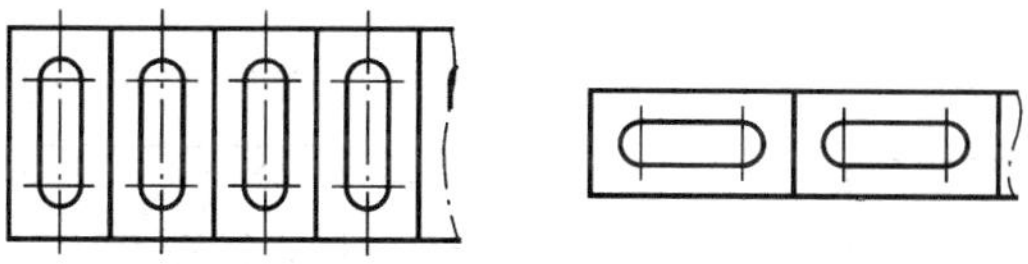

c）无废料排样

图 3 - 11　排样方法分类

(1)有废料排样　如图 3－11a 所示。有废料排样:制件与制件之间以及制件与条料侧边之间都有工艺余料(称搭边)存在。有废料排样材料利用率较低,但制件的质量和冲模的寿命较高,常用于制件形状复杂、尺寸精度要求高的排样。

(2)少废料排样　如图 3－11b 所示。少废料排样:只在制件之间或制件与条料侧边之间留有搭边。少废料排样的材料利用率较高,常用于某些尺寸要求不高的制件排样。材料利用率可达 70%～90%。

(3)无废料排样　如图 3－11c 所示。无废料排样:就是无工艺搭边,制件与制件之间以及制件与条料侧边之间均无搭边存在。无废料排样的材料利用率最高,材料利用率可达 85%～95%。但对制件形状结构要求严格。

采用少、无废料排样,材料利用率高,不但可以一个冲程获得多个制件,而且可以简化模具结构、降低冲裁力,有时还可以用小模具冲切大制件。但是,冲裁件的精度等级较低,模具的寿命不长。因此,设计时应如何排样,必须统筹兼顾、全面考虑。

2.排样形式

无论是有废料或少、无废料排样,均有多种形式的排列方法,如表 3－10 所示。

表 3－10　排样形式分类

排样形式	有废料排样		少、无废材排样	
	简　图	应　用	简　图	应　用
直排	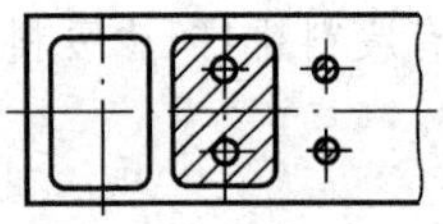	用于简单几何形状(方形、矩形、圆形)的冲件	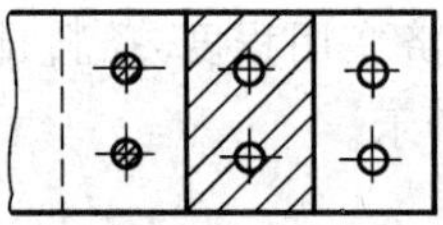	用于矩形或方形冲件
斜排	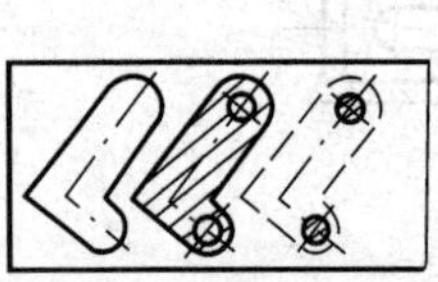	用于 T 形、L 形、S 形、十字形、椭圆形冲件	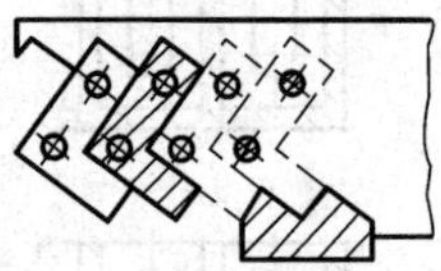	用于 L 形或其他形状的冲件,在外形上允许有不大的缺陷
直对排	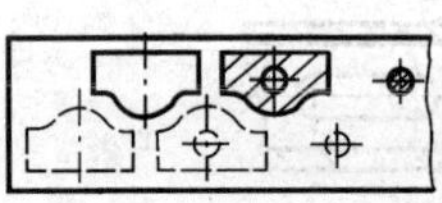	用于 T 形、山形、梯形、三角形、半圆形的冲件	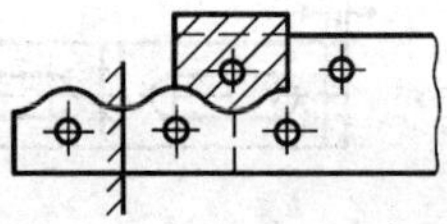	用于 T 形、山形、梯形、三角形零件,在外形上允许有不大的缺陷
斜对排		用于材料利用率比直对排时高的情况	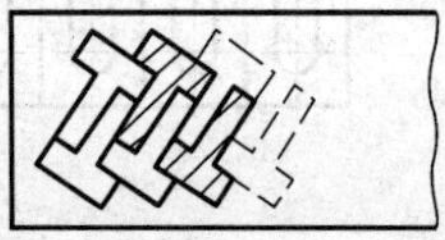	多用于 T 形冲件

（续表）

排样形式	有废料排样		少、无废材排样	
	简　图	应　用	简　图	应　用
混合排	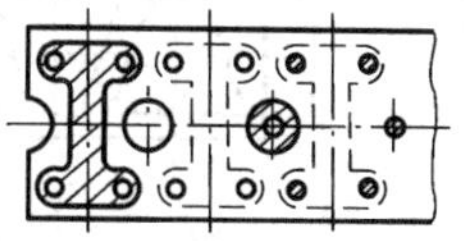	用于材料及厚度都相同的两种以上的冲件	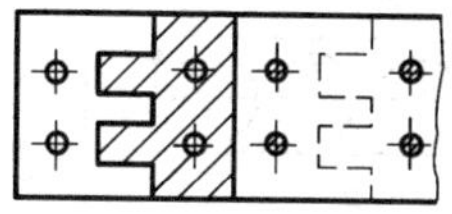	用于两个外形互相嵌入的不同冲件（如：铰链）
多排	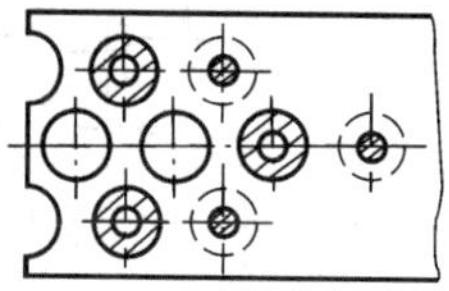	用于大批生产中尺寸不大的圆形、六角形、方形、矩形冲件	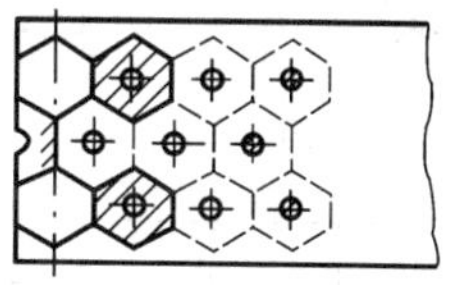	用于大批生产中尺寸不大的方形、矩形及六角形冲件
冲裁搭边		大批生产中用于小的窄冲件（表针及类似的冲件）或带料的连续拉深	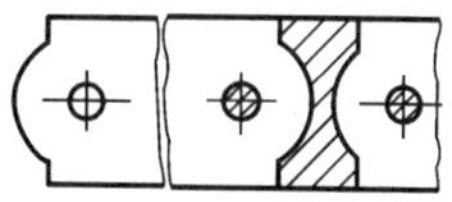	用于以宽度均匀的带料或条料冲制长形件

3. 排样设计原则

排样设计原则是：保证在最低的材料消耗和最高的劳动生产率的条件下得到符合技术条件要求的零件，同时要考虑生产操作方便、冲模结构简单、寿命长以及车间生产条件和原材料供应情况等。

在冲压生产实际中，对于形状复杂的冲件，通常用纸片剪成 3～5 个样件，然后摆出各种不同的排样方法，经过分析和计算，决定出合理的排样方案。

3.6.2　搭边和条料宽度

1. 搭边的概念和作用

排样时制件之间以及制件与条料侧边之间留下的联接部分称为搭边。搭边虽然是废料，但它对冲裁工艺及冲裁件质量有很大的影响。

搭边的作用包括：补偿定位误差的作用，保证冲出合格的制件；保证条料具有一定刚度，便于条料送进，从而提高劳动生产率；可以避免冲裁时条料边缘的毛刺被拉入模具间隙，从而提高模具寿命。

2. 搭边值的确定

搭边值的选取要综合考虑材料的机械性能、制件的形状与尺寸、条料的厚度及送进和挡料方式等因素的影响。

搭边值的大小一般由经验确定的。表 3－11 为最小搭边值的经验数值表，供设计时参考。

表 3-11 最小搭边值 (mm)

	圆件及 $r>2t$ 的圆角		矩形件边长 $L<50$mm		矩形件边长 $L>50$mm 或圆角 $r<2t$	
材料厚度 t	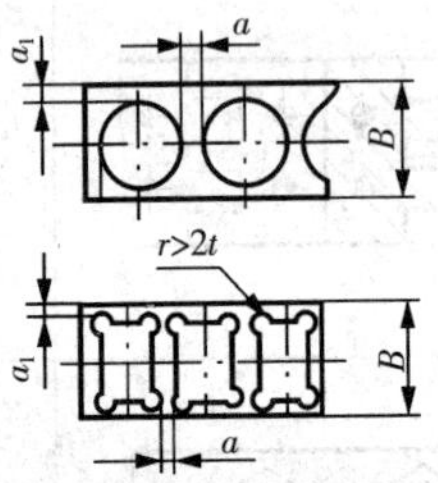		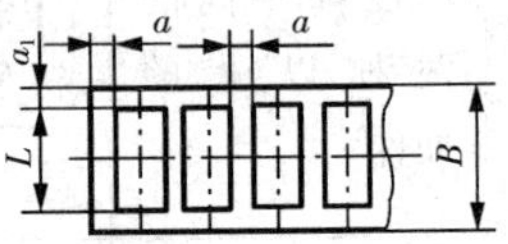		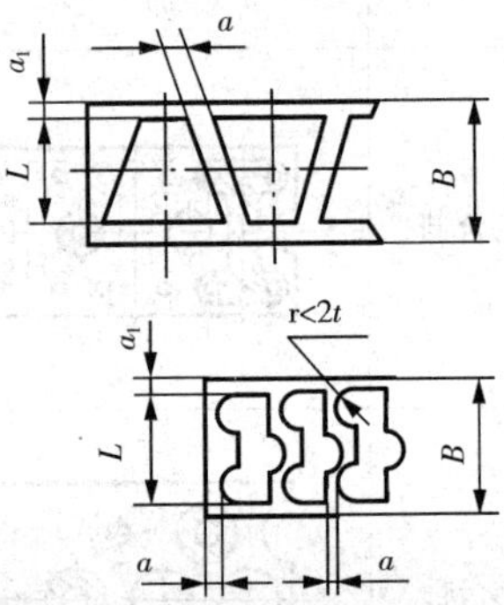	
	制件间 a	侧面 a_1	制件间 a	侧面 a_1	制件间 a	侧面 a_1
0.25 以下	1.8	2.0	2.2	2.5	2.8	3.0
0.25～0.5	1.2	1.5	1.8	2.0	2.2	2.5
0.5～0.8	1.0	1.2	1.5	1.8	1.8	2.0
0.8～1.2	0.8	1.0	1.2	1.5	1.5	1.8
1.2～1.6	1.0	1.2	1.5	1.8	1.8	2.0
1.6～2.0	1.2	1.5	1.8	2.0	2.0	2.2
2.0～2.5	1.5	1.8	2.0	2.2	2.2	2.5
2.5～3.0	1.8	2.2	2.2	2.5	2.5	2.8
3.0～3.5	2.2	2.5	2.5	2.8	2.8	3.2
3.5～4.0	2.5	2.8	2.8	3.2	3.2	3.5
4.0～5.0	3.0	3.5	3.5	4.0	4.0	4.5
5.0～12	$0.6t$	$0.7t$	$0.7t$	$0.8t$	$0.8t$	$0.9t$

注:对于其他材料,应将表中数值乘以下列系数:中碳钢为 0.9,高碳钢为 0.8,硬黄铜为 1～1.1,硬铝为 1～1.2,软黄铜、纯铜为 1.2,铝为 1.3～1.4,非金属(皮革纸、纤维)为 1.5～2。

3. 条料宽度

在排样方案和搭边值确定之后,就可以确定条料的宽度,进而确定导料板间的距离。根据模具结构的不同,条料宽度可分为下列三种情况来计算:

(1)送料时在一侧导料板装有侧压装置

如图 3-12 所示,有侧压装置时,条料在送料时能始终贴紧另一侧导料板,计算公式如下:

条料宽度 $$B=(D_{max}+2a_1)^{0}_{-\Delta} \tag{3-1}$$

导料板之间的距离 $$B_1=B+c=D_{max}+2a_1+c \tag{3-2}$$

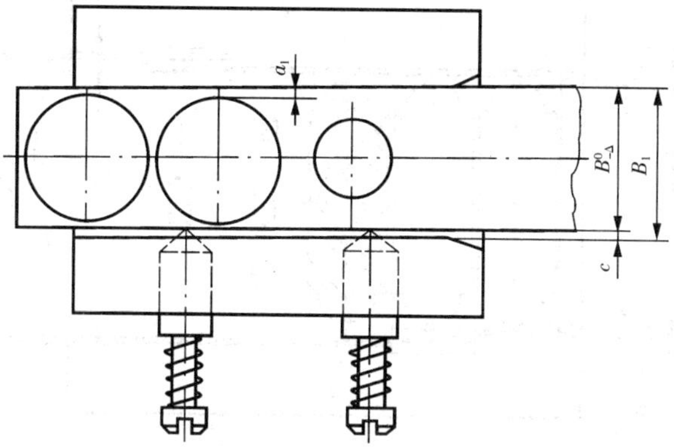

图 3-12 有侧压装置的条料宽度计算

(2)无侧压装置的导料板之间送料

如图 3-13 所示,无侧压装置时,条料在送料时可能会产生左右摆动或转动,从而使某一侧搭边减少。为了补偿侧面搭边,条料宽度应增加一个条料可能的摆动量,计算公式如下:

条料宽度 $$B=(D_{max}+2a_1+c)^{0}_{-\Delta} \tag{3-3}$$

导料板之间的距离 $$B_1=B+c=D_{max}+2a_1+2c \tag{3-4}$$

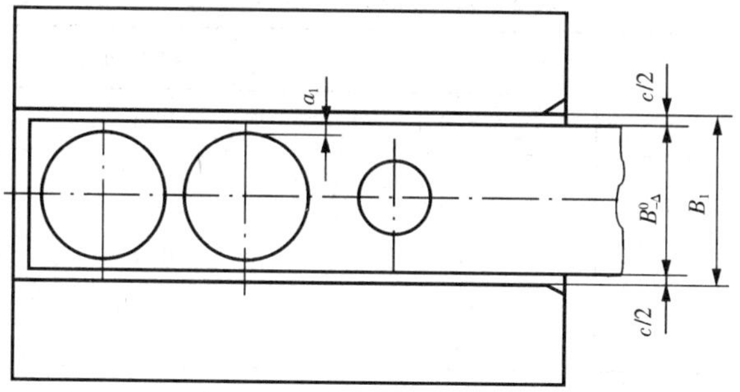

图 3-13 无侧压装置的条料宽度计算

(3)用侧刃定距

如图 3-14 示,当采用侧刃定位保证送进步距时,条料宽度应考虑侧刃的宽度,又因为侧刃定距时搭边取值较小,所以计算公式如下:

条料宽度 $$B=(D_{max}+1.5a_1+nb_1)^{0}_{-\Delta} \tag{3-5}$$

前导料板之间的距离 $$B_1=B+c=D_{max}+1.5a_1+nb_1+c \tag{3-6}$$

后导料板之间的距离 $$B_2=D_{max}+1.5a_1+y \tag{3-7}$$

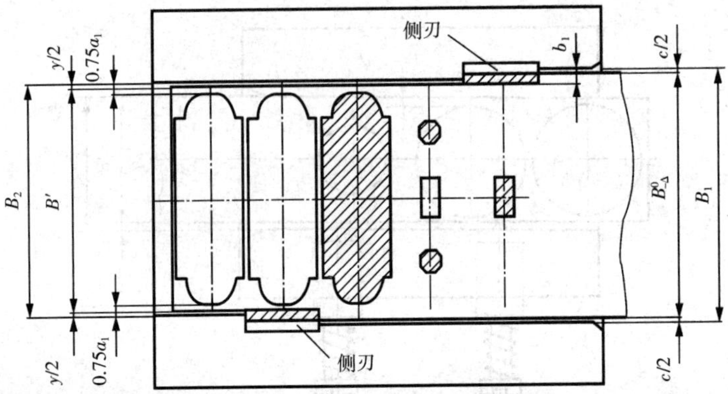

图 3-14 侧刃定距时的条料宽度确定

式(3-1)~(3-7)中,各符号的含义如下:

D_{max}——冲裁件在条料宽度方向上的最大尺寸(mm);

a_1——侧搭边值,可参考表 3-11;

Δ——条料宽度的公差,见表 3-12、表 3-13;

c——导料板与最宽条料之间的间隙,其最小值见表 3-14;

n——侧刃数;

b_1——侧刃冲切的料边宽度,见表 3-15;

y——冲切后的条料宽度与导料板之间的间隙,见表 3-15。

表 3-12 条料宽度的公差 Δ (mm)

条料宽度 B	材料厚度 t		
	~0.5	>0.5~1	>1~2
~20	0.05	0.08	0.10
>20~30	0.08	0.10	0.15
>30~50	0.10	0.15	0.20

表 3-13 条料宽度的公差 Δ (mm)

条料宽度 B	材料厚度 t			
	~1	>1~2	>2~3	>3~5
~50	0.4	0.5	0.7	0.9
>50~100	0.5	0.6	0.8	1.0
>100~150	0.6	0.7	0.9	1.1
>150~220	0.7	0.8	1.0	1.2
>220~300	0.8	0.9	1.1	1.3

表 3-14　条料与导料板之间的最小间隙 c_{min}　　(mm)

材料厚度 t	无侧压装置			有侧压装置	
	条料宽度 B			条料宽度 B	
	100 以下	100～200	200～300	100 以下	100 以上
～0.5	0.5	0.5	1	5	8
>0.5～1	0.5	0.5	1	5	8
>1～2	0.5	1	1	5	8
>2～3	0.5	1	1	5	8
>3～4	0.5	1	1	5	8
>4～5	0.5	1	1	5	8

表 3-15　b_1 和 y 的值　　(mm)

材料厚度 t	b_1		y
	金属材料	非金属材料	
～1.5	1.5	2	0.10
>1.5～2.5	2.0	3	0.15
>2.5～3.0	2.5	4	0.20

在确定条料宽度之后，还要选择板料规格，并确定裁板方法(纵向剪裁或横向剪裁)。

3.6.3　材料利用率的计算

材料利用率是指冲裁制件的实际面积与所用板料面积的百分比，它是衡量合理利用材料的经济性指标，也是检验排样是否合理的重要参数。通常以一个步距内制件的实际面积与所用毛坯面积的百分率 η 来表示。

一个送料步距内的材料利用率(如图 3-15 所示)可用下式计算：

$$\eta=\frac{A}{BS}\times 100\% \tag{3-8}$$

式中：A——一个步距内制件的实际面积(mm^2)；

B——条料宽度(mm)；

S——送料步距(mm)。

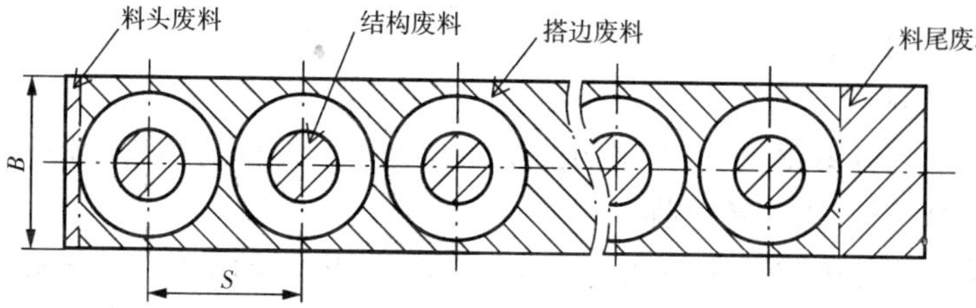

图 3-15　一个步距内的材料利用率

准确的材料利用率，应考虑到料头与料尾的材料消耗情况，则一张板料上总的材料利用率可用下式计算：

$$\eta=\frac{nA}{LB}\times 100\% \qquad (3-9)$$

式中：n——一张板料所能冲出的制件总数；

A——一个制件的实际面积(mm^2)；

L——板料长度(mm)；

B——板料宽度(mm)。

η 值越大，材料的利用率就越高，同一个制件，排样不同时，材料利用率也会不同。

但材料利用率并不是选择排样的唯一标准，一般来说，所用材料价格高或生产批量较大时，应选择材料利用率较高的排样；而生产批量较小时，则应尽可能选择比较简单的排样，以便使模具容易制造。

3.6.4 排样图

排样图是以排样为基础的，它也是排样设计的最终表达形式。一张完整的排样图应标注条料宽度、长度(卷料除外)、板料厚度、步距、搭边(a 和 a_1)，如图 3－16 所示。

排样图应绘制在冲压工艺规程卡片上和冲裁模总装图的右上角。

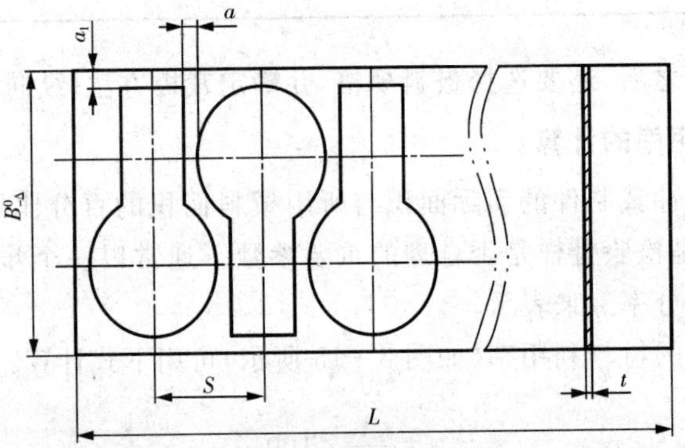

图 3－16　排样图

【例 3－3】 完成垫片的冲裁排样设计。

由图 3－1 可知，该零件外形为落料，内形为冲孔，冲孔有一圆孔和两长圆形孔。有以下几种冲裁工艺方案可以选择。

(1)确定本例的排样方法

① 由确定的工艺方案得出，本例采用的是冲孔、落料、级进模冲裁，侧刃定距。

② 该零件是窄长件，采用单直排。

③ 因为两长圆孔与中间圆孔的孔边距 4＜5，故采用冲长圆孔与冲圆孔分步冲裁的方法。画出排样图，如图 3－17a 所示。

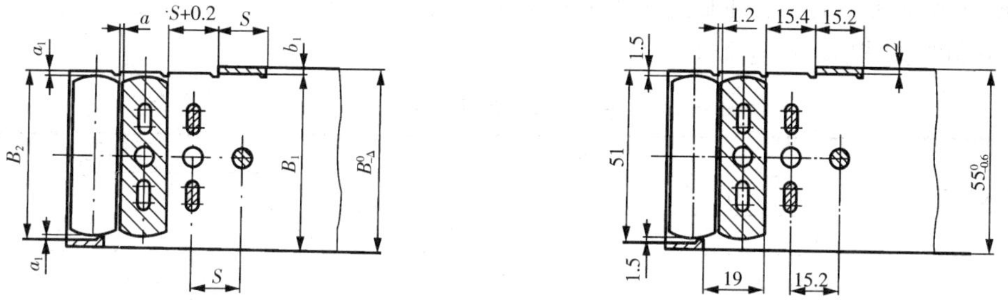

a)　　　　　　b)

图 3-17　零件图与排样图

(2)确定搭边,计算条料宽度

由表 3-11 查得 $a=1.2$,$a_1=1.5$,又由侧刃切料宽度为 1～2.5mm,取 $b_1=2\text{mm}$。

由表查得　$\Delta=0.6$

计算料宽　$B=(D_{max}+2a_1+nb_1)$

$=(48+2\times1.5+2\times2)$

$=55\text{ mm}$

计算步距　$S=14+1.2=15.2\text{ mm}$

(3)计算材料利用率

$$\eta=nA/BL\times100\%$$

因为　$A=48\times14-2\times(4\times5)-2\times(1/4\times16\times3.14)-1/4\times3.14\times36=578.6\text{ mm}^2$

$n=L/S=900/15.2-1=59.2(\text{取 }59)-1=58$

所以　$\eta=58\times578.6/55\times900\times100\%=68\%$

通过计算得到的最终排样图如图 3-17b 所示。

3.7　冲裁模刃口尺寸计算

冲裁模的凸模和凹模的刃口尺寸和公差,直接影响冲裁件的尺寸精度。模具的合理间隙值也靠凸模、凹模刃口尺寸及其公差来保证。

3.7.1　凸模、凹模刃口尺寸计算原则

在计算凸模和凹模的刃口尺寸时,落料和冲孔应区别对待,遵循的原则如下:

(1)设计落料模先确定凹模刃口尺寸。以凹模为基准,间隙取在凸模上,即冲裁间隙通过减小凸模刃口尺寸来取得。设计冲孔模先确定凸模刃口尺寸。以凸模为基准,间隙取在凹模上,冲裁间隙通过增大凹模刃口尺寸来取得。

(2)根据冲模在使用过程中的磨损规律,设计落料模时,凹模基本尺寸应取接近或等于工件的最小极限尺寸;设计冲孔模时,凸模基本尺寸则取接近或等于工件孔的最大极限尺寸。

模具磨损预留量与工件制造精度有关，用 $x\Delta$ 表示，其中 Δ 为工件的公差值，x 为磨损系数，其值参照表 3－16 选取。

表 3－16　磨损系数 x

材料厚度 t/mm	非圆形			圆形	
	1	0.75	0.5	0.75	0.5
	制件公差 Δ/mm				
<1	≤0.18	0.17～0.35	≥0.36	<0.16	≥0.16
1～2	≤0.20	0.21～0.41	≥0.42	<0.20	≥0.20
2～4	≤0.24	0.25～0.49	≥0.50	<0.24	≥0.24
>4	≤0.30	0.31～0.59	≥0.60	<0.30	≥0.30

(3)不管落料还是冲孔，冲裁间隙一般选用最小合理间隙值 Z_{min}。

(4)确定冲模刃口制造公差时，应考虑零件的公差要求。如果对刃口尺寸精度要求过高，会使模具制造困难，增加成本，延长生产周期；如果对刃口尺寸精度要求过低，则生产出来的制件可能不合格，会使模具的寿命降低。一般来说，模具制造精度比零件精度高 2～4 级。对于形状简单的圆形、方形刃口，其精度可按 IT6～IT7 级制造，或查表 3－17；对于形状复杂的刃口，其精度可按零件对应公差值的 1/4 取值；若零件没有标注公差，可按 IT14 级处理，冲模则按 IT11 级制造。

表 3－17　规则形状(圆形、方形)冲裁时凸模、凹模的制造公差　(mm)

基本尺寸	凸模公差 δ_p	凹模公差 δ_d	基本尺寸	凸模公差 δ_p	凹模公差 δ_d
≤18	0.020	0.020	>180～260	0.030	0.045
>18～30	0.020	0.025	>260～360	0.035	0.050
>30～80	0.020	0.030	>360～500	0.040	0.060
>80～120	0.025	0.035	>500	0.050	0.070
>120～180	0.030	0.040			

(5)工件尺寸公差与冲模刃口尺寸的制造偏差原则上都应标注为单向公差。但对于磨损后无变化的尺寸，一般标注双向偏差。

3.7.2　凸模、凹模刃口尺寸计算方法

根据模具的加工方法不同，可以将凸模与凹模刃口尺寸计算方法分为两种情况。

1. 凸模与凹模分开加工

这种方法适用于圆形或简单规则形状的制件，因为冲裁此类工件的凸模、凹模制造相对简单，精度容易保证，所以采用分别加工。为了保证模具的使用寿命，凸模和凹模的制造公差与冲裁间隙值之间必须满足下列条件：

$$\delta_p + \delta_d \leqslant Z_{max} - Z_{min} \qquad (3-10)$$

当上式不能满足时，应按下式调整：

$$\delta_p \leqslant 0.4(Z_{max} - Z_{min}) \qquad (3-11)$$

$$\delta_d \leqslant 0.6(Z_{max}-Z_{min}) \tag{3-12}$$

凸模、凹模分别加工法的优点是，凸模、凹模具有互换性，制造周期短，便于成批制造。其缺点是，为了保证初始间隙在合理范围内，需要采用较小的凸模、凹模具制造公差才能满足 $\delta_p+\delta_d \leqslant Z_{max}-Z_{min}$ 的要求，所以模具制造成本相对较高。

采用凸模与凹模分开加工时，凸模和凹模刃口尺寸计算公式如下：

(1)落料　根据计算原则，落料时以凹模为设计基准。首先确定凹模尺寸，使凹模的基本尺寸接近或等于工件轮廓的最小极限尺寸；将凹模尺寸减小最小合理间隙值即得到凸模尺寸。

$$D_d=(D_{max}-x\Delta)_{0}^{+\delta_d} \tag{3-13}$$

$$D_p=(D_d-Z_{min})_{-\delta_d}^{0}=(D_{max}-x\Delta-Z_{min})_{-\delta_d}^{0} \tag{3-14}$$

(2)冲孔　根据计算原则，冲孔时以凸模为设计基准。首先确定凸模尺寸，使凸模的基本尺寸接近或等于工件孔的最大极限尺寸；将凸模尺寸增大最小合理间隙值即得到凹模尺寸。

$$d_p=(d_{min}+x\Delta)_{-\delta_p}^{0} \tag{3-15}$$

$$d_d=(d_p+Z_{min})_{0}^{+\delta_d}=(d_{min}+x\Delta+Z_{min})_{0}^{+\delta_d} \tag{3-16}$$

(3)孔心距　孔心距属于磨损后基本不变的尺寸，当一次冲出孔距为 $L\pm\frac{1}{2}\Delta$ 的两个孔时，凹模型孔中心距 L_d 按下式确定，

$$L_d=L\pm\frac{1}{8}\Delta \tag{3-17}$$

式(3－13)～(3－17)中，各符号的含义如下：

D_{max}、d_{min}——分别为落料件的最大极限尺寸和冲孔件的最小极限尺寸(mm)；

D_d、D_p——分别为落料凹模和凸模刃口的基本尺寸(mm)；

d_d、d_p——分别为冲孔凹模和凸模刃口的基本尺寸(mm)；

L、L_d——分别为冲件孔心距和凹模孔心距的基本尺寸(mm)；

Δ——零件的制造公差；

δ_d、δ_p——分别是凹模和凸模刃口尺寸的制造公差；

x——磨损系数，参照表 3－16 选取。

【例 3－4】 用分开加工法计算图 3－18 所示垫片零件的凸模和凹模刃口尺寸。

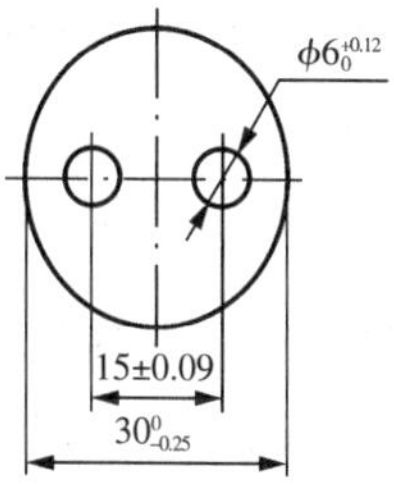

图 3－18　冲裁工件图

由图可知，该零件属于一般落料、冲孔件。$30_{-0.52}^{0}$ 由落料获得，$\phi6_{0}^{+0.12}$ 和 15 ± 0.09 由冲孔同时获得，工件无特殊要求。

查公差表可知，$30_{-0.52}^{0}$ 为 IT14 级，取 $x=0.5$；$\phi6_{0}^{+0.12}$ 为 IT12 级，取 $x=0.75$。

查表 3-3 得 $Z_{max}=0.140$ mm $Z_{min}=0.100$ mm

则有 $Z_{max}-Z_{min}=0.140-0.100=0.040$ mm

落料：

$$D_d=(D_{max}-x\Delta)_0^{+\delta_d}$$

$$D_p=(D_d-Z_{min})_{-\delta_p}^{0}$$

查表 3-17 得 $\delta_d=0.025$ mm $\delta_p=0.020$ mm

校核间隙：$\delta_p+\delta_d=0.025+0.020=0.045\ \text{mm}\geqslant Z_{max}-Z_{min}=0.040$ mm

所取凸模、凹模的公差不能满足 $\delta_p+\delta_d\leqslant Z_{max}-Z_{min}$ 的条件，需调整为

$$\delta_d=0.6(Z_{max}-Z_{min})=0.6\times0.040=0.024\ \text{mm}$$

$$\delta_p=0.4(Z_{max}-Z_{min})=0.4\times0.040=0.016\ \text{mm}$$

将已知数据代入公式，得

$$D_d=(30-0.5\times0.52)_0^{+0.024}=29.74_0^{+0.024}\ \text{mm}$$

$$D_p=(29.74-0.10)_{-0.016}^{0}=29.64_{-0.016}^{0}\ \text{mm}$$

冲孔：

$$d_p=(d_{min}+x\Delta)_{-\delta_p}^{0}$$

查表 3-17 得 $\delta_d=0.020$mm $\delta_p=0.020$ mm

校核间隙：$\delta_p+\delta_d=0.020+0.020=0.040\text{mm}=Z_{max}-Z_{min}=0.040$ mm

所取凸模、凹模的公差能满足 $\delta_p+\delta_d\leqslant Z_{max}-Z_{min}$ 的条件。

将已知数据代入公式，得

$$d_p=(6+0.75\times0.12)_{-0.020}^{0}=6.09_{-0.020}^{0}\ \text{mm}$$

$$d_d=(6.09+0.10)_0^{+0.020}=6.19_0^{+0.020}\ \text{mm}$$

孔心距 $L_d=L\pm\frac{1}{8}\Delta=15\pm\frac{1}{8}\times0.18=15\pm0.025$ mm

2. 凸模与凹模配作加工

这种方法适用于形状复杂或薄板料的制件。凸模与凹模配作加工就是先按零件的设计尺寸和公差加工凸模和凹模两者之一(落料时加工凹模，冲孔时加工凸模)，然后以此件为基准件加工另一件，使它们之间保证一定的合理间隙。凸模和凹模的制造公差不再受间隙的限制，一般取 $\delta_p=\delta_d=\frac{1}{4}\Delta$，不必校核 $\delta_p+\delta_d\leqslant Z_{max}-Z_{min}$ 的条件。设计时，只在基准件上标注尺寸和公差，配作的另一件既不标注基本尺寸也不标注制造公差，只在配作件的技术要求中注明：与凸(凹)模成 Z_{min} 的双面间隙制造。

凸模与凹模配作加工法不仅工艺比较简单，容易保证凸模和凹模的间隙，并且还可放大模具的制造公差，使制造容易。

采用配作加工法，在计算基准件(凸模或凹模)的刃口尺寸时，首先是根据凸模或凹模磨损后轮廓变化情况，正确判断出模具刃口各个尺寸在磨损过程中是变大、变小还是不变这三

种情况,分别加以对待。

落料件如图 3-19a 所示,其凹模的磨损如图 3-19b 所示;冲孔件如图 3-20a 所示,其凸模的磨损如图 3-20b 所示。

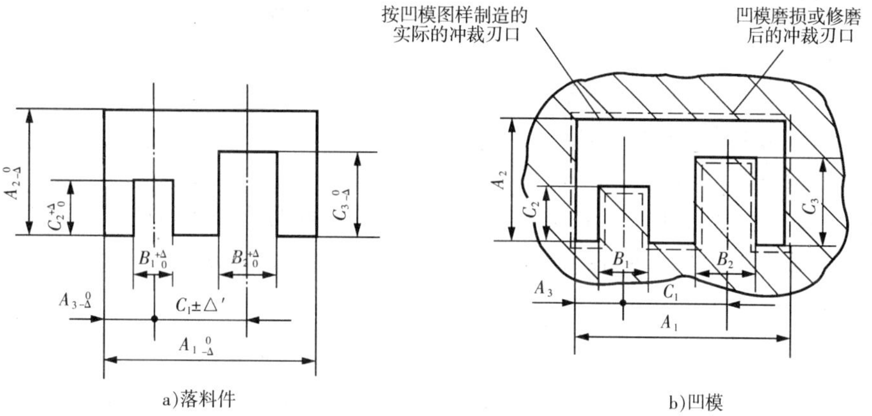

图 3-19 落料件和凹模

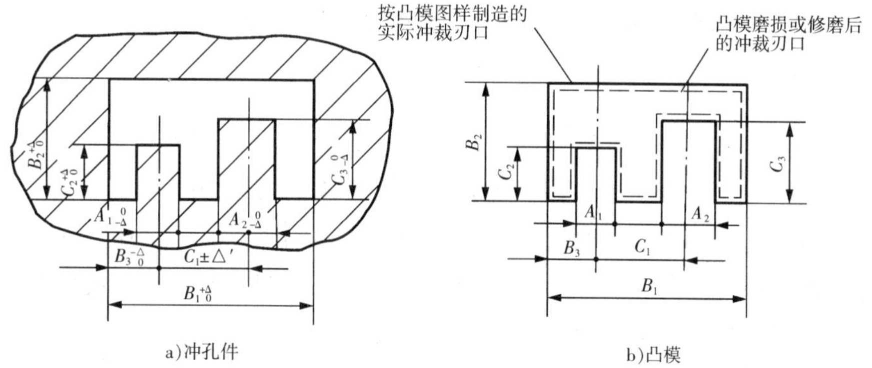

图 3-20 冲孔件和凸模

根据磨损规律,凹模和凸模磨损后,在一个凹模或凸模上同时存在着三类不同磨损性质的尺寸:

第一类(A 类),凹模或凸模磨损后会增大的尺寸;

第二类(B 类),凹模或凸模磨损后会减小的尺寸;

第三类(C 类),凹模或凸模磨损后基本不变的尺寸。

(1)A 类尺寸的计算公式

$$A_j=(A_{max}-x\Delta)_{0}^{+\Delta/4} \tag{3-18}$$

(2)B 类尺寸的计算公式

$$B_j=(B_{min}+x\Delta)_{-\Delta/4}^{0} \tag{3-19}$$

(3)C类尺寸的计算公式

$$C_j=(C_{\min}+0.5\Delta)\pm\frac{1}{8}\Delta=(C_{\max}-0.5\Delta)\pm\frac{1}{8}\Delta \quad (3-20)$$

式(3-18)～(3-20)中,各符号的含义如下:

A_{max}、B_{min}、C_{max}、C_{min}——作为基准件的凹模或凸模的尺寸的最大极限值或最小极限值(mm);

A、B、C——相应的冲裁件的基本尺寸(mm);

Δ——工件的制造公差(mm);

x——磨损系数,取值同前。

【例3-5】 用配合加工法计算图3-1所示垫片零件的凸模和凹模刃口尺寸。

(1)该冲裁件外轮廓属落料件,所以先确定落料凹模的刃口尺寸,然后再以落料凹模为基准件配作落料凸模。

查表3-3得 $Z_{min}=0.126$ mm $Z_{max}=0.180$ mm

凹模的刃口尺寸有:48 mm、14 mm、R15 mm,均按照IT14级确定公差值。

查公差表可知,尺寸48 mm的IT14级公差值为0.62 mm,尺寸14 mm的IT14级公差值为0.43 mm,尺寸R15 mm的IT14级公差值为0.43 mm。由于这三个尺寸的精度等级均为IT14级,所以取磨损系数$x=0.5$。

这三个尺寸均为凹模磨损后尺寸变大的尺寸,所以计算得

$$A_1=(48-0.5\times0.62)_{0}^{+0.62/4}=47.79_{0}^{+0.155}\text{ mm}$$

$$A_2=(14-0.5\times0.43)_{0}^{+0.43/4}=13.785_{0}^{+0.108}\text{ mm}$$

$$A_3=(15-0.5\times0.43)_{0}^{+0.43/4}=14.785_{0}^{+0.108}\text{ mm}$$

落料凸模的基本尺寸与凹模相同,分别是47.79 mm、13.785 mm、R14.785 mm,绘图时不必标注公差,但要在技术条件中注明:落料凸模实际刃口尺寸与落料凹模配作,保证最小双面合理间隙值$Z_{min}=0.126$ mm。

(2)该冲裁件两种孔属于冲孔件,所以先确定冲孔凸模的刃口尺寸,然后再以冲孔凸模为基准件配作冲孔凹模。

查表3-3得 $Z_{min}=0.126$ mm $Z_{max}=0.180$ mm

凸模的刃口尺寸有:$6_{0}^{+0.075}$ mm、4 mm,尺寸$6_{0}^{+0.075}$查公差表可知为IT11,取磨损系数$x=0.75$;尺寸4按照IT14级确定公差值,查公差表得公差值为0.30 mm,取磨损系数$x=0.5$。

这三个尺寸均为凸模磨损后尺寸变小的尺寸,所以计算得

$$B_1=(6+0.75\times0.075)_{-0.075/4}^{0}=6.056_{-0.019}^{0}\text{ mm}$$

$$B_2=(4+0.5\times0.30)_{-0.30/4}^{0}=4.15_{-0.075}^{0}\text{ mm}$$

冲孔凹模的基本尺寸与凸模相同,分别是6.056 mm、4.15 mm,绘图时不必标注公差,但要在技术条件中注明冲孔凹模实际刃口尺寸与冲孔凸模配作,保证最小双面合理间隙值

$Z_{min}=0.126$ mm。

(3)孔心距尺寸 5±0.12、28±0.2，凸模或凹模磨损后基本不变，不必考虑磨损的影响，计算得

$$C_1=5\pm0.24/8=5\pm0.03\ \text{mm}$$

$$C_2=28\pm0.4/8=28\pm0.05\ \text{mm}$$

3.8　冲裁力和冲裁压力中心的计算

3.8.1　冲裁力的计算

冲裁力是冲裁过程中凸模对板料施加的压力，它是随凸模进入材料的深度而变化的。通常说的冲裁力是指冲裁力的最大值。冲裁力大小是选择压力机公称压力和检验模具强度的主要依据。

用普通平刃口模具冲裁时，其冲裁力 F 一般按下式计算：

$$F=KLt\tau_b \tag{3-21}$$

式中：F——冲裁力(N)；

L——冲裁周边长度(mm)；

t——材料厚度(mm)；

τ_b——材料抗剪强度(MPa)；

K——系数。一般取 $K=1.3$。

为计算简便，也可按下式估算冲裁力：

$$F=Lt\sigma_b \tag{3-22}$$

式中：σ_b——材料的抗拉强度(MPa)。

3.8.2　冲裁附加力的计算

冲裁附加力包括卸料力、推件力和顶件力等。要准确地计算这些力是困难的，生产中常用经验公式计算。

1. 卸料力的计算

在冲裁结束时，由于材料的弹性回复和翘曲变形以及摩擦的存在，冲裁剩下的材料紧箍在凸模上。为了使冲裁工作继续进行，必须将箍在凸模上的料卸下，从凸模上卸下箍着的料所需要的力称卸料力，用 F_x表示，如图 3-21 所示。

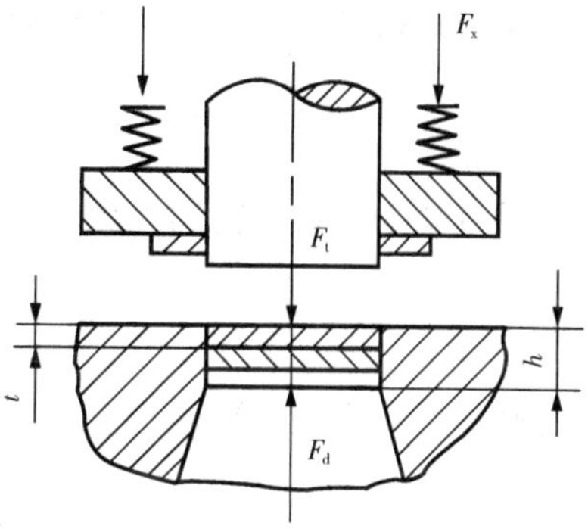

图 3-21　卸料力、推件力和顶件力

卸料力在生产中常用下列经验公式计算：

$$F_x = K_x F \tag{3-23}$$

2.推件力和顶件力的计算

冲裁结束时，冲落部分的材料会梗塞在凹模内，在下次冲裁进行之前，必须将卡在凹模内的料推出。将梗塞在凹模内的料顺冲裁方向推出所需要的力称推件力，用 F_t 表示；逆冲裁方向将料从凹模内顶出所需要的力称顶件力，用 F_d 表示，如图 3-21 所示。

推件力和顶件力在生产中常用下列经验公式计算：

$$F_t = nK_t F \tag{3-24}$$

$$F_d = K_d F \tag{3-25}$$

式(3-23)～(3-25)中，各符号的含义如下：

F——冲裁力；

K_x、K_t、K_d——卸料力、推件力、顶件力系数，其值见表 3-18；

n——同时卡在凹模内的冲裁件(或废料)数。凹模为锥形刃口时，$n=0$；凹模为直刃口时，$n=h/t$，其中 h 为凹模孔口的直刃壁高度，t 为板料厚度。

表 3-18　卸料力、推件力和顶件力系数

材料厚度 t/mm		K_x	K_t	K_d
钢	≤0.1	0.065～0.075	0.100	0.140
	>0.1～0.5	0.045～0.055	0.063	0.080
	>0.5～2.5	0.040～0.050	0.055	0.060
	>2.5～6.5	0.030～0.040	0.045	0.050
	>6.5	0.020～0.030	0.025	0.030
铝、铝合金		0.025～0.080	0.030～0.070	
纯铜、黄铜		0.020～0.060	0.030～0.090	

注：卸料力系数 K_x，在冲多孔、大搭边和轮廓复杂制件时取上限。

3.压力机公称压力的确定

冲裁时，冲压力 F_y 为冲裁力与冲裁附加力之和。计算时应根据模具结构的不同而分别对待。

当模具结构采用弹性卸料装置和下出件方式时

$$F_y = F + F_x + F_t \tag{3-26}$$

当模具结构采用弹性卸料装置和上出件方式时

$$F_y = F + F_x + F_d \tag{3-27}$$

当模具结构采用刚性卸料装置和下出件方式时

$$F_y = F + F_t \tag{3-28}$$

压力机的公称压力必须大于或等于冲压力 F_y。

3.8.3 降低冲裁力的方法

1. 台阶式凸模冲裁

在多凸模的冲裁中，将凸模做成不同长度，使工作端面按台阶分布，如图 3－22 所示，这样，各凸模冲裁力的最大值不同时出现，从而降低冲裁力。

凸模间的高度差 h 与板料厚度 t 有关，即

$$t<3\text{mm 时} \qquad h=t$$

$$t>3\text{mm 时} \qquad h=0.5t$$

台阶式凸模冲裁的冲裁力，一般只按产生最大冲裁力的那一个台阶进行计算。

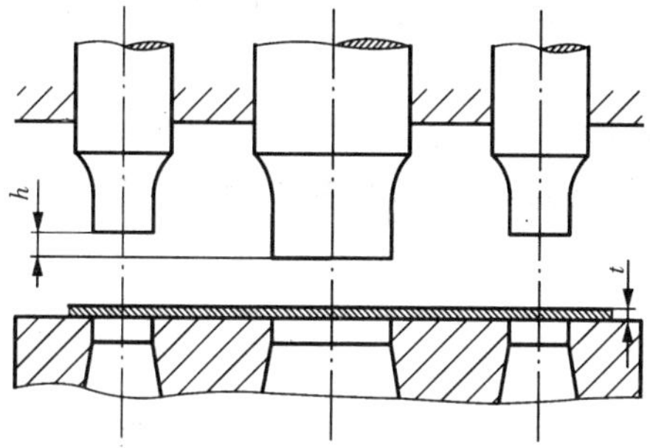

图 3－22 台阶式凸模冲裁

2. 斜刃冲裁

斜刃冲裁法，就是将冲裁凸模（或凹模）刃口平面做成与相对水平面呈一定倾斜角（$\varphi=3^\circ\sim8^\circ$）的斜刃。冲裁时，斜刃冲模刃口逐步分离材料，相当于把冲裁件的周边长度分成若干小段逐步进行冲裁分离，因此，能够有效降低冲裁力。

采用斜刃口冲裁时，为了获得平整工件，落料时凸模应为平刃，将斜刃口开在凹模上，如图 3－23a、b 所示。冲孔时相反，凹模应为平刃，凸模为斜刃，如图 3－23c、d 所示。斜刃应当是两面的，并对称于模具的压力中心，以免冲裁时模具承受单向侧压力而发生偏移，啃伤刃口。

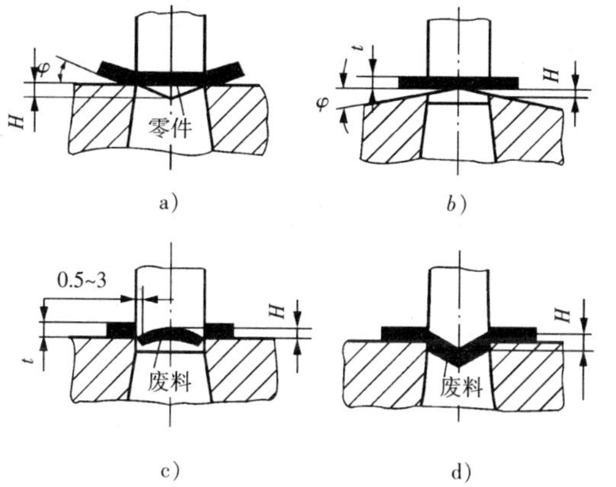

图 3－23 斜刃冲裁

斜刃冲裁虽然能降低冲裁力，但模具制造复杂，刃口易磨损，修磨困难，不适于冲裁外形复杂的制件，因此在一般情况下尽量不用，只用于大型冲件或厚板的冲裁。

3.加热冲裁

加热冲裁也称为红冲。将材料加热后冲裁，可以大大降低其抗剪强度，从而降低冲裁力。但加热冲裁容易破坏工件表面质量，同时会产生热变形，精度低，因此应用比较少。一般只在冲裁厚板时，才将板料加热来解决冲床吨位不足的问题。

3.8.4 压力中心的确定

模具的压力中心也就是冲压力合力的作用点。为了保证压力机和模具的正常工作，模具的压力中心应该与压力机滑块中心线重合。否则，冲压时滑块就会承受偏心载荷，导致滑块导轨和模具导向部分不正常的磨损，还会使合理间隙得不到保证，从而影响制件质量和降低模具寿命甚至损坏模具。

1.简单几何图形制件的压力中心的确定

(1)形状简单对称的制件(包括直线段)，其压力中心位于制件轮廓图形的几何中心上。如图 3-24 所示。

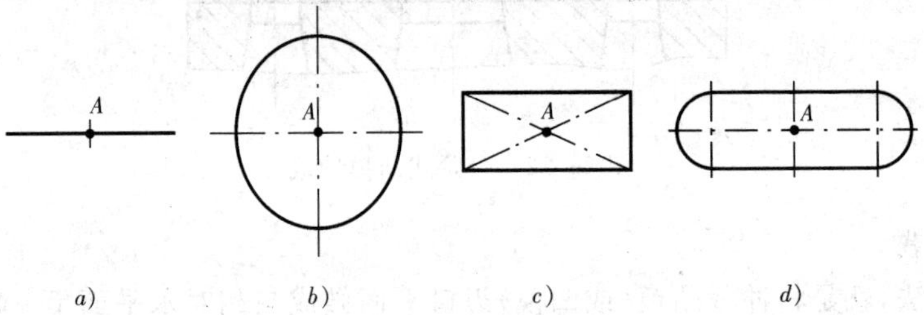

图 3-24　形状简单对称制件的压力中心

(2)冲裁圆弧线段时，其压力中心的位置，如图 3-25 所示，可以按下式计算：

$$x_0=\frac{180R\sin\alpha}{\pi\alpha}=\frac{Rb}{l} \tag{3-29}$$

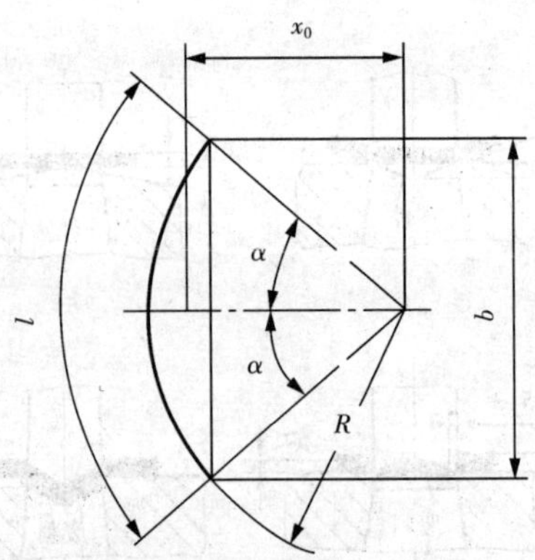

图 3-25　圆弧线段的压力中心

2.多凸模模具和复杂形状制件的压力中心的确定

多个凸模冲裁的压力中心常用解析法计算。参见图 3-26，其具体计算步骤如下。

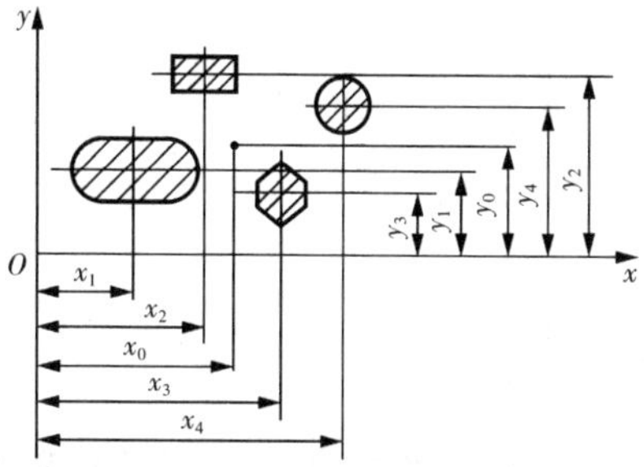

图 3-26　多凸模冲裁的压力中心计算

(1)建立坐标系。通常取某一型孔的对称轴为计算坐标轴。

(2)对形状复杂的型孔求出每一线段或多孔凹模每一型孔的冲裁力 F_1、F_2、F_3…。求出各线段或各型孔的压力中心对坐标轴的距离(x_1, y_1)、(x_2, y_2)、(x_3, y_3)…等。

(3) 根据合力力矩等于各分力力矩的代数和,即可求出总压力中心的坐标位置(x_0, y_0)。由于冲裁力与冲裁长度成正比,故可用被冲线段长度或各型孔工作周边长度 l_1、l_2、l_3… 代替冲裁力 F 用来求出压力中心坐标值(x_0, y_0)。

$$x_0 = \frac{F_1 x_1 + F_2 x_2 + \cdots + F_n x_n}{F_1 + F_2 + \cdots + F_n} = \frac{l_1 x_1 + l_2 x_2 + \cdots + l_n x_n}{l_1 + l_2 + \cdots + l_n} = \frac{\sum_{i=1}^{n} l_i x_i}{\sum_{i=1}^{n} l_i} \tag{3-30}$$

$$y_0 = \frac{F_1 y_1 + F_2 y_2 + \cdots + F_n y_n}{F_1 + F_2 + \cdots + F_n} = \frac{l_1 y_1 + l_2 y_2 + \cdots + l_n y_n}{l_1 + l_2 + \cdots + l_n} = \frac{\sum_{i=1}^{n} l_i y_i}{\sum_{i=1}^{n} l_i} \tag{3-31}$$

对于复杂形状制件压力中心的确定,可将其分解成各种简单形状,找出各简单形状的压力中心,再用多凸模冲裁的压力中心计算方法进行计算,参见图 3-27 所示。

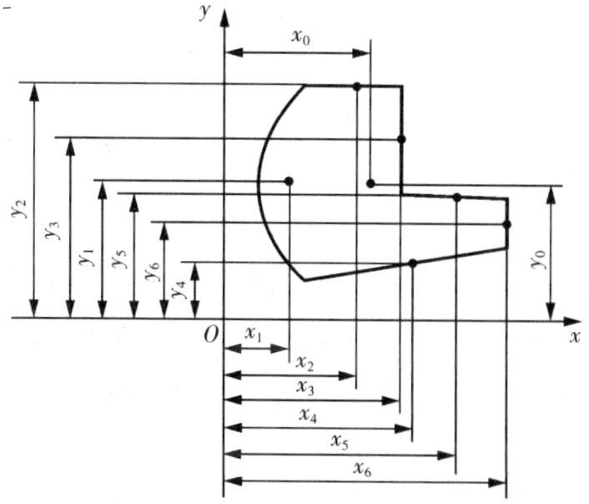

图 3-27　复杂形状制件压力中心的确定

【例 3-6】 计算图 3-1 所示垫片零件的冲裁模的冲压力并确定压力中心。

(1)计算冲裁力

$$F=1.3Lt\tau$$

因为 $L=2\times48+2\times14+6\times3.14+4\times5+2\times3.14\times4+2\times(15.2+2)=222.36$，

查得 $\tau=300$ MPa

则 $F=1.3\times1.2\times222\times300=103896\approx104$ kN

(2)确定压力中心

根据排样图选择落料型孔的中心为坐标轴原点，型孔对称轴为坐标轴。

因图形对称于 x 轴、y 轴方向的压力中心必然在 x 轴上，即 $y_0=0$。压力中心距 y 轴的距离 x_0 可用下式求出：

$$x_0=\frac{\sum_{i=1}^{n}x_il_i}{\sum_{i=1}^{n}l_i}\text{，式中}\sum_{i=1}^{n}l_i=222$$

各冲裁处的坐标值和冲切长度分别为：

① 落料 01(0,0)，$l_1=2\times48+2\times14=124$

② 冲长圆孔 02(15.2,0)，$l_2=2\times(2\times5+4\times3.14)=45.12$

③ 圆孔 03(30.4,0)，$l_3=3.14\times6=18.84$

④ 左右侧刃合并 04(5.7,0)，$l_4=34.4$

将以上数值代入公式得

$$x_0=(124\times0+45.2\times15.2+18.84\times30.4+34.4\times5.7)/222=6.6\text{ mm}$$

3.9 冲裁模的典型结构

3.9.1 单工序冲裁模

单工序冲裁模是指在压力机的一次工作行程中只完成一个基本冲压动作的模具。

1. 导板式单工序模

如图 3-28 所示为导板式单工序落料模。该模具的上模部分主要由模柄 1、上模座 3、两个凸模 5、垫板 6、凸模固定板 7 以及连接螺钉 4 组成；下模部分主要由导板 9、导料板 10、凹模 13、下模座 15、固定挡料销 16、始用挡料销 20 组成，采用销钉 14 定位、螺钉 8 紧固。导板 9 同时还起固定卸料板的作用。

这种模具上、下模的导向是通过凸模 5 利用导板 9 上的孔进行导向，导板 9 兼作卸料板。工作时凸模始终不脱离导板，以保证模具导向精度，因此，要求压力机行程较小。

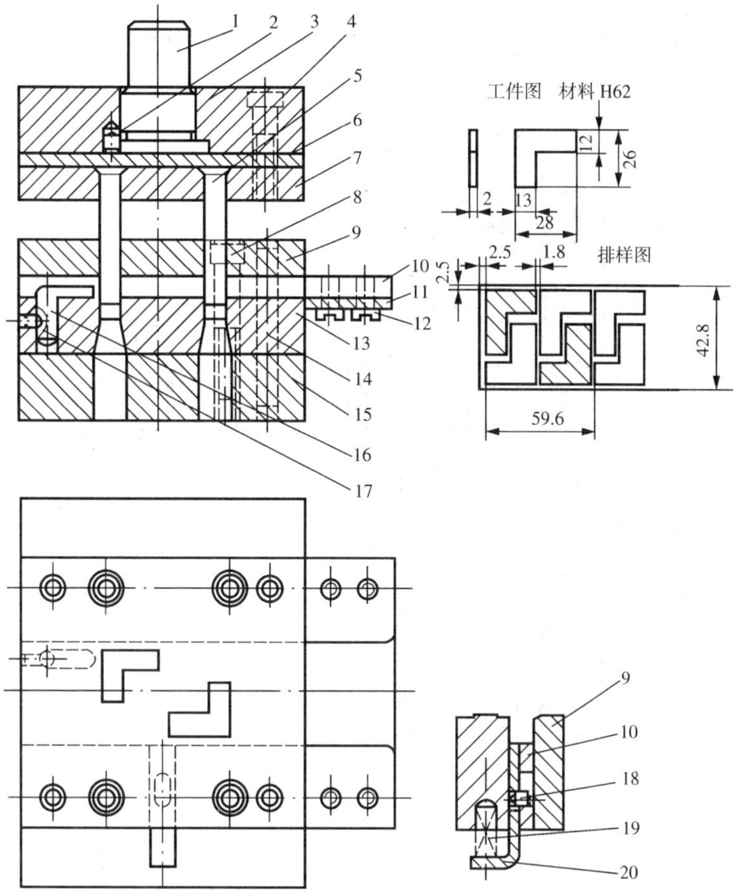

图 3-28 导板式单工序落料模

1—模柄 2—止动销 3—上模座 4、8—内六角螺钉 5—凸模 6—垫板 7—凸模固定板 9—导板 10—导料板 11—承料板 12—螺钉 13—凹模 14—圆柱销 15—下模座 16—固定挡料销 17—止动销 18—限位销 19—弹簧 20—始用挡料销

冲裁过程是：当条料沿导料板 10 送到始用挡料销 20 时，凸模 5 由导板 9 导向而进入凹模，完成了首次冲裁，冲下一个零件。条料继续送至固定挡料销 16 时，进行第二次冲裁，第二次冲裁时落下两个零件。此后，条料继续送进，其送进距离就由固定挡料销 16 来控制了，而且每一次冲压都是同时落下两个零件，分离后的零件靠凸模从凹模洞口中依次推出。

导板模比无导向简单模的精度高，寿命也较长，使用时安装较容易，卸料可靠，操作较安全，轮廓尺寸也不大。导板模一般用于冲裁形状比较简单、尺寸不大、厚度大于 0.3 mm 的冲裁件。

2. 导柱式单工序模

如图 3-29 所示为导柱式简单模。上、下模依靠导柱、导套导向。工作时，条料靠导料板 6 和固定挡料销 1 实现正确定位，以保证冲裁时搭边值均匀一致。此冲裁模采用刚性卸料板 5 卸掉箍在凸模上的废料，冲出的制件在凹模洞口中经凸模的顶压作用，逐个实现自然漏料。

由于导柱式简单模导向准确可靠，能保证冲裁间隙的均匀，冲裁的制件精度较高，模具使用寿命长，而且在压力机上安装使用方便。因此，导柱式冲裁模是生产中应用最广泛的一种冲裁模，适合大批量生产。

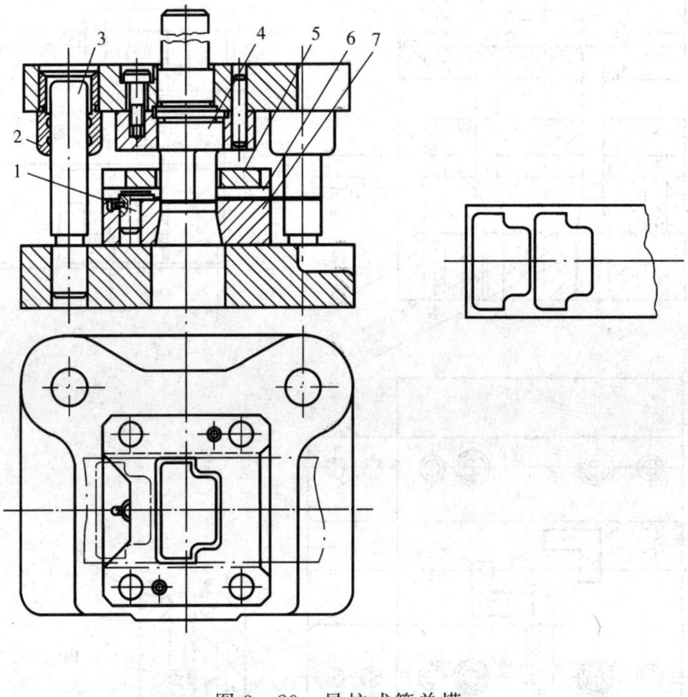

图 3-29　导柱式简单模

1—挡料销　2—导套　3—导柱　4—凸模　5—刚性卸料板　6—导料板　7—凹模

如图 3-30 所示是一副侧壁冲孔模，冲裁的对象是在成形零件的侧壁上冲孔。这是一种水平冲孔的方法，凸模运动方向与压力机滑块运动方向垂直。

冲裁过程是：上模随压力机滑块下行，压板 4 首先接触毛坯并将其压紧在凹模 3 上，接着斜楔 5 斜面接触滑块 1 的斜面，产生水平方向的分解运动，使滑块沿导轨滑动，安装于滑块上的凸模 2 与凹模 3 共同作用完成冲孔；上模回程，滑块在压簧作用下复位。

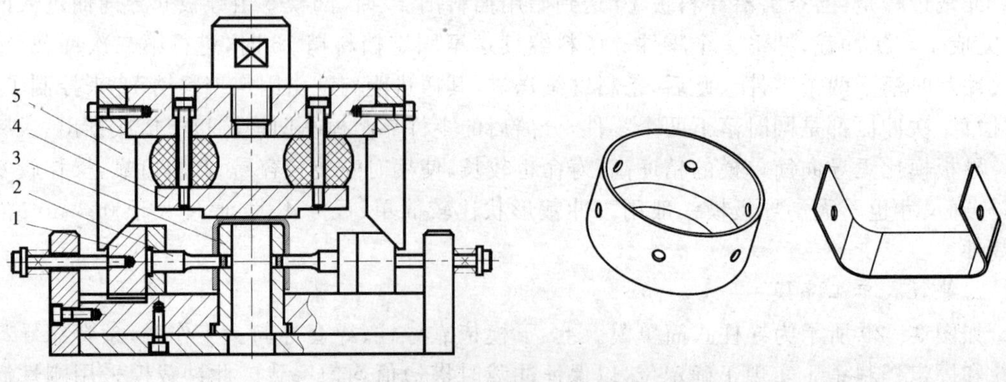

图 3-30　水平侧壁冲孔模

1—滑块　2—凸模　3—凹模　4—压料块　5—斜楔

该模具中斜楔的斜面角度以40°～45°为宜，一般取40°。需要较大的冲裁力时，也可用30°，以增大水平推力。如果为了获得较大的工作行程，也可加大到60°。因为常用的压力机为立式压力机，要完成水平冲裁通常采用这种结构。如果制件尺寸大，可以安装多个斜楔滑块结构，可以同时冲多个孔，使生产效率大大提高。

3.9.2 复合模

在压力机的一次工作行程中，在模具同一工位上，同时完成两个或以上基本冲裁工序的模具，称为复合冲裁模，简称复合模。

如图3-31所示为冲孔落料复合模的基本结构。在模具的一方(指上模或下模)外面装有落料凹模，中间装有冲孔凸模，而在另一方，则装有凸凹模(这是在复合模中必有的零件，其外形是落料凸模，其内孔是冲孔凹模，故称此零件为凸凹模)。当上、下模两部分嵌合时，就能同时完成冲孔与落料。

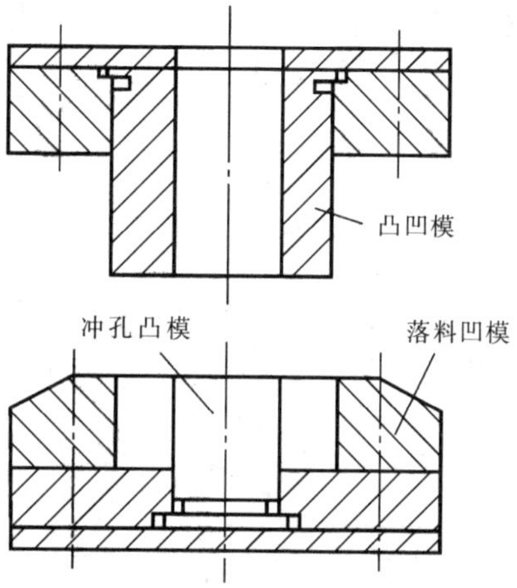

图3-31 冲孔落料复合模的基本结构

复合模的特点是生产率高，冲裁件的内孔与外缘的相对位置精度高，板料的定位精度要求比级进模低，冲模的轮廓尺寸较小。但复合模结构复杂，制造精度要求高，成本高。主要用于生产批量大、精度要求高的冲裁件。

复合冲裁模按落料凹模安装的位置不同，分为正装式复合模和倒装式复合模。当落料凹模安装在下模座上时，称为正装式复合模；当落料凹模安装在上模座上时，称为倒装式复合模。

1. 正装式复合模

如图3-32所示为正装式落料冲孔复合模，凸凹模6装在上模上，落料凹模8和冲孔凸模11装在下模上。工作时，板料以导料销13和挡料销12定位。上模下压，凸凹模外形和凹模8进行落料，落下的工件卡在凹模中，同时冲孔凸模与凸凹模内孔进行冲孔，冲孔废料卡在凸凹模孔内。卡在凹模中的工件由顶件装置顶出。顶件装置由带肩顶杆10和顶件块9及装在下模座底下的弹顶器组成。当上模上行时，原来在冲裁时被压缩的弹性元件恢复，把卡在凹模中的工件顶出凹模面。

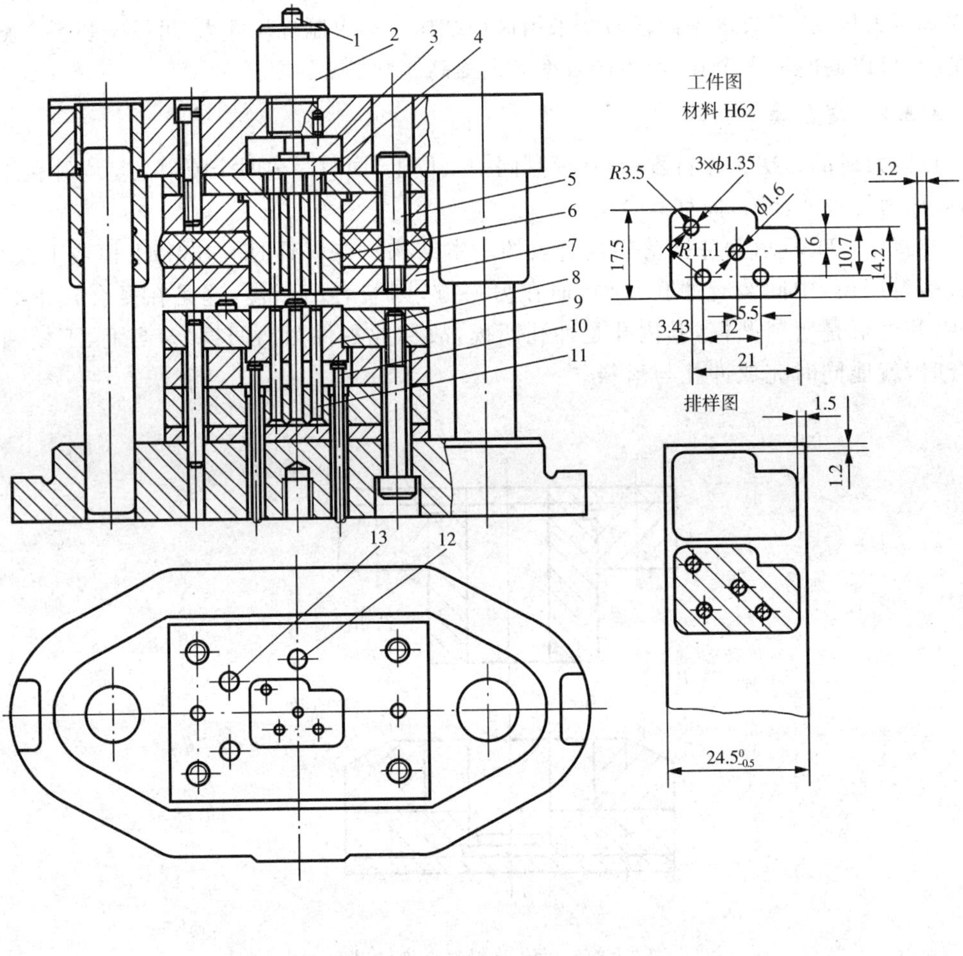

图 3-32　正装式复合模

1—打杆　2—模柄　3—推板　4—推杆　5—卸料螺钉　6—凸凹模　7—卸料板　8—落料凹模　9—顶件块　10—带肩顶杆　11—冲孔凸模　12—挡料销　13—导料销

该模具采用装在下模座底下的弹顶器推动顶杆和顶件块，弹性元件高度不受模具有关空间的限制，顶件力大小容易调节，可获得较大的顶件力。卡在凸凹模内的冲孔废料由推件装置推出。推件装置由打杆 1、推板 3 和推杆 4 组成。当上模上行至上止点时，把废料推出。每冲裁一次，冲孔废料被推下一次，凸凹模孔内不积存废料，胀力小，不易破裂。但冲孔废料落在下模工作面上，清除废料麻烦，尤其孔较多时。边料由弹压卸料装置卸下。由于采用固定挡料销和导料销，在卸料板上需钻出让位孔，或采用活动导料销或挡料销。

正装复合模的优点是顶件板、卸料板都是弹性的，材料与冲件同时受到压平作用，所以对于较软、较薄的制件能达到平整要求，制件的精度也较高。用正装复合模，在凸凹模的孔内不会积聚冲孔废料，可以减少孔内废料的胀力，有利于减少凸凹模的最小壁厚。

2. 倒装式复合模

如图 3－33 所示为倒装式复合模。凸凹模 18 装在下模，落料凹模 17 和冲孔凸模 14 和 16 装在上模。

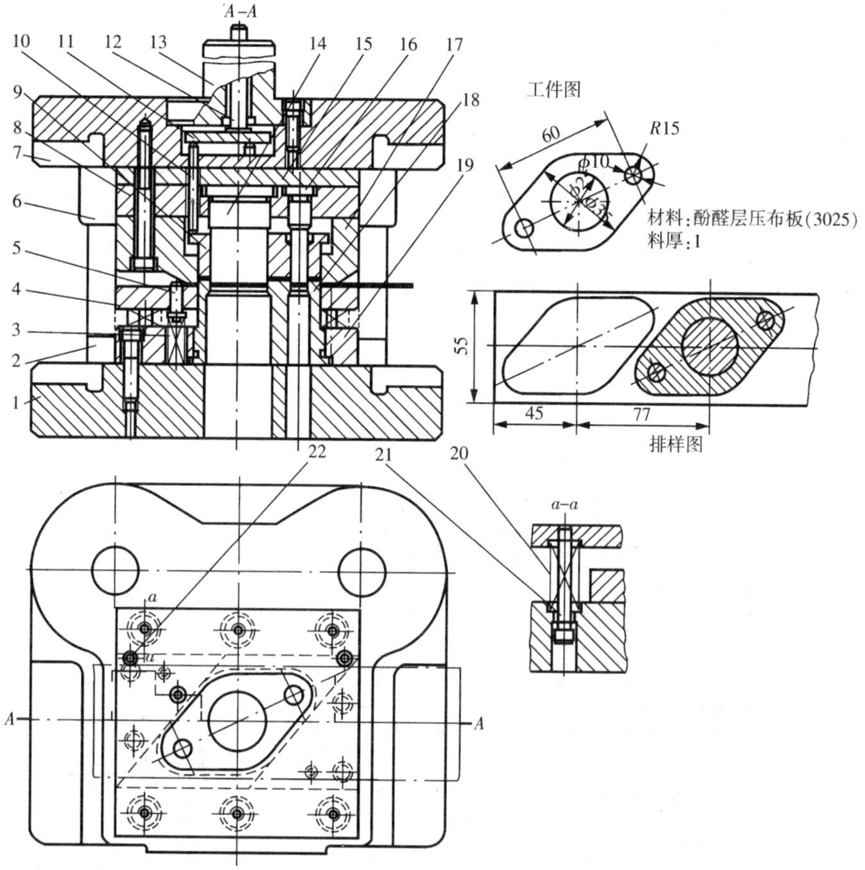

图 3－33 倒装式复合模

1—下模座 2—导柱 3、20—弹簧 4—卸料板 5—活动挡料销 6—导套 7—上模座 8—凸模固定板 9—推件块 10—连接推杆 11—推板 12—打杆 13—模柄 14、16—冲孔凸模 15—垫板 17—落料凹模 18—凸凹模 19—固定板 21—卸料螺钉 22—导料销

倒装式复合模通常采用刚性推件装置把卡在凹模中的工件推下，刚性推件装置由打杆 12、推板 11、连接推杆 10 和推件块 9 组成。冲孔废料直接由冲孔凸模从凸凹模内孔推下，无顶件装置，结构简单，操作方便，但如果采用直刃壁凹模洞口，凸凹模内有积存废料，胀力较大，当凸凹模壁厚较小时，可能导致凸凹模破裂。

板料的定位靠导料销 22 和弹簧弹顶的活动挡料销 5 来完成。非工作行程时，挡料销 5 由弹簧 3 顶起，可供定位；工作时，挡料销被压下，上端面与板料平齐。由于采用弹簧弹顶挡料装置，所以在凹模上不必钻相应的让位孔。

倒装复合模的主要优点是废料能直接从压力机台面落下，制件则从上模推下，比较容易从工作区域引出。因此，它操作方便安全，易于安装送料装置，生产效率较高，所以应用比较广泛。

3.9.3 级进模

级进模又称连续模，是指压力机在一次行程中，依次在几个不同的位置上，同时完成多道工序的冲模。

由于级进模工位数较多，因而用级进模冲制零件，必须解决条料或带料的准确定位问题，才有可能保证冲压件的质量。

如图 3-34 所示为用导正销定距的冲孔落料级进模。导向方式是导板导向。冲孔凸模 3 与落料凸模 4 之间的距离就是送料步距 S。送料时由固定挡料销 6 进行初定位，由两个装在落料凸模上的导正销 5 进行精定位。导正销与落料凸模的配合为 H7/r6，其连接应保证在修磨凸模时的装拆方便，因此，落料凸模安装导正销的孔是个通孔。导正销头部的形状应有利于在导正时插入已冲的孔，它与孔的配合应略有间隙。为了保证首件的正确定距，在带导正销的级进模中，常采用始用挡料装置。它安装在导板下的导料板中间。

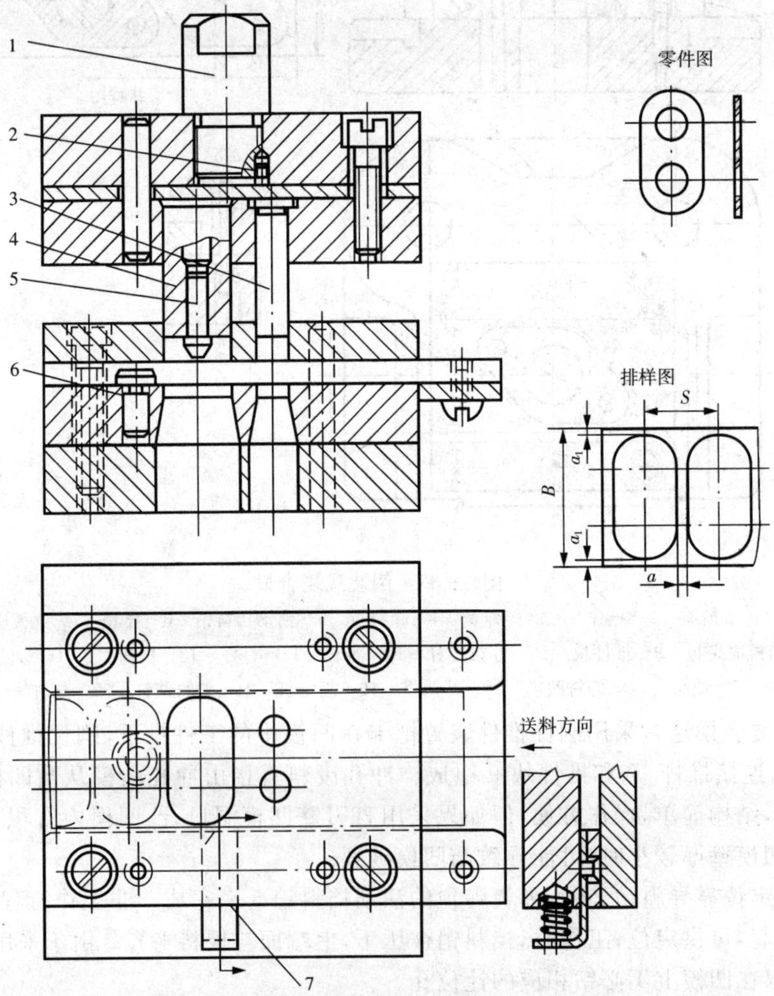

图 3-34 用导正销定距的冲孔落料级进模

1—模柄 2—螺钉 3—冲孔凸模 4—落料凸模 5—导正销 6—固定挡料销 7—始用挡料销

第一工步为冲孔，条料由始用挡料销 7 定位。冲孔完毕后，条料送进一个步距至第二工步落料，由固定挡料销 6 对条料作初始定位。落料时，用装于落料凸模 4 端面上的导正销 5 先插入已冲好的内孔，对条料作精确定位，以保证孔与外缘的位置精度。在最后的落料工位，制件跟条料完全分离，完成制件的全部冲裁。

3.10 冲裁模零部件的结构设计

3.10.1 工作零件的结构设计

1. 凸模的设计

(1)凸模的结构形式　凸模一般分成两部分，一部分为冲裁的工作部分，一部分为联接的固定部分。凸模工作部分的截面形状与相对应的凹模型孔一致，刃口尺寸可按公式计算，也可按凹模实际尺寸配制。

凸模按截面形状不同分为圆形凸模和非圆形凸模；按结构分为直通式、阶梯式、整体式、镶拼式、快换式和带护套式等。

① 圆形凸模。常见的圆形凸模如图 3－35 所示。图 3－35a 为用于较小直径的凸模，图 3－35b 为用于较大直径的凸模。这两种结构都是采用阶梯式，凸模强度刚性较好，装配修磨方便，其安装部分做成台肩，便于固定，保证工作时凸模不被拉出，适用于卸料力较大的场合。

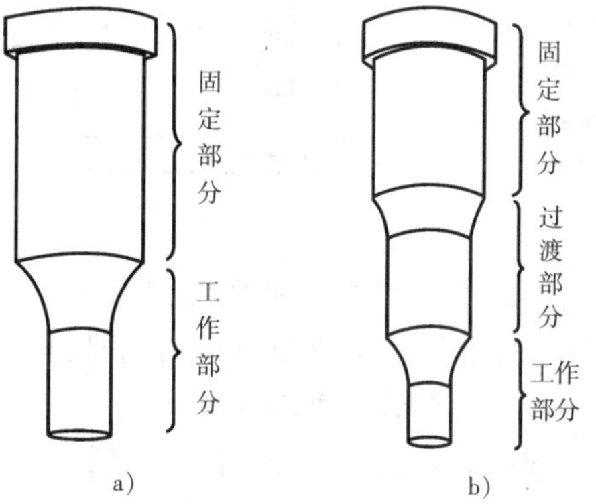

图 3－35　圆形凸模结构形式

② 非圆形凸模。非圆形凸模的结构形式如图 3－36 所示。图 3－36a、b、c 为直通式，图 3－36d、e 为台阶式。

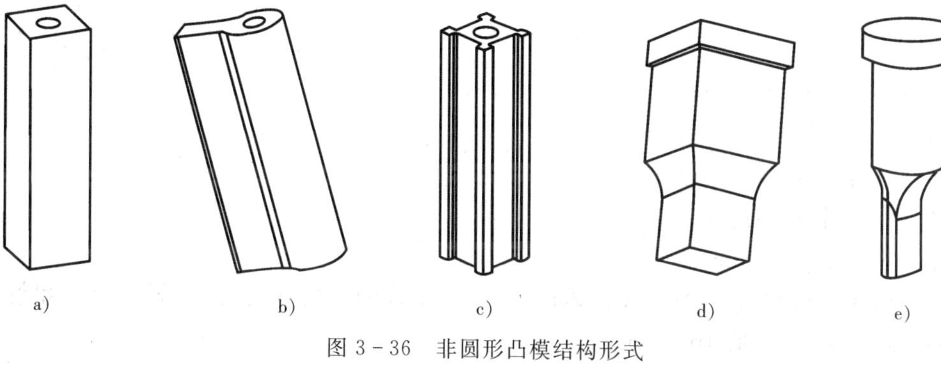

图 3－36　非圆形凸模结构形式

(2)凸模的固定方法　凸模的固定方法分为台肩固定、铆接固定、螺钉和销钉固定，黏结剂浇注法固定等。

如图 3－37a 所示为台肩固定，凡是采用台阶式结构的非圆形凸模，其固定部分应尽量简化成简单形状的几何截面(圆形或矩形的)。

如图 3－37b 所示铆接固定，就是将固定板的型孔倒角(1×45°)后，再将反铆后的凸模装入，最后一起磨平。铆接部位的硬度较工作部分要低。

台肩固定和铆接固定应用较广泛，但不论哪一种固定方法，只要工作部分截面是非圆形的，而固定部分是圆形的，都必须在固定端接缝处加防转销。

如图 3－37c 所示为采用螺钉固定，用作圆形或非圆形直通式大截面有螺钉、销钉分布位置的凸模的固定。用此法固定时，固定板上无型孔，凸模长度短，既省工又省料。

如图 3－37d 所示为黏结剂浇注法固定，黏结剂一般使用低熔点合金或环氧树脂。凸模固定板上安装凸模的孔的尺寸较凸模大，留有一定的间隙，以便充填黏结剂。为了黏结得牢靠，在凸模的固定端或固定板相应的孔上应开设一定的槽形。黏结固定法可以简化凸模固定板的加工工艺，便于凸模的装配。

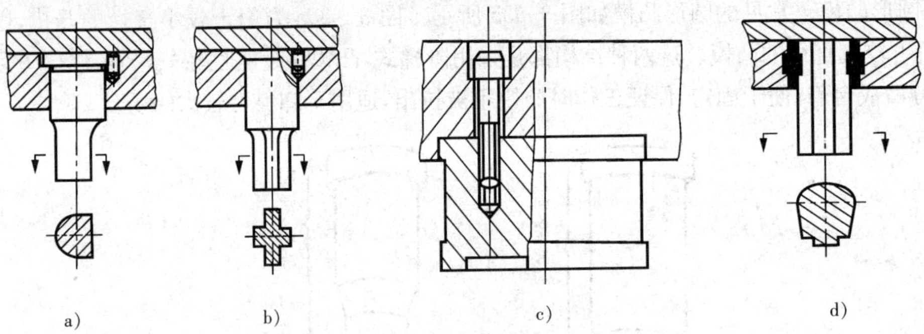

图 3－37　凸模的固定方法

(3)凸模长度计算　凸模长度尺寸主要根据模具的具体结构来确定，并考虑凸模的修磨、固定板与卸料板之间的安全距离、装配等因素。

国家标准对凸模长度尺寸已系列化，设计时可优先选择标准长度，否则应进行计算。

当采用固定卸料板时，如图 3－38a 所示，其凸模长度按下式计算：

$$L=h_1+h_2+h_3+h \tag{3-32}$$

当采用弹性卸料板时，如图 3－38b 所示，其凸模长度按下式计算：

$$L=h_1+h_2+t+h \tag{3-33}$$

式中：L——凸模长度(mm)；

h_1——凸模固定板厚度(mm)；

h_2——卸料板厚度(mm)；

h_3——导料板厚度(mm)；

t——材料厚度(mm)；

h——附加长度，它包括凸模的修磨量、凸模进入凹模的深度、凸模固定板与卸料板之间的安全距离等，一般取 10～20mm。

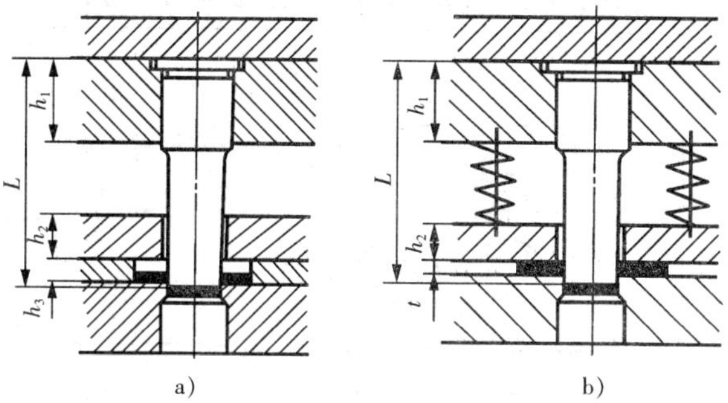

图 3-38　凸模长度计算

2. 凹模的设计

(1)凹模的外形　凹模的外形有圆形和矩形。

标准的圆形凹模有带台肩的和不带台肩的两种形式。带台肩的圆形凹模如图 3-39a 所示,采用 H7/m6 压入固定板中;不带台肩的圆形凹模如图 3-39b 所示,采用 H7/r6 压入固定板中。这两种圆形凹模尺寸都不大,直接装在凹模固定板中,主要用于中、小冲裁件的冲孔。

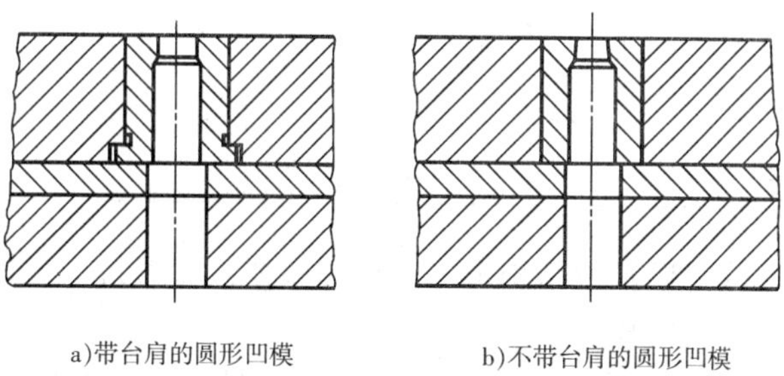

图 3-39　圆形凹模及固定方法

尺寸较大的冲压件常采用矩形凹模,如图 3-40 所示。这种凹模广泛采用销钉定位、螺钉紧固的方式与模座联接。为了保证凹模的强度和刚度,螺钉之间、螺孔与销孔之间及螺孔、销孔与凹模刃壁之间的距离不能太近,否则会影响模具的寿命。孔距的最小值可参考表 3-19。

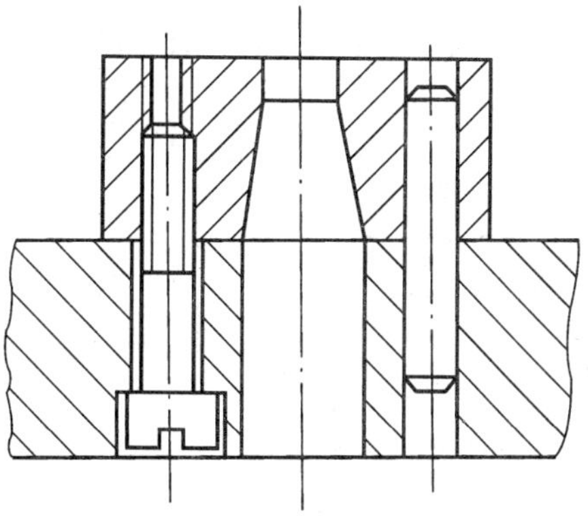

图 3-40　矩形凹模及固定方法

表 3－19　螺钉孔(或沉孔)、销钉孔之间及至刃壁的最小距离

简图									
简图		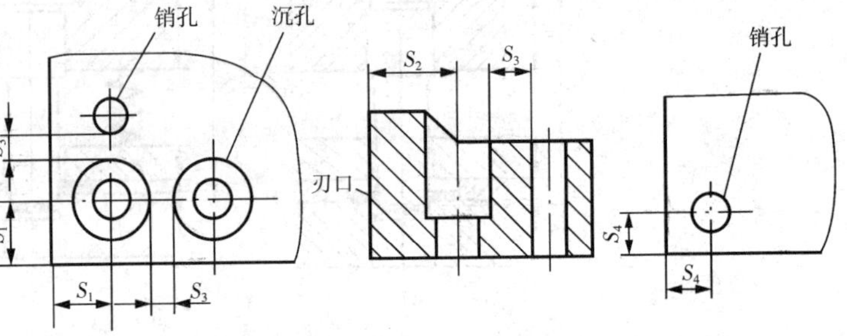							
螺钉孔		M4	M6	M8	M10	M12	M16	M20	M24
S_1/mm	淬火	8	10	12	14	16	20	25	30
	不淬火	6.5	8	10	11	13	16	20	25
S_2/mm	淬火	7	12	14	17	19	24	28	35
S_3/mm	淬火	5							
	不淬火	3							

销钉孔 d/mm		2	3	4	5	6	8	10	12	16	20	25
S_4/mm	淬火	5	6	7	8	9	11	12	15	16	20	25
	不淬火	3	3.5	4	5	6	7	8	10	13	16	20

(2)凹模的结构形式　凹模按结构形式可分为整体式和镶拼式。冲裁尺寸较小、形状简单的制件，一般采用整体式结构。

冲裁尺寸较大、形状复杂的制件或局部薄弱的小型模具，如果采用整体式结构，将给锻造、机械加工或热处理带来困难，而且当发生局部损坏时，就会造成整个凹模的报废，因此常采用镶拼结构的凹模。镶拼式结构的凹模如图 3－41 所示。

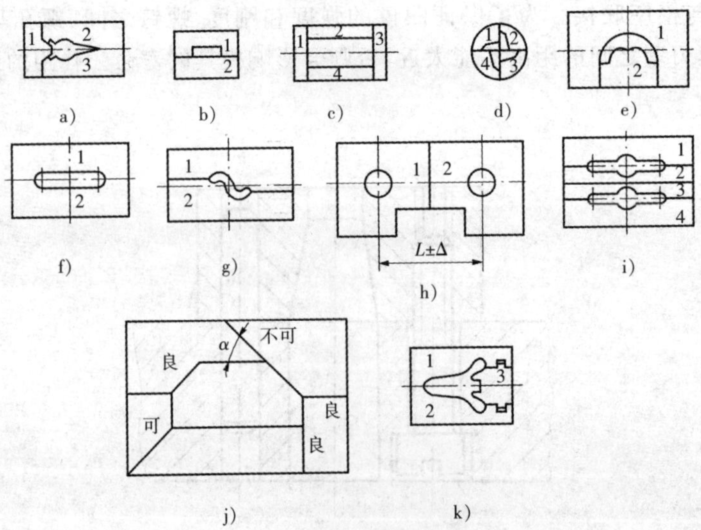

图 3－41　镶拼式结构的凹模

(3)凹模的刃口形式　常用的凹模孔刃口形式有四种,如图 3-42 所示。图 3-42a、b、c 为直筒式刃口凹模,其特点是制造方便,刃口强度高,刃磨后工作部分尺寸不变。图 3-42a 为全直壁型孔,只适用于顶件式模具,如凹模型孔内带顶板的落料模与复合模;图 3-42b 与图 3-42c 所示的结构带有漏料间隙,适合下模漏料的模具结构,但是因废料(或制件)的聚集而增大了推件力和凹模的胀裂力,给凸模、凹模的强度带来了不利的影响。图 3-42b 所示的结构常用于圆形制件冲裁模中,加工制造简单;而图 3-42c 所示的结构常用于形状复杂、精度要求较高的工件的冲裁模。

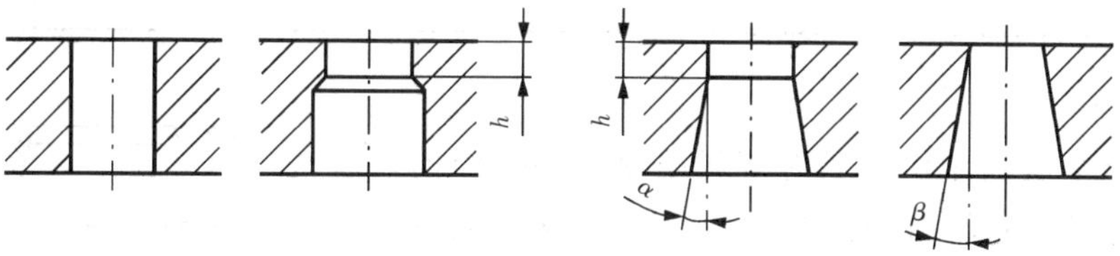

图 3-42　凹模刃口形式

图 3-42d 所示为锥筒式刃口,凹模内不聚集材料,侧壁磨损小,但刃口强度差,刃磨后刃口径向尺寸略有增大。

凹模刃口尺寸参数的取值与冲裁的料厚有关,具体见表 3-20。

表 3-20　凹模刃口主要参数

主要参数 / 料厚 t/mm	β	α	h/mm	附　注
<0.5	2°	15′	≥4	表中 α、β 值仅适用钳工加工; 电火花加工时:$\alpha=20'\sim50'$,$\beta=4'\sim20'$; 带斜度装置的线切割时:$\alpha=1°\sim1.5°$
0.5~1	2°	15′	≥5	
1~2.5	2°	15′	≥6	
2.5~6	3°	30′	≥8	
>6	3°	30′	—	

(4)凹模轮廓尺寸的确定　由于冲裁时凹模受力情况比较复杂,目前还不能用理论方法精确计算凹模轮廓尺寸。在生产中,通常按经验公式来确定,如图 3-43 所示。

凹模厚度　$h=Kb$　(≥15mm)　(3-32)

凹模壁厚　$c=(1.5\sim2)h$　(≥30mm)　(3-33)

式中:b——凹模刃口的最大尺寸(mm);

K——系数,考虑板料厚度的影响,其值见表 3-21。

表 3－21　系数 K 值

料厚 t/mm b/mm	0.5	1	2	3	>3
<50	0.3	0.35	0.42	0.5	0.6
>50～100	0.2	0.22	0.28	0.35	0.42
>100～200	0.15	0.18	0.2	0.24	0.3
>200	0.1	0.12	0.15	0.18	0.22

3. 凸凹模

凸凹模是复合模中同时具有落料凸模和冲孔凹模作用的工作零件。它的内外缘均为刃口，为了保证强度和刚度，内外缘之间的壁厚不能太小，其取值与模具结构有关：当模具为正装结构时，内孔不积存废料，胀力小，最小壁厚可以小些；当模具为倒装结构时，若内孔为直筒形刃口形式，且采用下出料方式，则内孔积存废料，胀力大，故最小壁厚应大些。

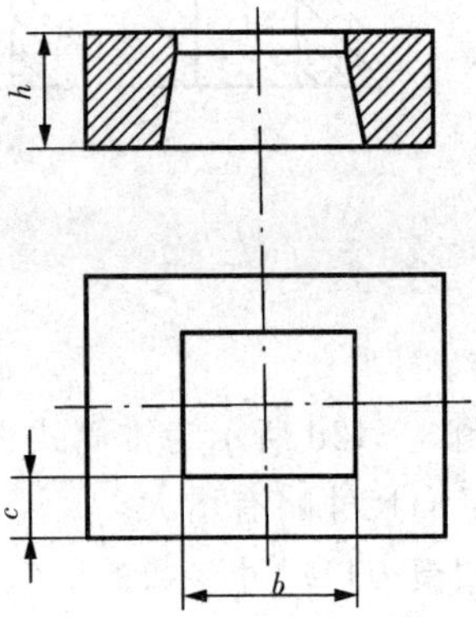

图 3－43　凹模外形尺寸

凸凹模的最小壁厚，目前一般按经验数据来确定，倒装复合模的凸凹模最小壁厚见表 3－22。正装复合模的凸凹模最小壁厚可比倒装复合模的小些。

表 3－22　倒装复合模的凸凹模最小壁厚　（mm）

简图	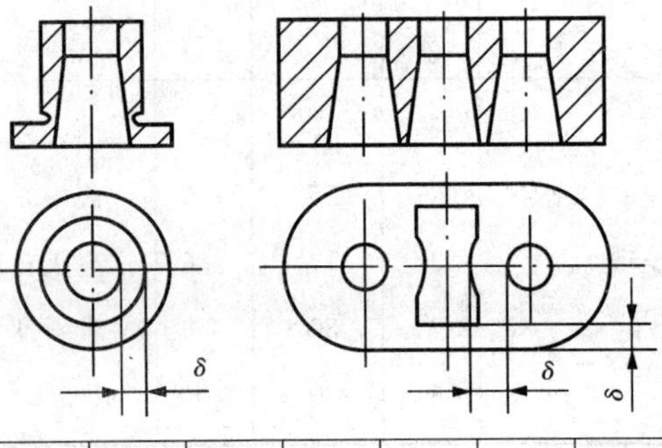										
材料厚度 t/mm	0.4	0.6	0.8	1.0	1.2	1.4	1.6	1.8	2.0	2.2	2.5
最小壁厚 δ/mm	1.4	1.8	2.3	2.7	3.2	3.6	4.0	4.4	4.9	5.2	5.8
材料厚度 t/mm	2.8	3.0	3.2	3.5	3.8	4.0	4.2	4.4	4.6	4.8	5.0
最小壁厚 δ/mm	6.4	6.7	7.1	7.6	8.1	8.5	8.8	9.1	9.4	9.7	10

【例 3－7】　设计图 3－1 所示垫片零件的冲裁模的凸模和凹模结构。

(1)凸模设计，如图 3－44 所示。

① 最小凸模符合自由凸模冲孔最小要求，可不进行强度、刚度校核。

② 落料凸模截面较大，可采用直通式铆接固定。

③ 长圆形冲孔凸模为非圆形，且强度、刚度足够，故也采用直通式铆接固定。

④ 圆形冲孔凸模强度、刚度也无问题，但从加工方便的角度可采用台阶式台肩固定。

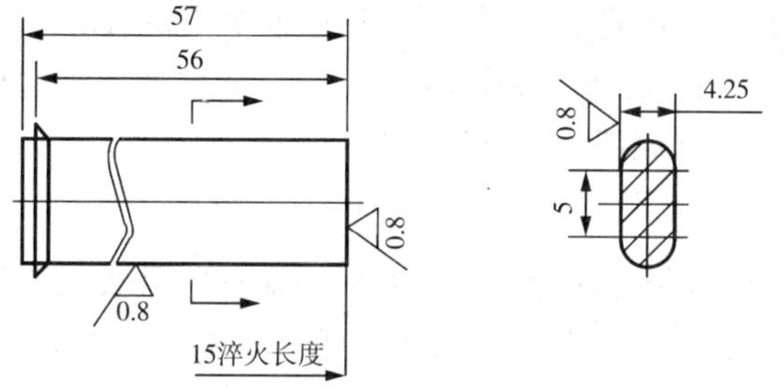

图 3-44 长圆形冲孔凸模

(2)凹模设计，如图 3-45 所示。

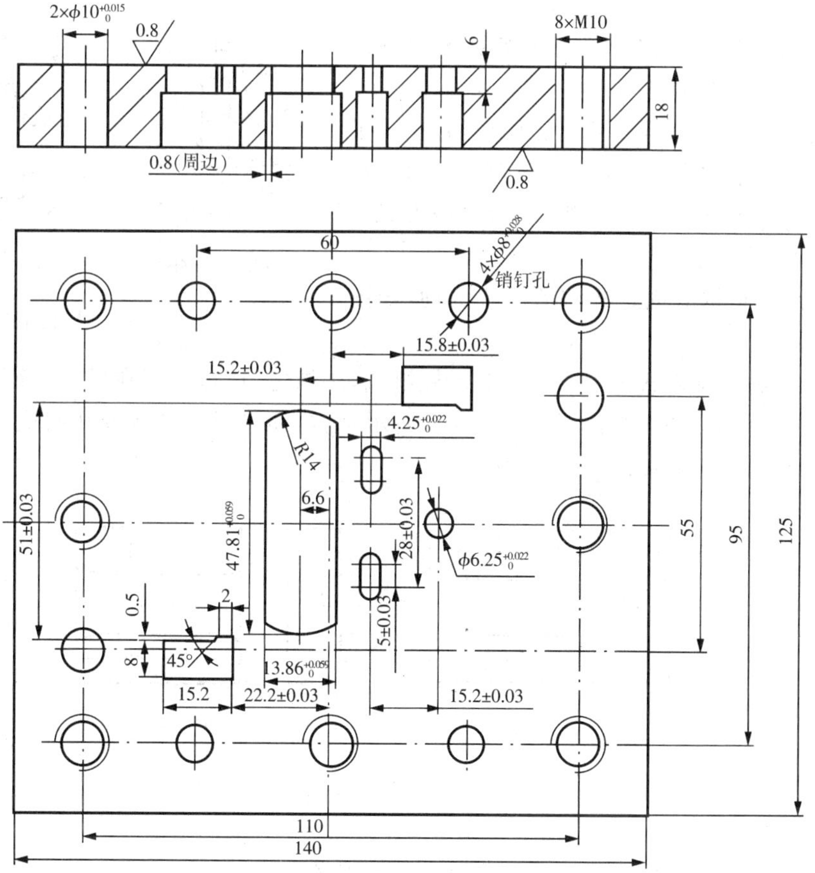

注：(1)材料 CrWMn；
(2)热处理硬度 HRC60~62；
(3)侧刃型孔按侧刃实际尺寸加 0.095mm 的单边间隙制作。

图 3-45 凹模

① 型孔位置从排样图上被冲切的位置获得。

② 型孔尺寸由刃口尺寸计算获得。(计算方法后面叙述)

③ 洞口形状采用直壁式,反面扩孔,直壁高度查表为6。

④ 各螺孔、销孔的大小、数量、位置均可以从标准中查得,此处从略。

⑤ 材料选用CrWMn,热处理硬度HRC60~62。各表面的表面粗糙度见凹模图。

⑥ 将以上设计结果绘制成凹模零件图。

3.10.2 定位零件

冲模定位零件的作用是保证所冲裁的板料的正确送进及板料在模具中的正确位置。

使用条料作为冲裁材料时,条料在模具中必须保证在两个方向的定位:一是在与条料送进方向垂直的方向上的定位,目的是保证条料沿正确的方向送进,通常称为送料导向,常用的零件有导料销、导料板、侧压板等。二是在送料方向上的定位,用来控制条料每次送进的距离,通常称为送料定距,常用的零件有挡料销、导正销、侧刃等。

对于块料或工序件的定位,往往也要保证送料导向和送料定距,但是定位零件的结构形式与条料的有所不同,常用的定位零件有定位销、定位板等。

1. 导料销、导料板

导料销或导料板是对条料或带料的侧向进行导向,以免送偏的定位零件。

(1)导料销　导料销一般设置两个,并在位于条料的同侧,从右向左送料时,导料销装在后侧;从前向后送料时,导料销装在左侧。这种导向方式多用于单工序模和复合模中。

导料销的结构有固定式和活动式两种,如图3-46所示。

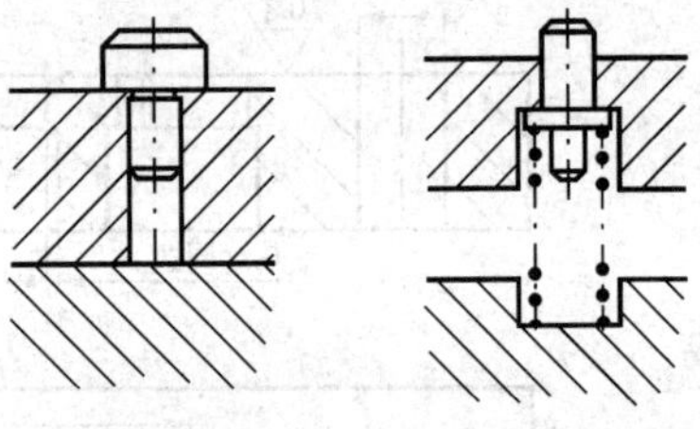

a)固定式导料销　　b)活动式导料销

图3-46　导料销

(2)导料板　导料板由两块长条矩形板组成,用螺钉、销钉固定在凹模顶面的两侧。其结构有两种:一种是国标结构,如图3-47a所示,它与卸料板或导板分开制造;另一种是与卸料板制成整体结构,如图3-47b所示。

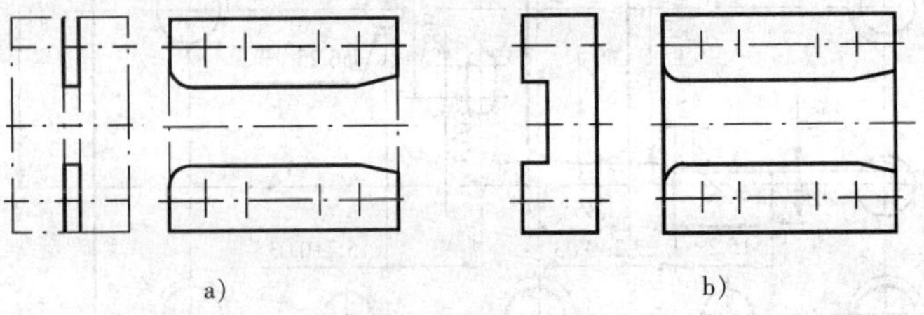

a)　　b)

图3-47　导料板

如果只在条料一侧设置导料板,其位置同导料销相同。

2. 挡料销

挡料销的作用是挡住搭边或冲压件轮廓,以限定条料送进距离。挡料销分为固定挡料销和活动挡料销。

(1)固定挡料销　固定挡料销的标准结构如图 3－48 所示。图 3－48a、b 所示为 A 型和 B 型圆头挡料销，结构简单，制造容易，广泛用于冲制中、小型冲裁件的挡料定距，但是销孔离凹模刃壁较近，削弱了凹模的强度。图 3－48c 所示为钩形挡料销，不会削弱凹模强度。但为了防止 B 型圆头挡料销和钩形挡料销在使用过程发生转动，需考虑采用防转措施。

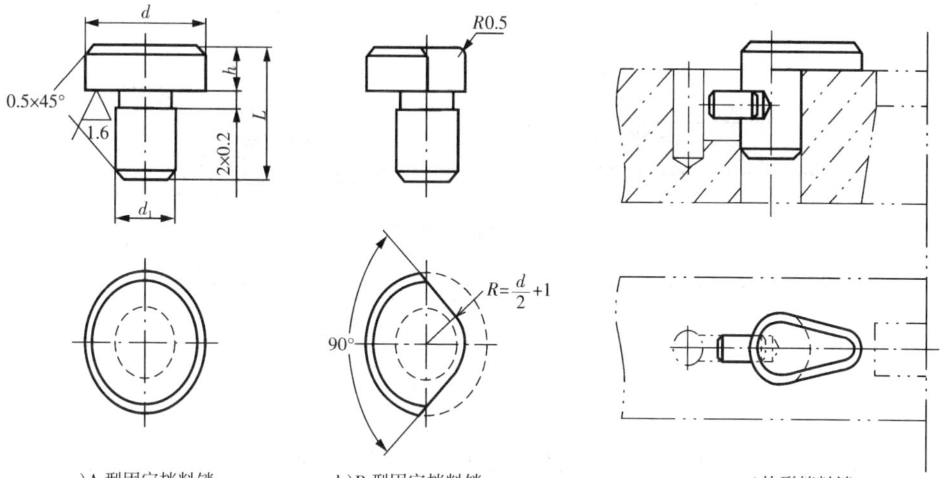

a)A 型固定挡料销　b)B 型固定挡料销　c)钩形挡料销

图 3－48　固定挡料销

(2)活动挡料销　活动挡料销的常见结构如图 3－49 所示。通常装在弹压卸料板上，冲压前起挡料作用，冲压时被压入卸料板孔内，上模回程时由弹簧复位。

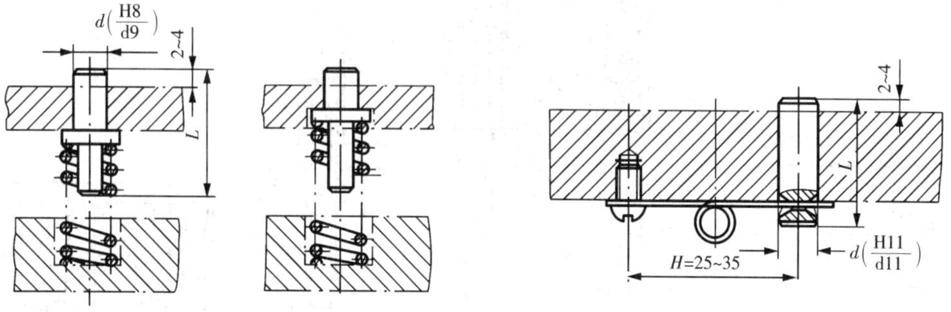

a)弹簧弹顶挡料销　b)扭簧弹顶挡料销

图 3－49　活动挡料销

3. 侧刃

在级进模中，为了限定条料送进距离，在条料侧边冲切出一定尺寸缺口的凸模，称为侧刃。侧刃定距的原理是在条料侧边冲去一个狭条，狭条长度等于步距，以此为送料时定距。用侧刃控制步距准确可靠，生产率高，但增加了材料消耗和冲裁力。一般用于要求生产率高、步距小、材料较薄，或用其他方式定距困难的级进模中。

常见的侧刃结构形式如图 3－50 所示，图 3－50a 为长方形侧刃，它结构简单，制造容易，但当刃口尖角磨损后，在条料侧边形成的毛刺会影响定位和送进。矩形侧刃常用于料厚为1.5 mm以下且要求不高的一般制件冲裁的定位。图3-50b为成形侧刃，当刃口尖角磨损后，产生的毛刺位于条料侧边凹进处，不会影响定位和送进，但制造困难，冲裁废料较多。成形侧刃常用于冲裁厚度在0.5 mm以下或公差要求较严的制件。侧刃的数量可以是一个，也可以是两个。两个侧刃可以并列布置，也可按对角布置，对角布置能够保证料尾的充分利用。

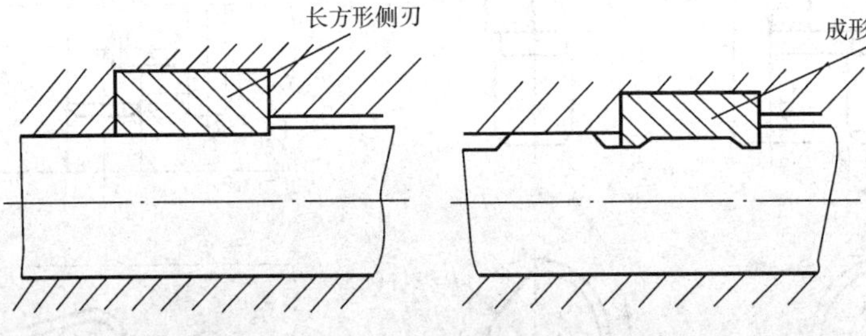

a)长方形侧刃　　b)成形侧刃

图3-50　侧刃结构形式

4.导正销

导正销主要用于级进模，它能起到精确定位的作用。导正方式有两种：一是它装在落料凸模上，在落料前先插入已冲好的孔中，使孔与外缘相对位置对准，然后落料。二是装在凸模固定板上，在条料上另外设置有工艺孔，导正销与工艺孔配合。为了使导正销工作可靠，避免折断，导正销的直径不应太小，一般应大于2 mm。

导正销的标准结构有A、B、C、D型四种结构形式，如图3-51所示。

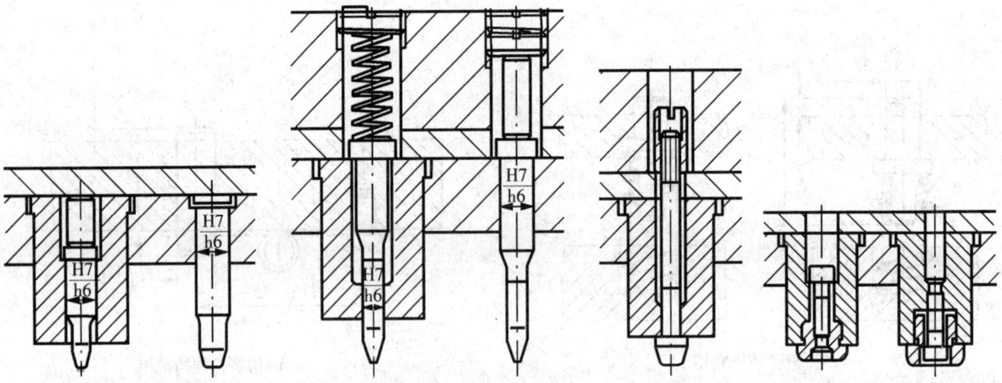

a)A型　　b)B型　　c)C型　　d)D型

图3-51　导正销结构形式

在模具上加工单个坯料或工序件，通常采用定位板和定位销定位，定位方式有外缘定位和内孔定位两种。

外缘定位时采用的定位板和定位销如图3-52所示。图3-52a为矩形毛坯或工序件定位用；图3-52b为圆形毛坯或工序件定位用；图3-52c为采用定位销对矩形毛坯或工序件定位。

内孔定位时采用的定位板和定位销如图3-53所示。图3-53a为矩形毛坯或工序件内

孔直径 $D<10$ mm 用的定位销；图 3 - 53b 为矩形毛坯或工序件内孔直径 $D=10\sim30$ mm 用的定位销；图 3 - 53c 为矩形毛坯或工序件内孔直径 $D>30$ mm 用的定位板；图 3 - 53d 为大型非圆孔用的定位板。

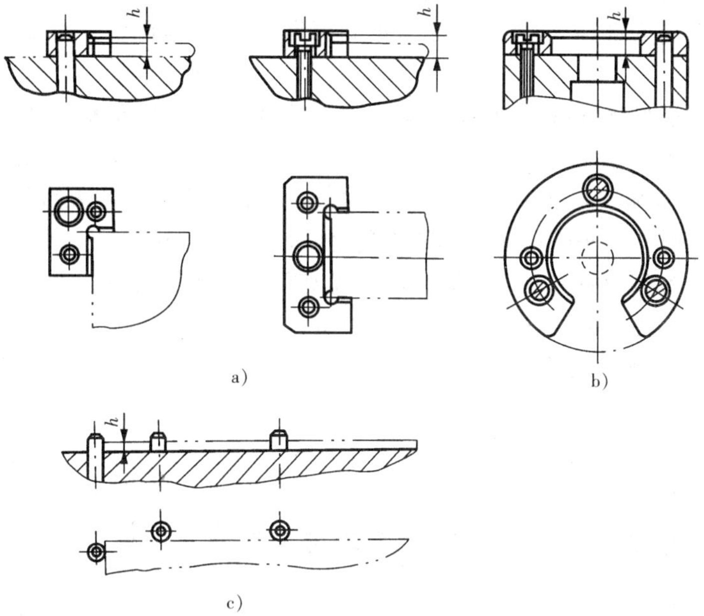

图 3 - 52　外缘定位

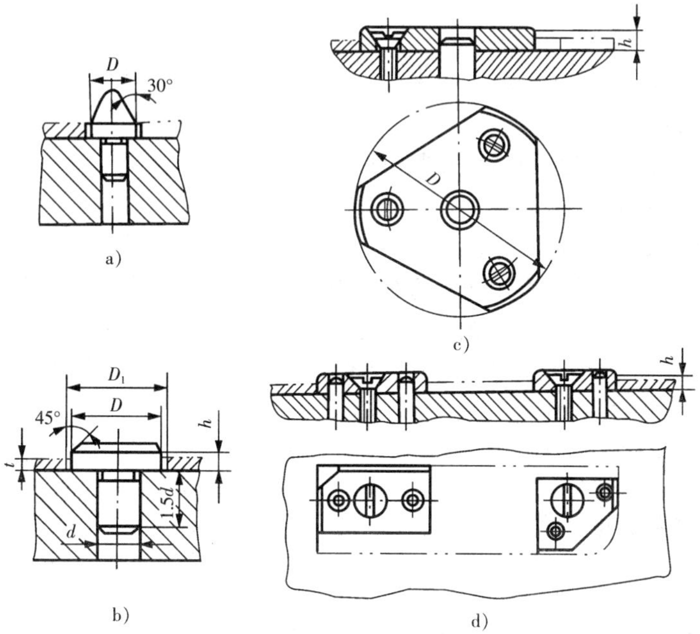

图 3 - 53　内孔定位

【例 3-8】 设计图 3-1 所示垫片零件的冲裁模的定位零件。

(1)定距零件的设计

① 定距方式的选择:定距方式有始用挡料+固定挡料定距和侧刃定距两种方式。从提高生产率、便于操作,可以实现自动送料的角度,本例选择侧刃定位。

② 侧刃的断面形状:由于B、C型定位准确可靠,C型又具有与B型相同特点,C型相对简单,故选用C型。

③ 有无导向的选择:由于该冲件料厚 $t=1.2$,相对厚度不是很大,从便于制造和刃磨的角度选用无导向的。

④侧刃的排列:为了使条料全长上的零件都能冲出,故选用双侧刃错开排列。

⑤ 侧刃长度尺寸为步距尺寸取IT6正负偏差,得15.2±0.1。

⑥ 侧刃宽度按侧刃长度查国家标准得出宽度为8,可不给公差。

⑦ 侧刃材料与凸模一致,淬火到HRC58~60。

综上所述,本例侧刃如图 3-54。

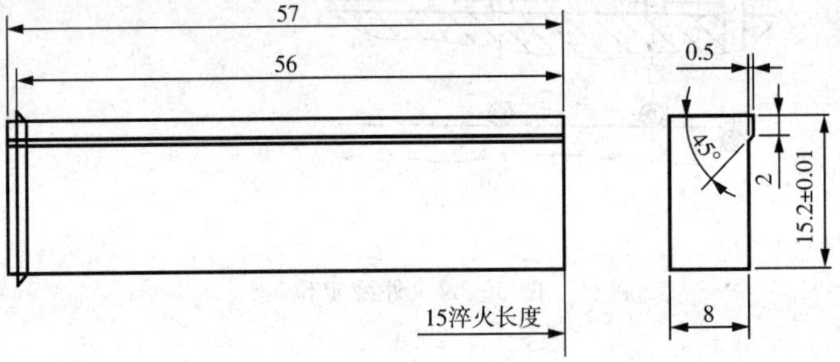

图 3-54 侧刃

(2)导料板的设计

① 导料板的总长和厚度及孔径、孔距由典型组合查得。

② 导料板的间距为:$B_1=B+c=55+0.2=55.2$ mm。

③ 导料板的厚度为:6 mm。

④ 导料板的宽度为:若垂直于送料方向的压力中心与凹模几何中心重合,则两边导料板的宽度相等。若垂直于送料方向的压力中心与凹模几何中心不重合,则两边导料板的宽度不相等,一边应减去压力中心与几何中心的偏移量,而另一边应加上偏移量。本例两边导料板的宽度应相等,即 $B'=(125-55.2)/2=34.9$ mm。

由此得出两导料板如图 3-55。

3.10.3 卸料装置与出件装置

1. 卸料装置

卸料装置的作用是将卡在凸模上的冲件或废料卸下。按结构的不同,常用的卸料装置分为刚性卸料装置和弹压卸料装置两种。

(1)刚性卸料装置 刚性卸料装置的常见结构形式如图 3-56 所示。刚性卸料装置一般安装在下模上，其结构简单，卸料力大，卸料可靠。但是板料处于无压料状态，如果板料较薄，冲制出来的零件有明显的翘曲现象，所以刚性卸料装置常用于厚板、平直度要求不很高，且卸料力较大的制件冲压。

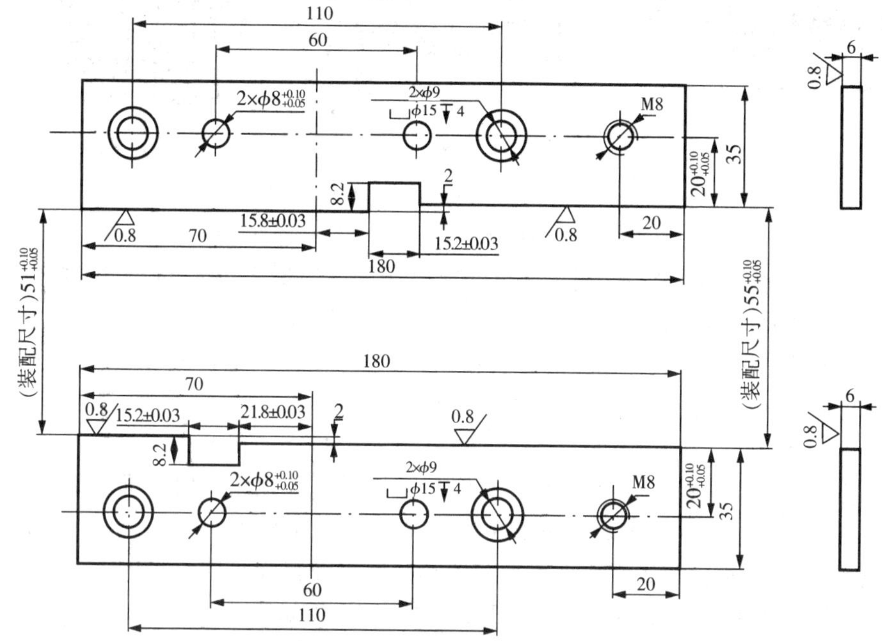

注：(1)材料 45；(2)热处理 HRC43~48。

图 3－55　导料板

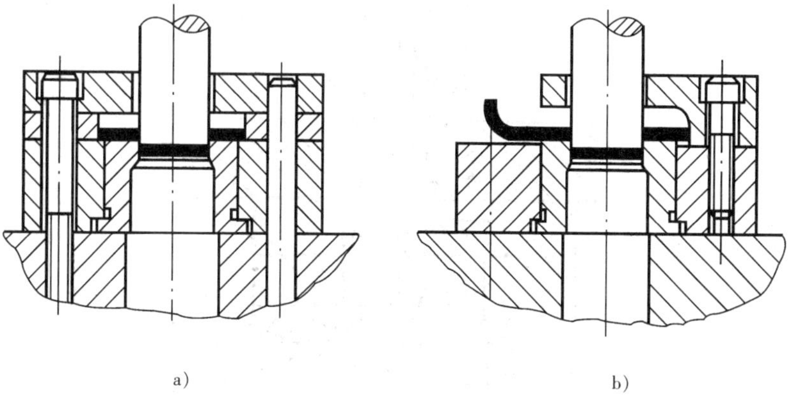

a)　　　　b)

图 3－56　刚性卸料装置

(2)弹压卸料装置　弹压卸料装置的常见结构形式如图 3－57 所示。弹压卸料装置是由卸料板、弹性元件(弹簧或橡胶)、卸料螺钉等零件组成。

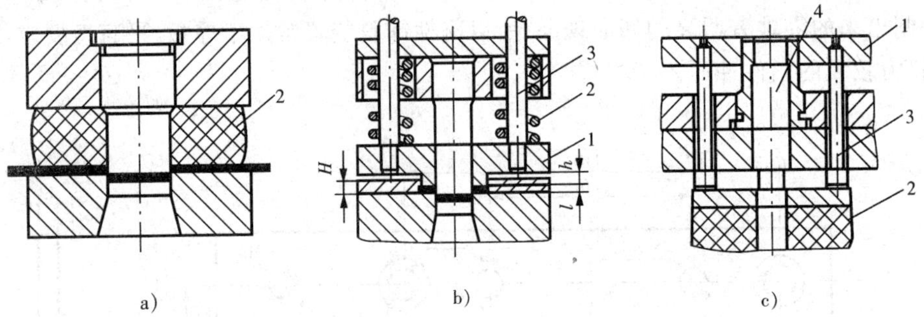

图 3-57　弹压卸料装置

1—卸料板　2—弹性元件　3—卸料螺钉　4—小导柱

图 3-57a 的弹压卸料装置,用于简单冲裁模;图 3-57b 是以导料板为送进导向的冲模中使用的弹压卸料装置;图 3-57c 是倒装式模具中常用的弹压卸料装置。

弹压卸料装置既起卸料作用又起压料作用,所得冲裁件质量较好,平直度较高。因此,弹压卸料装置常用于质量要求较高的冲裁件或薄板冲裁。

2. 出件装置

出件装置的作用是将卡在凹模中的冲件或废料推下或顶出。向下推出的采用推件装置,一般装在上模内;向上顶出的采用顶件装置,一般装在下模内。

(1)推件装置　推件装置有刚性推件装置和弹性推件装置两种。

刚性推件装置由打杆、推板、连接推杆和推件块组成,如图 3-58 所示。其工作原理是在冲压结束后上模回程时,利用压力机滑块上的打料杆,撞击上模内的推杆与推件板(块),将凹模内的工件推出,其推件力大,工作可靠。

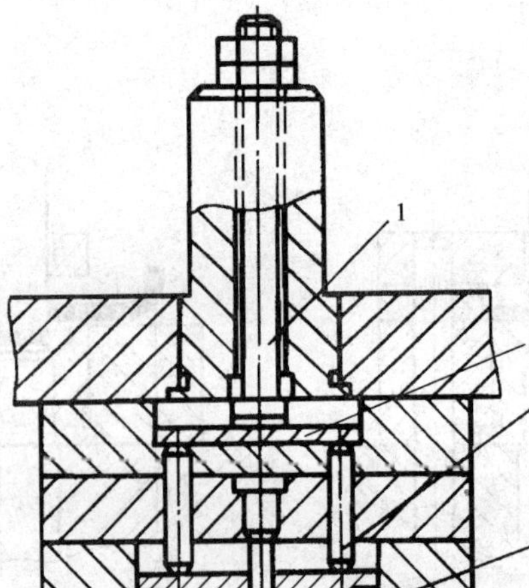

图 3-58　刚性推件装置

1—打杆　2—推板　3—推杆　4—推件块

弹性推件装置如图 3-59 所示,它不仅起推件作用,还兼起压料作用。由于弹性推件装置的弹力来源于弹性元件,所以推件力较小,但推件力均匀,出件平稳且无撞击,冲件质量较高,多用于冲压薄板大件以及工件平整度要求较高的模具。

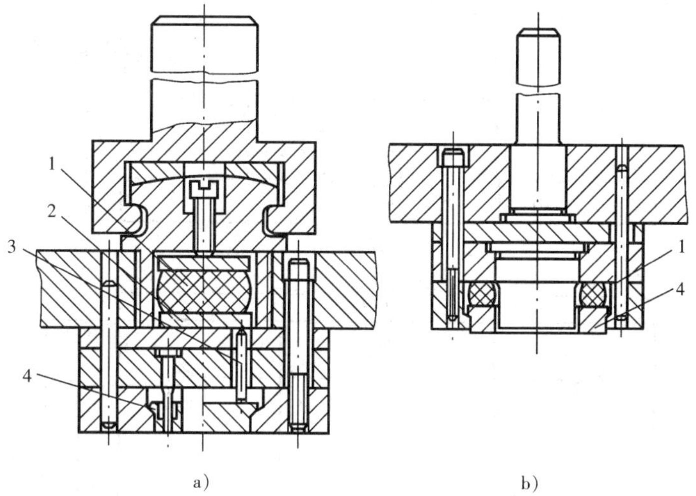

3－59　弹性推件装置

1—橡胶　2—推板　3—连接推杆　4—推件块

(2)顶件装置　顶件装置由顶杆、顶件块和装在下模底下的弹顶器组成，如图 3－60 所示。这种结构的顶件力可以通过调节弹顶器的螺母来获得，工作可靠，冲件平直度较高。顶件块的形状与凹模型孔一样，与凹模型孔成 H8/h7或 H7/h6 配合。顶件块应高出凹模 0.2～0.5 mm，以保护凹模刃口并保证卸料。冲裁用的顶件块活动范围为 5 mm 左右，厚度不小于8 mm。弹顶器可以做成通用的，其弹性元件是弹簧或橡胶，大型模具也可以采用压力机本身的气垫作为弹顶器。

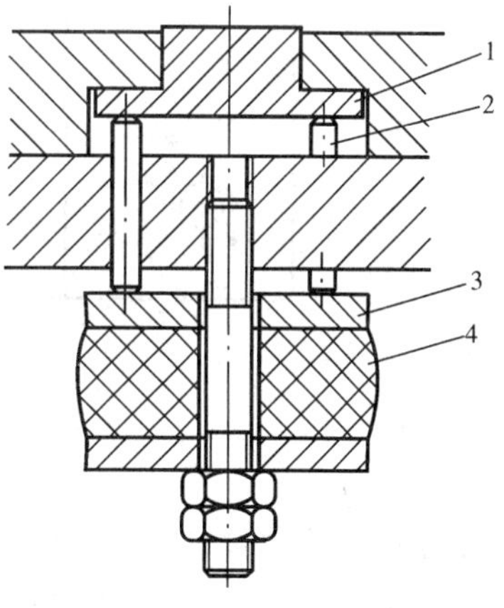

图 3－60　弹性顶件装置

1—顶件块　2—顶杆　3—托板　4—橡胶

【例 3－9】　设计图 3－1 所示垫片零件的冲裁模的卸料装置。

(1)卸料类型的选择：为了操作方便且料厚不大，故本例选用了弹压卸料。

(2)卸料板台阶高度的计算：H＝导板厚度－料厚＋卸料板与导料板之间的间隙＝6－1.2＋0.3＝5.1 mm。

(3)卸料板凸台宽度的确定：卸料板凸台宽度应由导料板之间出料部分左右各减 0.2 mm 得 51－0.2×2＝50.6mm。

(4)卸料板与凸模的间隙取双边 0.2 mm。

(5)卸料板的材料由表查得用 45 钢。

(6)卸料板的螺纹孔的孔径、孔距参考国家标准确定。

由以上的分析、计算得出卸料板如图 3－61。

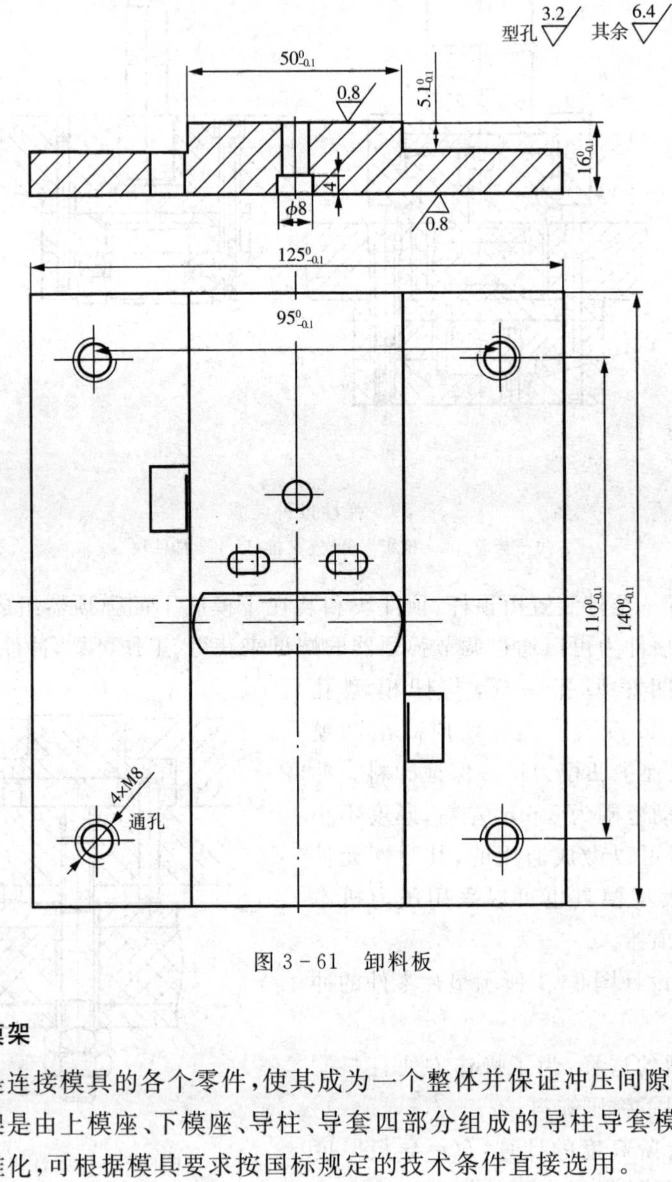

图 3－61　卸料板

3.10.4　模架

模架作用是连接模具的各个零件，使其成为一个整体并保证冲压间隙均匀。

常用的模架是由上模座、下模座、导柱、导套四部分组成的导柱导套模架。模架及其组成零件现已标准化，可根据模具要求按国标规定的技术条件直接选用。

根据导柱与导套配合性质的不同，模架分为滑动导向模架和滚动导向模架两种。

1. 滑动导向模架

滑动导向模架的导柱、导套结构简单，加工、装配方便，应用非常广泛；滑动导向模架的结构形式依据导柱安装位置的不同分为以下几种，如图 3－62 所示。

(1)对角导柱模架　对角导柱模架在凹模面的对角中心线上，装有前、后导柱，其有效区在毛坯进给方向的导套之间。受力平衡，上模座在导柱上运动平稳。适用于纵向或横向送料，使用面宽，常用于级进模或复合模，其结构如图 3－62a 所示。

(2)后侧导柱模架　后侧导柱模架两导柱、导套分别装在上、下模座后侧，凹模面是导套前的有效区域。可用于冲压较宽条料，且可用于冲压边角料。送料及操作方便，可纵向、横向送料。主要适用于一般精度要求的冲模，不宜用于大型模具，因有弯曲力矩，上模座在导柱上运动不平稳。结构如图 3－62b 所示。

(3)后侧导柱窄形模架　后侧导柱窄形模架主要用于窄长零件和特殊冲压工艺的冲模($L/B \geqslant 2.5 \sim 3$)，结构如图 3－62c 所示。

(4)中间导柱模架　中间导柱模架凹模面是导套间的有效区域，仅适合用于横向送料，常用于弯曲模或复合模。具有导向精度高、运动平稳的特点。其凹模形状有矩形和圆形两种，结构如图 3－62d、e 所示。

(5)四导柱模架　此类模架受力平衡，导向精度高。适用于大型制件，精度很高的冲模，以及大批量生产的自动冲压生产线上的冲模。结构如图 3－62f 所示。

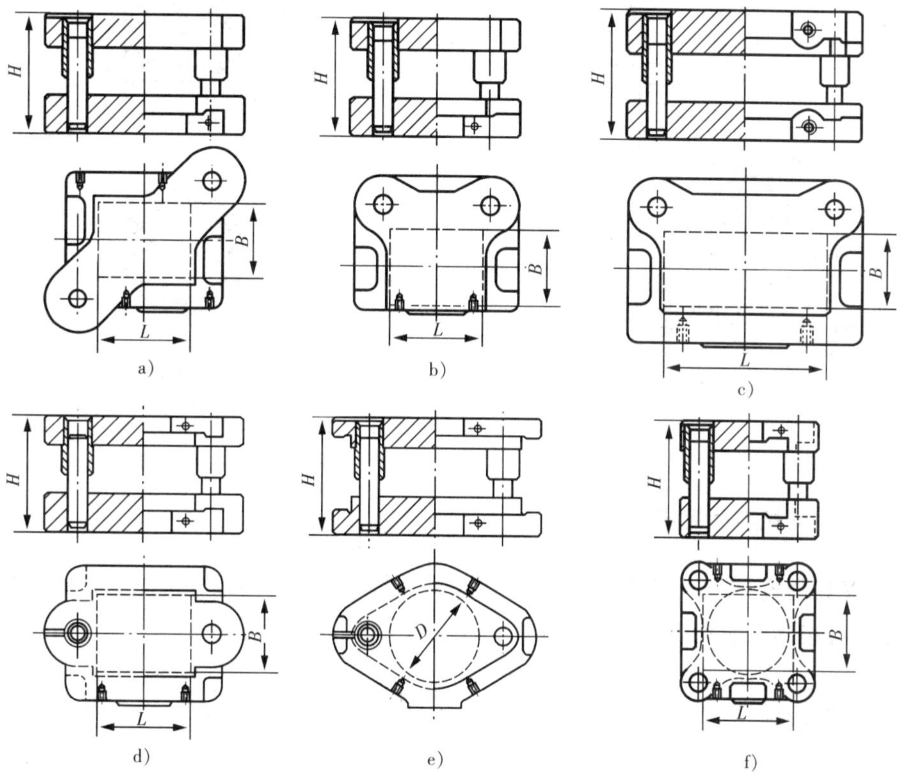

图 3－62　滑动导向模架

2. 滚动导向模架

滚动导向模架在导套内镶有成行的滚珠，导柱通过滚珠与导套实现微量过盈配合(过盈量一般为 0.01～0.02 mm)。导柱、导套间的导向通过钢球的滚动摩擦实现。从而使导向精度高，运动平稳，使用寿命长，主要用于高精度、高寿命的硬质合金模、薄材料的冲裁模以及高速精密级进模。

滚珠导向装置及其组成零件均已标准化。滚珠导向装置及钢球保持器如图 3－63 所示。

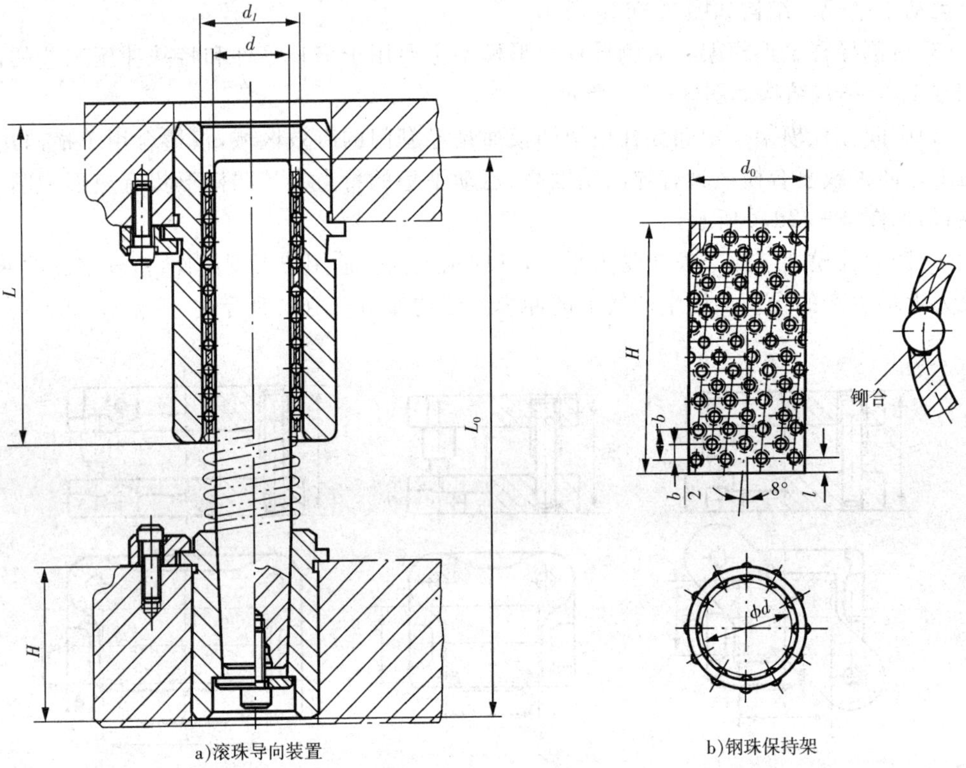

图 3-63　滚珠导向装置

3.10.5　连接与固定零件

冲压模具的连接与固定零件有模柄、固定板、垫板、螺钉、销钉等。这些零件大多有标准,设计时可按标准选用。

1. 模柄

中、小型模具一般是通过模柄将上模固定在压力机滑块上。常用的模柄如图 3-64 所示的几种形式。

图 3-64a 为压入式模柄,它与模座孔采用过渡配合 H7/m6。这种模柄可较好保证轴线与上模座的垂直度。适用于各种中、小型冲模,生产中最常见;

图 3-64b 为旋入式模柄,通过螺纹与上模座连接。这种模具拆装方便,但模柄轴线与上模座的垂直度较差,主要应用于上模座较薄的复合模和小模具。

图 3-64c 凸缘模柄盖板式模柄,凸缘模柄是用 3～4 个螺钉紧固于上模座,凸缘与上模座的沉孔采用 H7/js6 过渡配合,主要应用于大型的模具或上模座中开设推板孔的中、小型模具。

图 3-64d 为槽形模柄,凸模通过两销钉与模柄连为一体。此模柄多用于弯模中。

图 3-64e 为通用模柄,通过螺钉将圆形凸模固定在模柄内,凸模更换方便。

图 3-64f 为浮动模柄,主要特点是压力机的压力通过凹球面模柄和凸球面垫块传递

到上模，以消除压力机导向误差对模具导向精度的影响。主要用于硬质合金模等精密导柱模。

图3-64g为推入式活动模柄，它也是一种浮动模柄。活动模柄与上模座螺纹连接，并用凹球面垫块与模柄接头连接，这样上模座与模柄接头之间可以产生浮动。主要用于精密模具上。

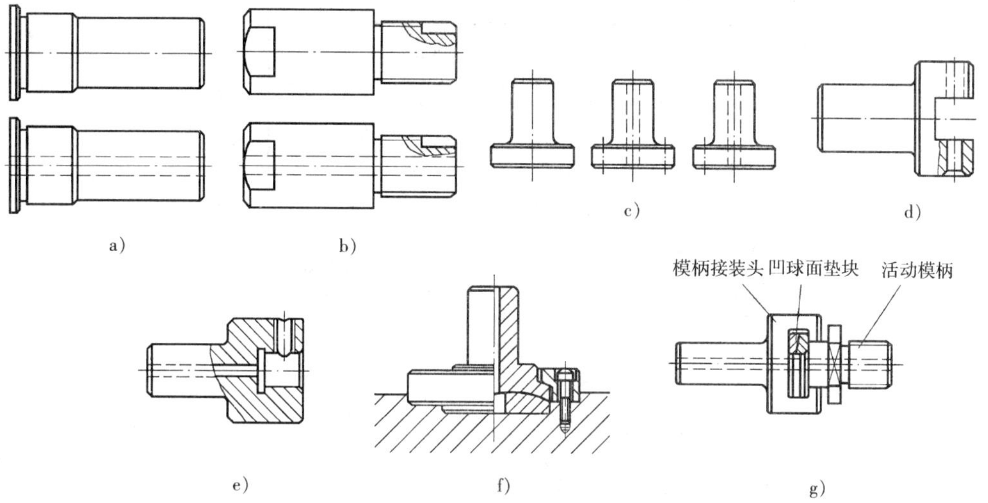

图3-64 模柄形式

【例3-10】 选择图3-1所示垫片零件的冲裁模的模架和模柄。

(1)模架的选用

本例采用对角导柱模架，其结构如图3-62a所示。

根据凹模周界 $L=140$ mm、$B=125$ mm，查表得：

上模座 160×125×35 GB2855.1-90

下模座 160×125×40 GB2855.2-90

(2)模柄的选用

本例采用压入式模柄，其结构如图3-64a所示。它与模柄孔采用过渡配合，加销钉防转。

【例3-11】 设计图3-1所示垫片零件的冲裁模的固定板和垫板。

固定板如图3-65所示，垫板如图3-66所示。

(1)固定板

固定板的作用是将凸模或凹模安装在上模座或下模座上。固定板分为圆形固定板和矩型固定板两种。

凸模固定板的厚度一般取凹模厚度的0.6～0.8倍，其平面尺寸可与凹模、卸料板外形尺寸相同，但还应考虑紧固螺钉及销钉的位置。固定板的凸模安装孔与凸模采用过渡配合H7/m6、H7/n6，压装后将凸模端面与固定板一起磨平。固定板上的螺纹孔、卸料螺钉过孔及销孔的孔径、孔距均按照国标确定。固定板材料一般采用Q235或45钢，不淬火。

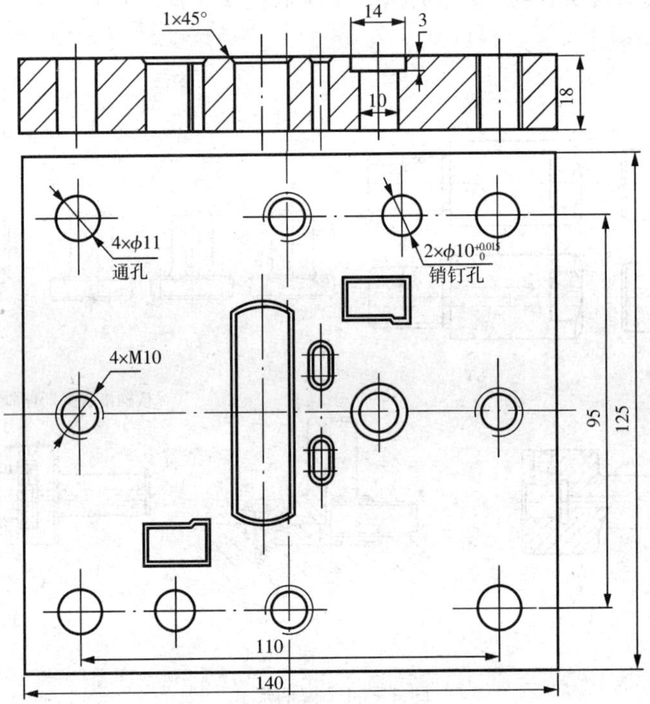

图3-65 固定板

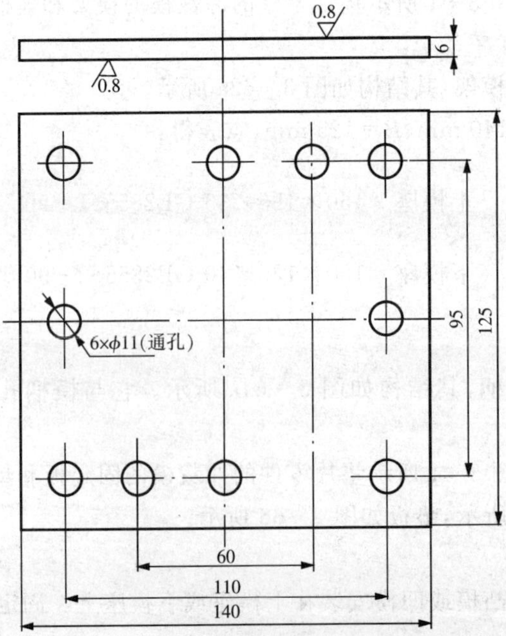

图3-66 垫板

(2)垫板

垫板的作用是直接承受凸模的压力，以降低模座所承受的单位压力。垫板相对于固定板稍有移动时不会影响正常工作，所以垫板上只有螺钉、销钉过孔，孔径一般比穿过的螺钉、销钉的直径大 1 mm 左右，孔距与固定板上的相同。垫板材料常用 45 钢，热处理硬度为 HRC43～48。

是否需要使用垫板，一般通过校核来确定。当模座有被局部压陷的可能时，必须使用垫板。

【例 3-12】 设计图 3-1 所示垫片零件的冲裁模的螺钉与销钉。

螺钉和销钉都是标准件，设计模具时按标准选用即可。

螺钉用于固定模具零件，一般选用内六角螺钉，这种螺钉紧固牢靠，并且螺钉头埋伏在模板内，不占有模具空间，外形也美观。

销钉起定位作用，常用圆柱销钉。每副模具中不能小于两个，为防止磨损失效，新作模具往往会加工四个销钉孔，而装配时仅使用两个，另外两个在修模时使用。

螺钉、销钉规格应根据冲压力大小、凹模厚度等确定。螺钉规格可参照表 3-22 确定。

表 3-22　螺钉规格的选用　(mm)

凹模厚度	≤13	13～19	19～25	25～32	>32
螺钉规格	M4，M5	M5，M6	M6，M8	M8，M10	M10，M12

【例 3-13】 完成图 3-1 所示垫片零件的冲裁模的装配图。

根据本例零件的形状、尺寸及技术要求，经过分析计算及选择，得出本例冲裁模的模具装配图如图 3-67 所示：

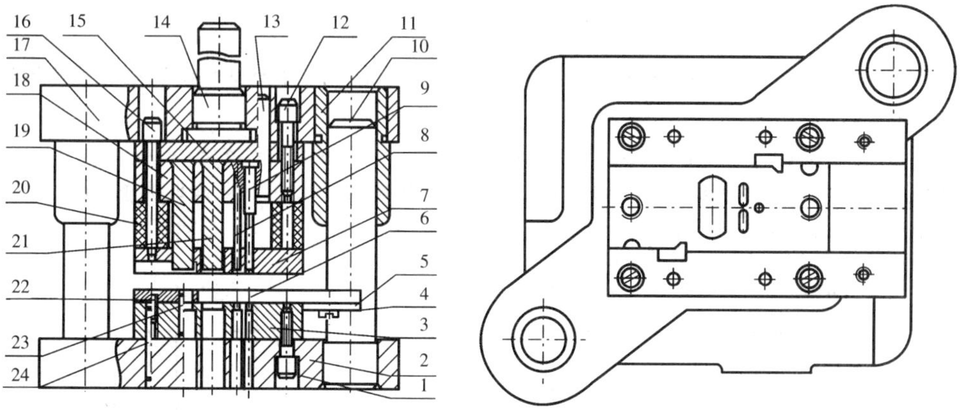

图 3-67　冲裁模的装配图

1、4、12、22—螺钉　2—下模座　3—凹模　5—承料板　6—导料板　7—卸料板　8、9—冲孔凸模　10—导柱　11—导套　13、23、24—销钉　14—模柄　15—垫板　16—卸料螺钉　17—上模座　18—固定板　19—侧刃　20—橡胶　21—落料凸模

思考题与实训题

1.思考题

(1)什么是冲裁?冲裁变形过程可以分哪几个阶段?

(2)板料冲裁的断面可以分为哪四个部分?

(3)什么是冲裁间隙?冲裁间隙对冲裁有哪些影响?如何确定合理的冲裁间隙?

(4)安排级进冲裁的工序应考虑哪些原则?

(5)冲裁凸模、凹模刃口尺寸的计算原则是什么?

(6)冲裁凸模、凹模刃口尺寸计算方法有哪两种?分别用在什么场合?

(7)什么是排样?排样的方法有哪几种?各有何特点?

(8)什么是搭边?搭边有什么作用?如何确定搭边值?

(9)什么是冲裁力、卸料力、推件力和顶件力?这些力如何计算?

(10)降低冲裁力的方法有哪几种?

(11)模具的压力中心如何确定?

(12)什么是单工序模?常见的单工序模有哪几种?各有何特点?

(13)什么是复合模?正装复合模与倒装复合模各有什么特点?

(14)什么是级进模?有哪几种常见的定距方式?

(15)常见的凸模结构形式有哪几种?常用什么固定方法?

(16)凸模护套的作用是什么?

(17)凹模孔刃口形式有哪几种?各有什么特点?

(18)复合模中的凸模、凹模应如何设计?

(19)定位零件在冲模中起何作用?它有哪几种类型?

(20)常用卸料方式有哪几种类型?各有什么特点?

(21)冲模模架有哪几种形式?各有什么特点?

(22)模柄的作用是什么?固定板和垫板的作用是什么?

2.实训题

(1)冲裁如图3-68所示零件,材料为Q235钢,料厚为2 mm,采用分开加工的方法,计算凸模和凹模的刃口尺寸及偏差。

(2)冲裁如图3-69所示零件,材料为08钢,料厚为2 mm,按配合加工的方法,计算凸模和凹模的刃口尺寸及偏差;确定合理排样方法,计算材料利用率和有侧压装置的条料宽度,并画出排样图;计算冲裁力、卸料力和顶件力,确定压力中心和压力机的公称压力。

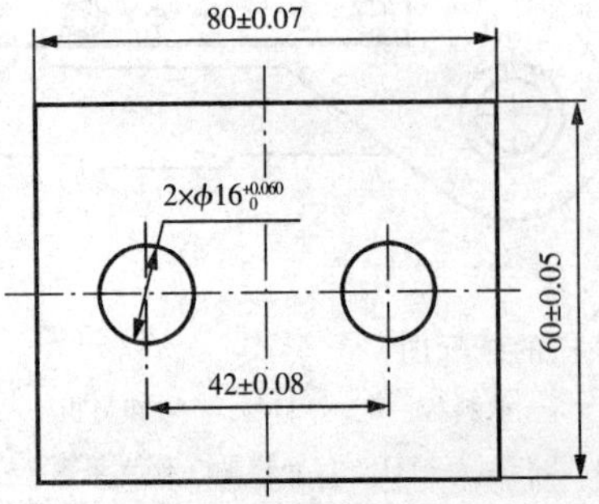

图3-68 冲压零件图

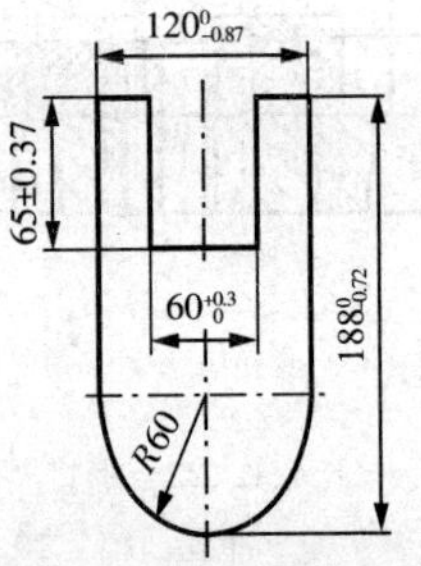

图3-69 冲压零件图

(3)垫片的尺寸如图 3-70 所示，材料为 45 号钢，$t=1.5$ mm，生产批量为大批量。试进行冲裁工艺分析与计算，并确定冲裁模具结构。

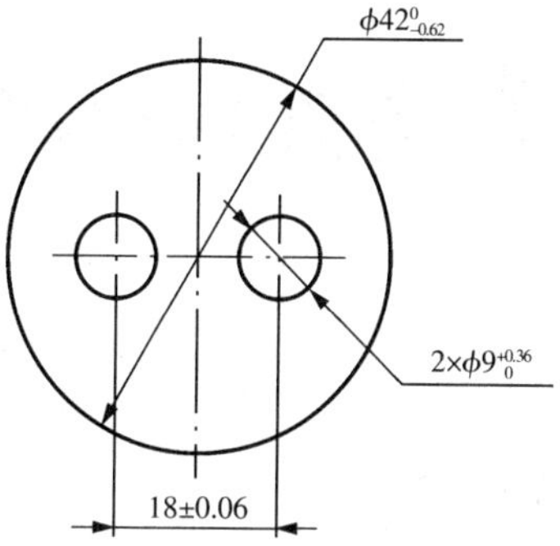

图 3-70　垫片零件图

第4章 弯曲工艺与弯曲模

【知识目标】

- 掌握弯曲工艺设计知识的应用。
- 了解认识各类典型弯曲模具结构。
- 掌握弯曲模具设计知识的应用。

【技能目标】

- 掌握弯曲工艺设计的基本方法。
- 具备分析中等复杂弯曲件的工艺性并能合理制订冲压方案的能力。
- 掌握弯曲模具设计的基本方法。
- 具备设计中等复杂弯曲模具的能力。

本章案例:U形件弯曲模设计。

零件名称:U形弯曲件。

材料:10钢。

料厚:6 mm。

批量:小批量。

零件简图:如图4-1所示。

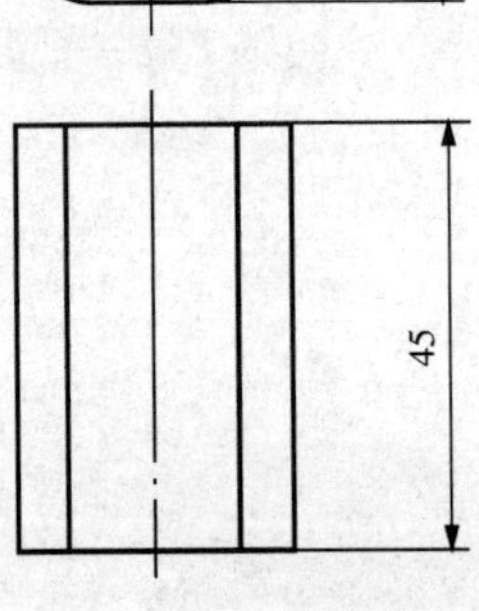

图4-1 U形弯曲件

4.1 弯曲工艺概述

弯曲是将金属板料毛坯、型材、棒料或管材等按照设计要求的曲率或角度弯曲成具有一定形状和尺寸的弯曲制件的冷冲压工序。采用弯曲成形的零件种类繁多,如图 4-2 所示是用弯曲方法加工的一些典型零件。

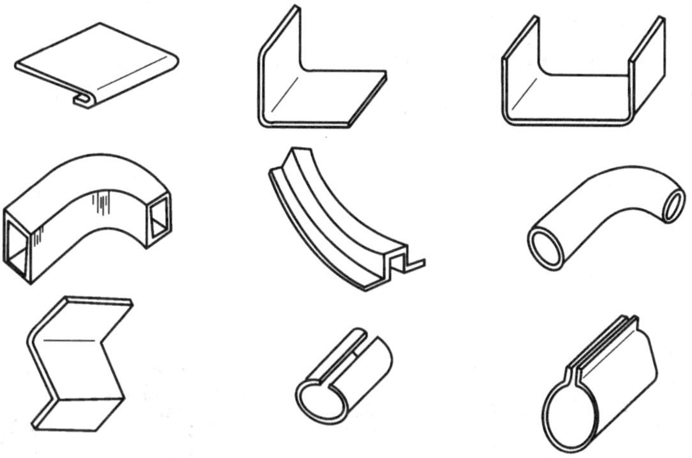

图 4-2 弯曲成形的典型零件

弯曲的方法有压弯、折弯、滚弯和拉弯等,如图 4-3 所示。其中,在压力机上利用模具对板料进行压弯加工生产中用得最多。本章主要介绍在压力机上进行板料压弯加工的工艺和模具设计问题。弯曲工艺及模具设计就是搞清弯曲过程的特点及工艺性、确定弯曲工艺方案、设计相应的弯曲模。

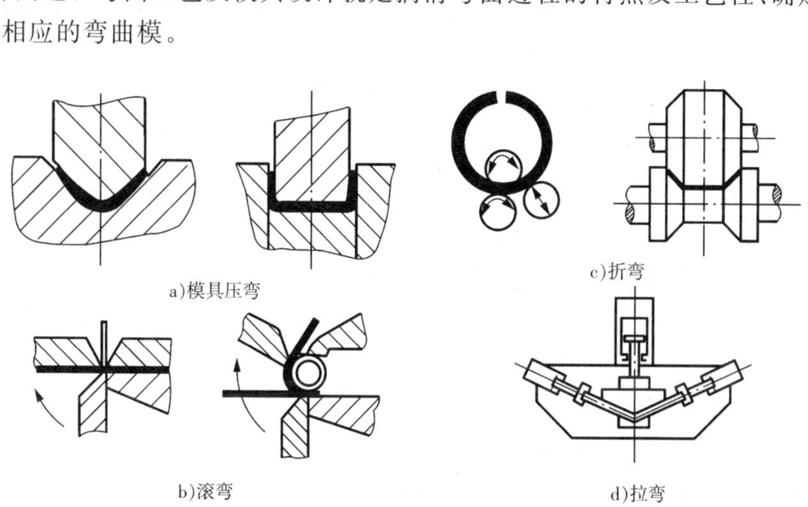

图 4-3 弯曲件的弯曲方法

4.2 弯曲变形过程分析

4.2.1 弯曲变形过程

V 形工件的弯曲是最基本的弯曲变形，其弯曲过程如图 4－4 所示。板料的弯曲变形过程是围绕着弯曲圆角区域展开的，该区域为弯曲主要变形区。

将板料 2 放在凸模 1 和凹模 3 之间，凸模下压，迫使板料产生弯曲变形。在开始弯曲时，坯料的弯曲内侧半径大于凸模的圆角半径。随着凸模的下压，坯料的直边与凹模的 V 形表面逐渐靠紧，具体分析如下：

图 4－4a 为弹性变形阶段，变形区材料的弯曲半径由∞变为 r_0，弯曲力臂为 l_0。

图 4－4b 变形区材料应力达到屈服极限而进入塑性变形阶段，变形区弯曲半径和弯曲力臂逐步变小，分别由 r_0 变为 r_1，l_0 变为 l_1。

图 4－4c 板料弯曲变形区进一步变小，弯曲半径减小至 r_2，弯曲力臂减小至 l_2。

图 4－4d 板料的直边和圆角部分与凸模、凹模完全贴紧。

凸模回升后，即得到所需的弯曲件。

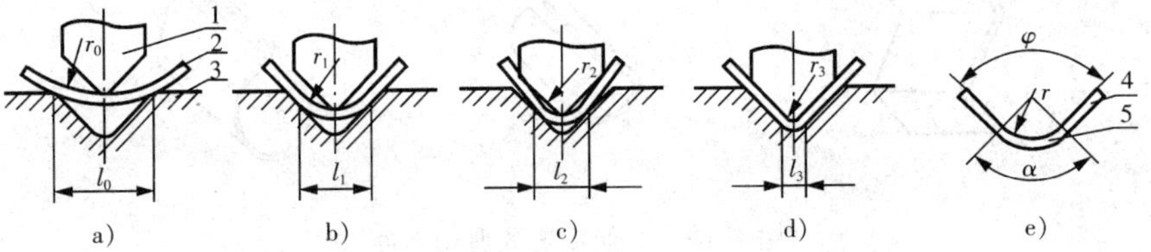

图 4－4 弯曲变形过程

1—凸模 2—板料 3—凹模 4—直边部分(非变形区) 5—圆角部分(弯曲变形区)

弯曲分为自由弯曲和校正弯曲。自由弯曲是指当弯曲结束时，凸模、板料和凹模三者完全吻合后凸模不再下压。校正弯曲是指在自由弯曲的基础上凸模再往下压一段很小的距离，对弯曲件起到校正作用，从而使工件产生更准确的塑性变形。

4.2.2 弯曲变形的特点

为了分析板料的弯曲变形规律，可以采用画网格的方法进行分析。弯曲前，在板料坯侧面用作出一系列直线，构成正方形网格，如图 4－5a 所示；弯曲后，板料侧面上的 *aa* 段和 *bb* 段直线弯成了弧形，其间的正方形网格变成了扇形网格。

通过分析弯曲变形前后网格的变形情况，就可以得出板料弯曲变形的特点。

1. 弯曲变形区主要在弯曲件的圆角部分

圆角部分的正方形网格变成了扇形，远离圆角部分的直边没有变形。这说明弯曲变形的区域主要发生在弯曲圆角部分，直线部分则不产生塑性变形。

若弯曲后工件如图 4－6 所示，则反映弯曲变形区的弯曲带中心角称为弯曲中心角 φ，而弯曲后工件的角度称为弯曲角 α，两者的关系为 $\varphi=180°-\alpha$。

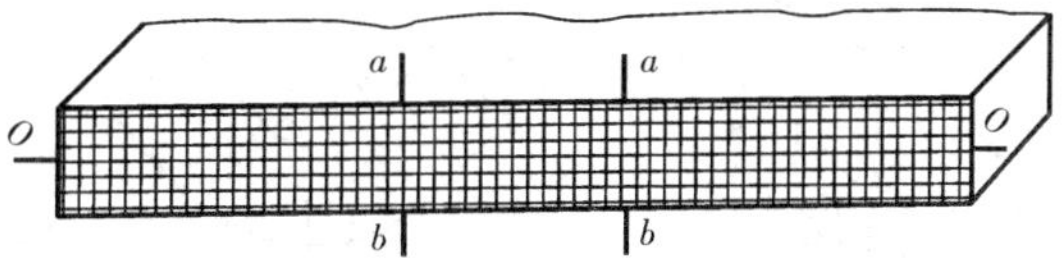

a)弯曲前

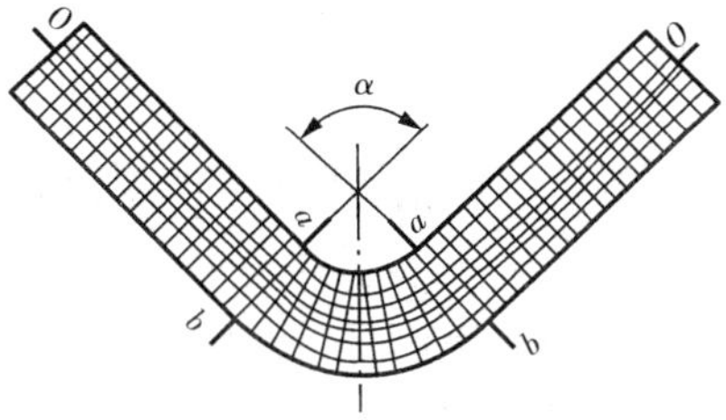

b)弯曲后

图 4－5　弯曲变形分析

2. 弯曲变形区的中性层长度保持不变

在板料的外层(靠近凹模一侧),纵向网格线长度伸长。越靠近外层,伸长量越大,外层表面的圆弧$\overset{\frown}{bb}$为最长,说明外层材料受到拉伸作用。在板料的内层(靠近凸模一侧),纵向网格线长度缩短,越靠近内层,缩短量越大,内层表面的圆弧$\overset{\frown}{aa}$为最短,说明内层材料受到压缩作用。在伸长和缩短的两变形区域之间,其中必有一层金属纤维材料在弯曲变形前后的长度保持不变,该层称为中性层。中性层基本上处于材料的中心位置,但当弯曲变形程度较大时,中性层的位置向材料内侧移动。

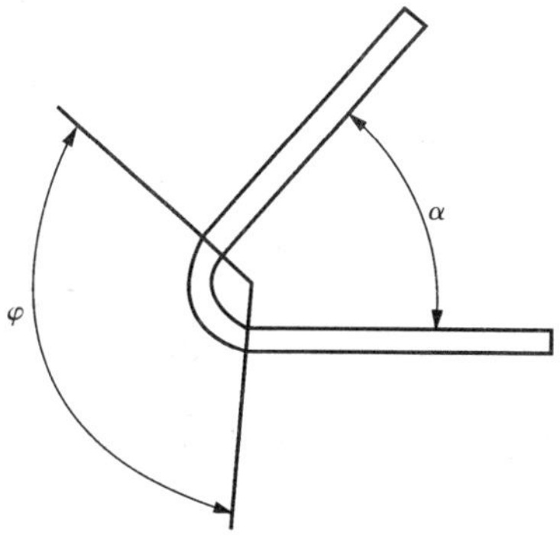

图 4－6　弯曲角与弯曲中心角

3. 弯曲变形区材料厚度变薄

弯曲变形时,由于内层材料长度缩短,导致厚度增加,但是由于凸模压紧板料,厚度增加受到阻碍,同时外层材料长度伸长,厚度相应变薄。在整个板料厚度上,外层材料的变薄量大于内层材料的增厚量,所以材料总厚度在弯曲变形区内变薄。

4. 弯曲变形区内横断面的形状变化

弯曲变形区内横断面的形状变化对于宽板和窄板是不同的。板料宽度 B 与板料厚度 t 之比大于 3 时,称为宽板;板料宽度 B 与板料厚度 t 之比小于 3 时,称为窄板。宽板弯曲时,材料在宽度方向的变形会受到相邻金属制约,横断面几乎不变,基本保持为矩形;而窄板弯曲时,宽度方向变形几乎不受约束,断面变成了内宽外窄的扇形。如图 4－7 所示为两种情况下的断面变化情况。由于窄板弯曲时变形区断面发生畸变,因此,当弯曲件的侧面尺寸有一定要求或与其他零件配合时,需要增加后续辅助工序。对于一般的坯料弯曲来说,大部分属于宽板弯曲。

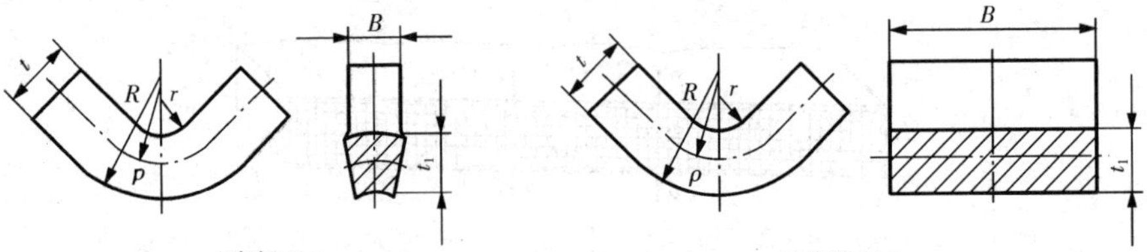

a)窄板 $B<3t$　　　　b)宽板 $B>3t$

图 4-7　板料弯曲后的横断面形状

4.3　弯曲件的工艺性

弯曲件的工艺性是指弯曲零件的结构形状、尺寸、精度、材料以及技术要求等是否适合于弯曲加工的工艺要求。弯曲件如果具有良好的工艺性，就能简化弯曲的工艺过程和弯曲模具结构，并能提高工件的质量。

1. 弯曲件的精度

弯曲件的精度受坯料定位、偏移、翘曲和回弹等因素的影响，弯曲的工序数目越多，精度也越低。一般弯曲加工中弯曲件的角度偏差见表 4-1。

表 4-1　弯曲件角度偏差

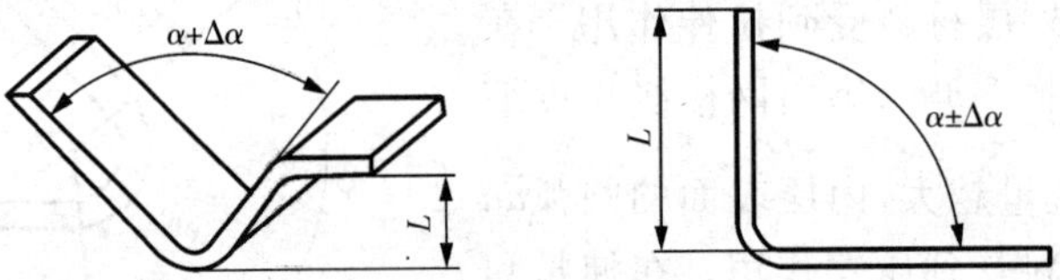

角短边的长度 L/mm	非配合的角度偏差 Δα	最小的角度偏差 Δα	角短边的长度 L/mm	非配合的角度偏差 Δα	最小的角度偏差 Δα
<1	±7° 0.25	±4° 0.14	>80～120	±1° 2.79～4.18	±25′ 1.16～1.74
>1～3	±6° 0.21～0.63	±3° 0.11～0.32	>120～180	±50′ 3.49～5.24	±20′ 1.40～2.10
>3～6	±5° 0.53～1.05	±2° 0.21～0.42	>180～260	±40′ 4.19～6.05	±18′ 1.89～2.72
>6～10	±4° 0.84～1.40	±1°45′ 0.37～0.61	>260～360	±30′ 4.54～6.28	±15′ 2.72～3.15
>10～18	±3° 1.05～1.89	±1°30′ 0.52～0.94	>360～500	±25′ 5.23～7.27	±12′ 2.52～3.50
>18～30	±2°30′ 1.57～2.62	±1° 0.63～1.00	>500～630	±22′ 6.40～8.06	±10′ 2.91～3.67
>30～50	±2° 2.09～3.49	±45′ 0.79～1.31	>630～800	±20′ 7.33～9.31	±9′ 3.30～4.20
>50～80	±1°30′ 2.62～4.19	±30′ 0.88～1.40	>800～1000	±20′ 9.31～11.6	±8′ 3.72～4.65

2. 弯曲件的材料

弯曲件的材料如果具有足够的塑性，并且屈服强度 σ_s 小、弹性模量 E 大、力学性能稳定，则有利于弯曲成形和工件质量的提高。例如软钢、软黄铜和铝等材料的弯曲成形性能好，而脆性较大的材料，如磷青铜、铍青铜、弹簧等，则不利于弯曲成形。

3. 弯曲半径

对于一定厚度的材料，弯曲时弯曲半径愈小，板料外表面的变形程度愈大。若弯曲半径过小，则板料的外表面将超过材料的变形极限而出现裂纹或拉破。在保证弯曲变形区材料外表面不发生破坏的条件下，弯曲件内表面所能形成的最小圆角半径称为最小弯曲半径，用 r_{min} 表示。在自由弯曲保证坯料最外层纤维不发生破裂的前提下，所能获得的弯曲件内表面最小圆角半径与弯曲材料厚度的比值 r_{min}/t 称为最小相对弯曲半径。

弯曲件的最小弯曲半径 r_{min} 的数值一般用试验方法确定，各种金属材料在不同状态下的最小弯曲半径的数值，参见表 4-2。

弯曲件的最大弯曲半径一般不加以限制，只要能控制回弹量，保证工件的精度即可。

表 4-2　最小弯曲半径 r_{min}

材料	退火状态		冷作硬化状态	
	弯曲线的位置			
	垂直纤维	平行纤维	垂直纤维	平行纤维
08、10、Q195、Q215	0.1t	0.4t	0.4t	0.8t
15、20、Q235	0.1t	0.5t	0.5t	1.0t
25、30、Q255	0.2t	0.6t	0.6t	1.2t
35、40、Q275	0.3t	0.8t	0.8t	1.5t
45、50	0.5t	1.0t	1.0t	1.7t
55、60	0.7t	1.3t	1.3t	2.0t
铝	0.1t	0.35t	0.5t	1.0t
纯铜	0.1t	0.35t	1.0t	2.0t
软黄铜	0.1t	0.35t	0.35t	0.8t
半硬黄铜	0.1t	0.35t	0.5t	1.2t
磷铜	—	—	1.0t	3.0t

注：(1)当弯曲线与纤维方向成一定角度时，可采用垂直和平行纤维方向二者的中间值。

(2)对在冲裁或剪切后没有退火的毛坯弯曲时，应作为硬化的金属选用。

(3)弯曲时应使有毛刺的一边处于弯角的内侧。

(4)表中 t 为板料厚度。

4. 弯曲件的结构工艺性

(1)弯曲件的形状　弯曲件形状应该对称，弯曲半径左右一致，如果弯曲件不对称，由于板料与模具之间的摩擦阻力不均匀，那么坯料在弯曲过程中会产生滑动，造成偏移，如图 4-8 所示。

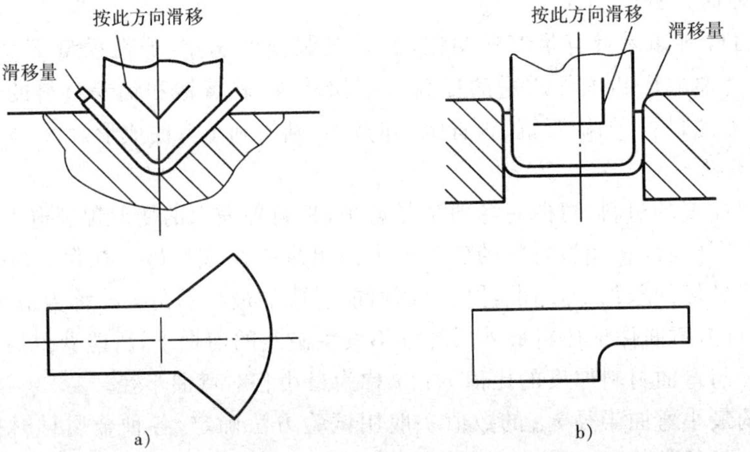

图 4-8　弯曲时的偏移

(2)弯曲件的直边高度　弯曲件的直边高度不宜过小,否则无法保证弯曲件的直边平直,应使 $H>2t$,如图 4-9 所示。如果 $H<2t$ 时,为了得到形状准确的零件,则需要在弯曲圆角处预先压槽,再弯曲,如图 4-10 所示;或者增加直边高度,弯曲后再切掉多余部分,如图 4-9 所示。

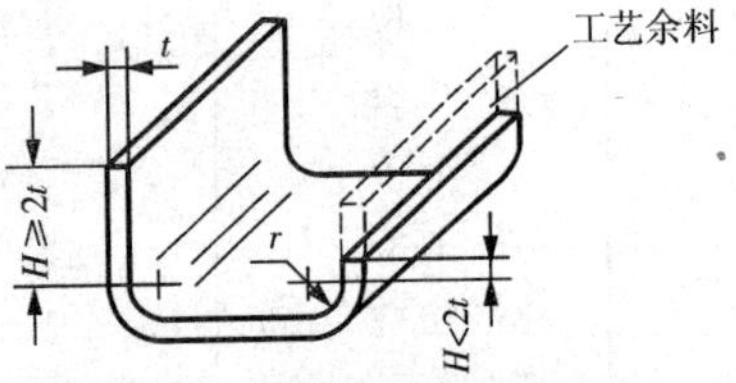

图 4-9　弯曲件的直边高度图

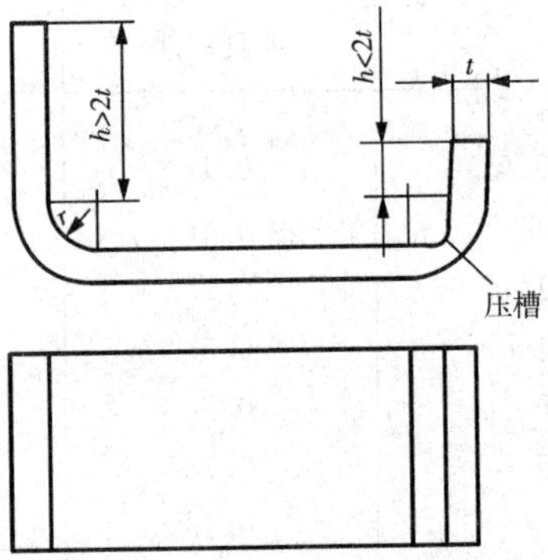

4-10　弯曲圆角处预先压槽

如果所弯直边带有斜角,则当斜边进入弯曲变形区会产生扩张变形,不能弯曲到要求的角度,而且此处也容易开裂,如图 4-11a 所示。避免这种缺陷的方法是增添侧面直边如图 4-11b 所示,或者改变弯曲件的结构,如图 4-11c 所示。

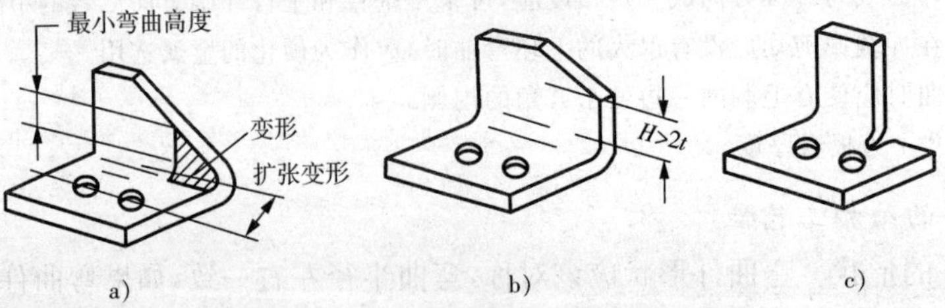

图 4-11　侧面有斜边的弯曲件

(3)弯曲线位置　弯曲线不应位于制件宽度的突变处,以免发生撕裂现象。若必须在突变处弯曲,应事先冲出工艺孔或工艺槽,如图 4－12 所示。

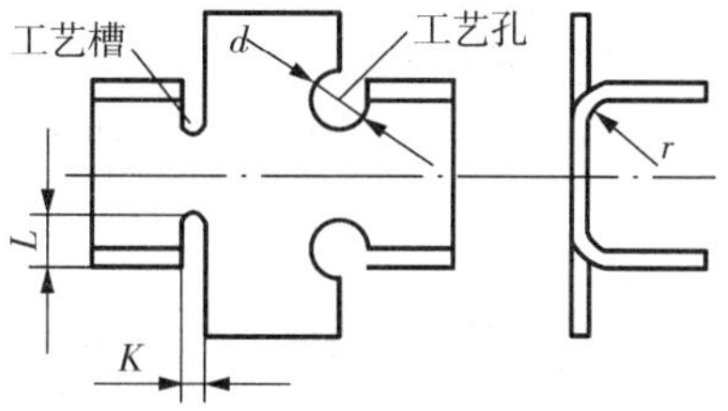

$K \geqslant t \quad L \geqslant t+r+\frac{K}{2} \quad d \geqslant 3t$

4－12　弯曲件宽度突变处的工艺槽与工艺孔

(4)弯曲件上孔与槽的位置　弯曲孔或槽的毛坯时,为了防止孔、槽在弯曲时产生变形,必须保证孔、槽边缘距弯曲变形区有一定的距离,如图 4－13a 所示。当 $t<2$ mm 时,应保证 $L \geqslant t$;当 $t \geqslant 2$ mm 时,应保证 $L \geqslant 2t$。否则应采取图 4－13b 或 c 所示的工艺措施,或者先进行弯曲,然后再加工出孔或槽。对于开口制件,可以在弯曲变形后再切除缺口,如图 4－14 所示。

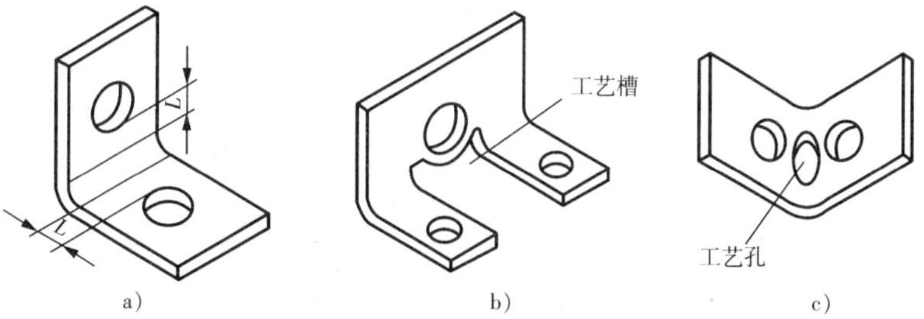

图 4－13　孔与槽的位置

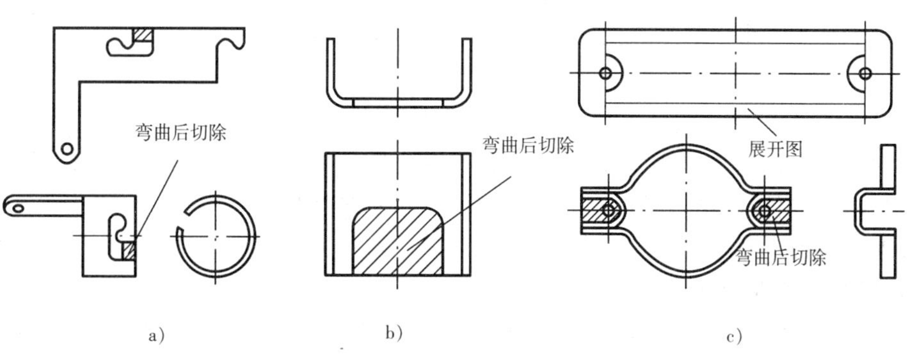

图 4－14　开口制件弯曲后再切除缺口

【例 4－1】　U 形件的弯曲工艺性分析。

由图 4－1 可知,该工件结构比较简单,形状对称,适合弯曲。

工件弯曲半径为 5 mm,采用垂直于纤维方向弯曲,查表 4－2 得 $r_{\min}=0.1t=0.6$ mm,即能一次弯曲成功。

工件的弯曲直边高度为 42－6－5＝31 mm，远大于 $2t$，所以可以弯曲成功。

该工件是一个弯曲角度为 90°的弯曲件，尺寸精度均为未注公差，而当 $r/t<5$ 时，可以不考虑圆角半径的回弹，所以该工件符合普通弯曲的经济精度要求。工件材料是 10 钢，是常用的冲压材料，塑性较好，适合进行冲压加工。

综上所述，该工件的弯曲工艺性良好，适合进行弯曲加工。

4.4 弯曲件卸载后的回弹

弯曲过程的回弹现象是一个非常的重要问题，它直接影响到弯曲工件的尺寸精度。

4.4.1 回弹现象及表现形式

1. 回弹现象

弯曲变形与所有塑性变形一样，伴随有弹性变形，当外载荷去除后，弯曲过程中的塑性变形保留下来，而弹性变形会完全消失，使弯曲件的形状和尺寸发生变化而与模具尺寸不一致，这种现象称为回弹，如图 4－15 所示。

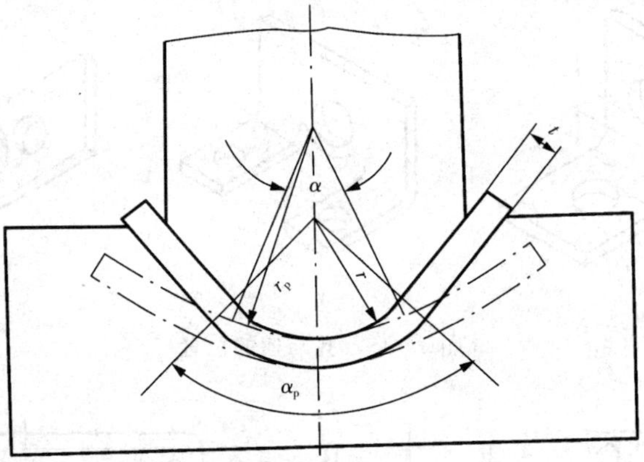

图 4－15 弯曲后的回弹

弹性回复方向总是与弯曲变形方向相反，所以弯曲件卸载后就会出现外层材料弹性缩短而内层材料弹性伸长，结果是加剧了工件形状和尺寸的改变。

2. 弯曲回弹的表现形式

一般情况下，弯曲回弹现象表现在两个方面：

(1)弯曲半径增大　卸载前坯料的内半径 r(与凸模的半径吻合)，在卸载后增加至 r_p。半径的增量 Δr 为

$$\Delta r = r_p - r \tag{4-1}$$

(2)弯曲角增大　卸载前坯料的弯曲角度为 α(与凸模顶角吻合)，卸载后增大到 α_p。角度的增量为

$$\Delta \alpha = \alpha_p - \alpha \tag{4-2}$$

4.4.2　减少和控制回弹值的措施

在实际弯曲加工中，弯曲件的回弹是不可避免的。但可以采取一些措施来减小或补偿回弹所产生的误差，以提高弯曲件的精度。常用的方法有补偿法和校正法。

1. 补偿法

补偿法就是在弯曲前先估算或试验得出回弹量，在设计模具时，使弯曲构建的变形超过原设计的变形。

V 形件弯曲时，预先计算出回弹量，凸模尺寸按 $r_p=r-\Delta r$，$\alpha_p=\alpha+\Delta\alpha$，$\varphi_p=\varphi-\Delta\varphi$ 设计和制造，就能使回弹量得到补偿。

U 形件弯曲时，可在凸模两侧作出回弹量补偿角，如图 4－16a 所示。

当 U 形件弯曲的回弹量 $\Delta\varphi$ 较大时，可将凹模内的顶板作成凸弧面，如图 4－16b 所示，弯曲卸载后，由于弧面回弹的方向和弯曲回弹的方向相反，使弯曲回弹量得到补偿。

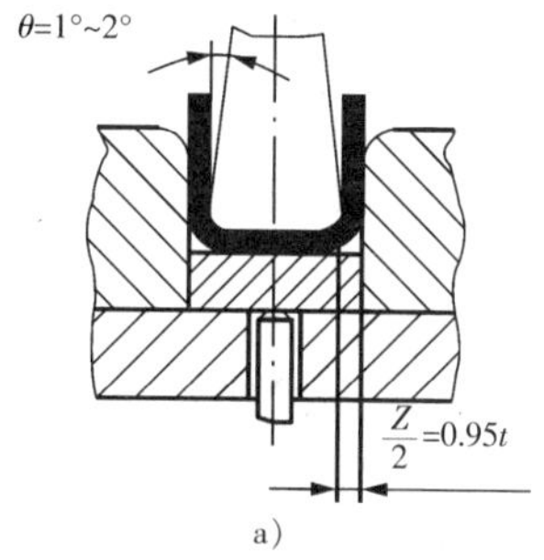

图 4－16　U 形件弯曲回弹的补偿

2. 校正法

校正法就是在模具结构上采取措施，让校正压力集中在弯角处，使其产生一定的塑性变形，克服回弹。

如图 4－17 所示，改变凸模结构，把凸模做成局部凸起，使凸模的作用力集中在弯曲圆角处，使回弹减小，但易产生压痕。

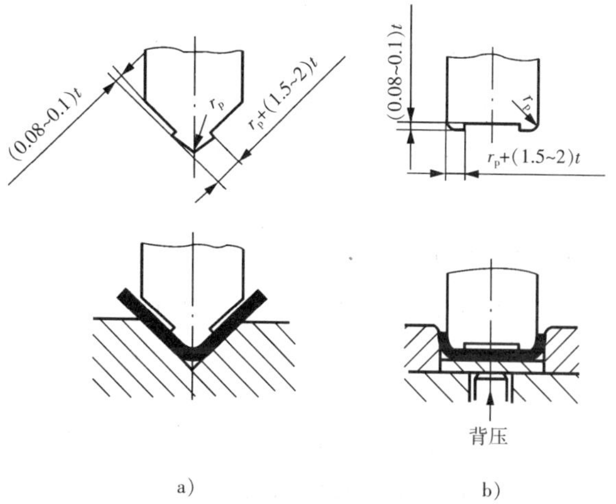

图 4－17　改变凸模结构减小回弹

4.5 弯曲件坯料尺寸的计算

4.5.1 弯曲中性层位置的确定

由于中性层的长度在弯曲变形前后长度不变，所以中性层的长度就是所要求的弯曲件坯料展开尺寸的长度。当弯曲变形程度很小时，可以认为中性层位于板料厚度的中心。当弯曲变形程度较大时，弯曲变形区的厚度变薄，中性层的位置将向内侧移动。中性层位置以曲率半径 ρ 表示，如图 4-18 所示。通常按照下面经验公式确定：

$$\rho = r + xt \tag{4-4}$$

式中：r——零件的内弯曲半径；

t——材料厚度；

x——中性层位移系数。

中性层位移系数 x 与弯曲变形程度有关，其值可由表 4-3 查得。

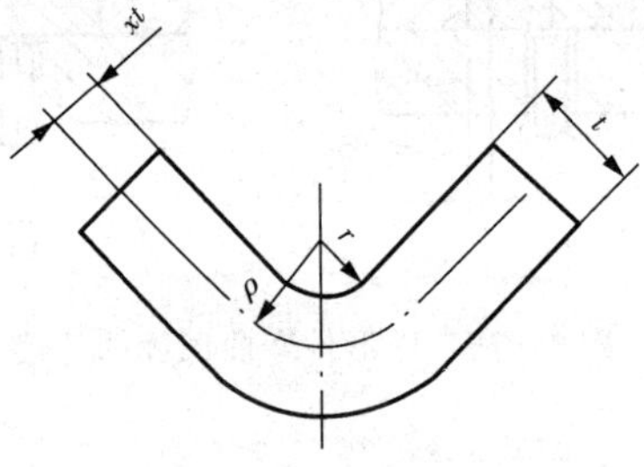

图 4-18 中性层的位置

表 4-3 中性层位移系数 x 值

r/t	0.1	0.2	0.3	0.4	0.5	0.6	0.7	0.8	1	1.2
x	0.21	0.22	0.23	0.24	0.25	0.26	0.28	0.3	0.32	0.33
r/t	1.3	1.5	2	2.5	3	4	5	6	7	≥8
x	0.34	0.36	0.38	0.39	0.4	0.42	0.44	0.46	0.48	0.5

4.5.2 弯曲件坯料尺寸的计算

中性层位置确定后，根据弯曲件的形状、弯曲半径和弯曲方法的不同，其毛坯材料展开尺寸的计算方法也不同。

1. 圆角半径 $r>0.5t$ 的弯曲件

当圆角半径 $r>0.5t$ 时，弯曲件的变薄不严重，根据中性层在弯曲变形前后长度不变的原则，坯料的总长度等于弯曲件直线部分长度与弯曲部分中性层展开长度的总和，如图 4-19a 所示。

$$L=\sum l_i+\sum \frac{\pi\alpha_i}{180}(r_i+x_i t) \tag{4-5}$$

式中：L——弯曲件毛坯的总长度(mm)；

l_i——各直线段的长度(mm)；

α_i——各圆弧段的弯曲中心角(°)；

r_i——各圆弧段的弯曲半径(mm)；

x_i——各圆弧部分的中性层位移系数。

当弯曲中心角为 90°时，如图 4-19b 所示，单角弯曲的毛坯展开长度的计算公式为：

$$L=l_1+l_2+\frac{\pi}{2}(r+xt) \tag{4-6}$$

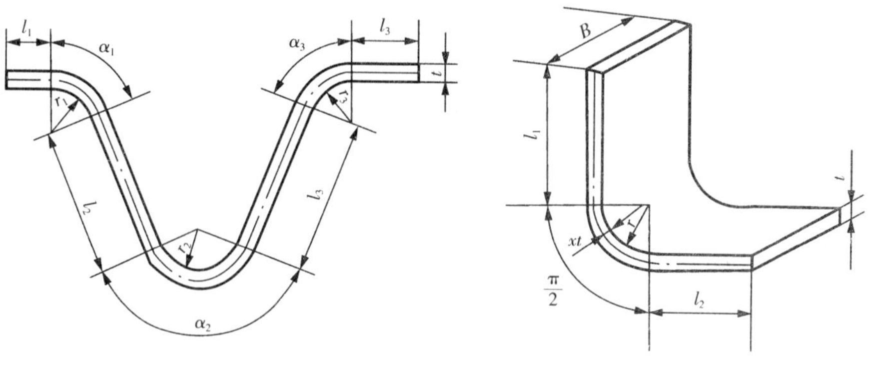

a)　　b)

图 4-19　圆角半径 $r>0.5t$ 的弯曲件

2. 圆角半径 $r<0.5t$ 的弯曲件

当圆角半径 $r<0.5t$ 时，由于弯曲变形时不仅工件的圆角变形区产生严重变薄，而且与其相邻的直边部分也产生变薄，所以应按变形区在弯曲变形前后体积不变原则确定坯料长度。通常采用经验公式进行计算，经验公式如表 4-4 所列。

表 4-4　圆角半径 $r<0.5t$ 的弯曲件毛坯尺寸计算公式

简图	计算公式	简图	计算公式
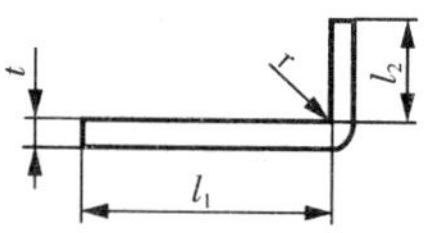	$L=l_1+l_2+0.4t$	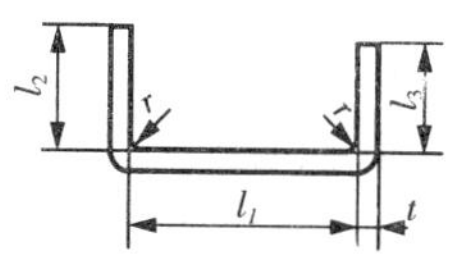	$L=l_1+l_2+l_3+0.6t$ (一次同时弯曲两个角)
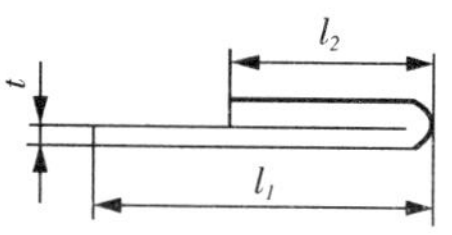	$L=l_1+l_2-0.43t$	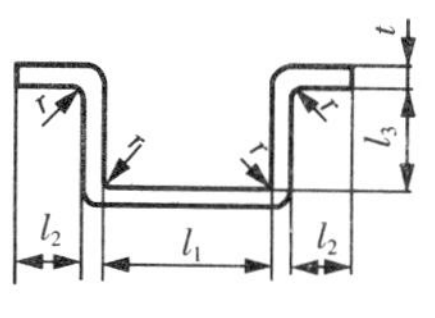	$L=l_1+2l_2+2l_3+t$ (一次同时弯曲四个角) $L=l_1+2l_2+2l_3+1.2t$ (分为两次弯曲四个角)

在实际弯曲过程中，确定坯料长度还应考虑多种因素的影响，包括材料的力学性能、模具状况、弯曲方式等，否则会产生较大误差。所以上述公式只能用于形状比较简单、尺寸精度要求不高的弯曲件。而对于形状比较复杂或精度要求较高的弯曲件，在利用上述公式初步计算出坯料长度后，还需要经过反复试弯，不断修正，才能最后确定坯料的形状及尺寸。

【例 4-2】 U 形件的毛坯尺寸计算。

如图 4-20a 所示，毛坯总长度等于各直边长度加上各圆角展开长度，即

$$l=2l_1+2l_2+l_3$$

由图 4-1 得　$l_1=42-5-6=31\ \text{mm}$

$r/t=5/6\approx0.8$，由表 4-3 查得 $x=0.3$

$$l_2=\frac{1}{4}\times2\pi\times(r+xt)=1.57\times(5+0.3\times6)=10.676\ \text{mm}$$

$$l_3=18-2\times5=8\ \text{mm}$$

所以得　$l=2\times31+2\times10.676+8=91.352\approx91.4\ \text{mm}$

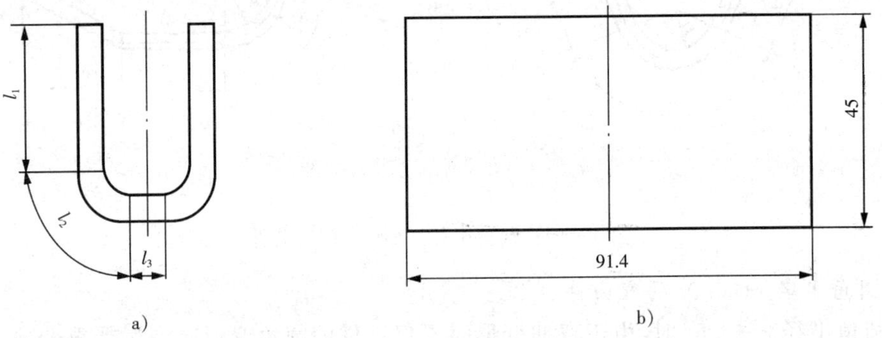

图 4-20　毛坯展开

4.6　弯曲力的计算

弯曲力是模具计算中的重要环节，也是选择压力机的重要依据。由于弯曲力受工件形状、材料性能、弯曲方法、模具结构等多种因素的影响，用理论分析的方法进行准确计算非常困难，目前在生产中经常采用经验公式进行计算。

4.6.1　自由弯曲时的弯曲力

自由弯曲如图 4-21 所示。

V 形件弯曲力：
$$F_{自}=\frac{0.6KBt^2\sigma_b}{r+t} \tag{4-7}$$

U 形件弯曲力：
$$F_{自}=\frac{0.7KBt^2\sigma_b}{r+t} \tag{4-8}$$

式中：$F_{自}$——自由弯曲在冲压行程结束时的弯曲力；

B——弯曲件的宽度；

t——弯曲材料的厚度；

r——弯曲件的内弯曲半径；

σ_b——材料的抗拉强度；

K——安全系数，一般取 $K=1.3$。

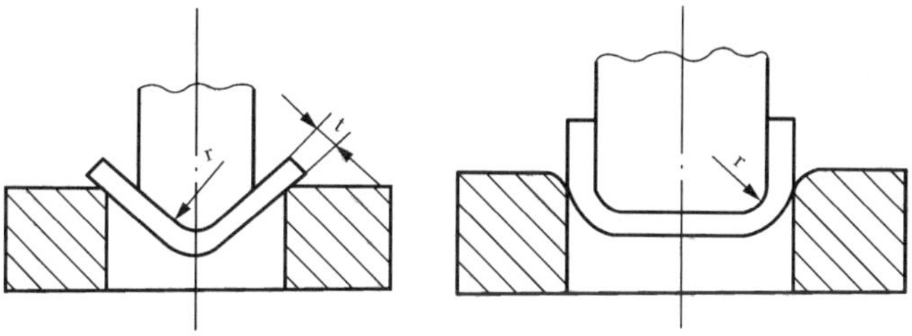

a)V 形件　　b)U 形件

图 4-21　自由弯曲示意图

4.6.2　校正弯曲时的弯曲力

校正弯曲如图 4-22 所示。

校正弯曲力：

$$F_{校}=Ap \tag{4-9}$$

式中：$F_{校}$——校正弯曲力；

A——校正部分投影面积；

p——单位面积校正力，其值见表 4-5。

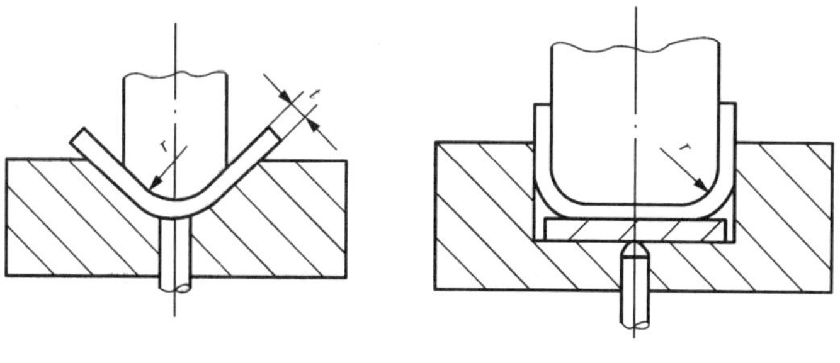

a)V 形件　　b)U 形件

图 4-22　校正弯曲示意图

表 4-5　单位面积校正力 p　　(MPa)

材　料	料　厚 t/mm		材　料	料　厚 t/mm	
	～3	3～10		～3	3～10
铝	30～40	50～60	10～20 钢	80～100	100～120
黄　铜	60～80	80～100	25～35 钢	100～120	120～150

4.6.3 顶件力或压料力

如果弯曲模中设计有顶件装置或压料装置，还必须计算顶件力 F_D或压料力 F_Y，一般它们都近似取为自由弯曲力的 30%～80%，即

$$F_D=(0.3\sim0.8)F_{自} \tag{4-10}$$

$$F_Y=(0.3\sim0.8)F_{自} \tag{4-11}$$

4.6.4 压力机公称压力的确定

1. 自由弯曲时压力机的压力

弯曲模中有顶件装置： $F_{压}\geqslant(1.2\sim1.3)(F_{自}+F_D)$ (4-12)

弯曲模中有压料装置： $F_{压}\geqslant(1.2\sim1.3)(F_{自}+F_Y)$ (4-13)

2. 校正弯曲时压力机的压力

由于校正弯曲力比顶件力 F_D或压料力 F_Y大得多，所以 F_D或 F_Y可以忽略不计，即

$$F_{压}\geqslant(1.2\sim1.3)F_{校} \tag{4-14}$$

【例 4-3】 U 形件的弯曲力计算和初选压力机。

(1)计算弯曲力

影响弯曲力的因素很多，如果进行精确的计算是很复杂的，这里只进行大略计算，不考虑校平。按照 U 形件自由弯曲力来近似计算闸瓦钢背的弯曲力。根据公式(4-8)：

$$F_{自}=\frac{0.7KBt^2\sigma_b}{r+t}$$

取　$K=1.3$，$\sigma_b=400$ MPa

所以　$F_{自}=\dfrac{0.7KBt^2\sigma_b}{r+t}=\dfrac{0.7\times1.3\times45\times6^2\times400}{5+6}=53607$ N

(2)计算顶件力

本弯曲模中拟采用顶件装置或压料装置，所以必须计算顶件力 F_D。根据公式(4-10)，得

$$F_D=(0.3\sim0.8)F_{自}$$

所以　$F_D=0.6\times F_{自}=0.6\times53607=32164$ N

(3)计算压力机的公称压力

根据公式(4-12)，得

$$F_{压}\geqslant(1.2\sim1.3)(F_{自}+F_D)$$

则　$F_{压}\geqslant(1.2\sim1.3)\times(F_{自}+F_D)=(1.2\sim1.3)\times(53607+32164)$

$=(1.2\sim1.3)\times85771$

$=102925.2\sim111502.3$ N

取 $F_{压}=160000$ N，所以选 160 kN 的开式曲柄压力机 J23－16。

4.7　弯曲模的典型结构

4.7.1　弯曲模及其分类

弯曲模的结构与冲裁模相似，分为上、下两部分，由工作零件(凸模、凹模)、定位零件、卸料装置及导向件、紧固件等组成。弯曲模可分为单工序弯曲模、连续弯曲模、复合弯曲模和自动弯曲模。单工序弯曲模一般用于大型制件和批量不大的中小型件。而小件的大量生产则趋向于采用高效率的一次成形复合模、连续模或多工位自动弯曲模。

4.7.2　V 形件弯曲模的典型结构

V 形件形状简单，可以一次弯曲成形。

图 4－23 所示为 V 型弯曲模。该模具的优点是结构简单，在压力机上安装、调整方便，对材料厚度公差要求不严格，可作校正弯曲，制件误差小。

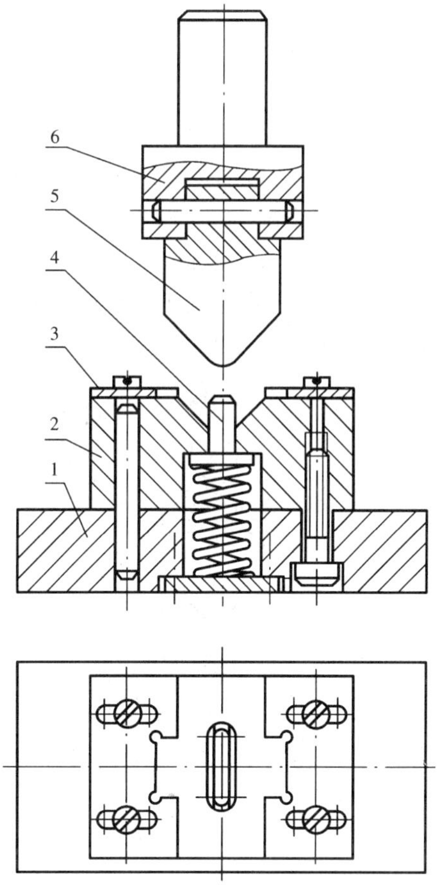

4－23　V 形弯曲模

1—下模座　2—凹模　3—定位板　4—顶杆　5—凸模　6—模柄

图 4-24 所示为 L 型弯曲模的常用结构。毛坯由定位钉 7 定位,弯曲过程中顶板 2 和凸模 5 将材料压紧,定位可靠性高,能有效防止偏移,同时也有利于保证孔至竖直边的尺寸精度。该模具的缺点是不能对竖直边进行校正。图 4-25 所示为 V 形件通用弯曲模,适用于弯曲件的多品种小批量生产。凹模 4 由两块组成,每块具有不同角度的四个工作面,组合起来能够弯曲多种 V 形弯曲件。凸模 5 按弯曲件弯曲角和圆角半径更换。定位板 3 能根据需要作横向和纵向调节。

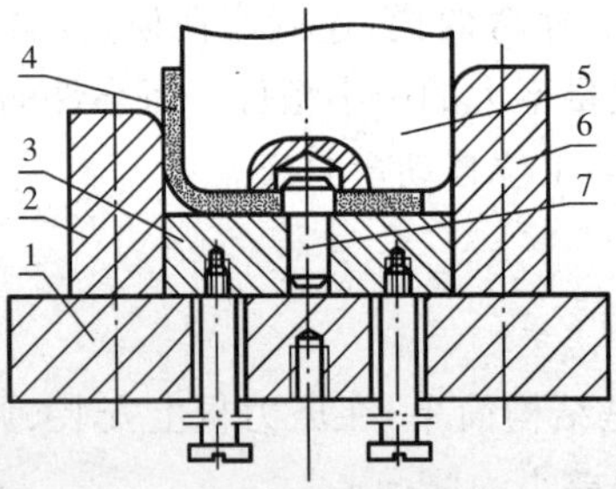

图 4-24 L 型弯曲模

1—下模座 2—定位板 3—凹模 4—弯曲件
5—凸模 6—靠山 7—定位钉

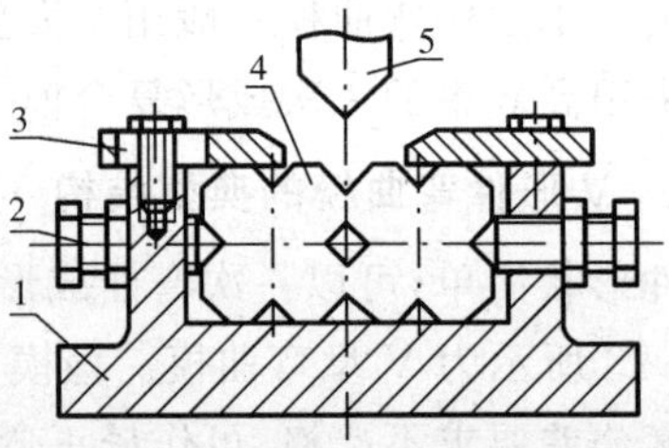

4-25 V 形件通用弯曲模

1—下模座 2—调节螺钉 3—定位板
4—凹模 5—凸模

图 4-26 所示为 V 形件的精弯模,两块活动凹模 4 通过转轴 5 铰接,定位板 3(或定位销)固定在活动凹模上。弯曲前顶杆 7 将转轴顶到最高位置,使两块活动凹模成一平面。弯曲开始时,凸模先压住坯料,然后继续下降,迫使活动凹模绕转轴向内摆动,并由支承板 6 支撑着外侧向下滑动,板料被压成 V 形。凸模上行时,顶杆顶着活动凹模返回。在弯曲过程中坯料始终与活动凹模和定位板接触,以防止弯曲过程中坯料的偏移。这种结构特别适用于没有足够支承面、狭长的、坯料不易放平稳的零件。

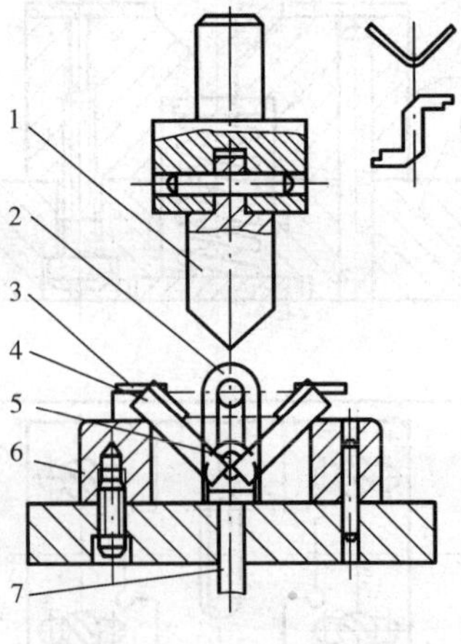

图 4-26 V 形件精弯模

1—凸模 2—支架 3—定位板(或定位销)
4—活动凹模 5—转轴 6—支承板 7—顶杆

4.7.3 U 形件弯曲模的典型结构

U 形件弯曲模在一次弯曲过程中可以形成两个弯曲角。

图 4－27 所示为 U 形件弯曲模的典型结构。凹模 3 由左右两件构成，用螺栓 1 固定在下模座 2 的槽中。毛坯由定位钉 7 定位，弯曲时毛坯底部由凸模 6 和顶板 8 压紧，顶板由凹模的侧面导向。弯曲终了时，能对弯曲件进行校正。凸模回程时，弹顶器通过顶杆使顶板复位。该模具的凸模、凹模间隙可以调整。

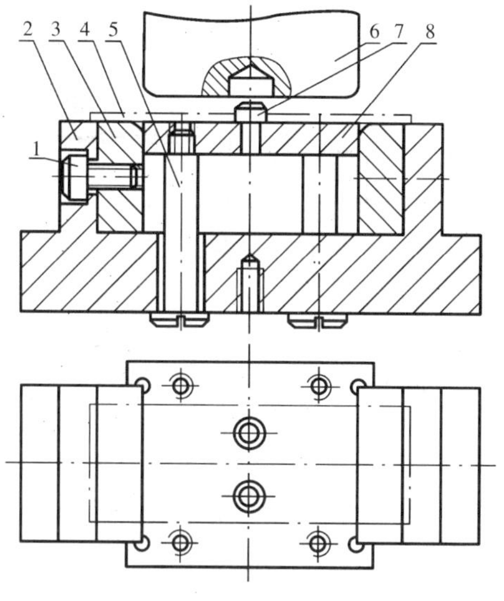

4－27　U 形件弯曲模

1－螺栓　2－下模座　3－凹模　4－毛坯

5－顶杆　6－凸模　7－定位钉　8－顶板

图 4－28 所示为弯曲圆杆件的 U 形件弯曲模。滚轮 3 起弯曲凹模的作用。弯曲时滚轮转动，与坯料间的摩擦力大为减小。在滚轮和凸模 6 上开有半圆形槽，可有效防止毛坯在弯曲过程中因偏移、错位而出现扭曲和表面擦伤。滚轮式凹模的磨损小，模具寿命高，因而在弯曲合金钢板料时，往往也采用滚轮式凹模。

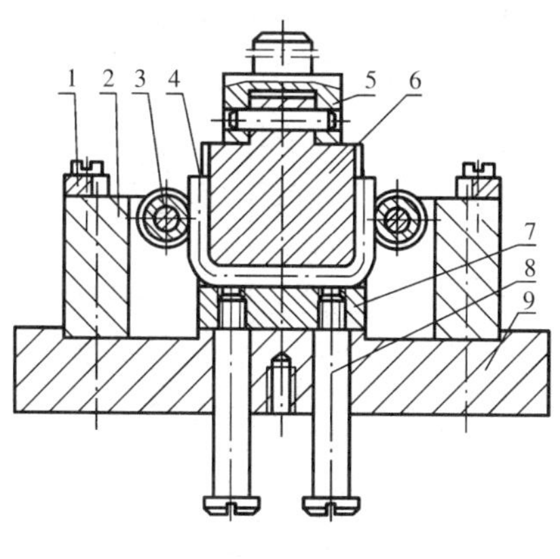

图 4－28　弯曲圆杆件的 U 形件弯曲模

1－定位板　2－滚轮支座　3－滚轮　4－弯曲件　5－模柄

6－凸模　7－顶板　8－顶杆　9－下模座

对于弯曲角小于90°的U形件，可以采用如图4-29所示弯曲模。它的下模部分有一对回转凹模。弯曲前，回转凹模在弹簧7的拉力作用下处于初始位置，毛坯用定位板2定位。压弯时凸模1首先将坯料弯曲成U形，当凸模继续下压时，凸模与回转凹模接触，迫使坯料底部压向回转凹模的缺口，使两边的回转凹模向内侧旋转，将工件压弯成弯曲角小于90°的U形件。凸模上升，弹簧使回转凹模复位，工件则由垂直图面方向从凸模上卸下。

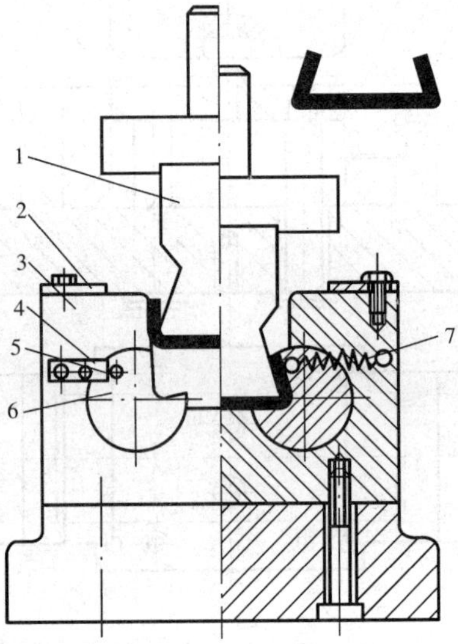

图4-29　弯曲角小于90°的U形件弯曲模

1—凸模　2—定位板　3—凹模　4—止动块

5—销钉　6—回转凹模　7—弹簧

4.7.4　Z形件弯曲模的典型结构

Z形件一次弯曲即可成形，图4-30所示为Z形件弯曲模的结构。由于Z形件两直边

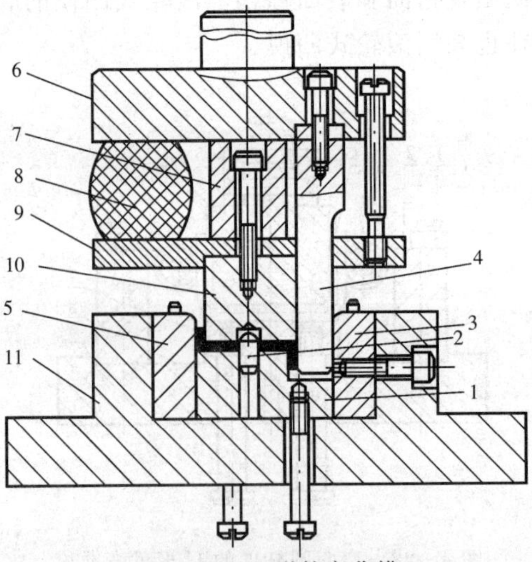

图4-30　Z形件弯曲模

1—顶板　2—定位销　3—反侧压块　4—固定凸模　5—凹模　6—上模座

7—压块　8—橡皮　9—凸模托板　10—活动凸模　11—下模座

的弯曲方向相反，为了防止单边翘曲，弯曲前活动凸模10和固定凸模4的端面平齐。弯曲开始时，活动凸模与顶板1先将坯件夹紧，然后，当橡皮8的弹压力大于弹顶器的弹顶力时，顶板被迫向下运动，活动凸模10与凹模5一起完成左角的弯曲。待顶板与下模座11接触后，活动凸模停止下行，而固定凸模与上模座6一起继续向下运动，由固定凸模与顶板一起完成右角的弯曲，直至限位块7与上模座接触，对弯曲件进行校正后，上模回程。如果橡胶垫的弹压力小于弹顶器的弹顶力，则先弯右角，后弯左角。

4.7.5　圆形件弯曲模的典型结构

圆形件可以一次弯曲成形，也可以两次弯曲成形。

1. 圆形件两次弯曲成形的弯曲模

(1)直径 $d \leqslant 5$ mm的小圆形件　一般方法是先弯成U形，再将U形弯成圆形。模具结构如图4-31所示。由于需要用两套模具，当工件较小时，分两次弯曲操作不方便。

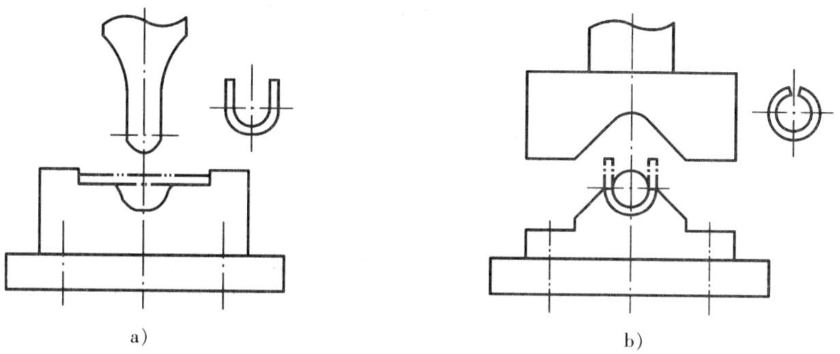

图4-31　小圆形件两次弯曲成形

(2)直径 $d \geqslant 20$ mm的大圆形件　一般方法是先将毛坯弯成波浪形，然后再弯成圆形。模具结构如图4-32所示，先预弯成由三个120°圆弧组成的波浪形，然后再用第二套模具弯成圆形，工件顺凸模轴线方向取下。

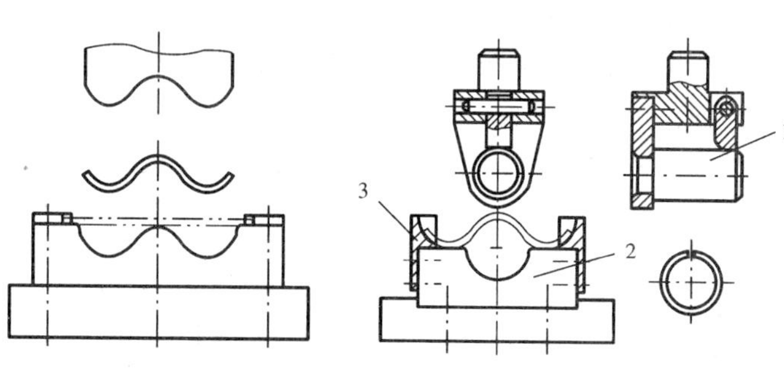

图4-32　大圆两次弯曲模

1—凸模　2—凹模　3—定位板

2. 圆形件一次弯曲成形的弯曲模

可以采用带摆动凹模的弯曲模一次弯曲成形，模具结构如图4-33所示。毛坯先由两侧定位板和摆动凹模3的上端定位，弯曲开始时，凸模2下行先将坯料压成U形，然后凸模继续下行，压到摆动凹模的底部，使摆动凹模绕销轴向内摆动，将 U 形件弯成圆形，工件顺着凸模轴线方向推开支撑 1 取下。这种模具生产率较高，但由于回弹在工件接缝处留有缝隙和少量直边，工件精度差。另外模具结构也较复杂。

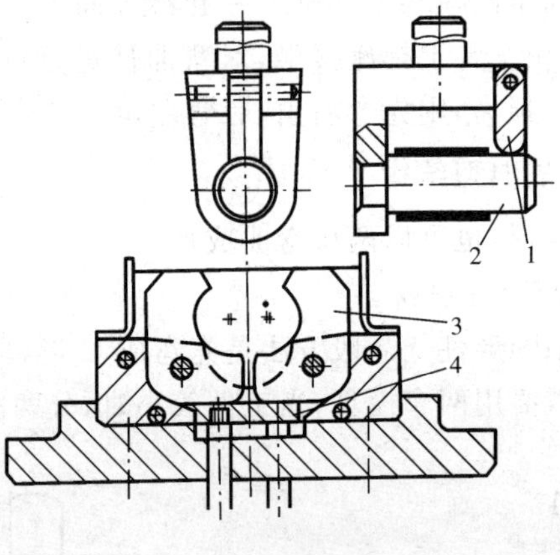

图 4-33　带摆动凹模的圆形件弯曲模

1—支撑　2—凸模　3—摆动凹模　4—顶板

4.8　弯曲工艺方案的确定

确定弯曲件的工艺方案就是确定多工序的弯曲工序安排及各工序的模具结构，要合理确定弯曲工艺方案，必须先掌握常用弯曲模结构及工作原理，再根据模具结构、工作原理及特点确定工序安排及工艺方案。

4.8.1　弯曲件的工序安排原则

(1)对于形状简单的弯曲件，如 V 形、U 形、Z 形工件等，可以一次弯曲成形。对于形状复杂的弯曲件，一般需要采用两次或多次弯曲成形。

(2)尺寸特别小的弯曲件，应尽可能用一副复杂弯曲模一次弯曲成形，以便于毛坯的定位和生产操作，保证弯曲件的尺寸精度，提高生产效率。

(3)大批量生产的中、小型弯曲件，应尽可能用一副多工位级进模完成冲裁、弯曲等所有冲压加工任务，以提高生产效率。

(4)每次弯曲成形的部位不宜过多，以防止弯曲件变薄、翘曲或拉伤，简化模具结构。

(5)多次弯曲时，弯曲工序顺序安排的原则为：先弯外角，后弯内角；前次弯曲必须保证后续工序坯料的可靠定位；后续工序的弯曲不能影响已成形部位的形状和尺寸。

(6)当弯曲件几何形状不对称时，为了防止弯曲时坯料偏移，可以采用成对弯曲成形，弯曲后再切成两个工件，如图 4-34 所示。

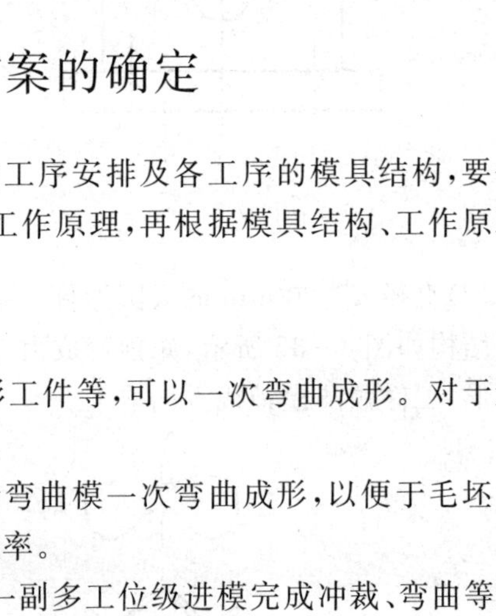

图 4-34　成对弯曲成形

4.8.2　典型弯曲件的工序安排

图 4-35 所示为一次弯曲成形的示例，图 4-36 所示为两次弯曲成形的示例，图 4-37 所示为三次弯曲成形的示例，图 4—38 所示为四次弯曲成形的示例，可供制订弯曲件工艺程序时参考。

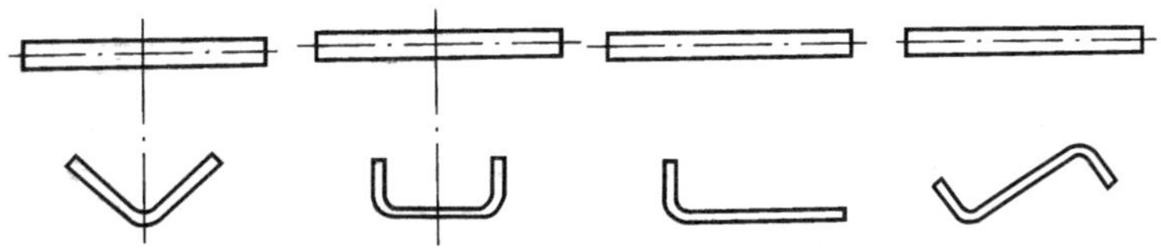

图 4-35　一次弯曲成形的示例

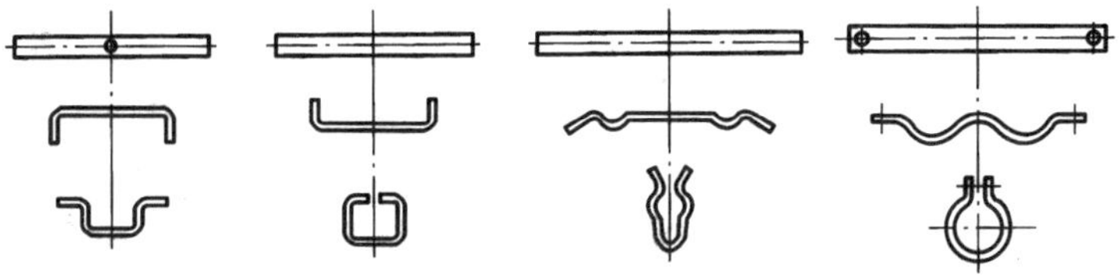

图 4-36　两次弯曲成形的示例

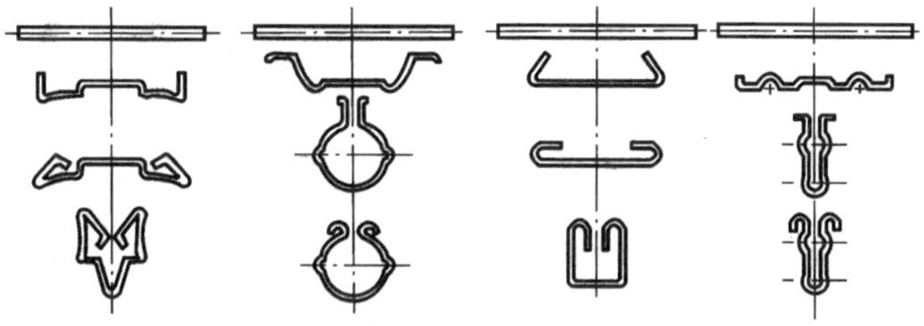

图 4-37　三次弯曲成形的示例

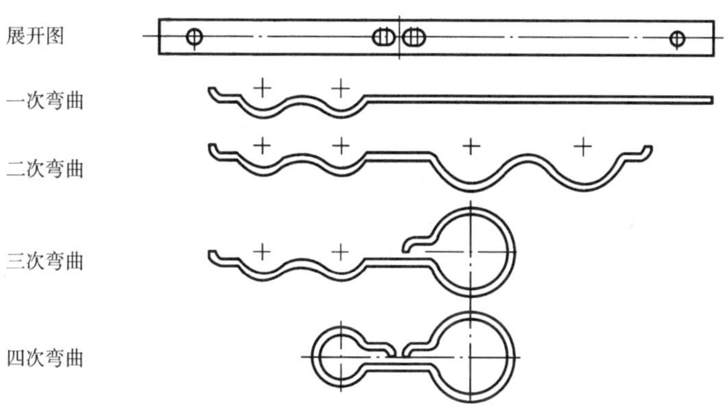

图 4-38　四次弯曲成形的示例

【例 4－4】 确定 U 形件的弯曲工艺方案。

从图 4－1 分析看出，该产品需要的基本冲压工序为落料、弯曲。其加工的工艺方案分为以下两种。

方案一：先落料，然后再弯曲。即落料和弯曲分两次弯曲而成。

方案二：落料和弯曲一次成形。

方案一采用两副单工序模，模具结构比较简单，操作也较方便。但是生产效率低，生产成本较高，不适合大批量生产。

方案二只需要一副模具，生产效率高。但模具结构比较复杂，制造、维修比较困难。

考虑到该工件的批量不大，本案例采用方案一。

4.9 弯曲模工作部分的尺寸设计

弯曲模工作部分的尺寸是指与工件弯曲成形直接有关的凸模、凹模尺寸和凹模的深度。弯曲模工作部分的结构尺寸如图 4－39 所示。

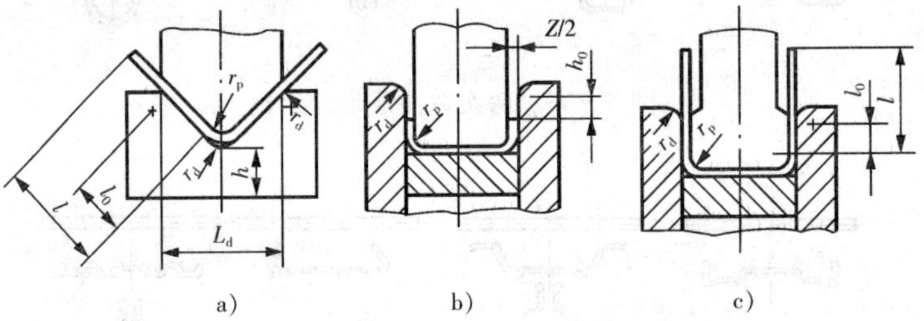

图 4－39 弯曲模工作部分的尺寸

1. 凸模圆角半径

当工件的相对弯曲半径 r/t 较小时，一般取凸模圆角半径等于工件的圆角半径，但不能小于材料所允许的最小弯曲半径 r_{min}。如果因为工件结构需要，出现工件的圆角半径小于最小弯曲半径 r_{min} 时，也应取凸模圆角半径 $r_p > r_{min}$，然后增加一道整形工序，使整形模的凸模圆角半径等于工件的圆角半径。

当工件的相对弯曲半径 $r/t > 10$ 时，则必须考虑回弹的影响，应根据回弹值的大小对凸模圆角半径 r_p 进行修正。

2. 凹模圆角半径

凹模圆角半径对弯曲力的大小和弯曲件的质量均有影响，凹模圆角半径过小，坯料进入凹模的阻力加大，工件表面会产生擦伤甚至压痕，同时也会影响模具寿命。凹模圆角半径过大，则影响坯料定位的准确性。凹模两边的圆角半径应一致，否则在弯曲过程中坯料会产生偏移。生产中凹模圆角半径 r_d 通常根据工件材料厚度选取：

当 $t \leqslant 2$ mm 时，$r_d = (3 \sim 6)t$；

当 $t = 2 \sim 4$ mm 时，$r_d = (2 \sim 3)t$；

当 $t > 4$ mm 时，$r_d = 2t$。

对于 V 形件的弯曲凹模，在其底部可开退刀槽或取圆角半径，圆角半径 $r_{底}=(0.6\sim0.8)(r_p+t)$。

3. 凹模深度

凹模深度 l_0 要适当，深度过小，则坯料两端未受压部分太长，工件弯曲成形后回弹大且不平直；深度过大，则模具材料耗费大，并且压力机需要较大的工作行程。

对于 V 形弯曲件，弯曲凹模的深度 l_0 及底部最小厚度 h 如图 4－39a 所示，其值可以查表 4－6。

表 4－6　弯曲 V 形件的凹模的深度 l_0 及底部最小厚度 h　(mm)

弯曲件的边长 l	材料厚度 t					
	≤2		2～4		>4	
	h	l_0	h	l_0	h	l_0
10～25	20	10～15	22	15	—	—
>25～50	22	15～20	27	25	32	30
>50～75	27	20～25	32	30	37	35
>75～100	32	25～30	37	35	42	40
>100～150	37	30～35	42	40	47	50

对于 U 形弯曲件，如果弯边高度不大或要求两边平直时，则弯曲凹模深度应大于零件的高度，如图 4－39b 所示，图中 h_0 值可以查表 4－7。如果弯边高度较大，而平直度要求不高时，则弯曲凹模深度可以小于零件的高度，如图 4－39c 所示，凹模深度 l_0 值可以查表 4－8。

表 4－7　弯曲 U 形件的凹模的 h_0　(mm)

材料厚度 t	≤1	1～2	2～3	3～4	4～5	5～6	6～7	7～8	8～10
h_0	3	4	5	6	8	10	15	20	25

表 4－8　弯曲 U 形件的凹模的深度 l_0　(mm)

弯曲件边长 l	材料厚度 t				
	<1	1～2	2～4	4～6	6～10
<50	15	20	25	30	35
50～75	20	25	30	35	40
75～100	25	30	35	40	40
100～150	30	35	40	50	50
150～200	40	45	55	65	65

4. 凸模、凹模间隙

V 形件弯曲模的凸模、凹模之间的间隙是靠调整压机的闭合高度来控制的，设计和制造模具时可以不考虑。

U形件弯曲模，凸模、凹模之间必须选择合适的间隙。间隙对弯曲力的大小和弯曲件的质量有很大影响。间隙过小，弯曲力增大，会使工件弯边厚度变薄，降低凹模使用寿命。间隙过大，则弯曲件回弹增大，降低工件的精度。

U形件弯曲模的凸模、凹模之间的单边间隙一般可按下式计算：

$$\frac{Z}{2}=t_{\max}+ct=t+\Delta+ct \tag{4-15}$$

式中：$\frac{Z}{2}$——弯曲模凸模、凹模之间的单边间隙(mm)；

t——板料厚度的基本尺寸(mm)；

Δ——板料厚度的正偏差(mm)；

c——间隙系数(mm)。其值可查表4-9。

当工件精度要求较高时，凸模、凹模之间的间隙值应适当减小，可以取$\frac{Z}{2}=t$。

表4-9　U形件弯曲凸模、凹模的间隙系数c值　(mm)

弯曲高度 H	弯曲件宽度 $B\leqslant 2H$				弯曲件宽度 $B>2H$				
	材料厚度 t								
	<0.5	0.6～2	2.1～4	4.1～5	<0.5	0.6～2	2.1～4	4.1～7.5	7.6～1.2
10	0.05	0.05	0.04	—	0.10	0.10	0.08	—	—
20	0.05	0.05	0.04	0.03	0.10	0.10	0.08	0.06	0.06
35	0.07	0.05	0.04	0.03	0.15	0.10	0.08	0.06	0.06
50	0.10	0.07	0.05	0.04	0.20	0.15	0.10	0.06	0.06
70	0.10	0.07	0.05	0.05	0.20	0.15	0.10	0.10	0.08
100	—	0.07	0.05	0.05	—	0.15	0.10	0.10	0.08
150	—	0.10	0.07	0.05	—	0.20	0.15	0.10	0.10
200	—	0.10	0.07	0.07	—	0.20	0.15	0.15	0.10

5. 凸模与凹模横向尺寸及公差

U形件弯曲凸模、凹模横向尺寸及公差应根据工件的尺寸、公差、回弹情况以及模具磨损规律而定。根据弯曲件的尺寸标注不同，一般分为以下两种情况。

(1)标注外形尺寸的弯曲件

如图4-40a、b所示。模具制造时应以凹模为基准件，间隙取在凸模上。

弯曲件为双向对称偏差时，凹模尺寸为

$$L_d=(L-0.25\Delta)_{0}^{+\delta_d} \tag{4-16}$$

弯曲件为单向偏差时，凹模尺寸为

$$L_d=(L-0.75\Delta)_{0}^{+\delta_d} \tag{4-17}$$

凸模尺寸为

$$L_p=(L_d-Z)_{-\delta_p}^{0} \tag{4-18}$$

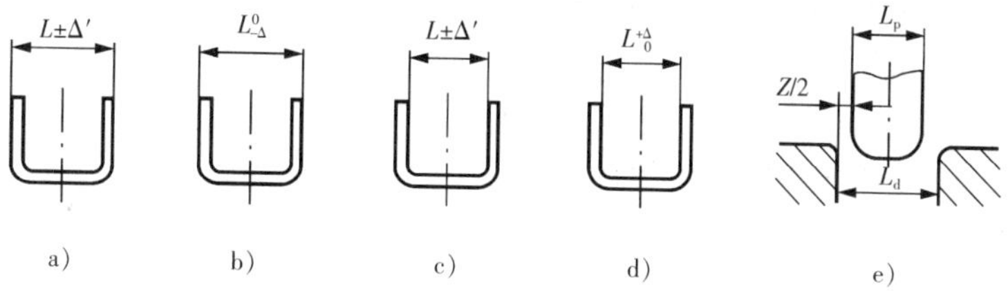

图 4－40 弯曲件尺寸标注形式及模具尺寸和间隙

(2)标注内形尺寸的弯曲件

如图 4－40c、d 所示。模具制造时应以凸模为基准件，间隙取在凹模上。

弯曲件为双向对称偏差时，凸模尺寸为

$$L_p=(L+0.25\Delta)^{0}_{-\delta_p} \tag{4-19}$$

弯曲件为单向偏差时，凸模尺寸为

$$L_p=(L+0.75\Delta)^{0}_{-\delta_p} \tag{4-20}$$

凹模尺寸为

$$L_d=(L_p+Z)^{+\delta_d}_{0} \tag{4-21}$$

式中：L——弯曲件的基本尺寸(mm)；

L_p、L_d——凸模、凹模工作部分尺寸(mm)；

δ_p、δ_d——凸模、凹模的制造公差，一般选取 IT7～IT9 级精度，且凸模的精度比凹模的精度高一级(mm)；

$Z/2$——凸模和凹模之间的单面间隙(mm)。

【例 4－5】 U 形件弯曲模工作部分的尺寸设计。

(1)凸模、凹模间隙

查表 4－9 得：间隙系数 $c=0.03$，单边间隙 $\frac{Z}{2}=t_{max}+ct=6+0.03\times6=6.18$ mm。

取 $\frac{Z}{2}=6.2$ mm。

(2)凸模、凹模宽度尺寸

由于工件尺寸标注在内形上，所以以凸模为基准，先计算凸模宽度尺寸。

由表查得：基本尺寸为 18 mm、板厚为 6 mm 的弯曲件未注公差为 IT15 级，查公差表的 $\Delta=0.7$ mm，所以弯曲件尺寸 $L=18\pm0.35$ mm。

由式(4－19)、式(4－21)得

$$L_p=(L+0.25\Delta)^{0}_{-\delta_p}=(18+0.25\times0.7)^{0}_{-0.021}=18.18^{0}_{-0.021}\text{ mm}$$

$$L_d=(L_p+Z)^{+\delta_d}_{0}=(18.18+2\times6.2)^{+0.025}_{0}=30.58^{+0.025}_{0}\text{ mm}$$

这里 δ_p、δ_d 按照 IT7 级取。

(3)凸模、凹模圆角半径的确定

由于一次即能弯成，所以可取凸模圆角半径等于工件的弯曲半径，即 $r_p=5$ mm，

由于本工件 $t>4$ mm，所以 $r_d=2t=12$ mm。

(4)凹模工作部分深度

查表 4-8 得凹模工作部分深度为 30 mm。

【例 4-6】 U 形件弯曲模结构设计。

1. 凸模、凹模总体结构形式确定

为了操作方便，选用后侧滑动导柱模架，毛坯利用凹模上的定位板定位，并采用刚性推件装置推件，顶件装置顶件，并同时提供顶件力，防止毛坯窜动。模具总体结构如图 4-41 所示。

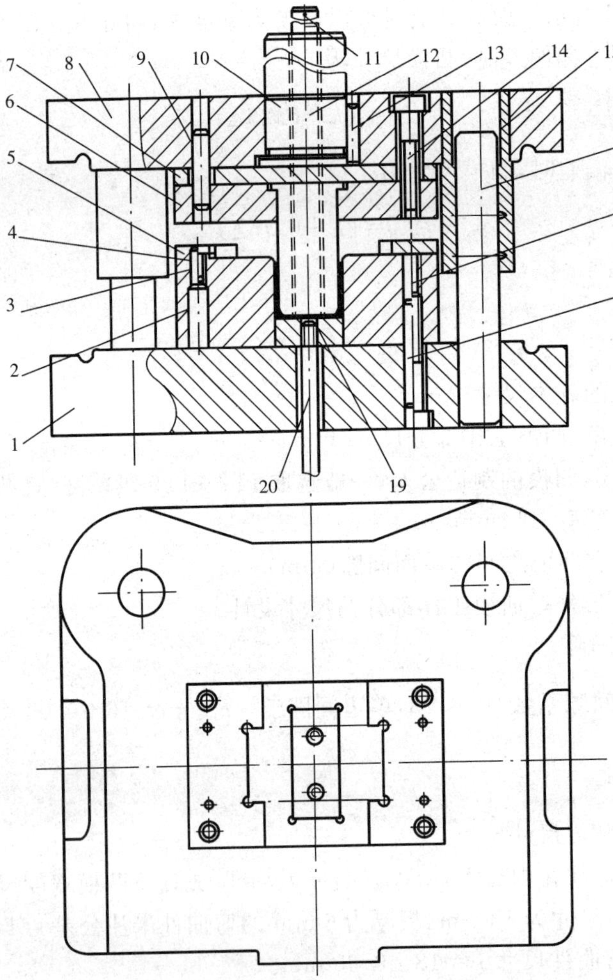

图 4-41 U 形件弯曲模装配图

1—下模座 2—弯曲凹模 3、9、18—销钉 4、14、17—螺钉 5—定位板 6—凸模固定板 7—垫板 8—上模座 10—模柄 11—横销 12—推件杆 13—止动销 15—导套 16—导柱 19—顶料板 20—顶杆

2. 模具主要零件设计

(1)凸模 凸模的结构形式及尺寸如图 4-42 所示。材料选用 Cr12，热处理后硬度为 HRC56～60。

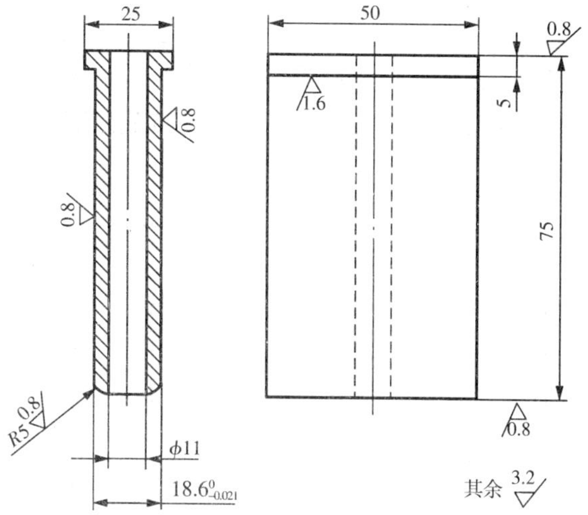

图 4-42 凸模

(2)凹模 凹模的结构形式及尺寸如图 4-43 所示。材料选用 Cr12,热处理后硬度为 HRC56～60。

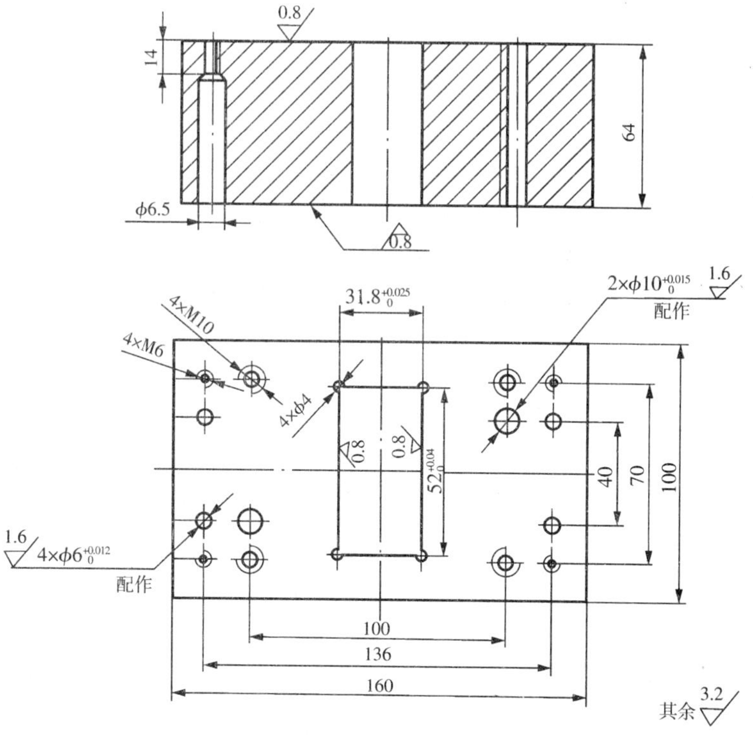

图 4-43 凹模

(3)定位板 定位板的结构形式及尺寸如图 4-44 所示。材料选用 45 钢,热处理后硬度为 HRC43～48。

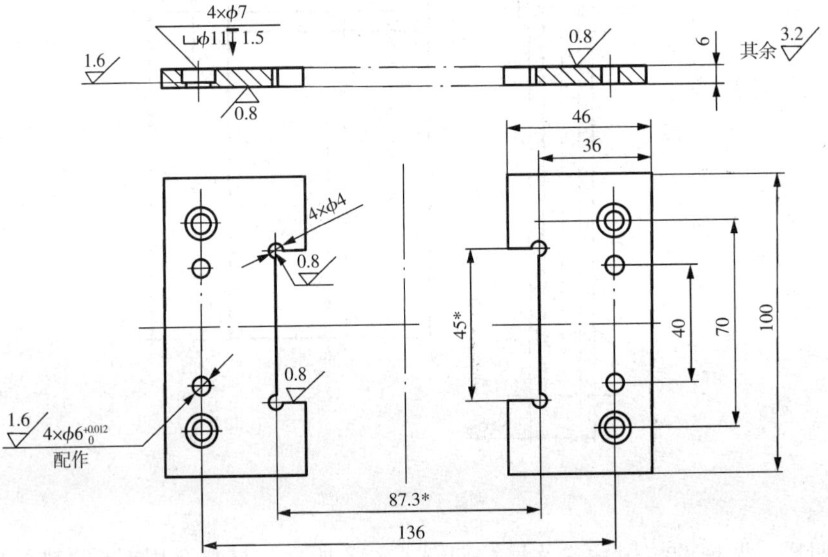

技术要求

45*、87.3*尺寸与毛坯按H9/f9配作。

图4-44　定位板

(4)凸模固定板　凸模固定板的结构形式及尺寸如图4-45所示。材料选用Q235钢。

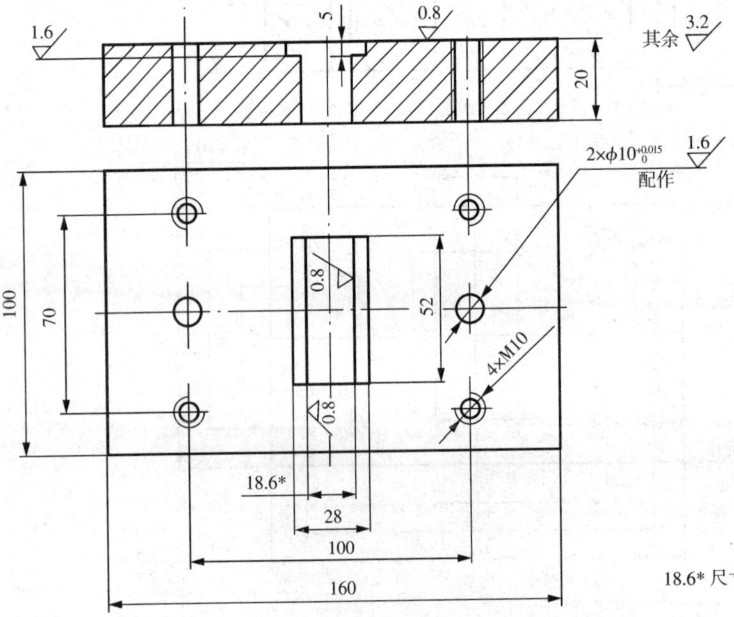

技术要求

18.6*尺寸与凸模按H7/m6配作。

图4-45　凸模固定板

(5)垫板　垫板的结构形式及尺寸如图4-46所示。材料选用45钢，热处理后硬度为HRC43～48。

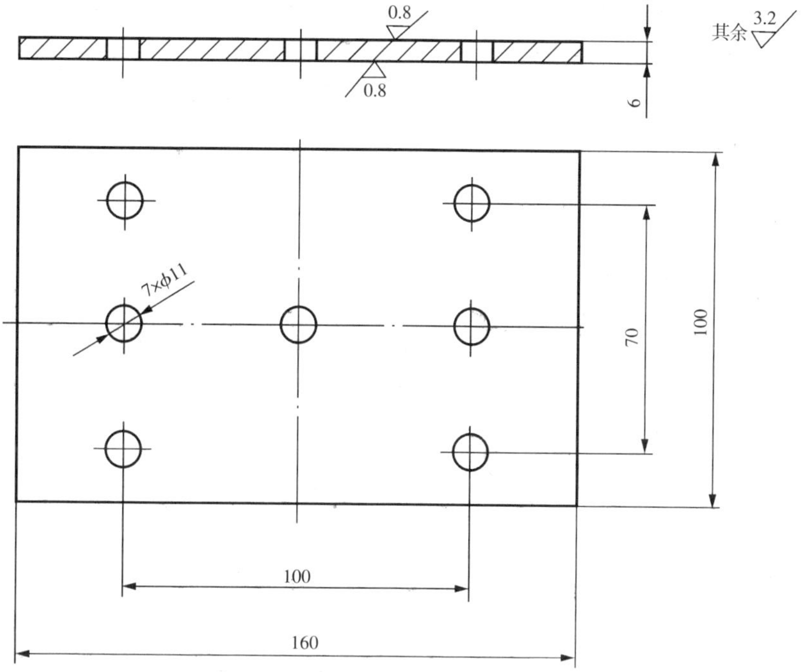

图 4－46　垫板

（6）顶件板　顶件板的结构形式及尺寸如图 4－47 所示。材料选用 45 钢，热处理后硬度为 HRC43～48。

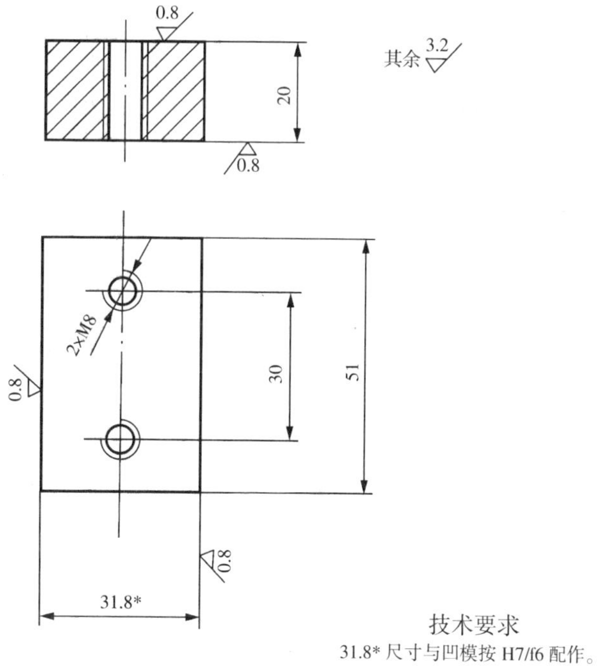

图 4－47　顶板

(7)模架零件　模架选用200×125×170～205 GB/T2851.3—1990。其中上模座：200×125×40，材料为HT200；下模座：200×125×50，材料为HT200；导柱：ϕ25×180 GB/T2861.1—1990，材料为20钢；导套：ϕ25×95×38 GB/T2861.6—1990，材料为20钢。

(8)模柄　模柄选用：A35×85 JB/T7646.3—1994，材料为Q235。

思考题与实训题

1.思考题

(1)弯曲变形过程有哪几个阶段？每个阶段各有什么特点？

(2)什么是自由弯曲和校正弯曲？

(3)板料弯曲变形有什么特点？窄板弯曲变形和宽板弯曲变形有什么不同？

(4)弯曲件的弯曲变形程度用什么来表示？弯曲时的极限变形程度受哪些因素的影响？

(5)弯曲件的结构工艺性有那些？

(6)什么是回弹？板料弯曲时产生回弹的原因是什么？

(7)影响弯曲件回弹的因素是什么？采取什么措施能减小回弹？

(8)中性层的位置是如何确定的？

(9)弯曲件的工序是如何安排的？

2.实训题

(1)U形弯曲件如图4-48所示，材料为Q235，计算毛坯长度和弯曲模具工作部分尺寸并标注公差，绘制出弯曲模装配图。

(2)压板零件如图4-49所示，材料为Q235，$t=2$mm，生产批量为中批量。试进行弯曲工艺分析与计算，并确定弯曲模具结构。

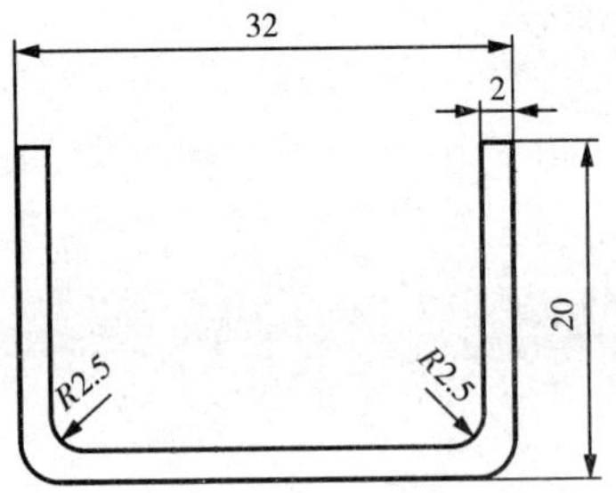

图4-48　U形弯曲件

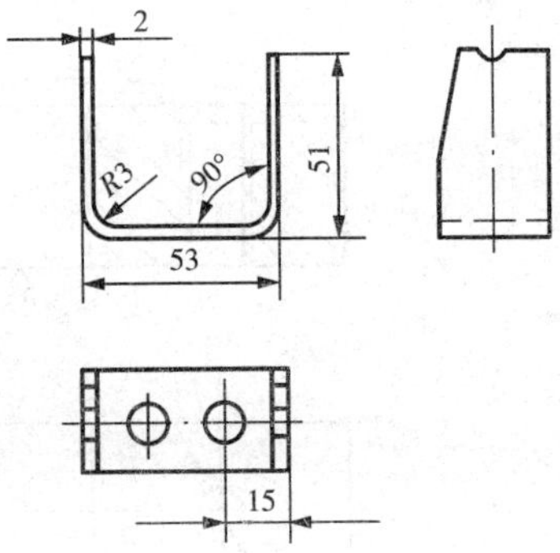

图4-49　压板零件图

第5章　拉深工艺与拉深模

【知识目标】

- 了解拉深变形过程及拉深件的质量分析。。
- 认识各类典型拉深模具结构。
- 掌握拉深模具设计知识的应用。

【技能目标】

- 掌握拉深工艺设计的基本方法。
- 具备分析中等复杂拉深件的工艺性并能合理制订冲压方案的能力。
- 掌握拉深模具设计的基本方法。
- 具备设计中等复杂拉深模具的能力。

本章案例：圆筒形件拉深模设计。

零件名称：圆筒形件。

材料：08F 钢。

料厚：1mm。

批量：小批量。

零件简图：如图 5－1 所示。

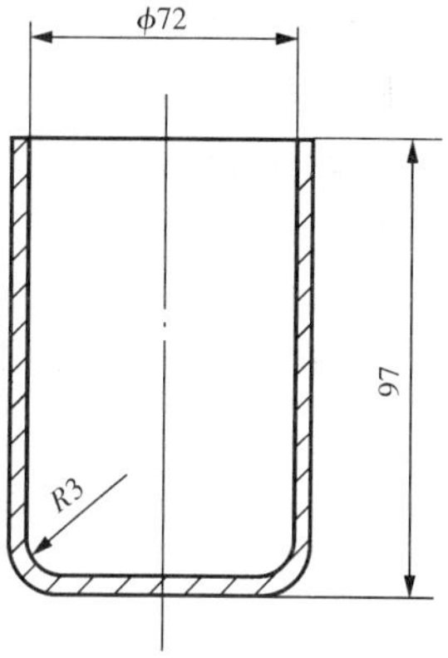

图 5－1　圆筒形拉深件

5.1　拉深工艺概述

拉深也称为拉延、压延，是利用拉深模在压力机的压力作用下，将一定形状的平板毛坯冲压成各种形状的空心工序件，或者以空心工序件为毛坯通过拉深使其进一步改变形状和尺寸的一种冲压成形方式。拉深广泛应用于汽车、电子、日用品、仪表、航空和航天等各种工业部门的产品生产中，不仅可以加工圆筒形、阶梯形、球形、锥形、抛物线形等旋转体零件，还可加工盒形零件及其他形状复杂的薄壁零件。如图 5－2 所示是用拉深方法加工的一些典型零件。

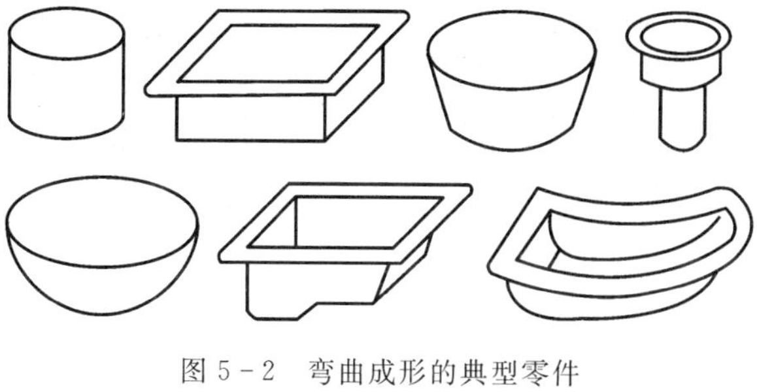

图 5－2　弯曲成形的典型零件

拉深工艺通常分为两类：一是不变薄拉深，二是变薄拉深。后者拉深成形后的零件，其壁厚与拉深前的坯料相比有明显的变薄，零件呈现底厚、壁薄的特点。本章主要介绍不变薄拉深。

拉深所使用的模具叫拉深模。拉深模结构相对较简单，与冲裁模比较，拉深凸模、凹模的工作部分不应有锋利的刃口，而应具有一定的圆角，同时表面质量要求高，凸模、凹模的单边间隙略大于板料厚度。

5.2 拉深变形过程分析

5.2.1 拉深变形过程

用拉深方式生产的制件中，旋转体拉深件最为常见，其中圆筒形件是最典型的拉深件。如图 5-3 所示，直径为 D、厚度为 t 的圆形毛坯，经过模具拉深获得直径为 d、高度为 h 圆筒形制件。

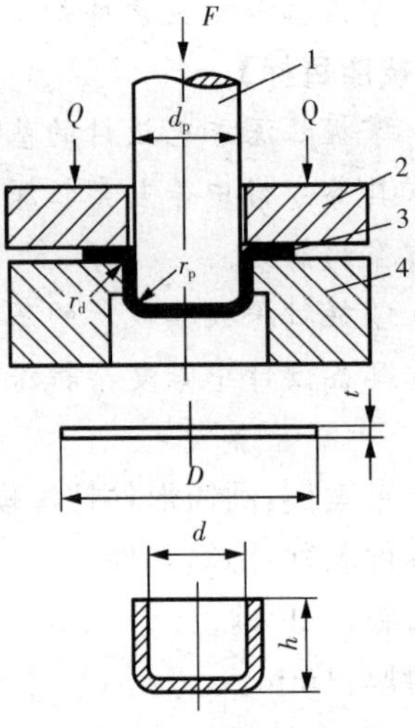

图 5-3 拉深示例

1—凸模 2—压边圈 3—坯料 4—凹模

拉深时，把坯料 3 放在凹模 4 上，凸模 1 随上模下行，由压边圈 2 和凹模 4 将平板坯料压住，凸模对坯料加压，把坯料压入凹模 4 的型孔内，使坯料在冲模内永久变形后，加工成一定直径和高度的圆筒形零件制品。

拉深变形过程如图 5-4 所示。为了说明拉深过程中金属的流动情况，在平板坯料上，沿直径方向画出一个局部的扇形区域 oab，如图 5-4a 所示。拉深开始时，扇形 oab 可划分为以下 3 部分：筒底部分——oef；筒壁部分——$cdef$；凸缘部分——$a'b'c'd'$，如图 5-4b 所示。凸模继续下压，筒底部分基本不变，凸缘部分绕过凹模圆角转变为筒壁，筒壁逐渐增高，凸缘部分逐渐缩小，如图 5-

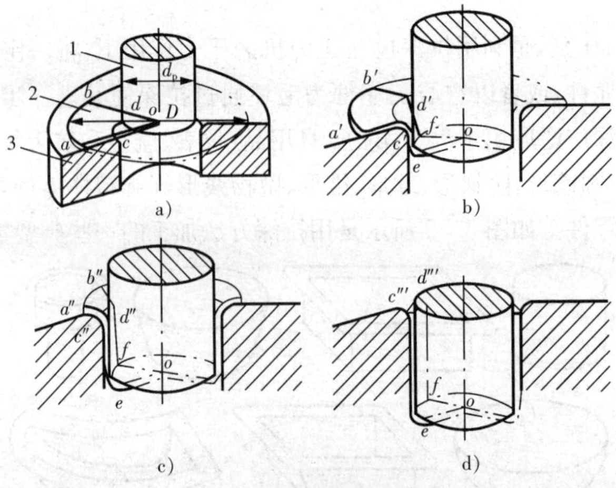

图 5-4 拉深过程

1—凸模 2—坯料 3—凹模

4c所示;最后,凸缘部分全部变为筒壁如图5－4d所示。可见,拉深过程中,凸缘部分是变形区,底部和已形成的侧壁是传力区。拉深过程就是凸缘部分逐步缩小转变为筒壁的过程。

5.2.2 拉深过程坯料各部分变形分析

如图5－5所示,是圆筒件在拉深过程中某一瞬间坯料所处的状态。根据受力状态不同,可将整个毛坯划分为五个部分:

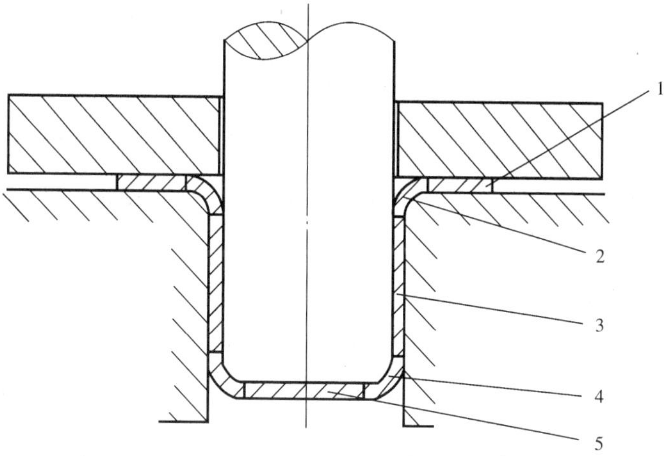

图5－5 拉深过程坯料各部分变形分析

1—凸缘部分 2—凹模圆角 3—筒壁 4—凸模圆角 5—筒底

1. 凸缘部分——主要变形区

这是拉深的主要变形区。此处材料被拉深凸模拉进凸模、凹模间隙而形成筒壁。这一区域主要承受切向压应力和径向拉应力,当拉深变形程度较大,板料又比较薄时,则在坯料的凸缘部分,特别是外缘部分,在切向压应力作用下可能失稳而拱起,产生起皱现象。

2. 凹模圆角部分——过渡区

此部分是凸缘和筒壁的过渡区,材料变形复杂。除有与凸缘部分相同的特点,即径向受拉应力和切向受压应力作用外,厚度方向上还要受凹模圆角的压力和弯曲作用产生的压应力的作用。此处材料厚度减薄。

3. 筒壁部分——传力区

这部分是将凸模的作用力传递给凸缘变形区的传力区。该部分由凸缘部分的材料转化而成,并已经结束了塑性变形,受到单向拉力作用,它将凸模的作用力传给凸缘,材料产生变薄,且筒壁上厚下薄。

4. 凸模圆角部分——过渡区

这部分是筒壁和圆筒底部的过渡区,材料承受着凸模圆角的压力和弯曲作用产生的压应力和切向拉应力。在该区域与筒壁相切的部位,拉深开始时材料处于凸模、凹模间,需要转移的材料较少,受变形的程度小,冷作硬化程度低,材料变薄严重,使传力的截面积变小,所以,此处往往成为整个拉深件强度最薄弱的地方,是拉深过程中的“危险断面”。

5. 筒底部分——小变形区

这部分材料与凸模底面接触，直接接收凸模施加的拉深力传递到筒壁，因此该区域也是传力区。该处材料在拉深开始就被拉入凹模内，并在拉深的整个过程中保持其平面形状。由于凸模圆角处的摩擦力制约了底部材料的向外流动，故圆筒底部变形不大，厚度变薄较小，只有 1%～3%，一般可忽略不计。

5.3 拉深件的工艺性

拉深件的工艺性是指零件对拉深成形的难易程度。具有良好工艺性的拉深件，能简化拉深模的结构，减少拉深的次数，提高生产率。

5.3.1 拉深件的材料

用于拉深的材料一般要求具有较好的塑性、低的屈强比、大的板厚方向性系数和小的板平面方向性系数。

1. 屈强比 σ_s/σ_b 小

屈强比越小，一次拉深允许的极限变形程度就越大，拉深的性能也越好。例如，低碳钢的屈强比 $\sigma_s/\sigma_b \approx 0.57$，其一次拉深的最小拉深系数 $m=0.48 \sim 0.50$（m 表示拉深程度，m 越小，成形性能越好）；65Mn 钢的 $\sigma_s/\sigma_b \approx 0.63$，其一次拉深的最小拉深系数 $m=0.68 \sim 0.70$。

2. 方向性系数

板料厚度方向系数 γ 和板平面方向性系数 $\Delta\gamma$ 反映了材料的各向异性性能。当制件材料的 γ 值较大或 $\Delta\gamma$ 值较小时，材料宽度方向的变形比厚度方向的变形容易，板平面方向性能差异较小，拉深过程中材料不易变薄或拉裂，所以有利于制件的拉深成形。

5.3.2 拉深件的公差等级

一般情况下，拉深件的尺寸精度应在 IT13 级以下，不宜高于 IT11 级。

拉深件壁厚公差要求一般不应超出拉深工艺壁厚变化规律。对于不变薄拉深，壁的最大增厚量约为 $(0.2 \sim 0.3)t$，最大变薄量约为 $(0.10 \sim 0.18)t$（t 为板料厚度）。

5.3.3 拉深件的结构工艺性

(1)拉深件形状应尽量简单、对称，尽可能一次拉深成形。

(2)轴对称拉深件在圆周方向上的变形是均匀的，模具加工也容易，它的工艺性最好。其他形状的拉深件，应尽量避免急剧的轮廓变化。

(3)需多次拉深的零件，在保证必要的表面质量前提下，应允许内、外表面存在一些拉深过程中可能产生的痕迹。

(4)在保证装配要求的前提下，应允许拉深件侧壁有一定的斜度。

(5)拉深件的底或凸缘上的孔边到侧壁的距离应满足：$a \geqslant R+0.5t$（或 $a \geqslant r_p+0.5t$），如图 5-6a 所示。拉深件的底与壁、凸缘与壁、矩形件四角的圆角半径应满足：$r_p \geqslant t$，$R \geqslant 2t$，$r \geqslant 3t$，如图 5-6b。否则，应增加整形工序。

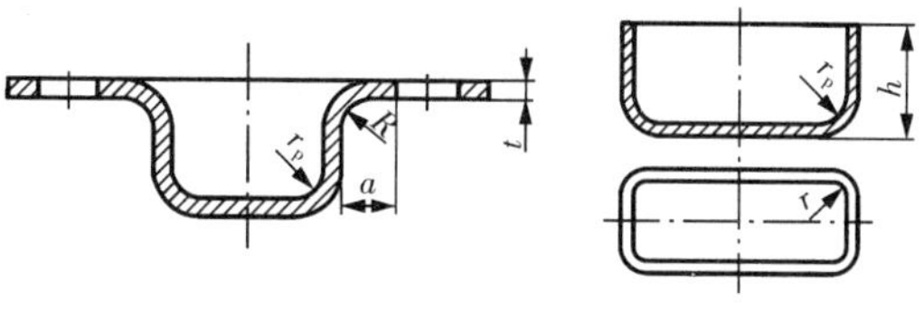

图5-6　拉深件的结构工艺性

(6)拉深件各部分尺寸比例要恰当。有凸缘的拉深件的凸缘直径如果很大，制造难度也大。如图5-7a所示 $d_0>2.5d$，需经4～5次拉深工序，还要中间退火；如把凸缘直径减少到 $d_0<1.5d$，如图5-7b所示，则不用中间退火，仅需1～2次拉深工序便可制成。

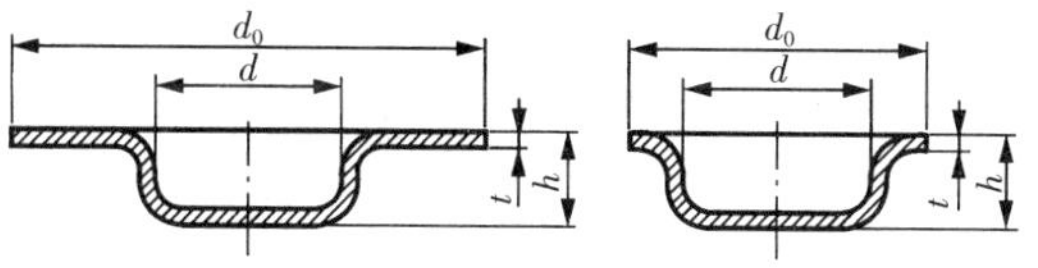

图5-7　尺寸不同的凸缘直径

(7)拉深件的尺寸标注，应明确注明必须保证的是外形尺寸还是内形尺寸，不能同时标注内外形尺寸。

【例5-1】 圆筒形件的拉深工艺性分析。

由图5-1可知，该零件是无凸缘的直壁圆筒形件，对内形尺寸有要求，厚度为1 mm，没有厚度不变的要求；零件形状、结构比较简单，对称，底部圆角半径为3 mm，满足拉深工艺对形状和尺寸的要求，适合于拉深成形；零件的所有尺寸均为未注公差，采用普通拉深即可达到，零件所用材料为08F钢，塑性较好，易于拉深成形。

综上所述，该工件的拉深工艺性良好，适合进行拉深加工。

5.4　拉深成形障碍及防止措施

拉深过程中出现的质量问题主要是起皱、拉裂和硬化等。这些问题是拉深工艺顺利进行的主要障碍，如果不解决，将影响拉深过程的继续进行，甚至会出现废品。因此，必须了解产生这些质量问题的原因，在拉深工艺和拉深模设计等方面采取适当的措施，保证拉深工艺顺利进行，提高拉深件质量。

5.4.1　起皱

起皱是指在拉深过程中凸缘变形区形成沿切向高低不平的皱褶，如图5-8所示。

拉深过程中，凸缘变形区的每个小扇形块在切向均受到压应力的作用，如图5-9所示。如果切向压应力过大，超过材料所能承受的临界压应力，凸缘部分就会失稳弯曲而拱起，即发生起皱。板料较薄时起皱更容易发生，并且首先从凸缘部分的外缘开始。

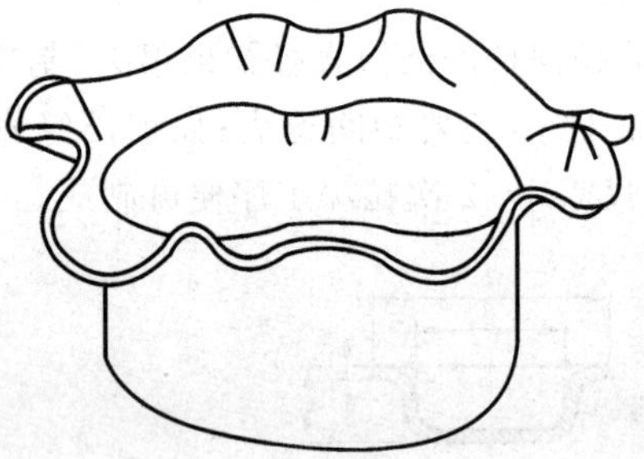

图 5-8　起皱

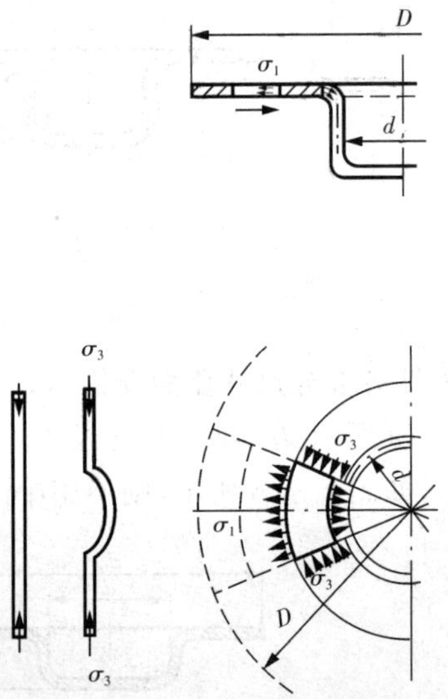

图 5-9　凸缘变形区受到的压应力

造成起皱的主要原因有：

(1)坯料的相对厚度 t/D(t 是料厚，D 是毛坯直径)越小，变形区抗失稳能力越差，越容易起皱。

(2)拉深变形越严重，则切向压应力越大，越容易起皱。

(3)拉深模的凸模和凹模之间间隙越大(或者是凹模圆角越大)，则它们对坯料的约束、摩擦就越小，导致起皱越严重。

(4)压边力太小或不均匀，也容易发生起皱。

起皱是拉深工艺中严重的问题之一，变形区一旦起皱，对拉深正常进行是非常不利的。因为毛坯起皱后，拱起的皱褶很难通过凸模、凹模间隙被拉入凹模，如果强行拉入，则拉应力迅速增大，容易使毛坯受到过大的拉力而导致拉深件断裂报废。即使当皱褶很小，或者凸模、凹模间隙较大，皱褶能够勉强被拉入凹模内形成筒壁，但皱褶也会留在工件的侧壁上，影响零件的表面质量。另外，起皱后的材料在通过凸模、凹模间隙时与模具之间的压力增大，导致与模具之间的摩擦加剧，使磨损严重，降低模具的寿命。

防止起皱的常用措施是采用压边圈，如图 5-10 所示。通过压边圈的压边力的作用，材料被迫在压边圈和凹模平面之间的间隙中流动，使毛坯不易拱起而达到防皱的目的。

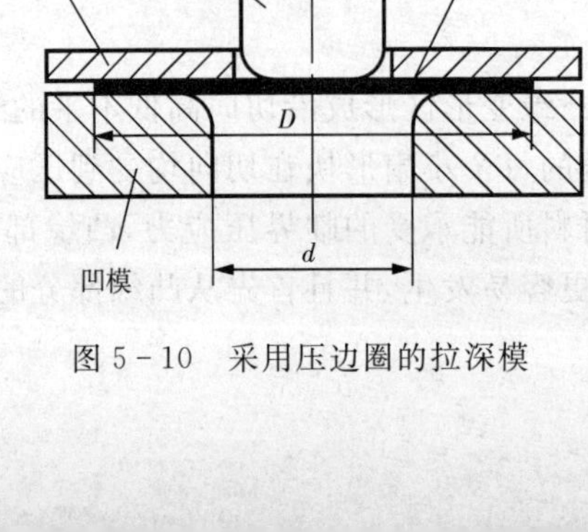

图 5-10　采用压边圈的拉深模

压边力的大小对拉深力有很大影响，压边力过大，会增加危险断面处的拉应力，导致破裂或严重超薄；压边力太小，防皱效果不好。另外，从理论上讲，压边力的大小最好随起皱可能性大小的变化而变化，但实际上是很难做到的。

5.4.2　拉裂

拉深时，坯料内各部分的受力关系如图 5－11 所示。拉深时，筒壁所受的拉应力除了与径向拉应力有关之外，还与由于压边力引起的摩擦阻力、坯料在凹模圆角表面滑动所产生的摩擦阻力和弯曲变形所形成的阻力有关。筒壁拉应力超过筒壁材料的抗拉强度时，拉深件就会在底部圆角与筒壁相切处——“危险断面”产生破裂，如图 5－12 所示；或者即使未被拉裂，由于材料变薄过于严重，也可能使产品报废。

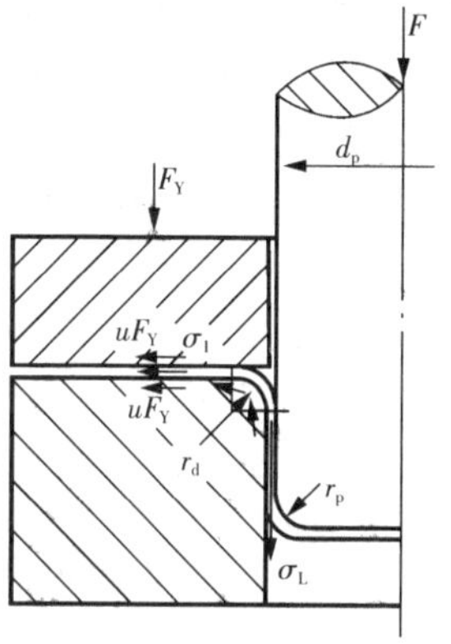

图 5－11　坯料内各部分的受力关系

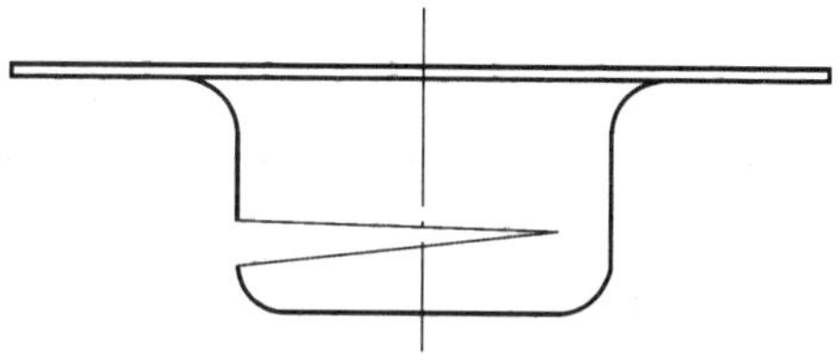

图 5－12　拉裂

防止筒壁的拉裂，一方面要通过改善材料的力学性能，提高筒壁抗拉强度；另一方面是通过正确制订拉深工艺和设计模具，合理确定拉深变形程度、凹模圆角半径，合理改善润滑条件等，以降低筒壁传力区中的拉应力。

5.4.3　硬化

拉深首先是一个变形过程，拉深后材料发生加工硬化，其硬度和强度增加，塑性下降。但是由于拉深变形不均匀，从底部到筒口部分的塑性变形由小逐渐加大，因而拉深后材料的性能也是不均匀的，拉深件硬度的分布从工件底部向口部是逐渐增加的。加工硬化的好处是使工件的强度和刚度高于毛坯材料，但是塑性降低又使材料进一步拉深时变形困难。在工艺设计时，特别是多次拉深时，应正确选择各次的变形量，并考虑半成品件是否需要退火以恢复其塑性。

5.5　旋转体拉深件毛坯尺寸的确定

拉深件毛坯尺寸计算得准确与否，不仅直接影响整个生产过程，而且对冲压生产有很大的经济意义，因为在冲压的总成本中，零件的材料费用将占到 60%～80%。

5.5.1　拉深件毛坯尺寸的计算原则

拉深件毛坯尺寸的计算应遵循以下原则：

1. 体积不变原则

在拉深前后材料没有增减，仅产生塑性变形，所以毛坯和零件的体积相等。即对于不变薄拉深，假设变形前后料厚不变，拉深前坯料表面积与拉深后零件表面积近似相等，以此来确定坯料尺寸。

2. 形状相似原则

利用拉深前坯料的形状与零件断面形状相似，来确定坯料形状。当零件的断面是圆形、正方形、长方形或椭圆形时，其坯料形状应与零件的断面形状相似，但坯料的周边轮廓必须采用光滑曲线连接，应无急剧的转折和尖角。

对于形状复杂的拉深件，利用相似原则仅能初步确定坯料形状，必须通过多次试压，反复修改，才能最终确定出坯料形状。

5.5.2 修边余量的确定

在计算毛坯尺寸之前，还须考虑到下面一个重要问题：由于板料具有方向性，材质有不均匀性，加上凸模、凹模之间的间隙不均匀性等原因，拉深后工件的顶端一般都不平齐，因此在多数情况下采取加大工序件高度或凸缘宽度的办法，拉深后再经过切边工序以保证零件质量。所以在计算毛坯尺寸之前，需在无凸缘拉深件为高度方向或者有凸缘拉深件半径方向上增加一段修边余量 δ。

修边余量 δ 的数值，根据生产实践经验，可在表 5-1 和表 5-2 中选取。

表 5-1 无凸缘圆筒形拉深件的修边余量 $\delta(\Delta h)$ (mm)

工件高度 h	工件的相对高度 h/d				附图
	>0.5～0.8	>0.8～1.6	>1.6～2.5	>2.5～4	
≤10	1.0	1.2	1.5	2	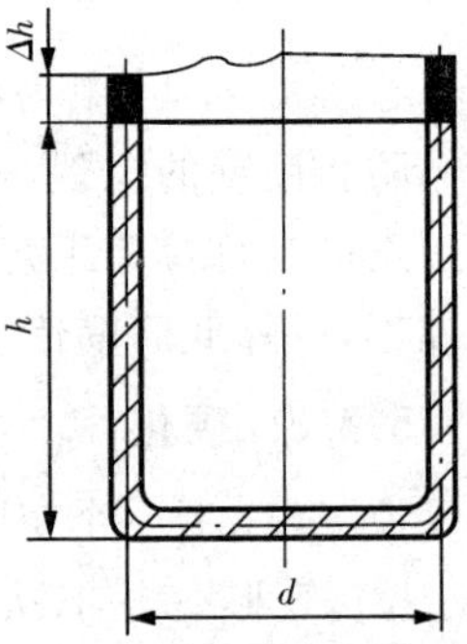
>10～20	1.2	1.6	2	2.5	
>20～50	2	2.5	3.3	4	
>50～100	3	3.8	5	6	
>100～150	4	5	6.5	8	
>150～200	5	6.3	8	10	
>200～250	6	7.5	9	11	
>250	7	8.5	10	12	

表 5-2 有凸缘圆筒形拉深件的修边余量 $\delta(\Delta R)$ (mm)

凸缘直径 d_t	凸缘的相对直径 d_t/d				附图
	1.5 以下	>1.5～2	>2～2.5	>2.5～3	
≤25	1.6	1.4	1.2	1.0	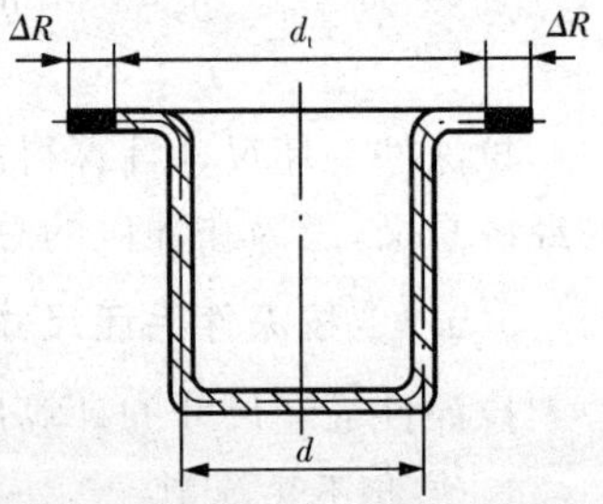
>25～50	2.5	2.0	1.8	1.6	
>50～100	3.5	3.0	2.5	2.2	
>100～150	4.3	3.6	3.0	2.5	
>150～200	5.0	4.2	3.5	2.7	
>200～250	5.5	4.6	3.8	2.8	
>250	6	5	4	3	

注：当零件的相对高度 h/d 很小，并且高度尺寸要求不高时，也可以不用切边工序。

5.5.3 简单旋转体拉深件坯料尺寸的确定

对于简单旋转体拉深件，常用数学计算法确定其毛坯尺寸。首先将拉深件(包括切边余量)划分为若干个简单的便于计算的几何体，并分别求出各简单几何体的表面积；把各简单几何体表面积相加即为零件总面积，然后根据表面积相等原则，求出坯料直径。

如图 5－13a 所示为圆筒形拉深件，为了计算其坯料尺寸，可以把该拉深件分解为 3 个简单的便于计算的几何体，如图 5－13b 所示。

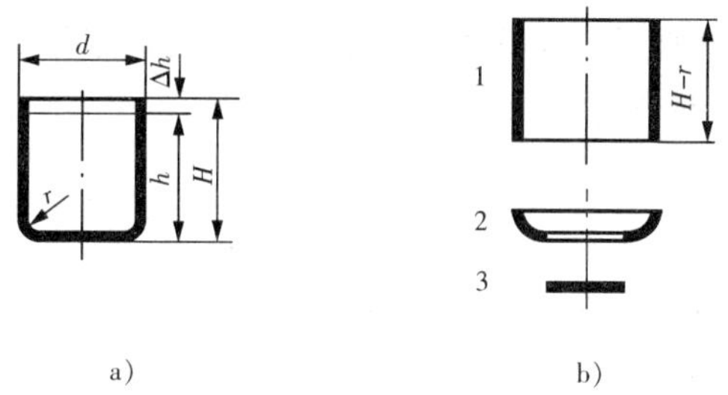

图 5－13 圆筒形拉深件坯料尺寸计算

由图可得：毛坯总面积 $A_0=\frac{\pi}{4}D^2$

$$A_0=A_1+A_2+A_3=\sum A_i \tag{5-1}$$

$$D=\sqrt{\frac{4}{\pi}\sum A_i} \tag{5-2}$$

拉深件第 1 部分面积 $A_1=\pi d(H-r)$

拉深件第 2 部分面积 $A_2=\frac{\pi}{4}[2\pi r(d-2r)+8r^2]$

拉深件第 3 部分面积 $A_3=\frac{\pi}{4}(d-2r)^2$

整理之后得到圆筒形拉深件毛坯直径为

$$D=\sqrt{(d-2r)^2+4d(H-r)+2\pi r(d-2r)+8r^2}$$
$$=\sqrt{d^2+4dH-1.72dr-0.56r^2} \tag{5-3}$$

式中：D——坯料直径；

d、H、r——拉深件的直径、高度、圆角半径。

注意：计算时，拉深件尺寸均按厚度中线计算；但当板料厚度小于 1mm 时，也可以按外形或内形尺寸计算。

【例 5－2】 圆筒形件的毛坯尺寸计算。

根据图 5－1，由于料厚为 1mm，因此以下所有尺寸均以中线尺寸代入。

(1)确定修边余量

由 $\frac{h}{d}=\frac{97-0.5}{72+1}=1.32$，查表 5－1 得 $\Delta h=3.8$ mm。

(2)毛坯直径计算

由式(5－3)得

$$D=\sqrt{(d-2r)^2+4d(H-r)+2\pi r(d-2r)+8r^2}$$

$$D=\sqrt{(72+1-2\times3)^2+4\times(72+1)\times(97-1-3+3.8)+2\times3.14\times3.5\times(72+1-2\times3)+8\times3.5^2}$$

$$=185.27\text{mm}\approx185\text{mm}$$

5.6　无凸缘圆筒形件拉深工艺计算

5.6.1　拉深系数

拉深系数是以拉深后的直径与拉深前的坯料(或工序件)直径之比表示。拉深系数用 m 来表示,如果圆筒形拉深件的坯料直径是 D,拉深后的直径是 d,则拉深系数 m 即为筒形直径 d 和坯料直径 D 的比值:

$$m=d/D \tag{5-4}$$

拉深系数是拉深工序中一个重要的工艺参数,它可以用来表示拉深过程中的变形程度。拉深系数越小,拉深变形程度就越大;相反,拉深系数越大,拉深变形程度就越小。

如果制件需要多次拉深才能成形,则每次拉深都有一个拉深系数。

多次拉深如图 5-14 所示。

第 1 次拉深系数　　$m_1=\dfrac{d_1}{D}$

第 2 次拉深系数　　$m_2=\dfrac{d_2}{d_1}$

第 3 次拉深系数　　$m_3=\dfrac{d_3}{d_2}$

……

第 n 次拉深系数　　$m_n=\dfrac{d_n}{d_{-1}}$

式中:D——坯料直径;

d_1、d_2、…、d_{n-1}、d_n——各次拉深后的直径。

而拉深件的总拉深系数　　$m=\dfrac{d_n}{D}$　　(5-5)

即

$$m=m_1m_2m_3\cdots m_n \tag{5-6}$$

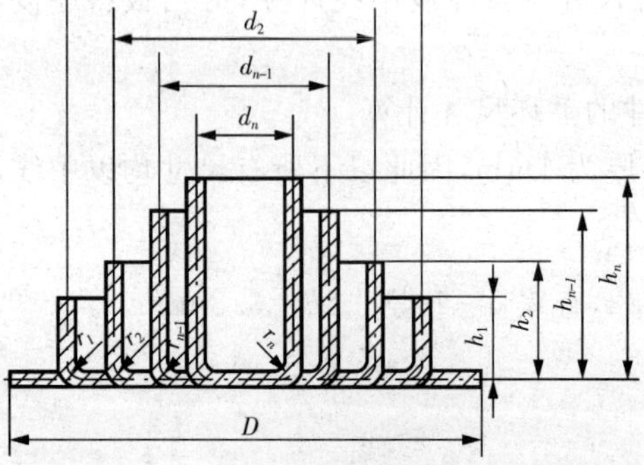

图 5-14　无凸缘圆筒形件多次拉深

5.6.2　极限拉深系数

1. 极限拉深系数的概念

从降低生产成本出发，希望拉深次数越少越好，即采用较小的拉深系数。但如拉深系数取得过小，就会使拉深件起皱、断裂或严重变薄超差。因此拉深系数减小有一个客观的界限，这个界限就称为极限拉深系数，用 m_{min} 表示。而每次拉深的拉深系数应大于极限拉深系数，才能保证拉深工艺的顺利实现。

2. 极限拉深系数的确定

由于影响极限拉深系数的因素很多，目前仍难采用理论计算方法准确确定极限拉深系数。在实际生产中，极限拉深系数值一般是在一定的拉深条件下用实验方法得出的。表 5－3 和表 5－4 是圆筒形件在不同条件下各次拉深的极限拉深系数。

表 5－3　圆筒形件有压边圈的极限拉深系数 m_{min}

各次拉深系数	毛坯相对厚度 $t/D\times100$					
	2～1.5	1.5～1.0	1.0～0.6	0.6～0.3	0.3～0.15	0.15～0.08
m_1	0.48～0.50	0.50～0.53	0.53～0.55	0.55～0.58	0.58～0.60	0.60～0.63
m_2	0.73～0.75	0.75～0.76	0.76～0.78	0.78～0.79	0.78～0.80	0.80～0.82
m_3	0.76～0.78	0.78～0.79	0.79～0.80	0.80～0.81	0.81～0.82	0.82～0.84
m_4	0.78～0.80	0.80～0.81	0.81～0.82	0.82～0.83	0.83～0.85	0.85～0.86
m_5	0.80～0.82	0.82～0.84	0.84～0.85	0.85～0.86	0.86～0.87	0.87～0.88

注：(1)表中拉深系数适用于 08、10 和 15Mn 等普通拉深碳钢和软黄铜 H62。对拉深性能较差的材料，如 20、25、Q215、Q235、硬铝等应比表中数值大 1.5%～2.0%；对塑性更好的，如 05 钢和软铝等应比表中数值小 1.5%～2.0%。

(2)表中数值适用于未经中间退火的拉深，如果采用中间退火工序，可比表中数值小 2%～3%。

(3)表中较小值适用于大的凹模圆角半径 $r_d=(8\sim15)t$，较大值适用小的凹模圆角半径 $r_d=(4\sim8)t$。

表 5－4　圆筒形件不用压边圈的极限拉深系数 m_{min}

毛坯相对厚度 $t/D\times100$	各次拉深系数					
	m_1	m_2	m_3	m_4	m_5	m_6
0.4	0.90	0.92				
0.6	0.85	0.90				
0.8	0.80	0.88				
1.0	0.75	0.85	0.90			
1.5	0.65	0.80	0.84	0.87	0.90	
2.0	0.60	0.75	0.80	0.84	0.87	0.90
2.5	0.55	0.75	0.80	0.84	0.87	0.90
3.0	0.53	0.75	0.80	0.84	0.87	0.90
>3	0.50	0.70	0.75	0.78	0.82	0.85

注：此表使用要求和表 5－3 相同。

在实际生产中，并不是在所有情况下都采用极限拉深系数。为了提高工艺稳定性和零件质量，适宜采用稍大于极限拉深系数的值。

5.6.3 拉深次数和工序尺寸

1. 拉深次数的确定

当 $m>m_{min}$ 时，零件可以一次拉深成形，否则必须多次拉深。拉深次数通常只能概略进行估计，最后需通过工艺计算来确定。初步确定圆筒件拉深次数的方法有计算法、查表法、推算法等，在生产实际中查表法应用最广泛。查表法就是根据工件的相对高度即高度 h 与直径 d 之比值，从表 5-5 中查得该工件拉深次数。

表 5-5 拉深次数的确定

相对厚度 $t/d\times100$ / 相对高度 h/d / 拉深次数 n	2～1.5	1.5～1.0	1.0～0.6	0.6～0.3	0.3～0.15	0.15～0.06
1	0.94～0.77	0.84～0.65	0.70～0.57	0.62～0.5	0.52～0.45	0.46～0.38
2	1.88～1.54	1.60～1.32	1.36～1.1	1.13～0.94	0.96～0.83	0.9～0.7
3	3.5～2.7	2.8～2.2	2.3～1.8	1.9～1.5	1.6～1.3	1.3～1.1
4	5.6～4.3	4.3～3.5	3.6～2.9	2.9～2.4	2.4～2.0	2.0～1.5
5	8.9～6.6	6.6～5.1	5.2～4.1	4.1～3.3	3.3～2.75	2.7～2.0

注：(1)大的 h/d 值适用于第一道工序的大凹模圆角 $r_d=(8\sim15)t$。

(2)小的 h/d 值适用于第一道工序的小凹模圆角 $r_d=(4\sim8)t$。

(3)表中数据适用材料为 08F 钢、10F 钢。

2. 多次拉深工序件尺寸的确定

(1)工序件直径的计算

确定拉深次数以后，由表查得各次拉深的极限拉深系数，适当放大，并加以调整，其原则是：保证 $m_1m_2\cdots m_n=\dfrac{d}{D}$，且 $m_1<m_2<\cdots<m_n$。最后按照调整后的拉深系数，计算各次工序件直径。

$$
\begin{aligned}
d_1&=m_1D\\
d_2&=m_2d_1\\
&\cdots\\
d_n&=m_nd_{n-1}
\end{aligned}
\qquad (5-7)
$$

(2)工序件高度的计算

根据拉深后工序件表面积和坯料表面积相等的原则，可得到如下工序件高度计算公式。

$$h_1=0.25\left(\frac{D^2}{d_1}-d_1\right)+0.43\frac{r_1}{d_1}(d_1+0.32r_1)$$

$$h_2=0.25\left(\frac{D^2}{d_2}-d_2\right)+0.43\frac{r_2}{d_2}(d_2+0.32r_2)$$

…

$$h_n=0.25\left(\frac{D^2}{d_n}-d_n\right)+0.43\frac{r_n}{d_n}(d_n+0.32r_n) \tag{5-8}$$

式中：D——坯料直径；

$h_1, h_2, \cdots, h_n$——各次拉深工序件的高度；

$d_1, d_2, \cdots, d_n$——各次拉深工序件的直径；

$r_1, r_2, \cdots, r_n$——各次拉深工序件底部圆角半径。

【例 5－3】 圆筒形件的拉深各工序件尺寸计算。

(1)拉深次数确定

① 判断是否需要压边圈

由毛坯相对厚度 $t/D\times100=0.541$，查表 5－7 可知：需要使用压边圈。

② 确定拉深次数

由毛坯相对厚度 $t/D\times100=0.541$，查表 5－3 得极限拉深系数 $m_1=0.58$，$m_2=0.79$，$m_3=0.81$，$m_4=0.83$。则各次拉深件直径为

$$d_1=m_1\times D=0.58\times185=107.3\ \text{mm}$$

$$d_2=m_2\times d_1=0.79\times107.3=84.77\ \text{mm}$$

$$d_3=m_3\times d_2=0.81\times84.77=68.66\ \text{mm}<73\ \text{mm}$$

所以三次拉深即可完成，但是考虑到上述采用的都是极限拉深系数，而实际生产中要求产品的合格率，所采用的拉深系数应比极限值大，因此将拉深次数调整为四次。

(2)各次拉深工序件尺寸的确定

① 半成品直径

将上述极限拉深系数作调整，分别确定如下：

$$m_1=0.62,\ d_1=m_1\times D=0.62\times185=114.7\ \text{mm}$$

$$m_2=0.83,\ d_2=m_2\times d_1=0.83\times114.7=95.2\ \text{mm}$$

$$m_3=0.85,\ d_3=m_3\times d_2=0.85\times95.2=80.9\ \text{mm}$$

$$m_4=0.90,\ d_4=m_4\times d_3=0.90\times80.9=73\ \text{mm}$$

② 底部圆角半径

取 $r_1=7.5$ mm，$r_2=6.5$ mm，$r_3=5.5$ mm，$r_4=3.5$ mm。

③ 工序件高度尺寸

由式(5－8)得

$$h_1=0.25\left(\frac{D^2}{d_1}-d_1\right)+0.43\frac{r_1}{d_1}(d_1+0.32r_1)$$

$$=0.25\times(\frac{185^2}{114.7}-114.7)+0.43\times\frac{7.5}{114.7}\times(114.7+0.32\times7.5)=49.21\ \text{mm}$$

同理，$h_2=68.93\ \text{mm}$，$h_3=87.95\ \text{mm}$，$h_4=100.4\ \text{mm}$。

【例 5-4】 确定圆筒形件的拉深工艺方案。

从图 5-1 分析看出，该拉深件需要落料、四次拉深、一次切边才能最终成形，所以成形该零件的方案有以下几种。

方案一：单工序生产，即落料—拉深—拉深—拉深—拉深—切边。

方案二：首次复合，即落料拉深复合—拉深—拉深—拉深—切边。

方案三：级进拉深。

方案一模具结构简单，但首次拉深时毛坯定位比较困难，考虑到是小批量生产，所以选择方案二。

5.6.4 拉深力

拉深力在实际生产中常用经验公式进行计算。为了解决拉深过程中的起皱问题，生产实际中的主要方法是在模具结构上采用压料装置。计算拉深力时，必须考虑有压料装置和无压料装置两种情况。

1. 拉深力

(1)采用压边圈时拉深力的计算

首次拉深 $$F=\pi d_1 t\sigma_b K_1 \tag{5-9}$$

以后各次拉深 $$F=\pi d_i t\sigma_b K_2 \quad (i=2,3,\cdots,n) \tag{5-10}$$

(2)不采用压边圈拉深时力的计算

首次拉深 $$F=1.25\pi(D-d_1)t\sigma_b \tag{5-11}$$

以后各次拉深 $$F=1.3\pi(d_{i-1}-d_i)t\sigma_b \quad (i=2,3,\cdots,n) \tag{5-12}$$

在上述各式中：F——拉深力；

t——板料厚度；

D——坯料直径；

$d_1,d_2,\cdots,d_n$——各次拉深工序件的直径；

σ_b——拉深件材料的强度极限；

K_1、K_2——修正系数，如表 5-6 所示。

表 5-6 修正系数 K_1、K_2 的数值

m_1	0.55	0.57	0.60	0.62	0.65	0.67	0.70	0.72	0.75	0.77	0.80	—	—	—
K_1	1.0	0.93	0.86	0.79	0.72	0.66	0.60	0.55	0.50	0.45	0.40	—	—	—
$m_2,m_3,\cdots,m_n$	—	—	—	—	—	—	0.70	0.72	0.75	0.77	0.80	0.85	0.90	0.95
K_2	—	—	—	—	—	—	1.0	0.95	0.90	0.85	0.80	0.70	0.60	0.50

2. 压边力

(1)压边条件　拉深过程中采用压边圈是为了防止起皱，但是压边力要适当，否则会产生拉裂。

是否采用压料装置主要看拉深过程中是否可能发生起皱，在实际生产中可按表 5－7 来判断拉深过程中是否起皱和采用压料装置。

表 5－7　采用或不采用压料装置的条件

拉深方法	第一次拉深		以后各次拉深($i=2,3,\cdots n$)	
	$(t/D)\times100$	m_1	$(t/d_{i-1})\times100$	m_i
用压料装置	<1.5	<0.6	<1	<0.8
可用可不用	1.5～2.0	0.6	1～1.5	0.8
不用压料装置	>2.0	>0.6	>1.5	>0.8

(2)压边力计算　任何形状的拉深件

$$F_y = Ap \tag{5-13}$$

圆筒形件首次拉深

$$F_y = \frac{\pi}{4}[D^2 - (d_1 + 2r_{d,1})^2]p \tag{5-14}$$

圆筒形件以后各次拉深

$$F_y = \frac{\pi}{4}[d_{i-1}^2 - (d_i + 2r_{d,i})^2]p \quad (i=2,3,\cdots,n) \tag{5-15}$$

在式(5－13)～(5－15)中：F_y——压边力；

A——压边圈下坯料的投影面积；

p——单位面积压边力，见表 5－8；

D——坯料直径；

$d_1, d_2, \cdots, d_n$——各次拉深工序件直径；

$r_{d,1}, r_{d,2}, \cdots, r_{d,n}$——各次拉深凹模的圆角半径。

表 5－8　单位面积压边力 p

材料名称		p/MPa
铝		0.8～1.2
纯铜、硬铝(已退火的)		1.2～1.8
黄　铜		1.5～2.0
软　钢	$t<0.5$mm	2.5～3.0
	$t>0.5$mm	2.0～2.5

（续表）

材料名称	p/MPa
镀锡钢板	2.5～3.0
耐热钢（软化状态）	2.8～3.5
高合金钢、高锰钢、不锈钢	3.0～4.5

3. 压力机公称压力

对于单动压机，其公称压力应大于工艺总压力。工艺总压力为

$$F_z = F + F_y \tag{5-16}$$

式中：F_z——工艺总压力；

F——拉深力；

F_y——压边力。

选择压力机公称压力时必须注意，当拉深工作行程较大，尤其采用落料—拉深复合时，应使工艺曲线位于压力机滑块的许用压力曲线之下，而不能简单地按压力机公称压力大于工艺总压力的原则去确定压力机规格。在实际生产中可以按下式来确定压力机的公称压力：

浅拉深 $$F_{设} \geqslant (1.68 \sim 1.8)F_z \tag{5-17}$$

深拉深 $$F_{设} \geqslant (1.8 \sim 2.0)F_z \tag{5-18}$$

式中：$F_{设}$——压力机公称压力；

【例 5-5】 圆筒形件的拉深力计算和初选压力机。

以图 5-1 所示的圆筒形件的第四次拉深为例。

(1)拉深力计算

根据式(5-10)，查表 5-6 得 $K_2=0.60$，查表 2-5 得 $\sigma_b=320$ MPa，则

$$F_4 = \pi d_4 t \sigma_b K_2 = 3.14 \times 73 \times 1.0 \times 320 \times 0.60 = 44.01\ \text{kN}$$

(2)压边力计算

根据式(5-15)，查表 5-8 得 $p=2.5$ MPa，则

$$F_y = \frac{\pi}{4}(d_3^2 - d_4^2)p = \frac{3.14}{4} \times (80.9^2 - 73^2) \times 2.5 = 2.386\ \text{kN}$$

(3)压力机公称压力计算

$$F_z = F_4 + F_y = 44.01 + 2.386 = 46.4\ \text{kN}$$

选用单动压力机，设备吨位：

$$F_{设} \geqslant 1.8F_z = 1.8 \times 46.4 = 83.52\ \text{kN}$$

初选公称压力为 160kN 的开式曲柄压力机 J23－16。

5.7　有凸缘筒形件的拉深变形

有凸缘圆筒形拉深件的拉深过程和无凸缘圆筒形件的拉深过程是相似的，主要区别在于凸缘变形区的材料不是全部拉入凹模内，当拉深进行到凸缘外径等于零件凸缘直径(包括切边量)时，拉深工作就停止。拉深成形过程和工艺计算与无凸缘圆筒形件的差别主要在首次拉深。

如图 5-15 所示是有凸缘圆筒形拉深件和坯料图。根据凸缘的宽度不同，可以分为宽凸缘筒形件和窄凸缘筒形件，$\frac{d_t}{d}=1.1\sim1.4$ 称为窄凸缘筒形件，$\frac{d_t}{d}\geqslant1.4$ 称为宽凸缘筒形件，两者多次拉深时是有一定区别的。

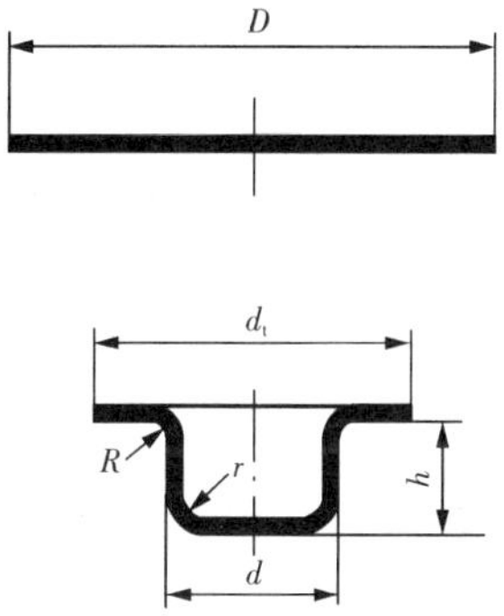

图 5-15　有凸缘圆筒形拉深件和坯料图

5.7.1　拉深系数

有凸缘圆筒形件的拉深系数为

$$m_t=\frac{d}{D} \tag{5-19}$$

式中：m_t——有凸缘圆筒形件的拉深系数；

D——坯料直径；

d——拉深件筒形部分的直径。

有凸缘圆筒形件拉深时，坯料凸缘部分不是全部进入凹模口部，只是拉深到凸缘外径等于所要求的凸缘直径(包括修边量)时，拉深工作就停止。因此，拉深成形过程和工艺计算与无凸缘圆筒形件有一定差别。由于凸缘的外缘部分只在首次拉深时参与变形，在以后的各次拉深中将不再发生变化。所以首次拉深的重点是确保凸缘外缘的尺寸达到所需尺寸，并确保拉入凹模的材料多于以后拉深所需的材料。

有凸缘圆筒形件首次拉深时，可能达到的极限拉深系数列于表 5-9，首次拉深可能达到的相对高度见表 5-10，有凸缘圆筒形件以后各次拉深的极限拉深系数见表 5-11。

表 5-9　有凸缘圆筒形件第一次拉深的极限拉深系数

凸缘的相对直径 d_t/d	坯料的相对厚度 $t/D\times100$				
	2～1.5	1.5～1.0	1.0～0.6	0.6～0.3	0.3～0.10
1.1 以下	0.51	0.53	0.55	0.57	0.59
1.3	0.49	0.51	0.53	0.54	0.55
1.5	0.47	0.49	0.50	0.51	0.52
1.8	0.45	0.46	0.47	0.48	0.48
2.0	0.42	0.43	0.44	0.45	0.45
2.2	0.40	0.41	0.42	0.42	0.42

（续表）

凸缘的相对直径 d_t/d	坯料的相对厚度 $t/D\times100$				
	2～1.5	1.5～1.0	1.0～0.6	0.6～0.3	0.3～0.10
2.5	0.37	0.38	0.38	0.38	0.38
2.8	0.34	0.35	0.35	0.35	0.35
3.0	0.32	0.33	0.33	0.33	0.33

表 5-10　有凸缘圆筒形件首次拉深的极限相对高度

凸缘的相对直径 d_t/d	坯料的相对厚度 $t/D\times100$				
	2～1.5	1.5～1.0	1.0～0.6	0.6～0.3	0.3～0.10
1.1 以下	0.90～0.75	0.82～0.65	0.70～0.57	0.62～0.50	0.52～0.45
1.3	0.80～0.65	0.72～0.56	0.60～0.50	0.53～0.45	0.47～0.40
1.5	0.70～0.58	0.63～0.50	0.53～0.45	0.48～0.40	0.42～0.35
1.8	0.58～0.48	0.53～0.42	0.44～0.37	0.39～0.34	0.35～0.29
2.0	0.51～0.42	0.46～0.36	0.38～0.32	0.34～0.29	0.30～0.25
2.2	0.45～0.35	0.40～0.31	0.33～0.27	0.29～0.25	0.26～0.22
2.5	0.35～0.28	0.32～0.25	0.27～0.22	0.23～0.20	0.21～0.17
2.8	0.27～0.22	0.24～0.19	0.21～0.17	0.18～0.15	0.16～0.13
3.0	0.22～0.18	0.20～0.16	0.17～0.14	0.15～0.12	0.13～0.10

注：(1)表中大数值适用于大的圆角半径[由 $t/D=2\%\sim1.5\%$ 时的 $R=(10\sim12)t$ 到 $t/D=0.3\%\sim0.15\%$ 时的 $R=(20\sim25)t$]，小数值适用于底部及凸缘小的圆角半径，随着凸缘直径的增加及相对拉深深度的减小，其数值也跟着减小。

(2)表中数值适用于 10 钢，对于比 10 钢塑性好的材料取接近表中的大值，对于塑性差的材料，取表中小数值。

表 5-11　有凸缘圆筒形件以后各次拉深的极限拉深系数

拉深系数	坯料的相对厚度 $t/D\times100$				
	2～1.5	1.5～1.0	1.0～0.6	0.6～0.3	0.3～0.10
m_1	0.73	0.75	0.76	0.78	0.80
m_2	0.75	0.78	0.79	0.80	0.82
m_3	0.78	0.80	0.82	0.83	0.84
m_4	0.80	0.82	0.84	0.85	0.86

5.7.2　有凸缘圆筒形件的拉深方法

1. 窄凸缘圆筒形件的拉深

可以将窄凸缘圆筒形件当作无凸缘圆筒形件进行拉深，在最后两道工序中将工序件拉成具有锥形的凸缘，最后通过整形压成平面凸缘。如图 5－16 所示为窄凸缘圆筒形件及其拉深工艺过程，材料为 10 钢，板厚为 1 mm。

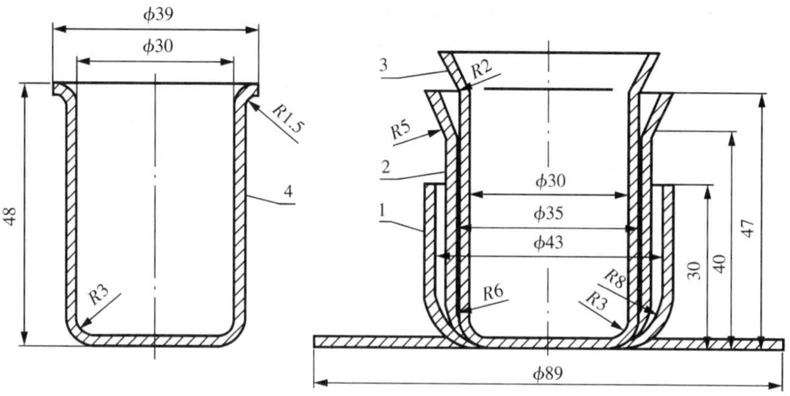

a)窄凸缘拉深件　　b)窄凸缘件拉深过程

图 5－16　窄凸缘筒形件拉深

1—第一次拉深工序件　2—第二次拉深工序件　3—第三次拉深工序件　4—拉深制件

2. 宽凸缘圆筒形件的拉深

如果拉深件不能一次拉深成形时，则需进行多次拉深。第一次拉深时，其凸缘的外径应等于成品零件的尺寸（加修边量），在以后的拉深工序中仅仅使已拉深成的工序件的直筒部分参加变形，逐步地达到零件尺寸要求，第一次拉深时已经形成的凸缘外径必须保持在以后拉深工序中不再收缩。因为在以后的拉深工序中，即使凸缘部分产生很小的变形，筒壁传力区都将会产生很大的拉应力，使危险断面拉裂。为此在调节工作行程时，应严格控制凸模进入凹模的深度。

根据宽凸缘圆筒形件的大小不同，多次拉深的工艺方法通常有两种：

(1)凸缘直径 $d_t<200$ mm 的中小型、料薄的零件

采用逐步缩小筒形部分直径以增加其高度的方法，如图 5－17a 所示。用这种方法制成的零件，表面质量较差，其直壁和凸缘上保留着圆角弯曲和局部变薄的痕迹，需要在最后增加整形工序。

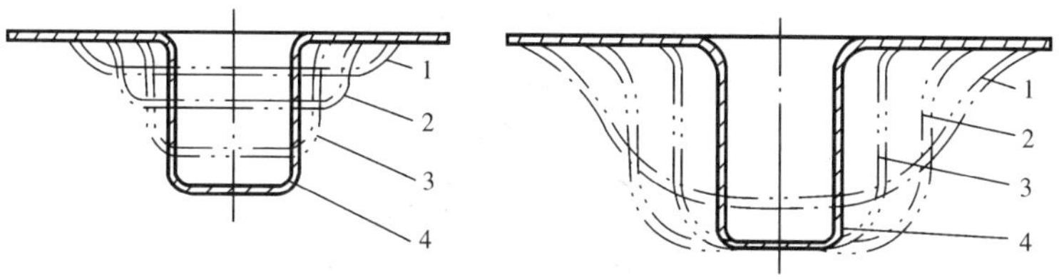

a)凸缘直径 $d_t<200$mm 的制件　　b)凸缘直径 $d_t>200$mm 的制件

图 5－17　宽凸缘筒形件的拉深方法

(2)凸缘直径 $d_t>200$ mm 的较大零件

第一次拉深就基本形成了零件的高度，在以后各次拉深中，高度保持不变，逐步减少圆角半径和筒形部分直径而达到最终尺寸要求，如图 5－17b 所示。用这种方法拉深的零件，表面质量较高，厚度均匀，不存在上述的圆角弯曲和局部变薄的痕迹，适用于坯料的相对厚度较大，采用大圆角过渡不易起皱的情况。

5.8　拉深模的典型结构

拉深模结构相对较简单，根据拉深顺序可分为首次拉深模和后续拉深模；根据工序组合情况不同可分为单工序拉深模、复合拉深模、级进拉深模；根据有无压料装置可分为有压料装置拉深模和无压料装置拉深模；根据模具使用冲压设备的类型又可分为单动压力机用拉深模和双动压力机用拉深模。

5.8.1　首次拉深模

1. 无压边装置的首次拉深模

这种模具结构简单，上模往往是整体的，如图 5－18 所示。当凸模 3 直径过小时，则还应加上模座，以增加上模部分与压力机滑块的接触面积，下模部分有定位板 1、下模座 2 与凹模 4。毛坯安放在定位板内定位，凸模工作部分长度较大，使拉深件口部位于凹模脱料颈台阶下平面，凸模回升时依靠凹模脱料颈台阶卸件，使零件从下模板的孔中和机床台面孔中掉下。当料厚小于 2mm 时，可加上弹簧刮料板。为使工件在拉深后不致于紧贴在凸模上难以取下，在拉深凸模 3 上应有直径为 ϕ3 mm 以上的小通气孔。

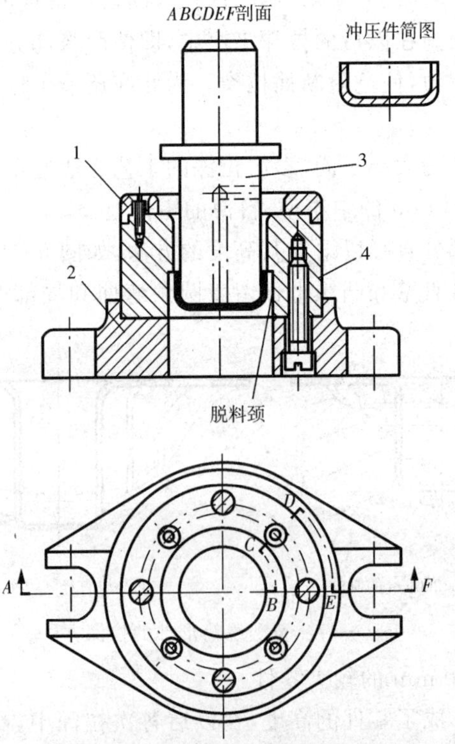

图 5－18　无压边装置的首次拉深模

1—定位板　2—下模板　3—拉深凸模　4—拉深凹模

2. 有压边装置的首次拉深模

如图 5－19 所示为压边圈装在上模部分的正装拉深模。压边装置装在上模，由于受到模具空间的限制，不能提供太大的压边力，只能适用于拉深深度不大的工件。

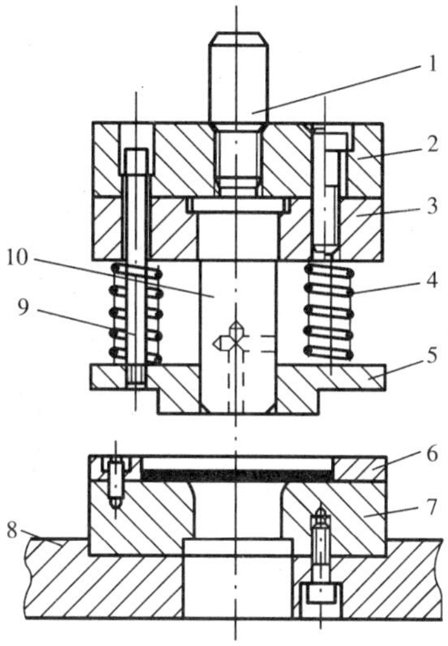

图 5－19　有压边圈的正装式首次拉深模

1—模柄　2—上模座　3—凸模固定板　4—弹簧　5—压边圈
6—定位板　7—凹模　8—下模座　9—卸料螺钉　10—凸模

如图 5－20 所示为压边圈装在下模部分的倒装拉深模。由于弹性元件装在下模座下压力机工作台面的孔中，因此空间较大，允许弹性元件有较大的压缩行程，可以拉深深度较大

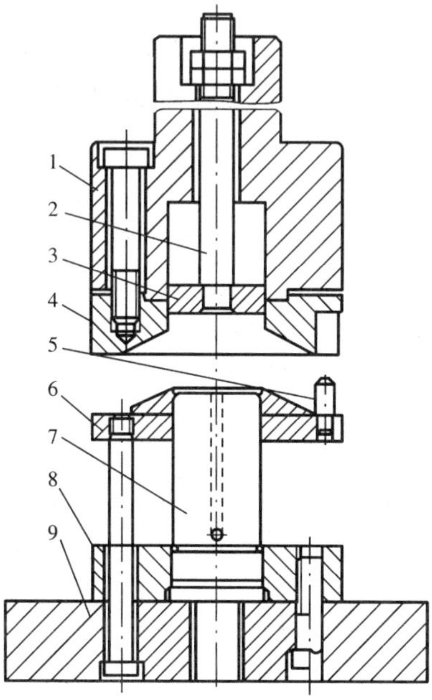

图 5－20　带锥形压边圈的倒装拉深模

1—上模座　2—推杆　3—推件板　4—锥形凹模　5—限位柱
6—锥形压边圈　7—拉深凸模　8—固定板　9—下模座

一些的拉深件。这副模具采用了锥形压边圈6。在拉深时，锥形压边圈先将毛坯压成锥形，使毛坯的外径已经产生一定量的收缩，然后再将其拉成筒形件。采用这种结构，有利于拉深变形，可以降低极限拉深系数。

3. 双动压力机上使用的首次拉深模

如图5-21所示，双动压力机有两个滑块，在双动压力机上使用的首次拉深模的凸模与拉深滑块（内滑块）相连接，而上模座（上模座上装有压边圈）与压边滑块（外滑块）相连。

拉深时曲轴1旋转，首先通过凸轮2带动外滑块3使压边圈6将毛坯压在凹模7上，随后由内滑块4带动凸模5对毛坯进行拉深。在拉深过程中，外滑块保持不动。本副拉深模采用刚性压边圈，刚性压边圈的压边作用，并不是靠直接调整压边力来保证的。考虑到毛坯凸缘变形区在拉深过程中板厚有增大现象，所以调整模具时，压边圈与凹模间的间隙 c 应略大于板厚 t。用刚性压边，压边力不随行程变化，拉深效果较好，且模具结构简单，但压力机设备投资较高。

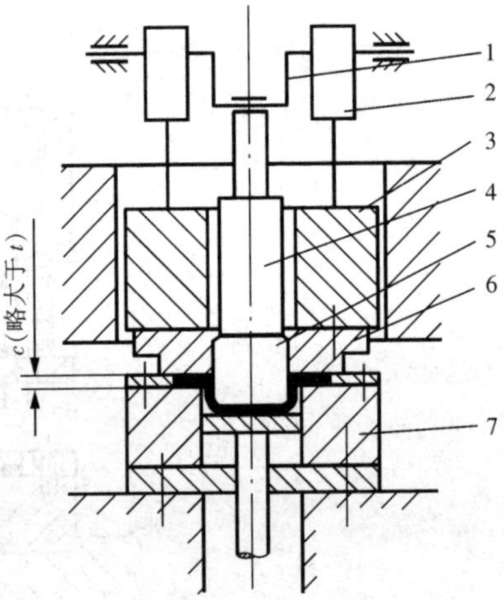

图5-21　双动压力机用拉深模的动作原理

1—曲轴　2—凸轮　3—外滑块　4—内滑块

5—凸模　6—压边圈　7—凹模

5.8.2　以后各次拉深模

以后各次拉深模是指把经首次拉深后的工序件加工成符合要求的零件的拉深模。和首次拉深模比较，后续拉深模加工的对象不再是毛坯板料，而是工序件。所以，模具结构和首次拉深模存在一定区别，例如应充分考虑工序件在模具上的定位。

1. 无压边装置的以后各次拉深模

如图5-22所示为无压边装置的以后各次拉深模。该模具采用锥形模口的凹模结构，

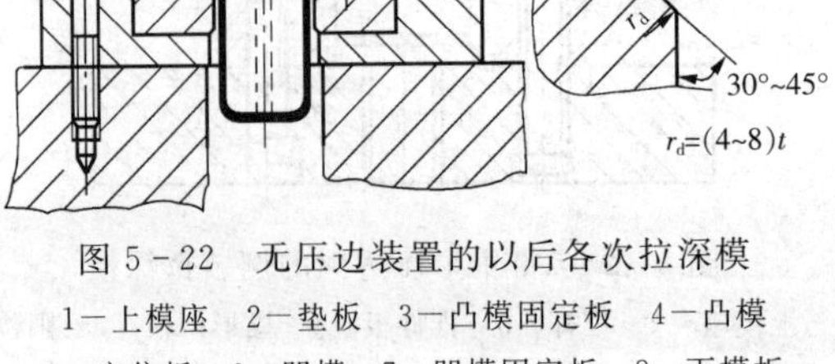

图5-22　无压边装置的以后各次拉深模

1—上模座　2—垫板　3—凸模固定板　4—凸模

5—定位板　6—凹模　7—凹模固定板　8—下模板

凹模 6 的锥面角度一般为 30°～45°，起到拉深时增强变形区的稳定的作用。拉深毛坯用定位板 5 的内孔定位（定位板的孔与坯件有 0.1mm 左右的间隙）。拉深零件从下模板和压力机台面的孔漏下。该模具用于直径缩小较少的拉深或整形等。

2. 有压边装置的以后各次拉深模

如图 5-23 所示为有压边装置的以后各次拉深模，这是一般最常见的结构形式。拉深前，毛坯套在压边圈 4 上，压边圈的形状必须与上一次拉出的拉深件相适应。拉深后，压边圈将冲压件从凸模 3 上托出，推件板 1 将冲压件从凹模中推出。

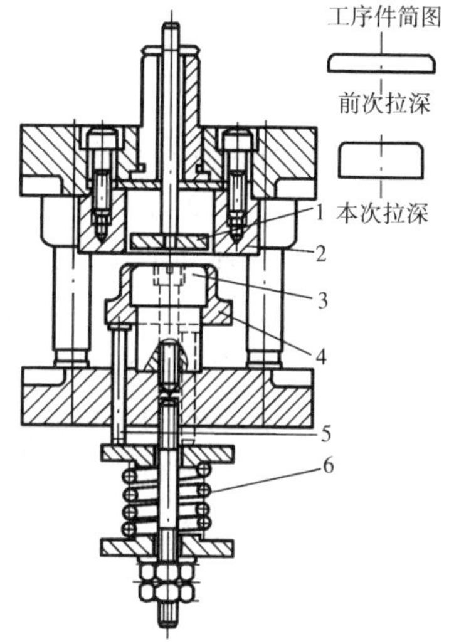

图 5-23　有压边装置的以后各次拉深模

1—推件板　2—拉深凹模　3—拉深凸模

4—压边圈　5—顶杆　6—弹簧

5.8.3　落料－拉深复合模

如图 5-24 所示为一副典型的正装落料－拉深复合模。上模部分装有凸凹模 3（落料凸模、拉深凹模），下模部分装有落料凹模 7 与拉深凸模 8。为保证冲压时先落料再拉深，拉深凸模 8 低于落料凹模 7 一个料厚以上。件 2 为弹性压边圈，弹顶器安装在下模座下。

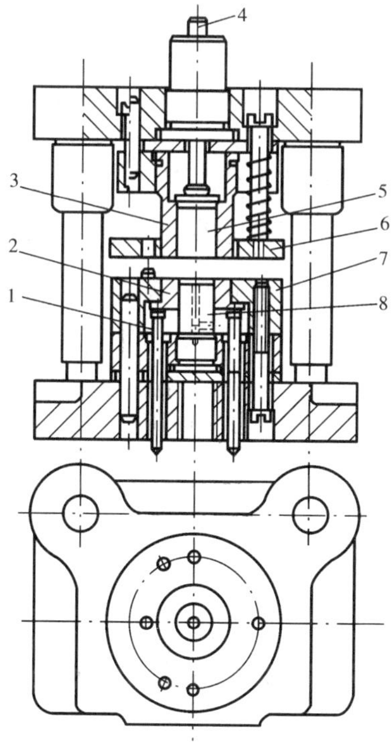

图 5-24　落料－拉深复合模

1—顶杆　2—压边圈　3—凸凹模　4—推杆　5—推件板

6—卸料板　7—落料凹模　8—拉深凸模

5.9 拉深模工作部分的尺寸设计

5.9.1 凸模、凹模的圆角半径

拉深凸模、凹模圆角半径对拉深工作影响很大，尤其是凹模圆角半径。坯料通过凹模圆角进入凹模时，经过弯曲和重新拉直的变化，如果凹模圆角过小势必引起应力的增大和模具寿命的降低。因此，在实际生产中应尽量避免采用过小的凹模圆角半径。

凸模圆角过小，会降低拉深件传力区危险断面强度，容易产生局部变薄甚至破裂，拉深件圆角处弯曲痕迹较明显。局部变薄和弯曲的痕迹在经过多次拉深工序后，必然留在零件的侧壁，影响零件的表面质量。

1. 凹模圆角半径的确定

首次（包括只有一次）拉深凹模圆角半径可按下式计算：

$$r_{d,1}=0.8\sqrt{(D-d)t} \tag{5-22}$$

式中：$r_{d,1}$——首次拉深凹模圆角半径；

D——坯料直径；

d——凹模内径；

t——材料厚度。

以后各次拉深凹模圆角半径应逐渐减小，一般按下式确定：

$$r_{d,i}=(0.6\sim0.8)r_{d,i-1} \qquad (i=2,3,\cdots,n) \tag{5-23}$$

以上计算所得凹模圆角半径一般应符合 $r_d\geqslant 2t$ 的要求。

2. 凸模圆角半径的确定

首次（包括只有一次）拉深凸模圆角半径可取

$$r_{p,1}=(0.7\sim1.0)r_{d,1} \tag{5-24}$$

最后一次拉深凸模圆角半径 $r_{p,n}$ 即等于零件圆角半径 r。但是如果零件圆角半径小于拉深工艺性要求时，则凸模圆角半径应按工艺性的要求确定（$r_p\geqslant t$），然后通过整形工序得到零件要求的圆角半径。

中间各拉深工序凸模圆角半径可按下式确定：

$$r_{p,i-1}=\frac{d_{i-1}-d_{i-2}-2t}{2} \qquad (i=3,4,\cdots,n) \tag{5-25}$$

式中：d_{i-1}，d_{i-2}——各次拉深工序件的外径。

5.9.2 拉深模间隙

拉深模的凸模、凹模之间间隙对拉深力、零件质量、模具寿命等都有影响。间隙小，则零件回弹小，精度高，但拉深力大，模具磨损大；间隙过小，会使零件严重变薄甚至破裂。间隙过大，坯料容易起皱，零件锥度大，毛坯口部的增厚得不到消除，精度差。因此，生产中应根据毛坯厚度及公差、拉深过程毛坯的增厚情况、拉深次数、零件的形状及精度要求等，正确确定拉深模间隙。

1. 无压边圈的拉深模间隙

间隙为

$$Z/2=(1\sim1.1)t_{max} \tag{5-26}$$

式中：$Z/2$——拉深模单边间隙；

t_{max}——毛坯厚度的最大极限尺寸。

对于系数 1～1.1，小值用于末次拉深或精密零件的拉深，大值用于首次和中间各次拉深或要求不高零件的拉深。

2. 有压边圈时的拉深模间隙

间隙可按表 5－14 确定。

表 5－14　有压边圈拉深时的单边间隙

完成拉深工作的总次数											
1	2		3			4			5		
拉深次数											
1	1	2	1	2	3	1,2	3	4	1,2,3	4	5
凸模与凹模单边间隙 $Z/2$											
$1\sim1.1t$	$1.1t$	$1\sim1.05t$	$1.2t$	$1.1t$	$1\sim1.05t$	$1.2t$	$1.1t$	$1\sim1.05t$	$1.2t$	$1.1t$	$1\sim1.05t$

注：(1) t 厚度，取材料偏差的中间值；

(2)当拉深精密工件时，对最末一次拉深间隙取 $Z/2=t$。

对于精度要求高的零件，为了减小拉深后的回弹，常采用负间隙拉深模，其单边间隙值为

$$Z/2=(0.9\sim0.95)t \tag{5-27}$$

5.9.3　凸模、凹模工作部分尺寸及公差

对于最后一道工序的拉深模，其凸模、凹模尺寸及公差应按零件的要求来确定。

1. 零件尺寸标注在外形

如图 5－25a 所示，以凹模为基准，凸模、凹模尺寸分别为

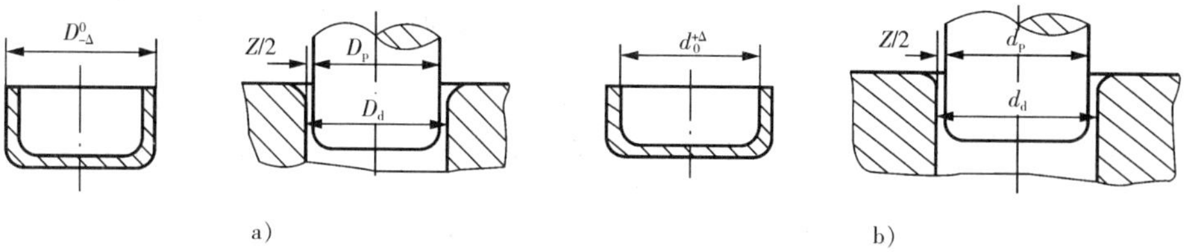

图 5－25　零件尺寸和模具工作尺寸

$$D_d=(D_{max}-0.75\Delta)_0^{+\delta_d} \tag{5-28}$$

$$D_p=(D_{max}-0.75\Delta-Z)^0_{-\delta_p} \tag{5-29}$$

2. 零件尺寸标注在内形

如图 5－25b 所示，以凸模为基准，凸模、凹模尺寸为

$$d_p=(d_{min}+0.4\Delta)^{0}_{-\delta_p} \quad (5-30)$$

$$d_d=(d_{min}+0.4\Delta+Z)^{+\delta_d}_{0} \quad (5-31)$$

式中：D_d、d_d——凹模的基本尺寸；

D_p、d_p——凸模的基本尺寸；

D_{max}——拉深件外径的最大极限尺寸；

d_{min}——拉深内径的最小极限尺寸；

Δ——零件的公差；

δ_d，δ_p——凹模和凸模制造公差，如表 5－15 所示；

Z——拉深模双边间隙。

表 5－15　凸模和凹模的制造公差　(mm)

材料厚度 t	拉深件直径 d					
	≤20		20～100		＞100	
	δ_d	δ_p	δ_d	δ_p	δ_d	δ_p
≤0.5	0.02	0.01	0.03	0.02	—	—
0.5～1.5	0.04	0.02	0.05	0.03	0.08	0.05
＞1.5	0.06	0.04	0.08	0.05	0.10	0.06

注：凸模、凹模制造公差也可按公差标准 IT6～IT10 级选取，制件公差小的选接近 IT6 级，制件公差大的可选 IT8～9 级。

对于多次拉深，工序尺寸无需严格要求，中间各工序的凹、凸模尺寸可按如下公式计算：

$$D_d=D_{i\,0}^{+\delta_d} \quad (5-32)$$

$$D_p=(D_i-Z)^{0}_{-\delta_p} \quad (5-33)$$

式中：D_i——各次拉深工序件的基本尺寸。

【例 5－6】　圆筒形件拉深模工作部分的尺寸设计。

根据图 5－1 所示圆筒形件，拉深模（以第 4 次拉深为例）工作部分的尺寸设计如下：

1. 凸模、凹模间隙

查表 5－14 得第 4 次拉深凸模、凹模之间的单边间隙$\frac{Z}{2}=t=1$ mm。

2. 凸模、凹模圆角半径的确定

(1)凹模圆角半径 $r_{d,4}$

$r_{d,1}=0.8\sqrt{(D-d)}\,t=0.8\times\sqrt{(185-114.7)}\times1=8.38$，取 $r_{d,1}=8$ mm，根据 $r_{d,i}=(0.6\sim0.8)r_{d,i-1}$，可取 $r_{d,4}=4$ mm。

(2)凸模圆角半径 $r_{p,4}$

由于工件圆角半径大于料厚，所以最后一次拉深用的凸模圆角半径应该等于工件的圆

角半径，即 $r_{p,4}=3$ mm。

3. 凸模、凹模刃口尺寸及尺寸公差的确定

零件的尺寸及精度是由最后一次拉深保证的，所以最后一次拉深用模具的刃口尺寸与公差应由工件决定。由于零件对内形尺寸有要求，所以以凸模为基准，间隙取在凹模上。

弯曲件尺寸未注公差按照 IT14 级确定，查公差表的 $\Delta=0.74$mm，所以弯曲件尺寸 $d=72\pm0.37$mm。

$$D_{d,4}=(D_{max}-0.75\Delta)_0^{+\delta_d}=(72+0.37-0.75\times0.74)_0^{+0.05}=71.815_0^{+0.05}\text{mm}$$

$$D_{p,4}=(D_{d,4}-Z)_{-\delta_p}^{0}=(71.815-2)_{-0.03}^{0}=69.815_{-0.03}^{0}\text{mm}$$

式中：δ_d、δ_p 分别是凹模和凸模制造公差，由表 5－15 查得。

4. 凸模通气孔尺寸确定

通气孔直径取为 6.5 mm。

【例 5－7】 圆筒形件拉深模结构设计。

1. 拉深模总体结构形式确定

模具总体结构如图 5－26 所示。这里选用倒装式拉深模，毛坯利用压边圈的外形定位。

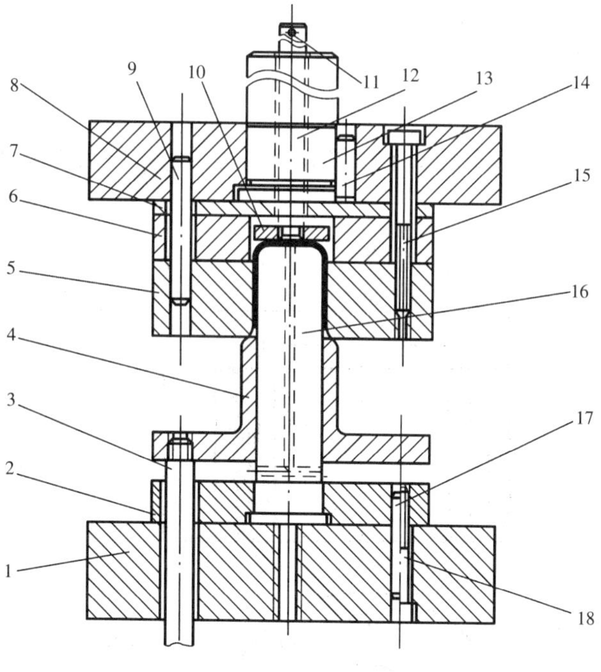

图 5－26　第四次拉深模总装图

1—下模座　2—凸模固定板　3—卸料螺钉　4—压边圈　5—凹模
6—空心垫板　7—垫板　8—上模座　9、17—销钉　10—推件板
11—横销　12—推杆　13—模柄　14—止动销　15、18—螺钉　16—拉深凸模

2. 拉深模主要零件设计

(1)凸模　凸模的结构形式及尺寸如图 5－27 所示。材料选用 Cr12MoV，热处理后硬度为 HRC56～60。

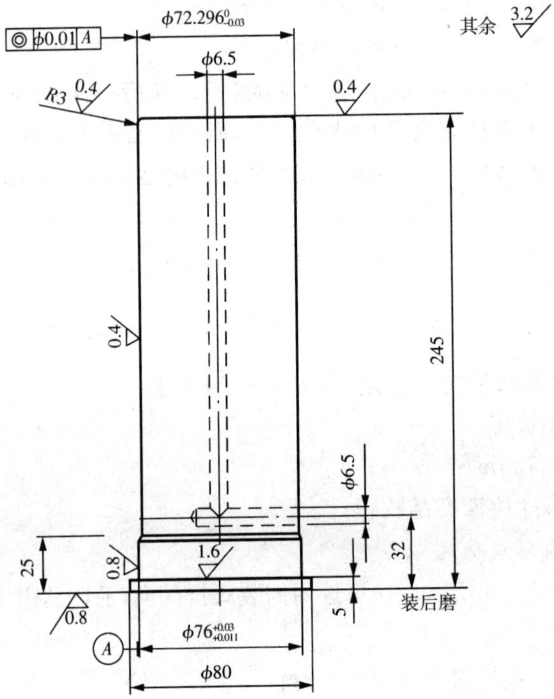

图 5-27 拉深凸模

(2)凹模 凹模的结构形式及尺寸如图 5-28 所示。材料选用 Cr12MoV,热处理后硬度为 HRC58～62。

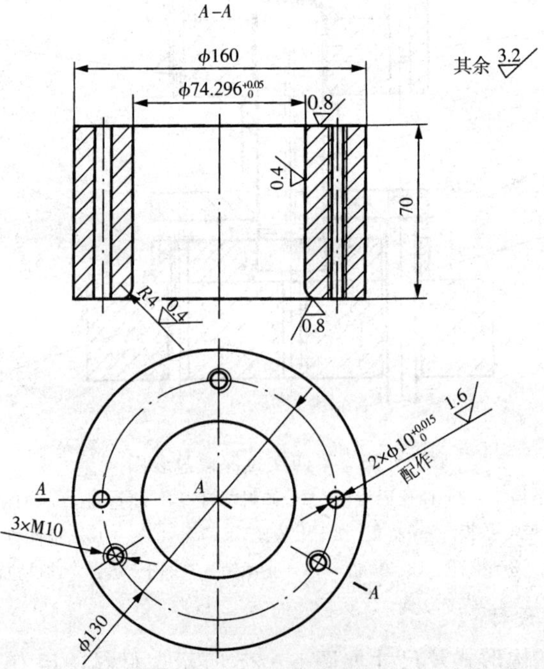

图 5-28 拉深凹模

(3)压边圈 压边圈的结构形式及尺寸如图 5-29 所示。材料选用 45 钢,热处理后硬度为 HRC43～48。

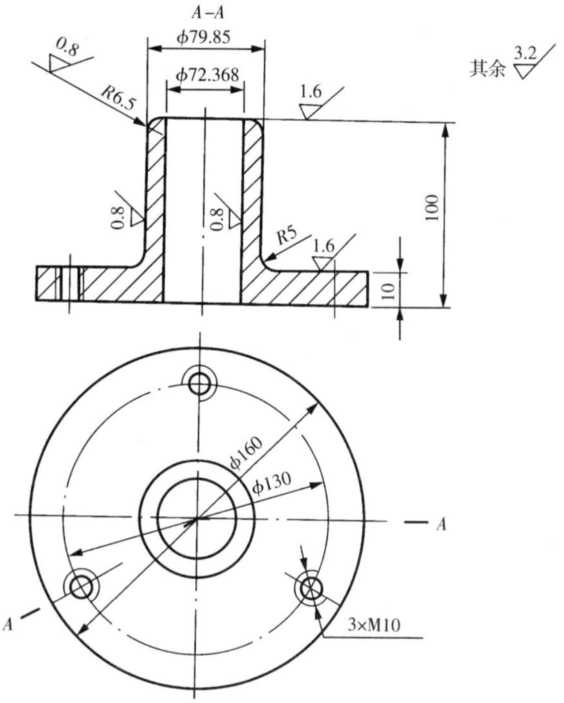

图 5-29 压边圈

(4)凸模固定板 凸模固定板的结构形式及尺寸如图 5-30 所示,材料选用 45 钢。

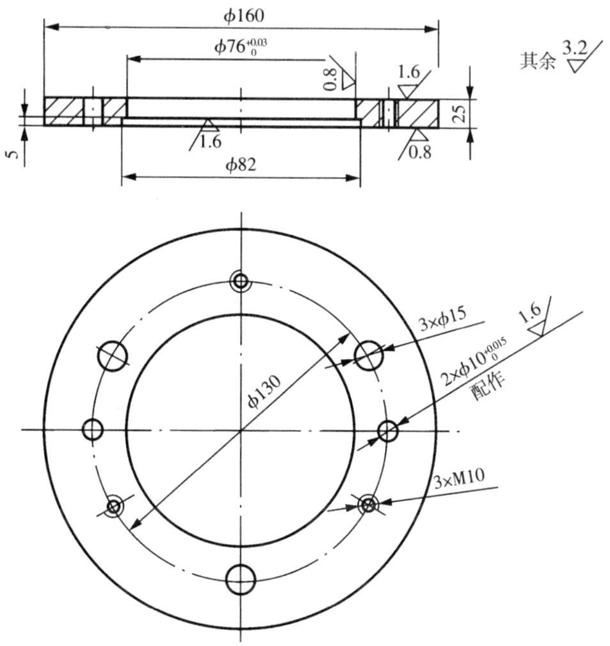

图 5-30 凸模固定板

(5)垫板　垫板的结构形式及尺寸如图 5－31 所示。材料选用 45 钢，热处理后硬度为 HRC43～48。

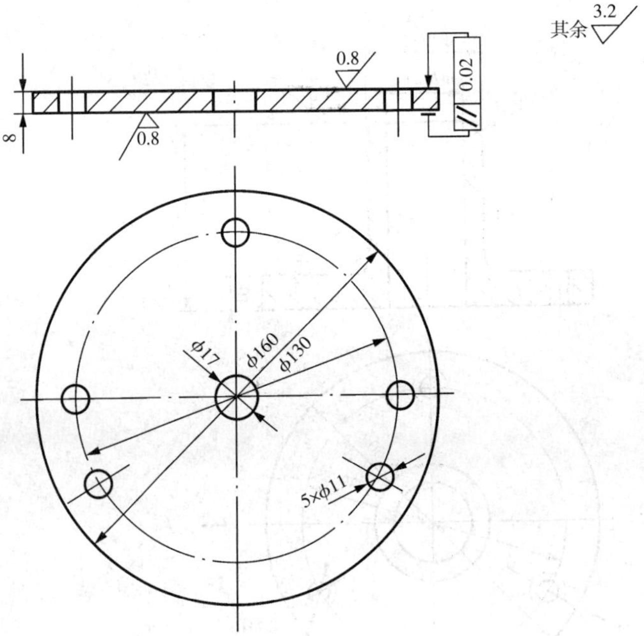

图 5－31　垫板

思考题与实训题

1. 思考题

(1)什么是拉深？拉深变形过程中毛坯可以分哪几个部分？

(2)拉深件的结构工艺性有那些？

(3)拉深件发生起皱的原因是什么？防止起皱的常用措施是什么？

(4)拉深件发生拉裂的原因是什么？拉裂发生在拉深件何处？防止拉裂的常用措施是什么？

(5)拉深件毛坯尺寸的计算原则是什么？

(6)什么叫拉深系数和极限拉深系数？

(7)有凸缘件的拉深常用哪两种方法？

2. 实训题

(1)有凸缘拉深件如图 5－32 所示，材料为 10 号钢，$t=1$ mm，确定拉深次数，计算各工序件的尺寸。

(2)无凸缘拉深件的尺寸如图 5－33 所示，材料为 08 号钢，$t=2$ mm，生产批量为中批量。试进行拉深工艺分析与计算，并确定拉深模具结构。

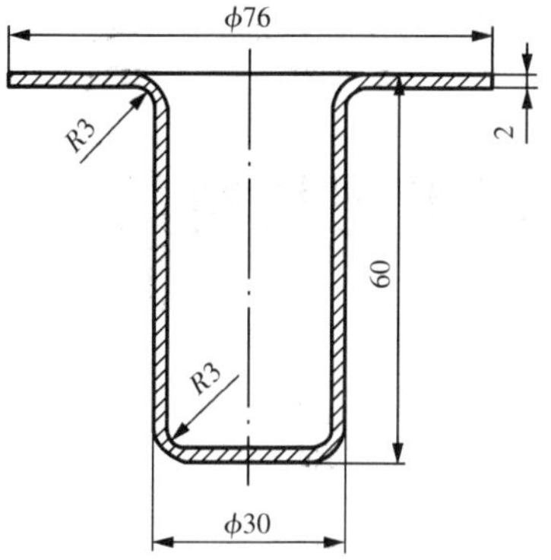

图 5 - 32　有凸缘拉深件零件图

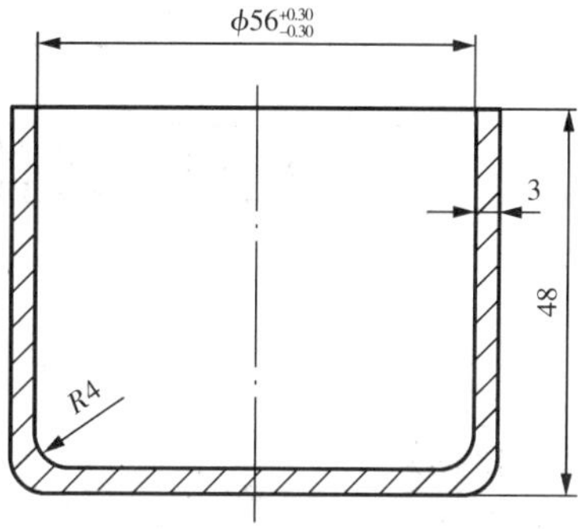

图 5 - 33　无凸缘拉深件零件图

第6章 其他冲压成形工艺与模具

【知识目标】

- 了解胀形、翻边、缩口的变形特点。
- 熟悉胀形模、翻边模、缩口膜的结构。

【技能目标】

- 掌握胀形、翻边、缩口等成形方法的工艺计算。

在冲压生产中，除了弯曲和拉深工序以外，还有一些冲压成形工序，如胀形、翻边、缩口、旋压和校形等，这类冲压工序统称为其他冲压成形工序。它们共同特点是通过板料的局部变形来改变毛坯或工序件的形状和尺寸；但是变形特点差异较大，所以在制订成形工艺和设计模具时，一定要根据不同的成形特点，合理设计。

6.1 胀形工艺与模具结构

6.1.1 胀形的变形特点

胀形是利用模具使板料拉深、变薄，局部表面积增大以获得零件的加工方法，主要有平板坯料胀形(如图 6－1a 所示)和空心坯料胀形(如图 6－1b 所示)。

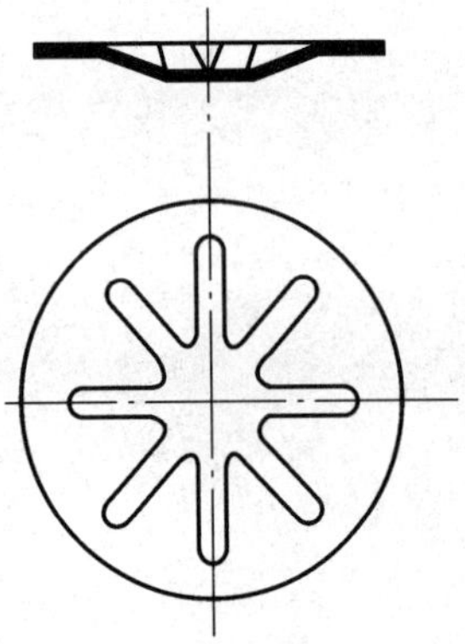

a)平板坯料胀形

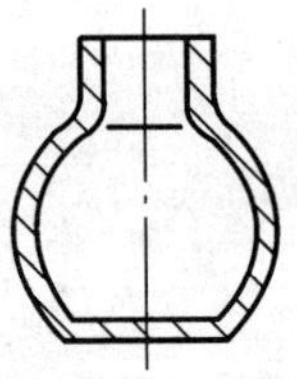

b)空心坯料胀形

图 6－1 胀形种类

如图 6－2 所示是胀形时坯料的变形情况，坯料外径是 D，成形直径是 d，当两者比值 $D/d>3$ 时，d 与 D 之间环形部分金属发生切向收缩所必需的径向拉应力很大，属于变形的强区。在凸模的作用下，环形部分金属根本不可能向凹模内流动，其厚度变薄，表面积增大，形成一个凸起。

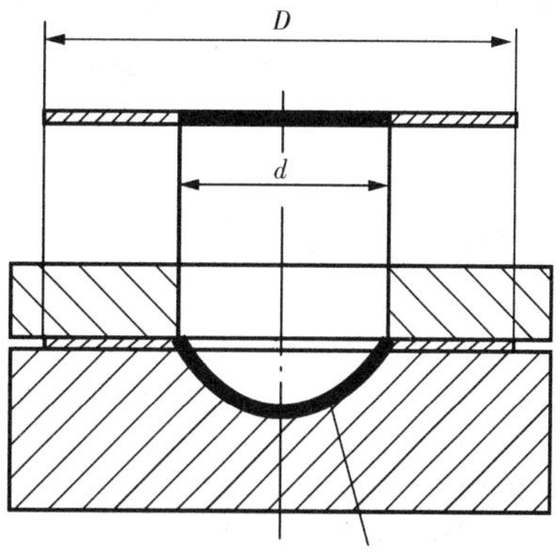

图 6－2　胀形变形区

胀形时由于变形区为双向拉应力状态，其破坏形式主要是破裂，变形极限主要受拉应力极限的限制。另外，模具结构、工件形状、润滑条件、材料性能、材料厚度等对变形极限也有一定的影响。材料的塑性愈好，硬化指数 n 值愈大，可能达到的极限变形程度就愈大。改善变形区的润滑条件，减小模具工作部分的表面粗糙度值，合理设计工作部分的圆角也可以提高变形极限。毛坯上的擦伤、划痕、皱纹等缺陷则容易导致毛坯的拉裂。

由于胀形时变形区内金属处于双向受拉的应力状态，所以不会产生失稳起皱现象，因此成形后零件的表面光滑，质量好。同时，由于变形区材料截面上拉应力沿厚度方向的分布比较均匀，所以卸载时的弹性恢复很小，容易得到尺寸精度较高的零件。

1. 平板坯料胀形

平板坯料胀形又称局部胀形，也称起伏成形。可以压制加强筋、凸包、凹坑、花纹图案及标记等，如图 6－3 所示。平板坯料胀形的目的主要是增加零件的刚度、强度和美观度，在生产应用非常广泛。其变形程度主要受到材料的性能、筋的几何形状、模具结构及润滑等因素的影响。

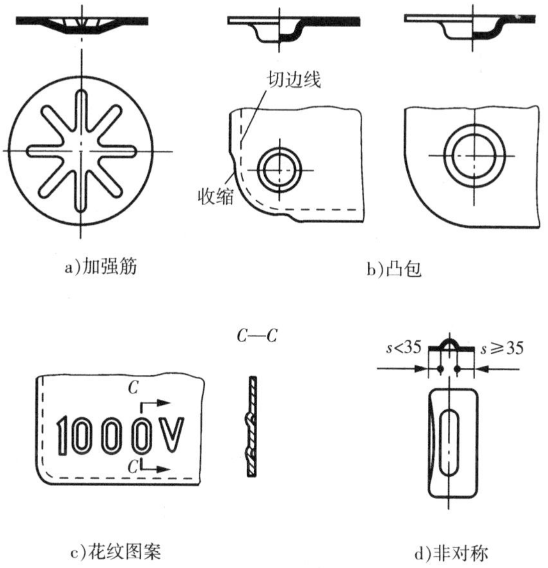

图 6－3　平板坯料胀形实例

用胀形工艺压制的加强筋的形式和尺寸可参考表 6－1。

表 6－1　加强筋的形式和尺寸

名称	简　图	R	h	D 或 B	r	α
压筋	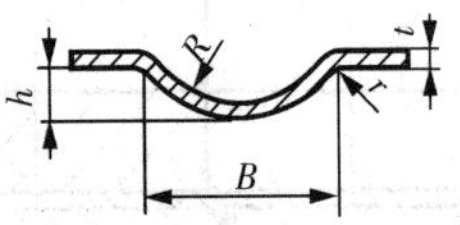	$(3\sim4)t$	$(2\sim3)t$	$(7\sim10)t$	$(1\sim2)t$	—
压凸	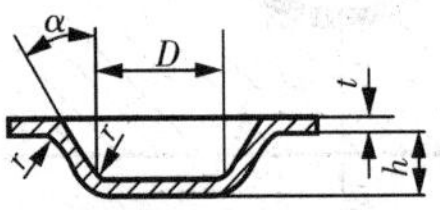	—	$(1.5\sim2)t$	$\geqslant 3h$	$(0.5\sim1.5)t$	15°～30°

注意：当在坯料边缘局部胀形时，如图 6－3b、图 6－3d 所示，由于边缘材料要收缩，因此应预先留出切边余量，成形后再切除。

2. 空心坯料的胀形

空心坯料胀形俗称凸肚，它是使材料沿径向拉伸，胀出所需的凸起曲面。用这种方法可以成形球形容器、高压气瓶、壶嘴、皮带轮、波纹管、各种接头以及其他一些异形空心件，其变形区的变形特点为壁厚变薄，表面积增加。

管状毛坯胀形如图 6－4 所示，它的变形程度用胀形系数 K 表示：

$$K=\frac{d_{\max}}{d_0} \qquad (6-1)$$

式中：$d_{\max}$——胀形后制件的最大直径(mm)；

d_0——圆柱空心毛坯原始直径(mm)。

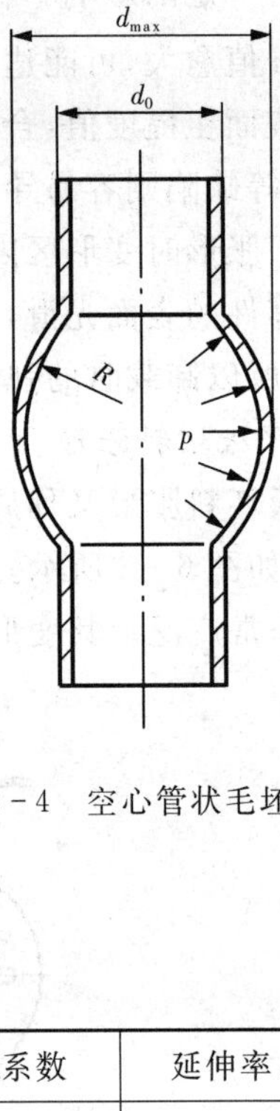

图 6－4　空心管状毛坯胀形

由于受材料塑性的限制，胀形时必定存在一个变形极限，部分常用材料的极限胀形系数值如图 6－2 所示。

表 6－2　极限胀形系数

材料		厚度(mm)	极限胀形系数	延伸率 $\delta\times100$
纯铝	L1,L2	1.0	1.28	28
	L3,L4	1.5	1.32	32
	L5,L6	2.0	1.32	32
铝合金	LF21－M	0.5	1.25	25
黄铜	H62	0.5～1.0	1.35	35
	H68	1.5～2.0	1.40	40
低碳钢	08F	0.5	1.20	20
	10,20	1.0	1.24	24
不锈钢	1Cr18Ni9Ti	0.5	1.26	26
		1.0	1.28	28

6.1.2　胀形模的结构

1. 刚性胀形模

刚性胀形模如图 6－5 所示，该模具的凸模做成分瓣式结构形式。上模下行时，由于锥形芯块 4 的作用，使分瓣凸模 2 向四周顶开，从而将坯料胀出所需的形状。上模回程时，分瓣凸模在锥形芯块 4 和拉簧 3 的作用下复位，便可取出工件。凸模分瓣数目越多，胀出工件的形状和表面质量越好，但模瓣数目太多后效果改善不明显，且模瓣数过多，模具的结构变得复杂，刚度也差，一般模瓣数目在 8～12 块之间。这种胀形模的缺点是模具结构复杂、成本高，并且难以得到精度较高的正确旋转体，变形的均匀程度差。

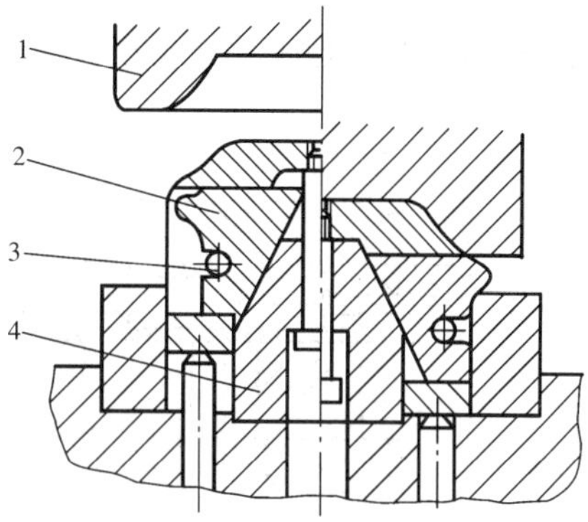

图 6－5　刚性凸模胀形

1—凹模　2—分瓣凸模

3—拉簧　4—锥形芯块顶杆

2. 柔性胀形模

如图 6－6 所示是橡胶凸模胀形，其原理是利用橡胶 3 作为胀形凸模。胀形时，橡胶在柱塞 1 的压力作用下发生变形，从而使坯料沿凹模 2 内壁胀出所需的形状。橡胶胀形的模具结构简单，坯料变形均匀，能成形形状复杂的零件，所以在生产中广泛应用。但成形生产率较低，只适合于批量不大的冲压件生产。

目前制作橡胶凸模材料有：黑色橡胶（天然橡胶）和聚氨酯橡胶（人造橡胶），前者使用寿命短，单位压力小，且耐磨、耐油性能差，易老化。

如图 6－7 所示是液压胀形模，胀形前要先在预先拉深成的工序件内灌注液体，上模下行时斜楔 3 先使分块凹模 2 合拢，然后柱塞 1 的压力传给液体，凹模内的坯料在高压液体的作用下直径胀大，最终紧贴凹模内壁成形。采用液压胀形时工件在高压液体作用下成形，可得到很大的压力，且作用力均匀，生产过程容易控制，可以成形形状复杂、表面质量和精度要求高的零件。由于工序件经过多次拉深工序，伴随有冷作硬化现象，所以在胀形前应该进行退火，以恢复金属的塑性。

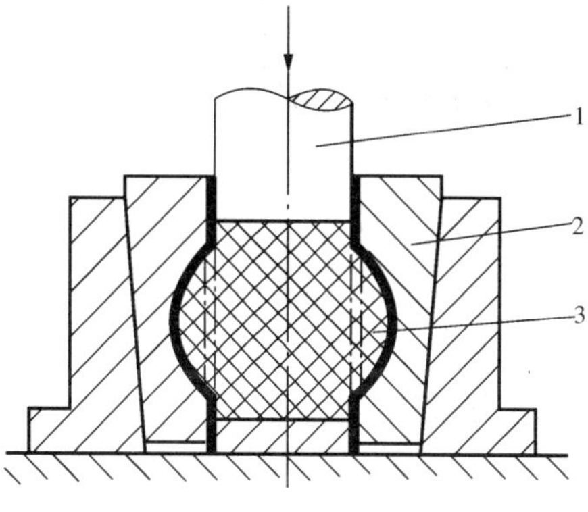

图 6－6　橡胶凸模胀形

1—柱塞　2—凹模　3—橡胶

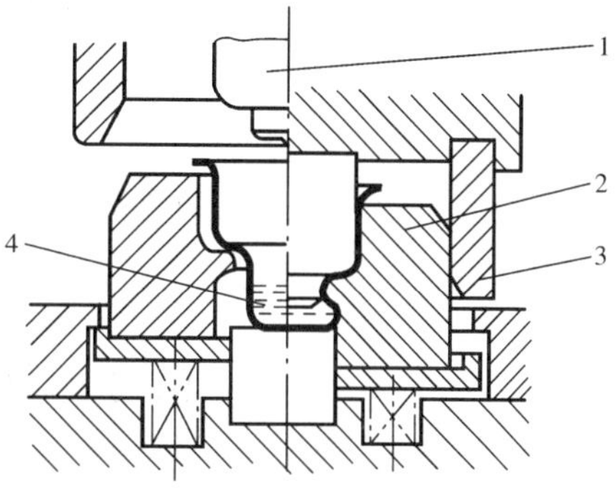

图 6－7　液压胀形

1—柱塞　2—凹模　3—斜楔　4—液体

如图 6－8 所示是采用轴向压缩和高压液体联合作用的胀形方法。首先将管坯置于下模，然后将上模压下，再使两端的轴头压紧管坯端部，继而由轴头中心孔通入高压液体，在高压液体和轴向压缩力的共同作用下胀形而获得所需的零件。用这种方法加工高压管接头、自行车的管接头和其他零件效果很好。

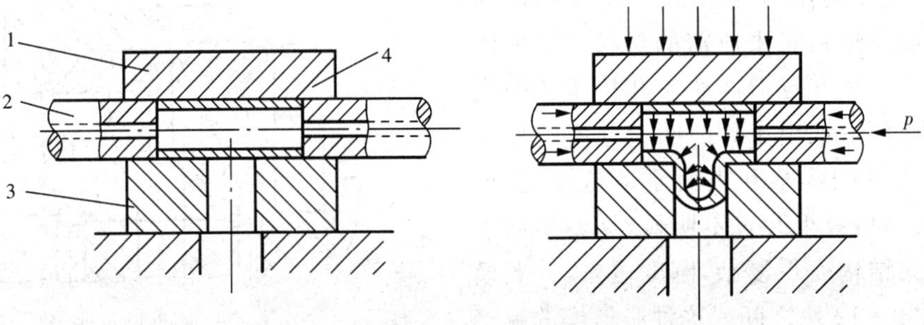

图 6－8　加轴向压缩的液体胀形

1－上模　2－轴头　3－下模　4－管坯

3. 镦压胀形模

镦压胀形则是利用坯料自身作为传力介质在镦压力的作用下产生胀形。如图 6－9 所示，筒形毛坯放在下凹模内并由它定位，胀形时凸模先插入毛坯内，毛坯在上、下凹模和凸模的夹持下进行镦压，保证筒壁不会丧失稳定，毛坯只有在中部空腔处胀出成形。

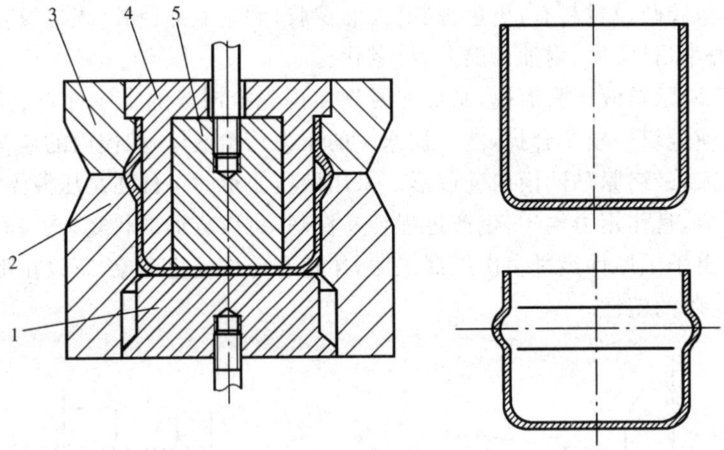

图 6－9　镦压胀形

1－顶件块　2－下凹模　3－上凹模　4－凸模　5－推件块

6.2　翻边工艺与模具结构

翻边是在模具的作用下，将平面或曲面的坯料或半成品的外边缘沿一定的曲线翻成竖立边缘的成形方法。根据翻转曲线封闭与否可以分为内孔翻边和外缘翻边。

6.2.1 内孔翻边

1. 圆孔翻边

(1)圆孔翻边的特点

圆孔翻边如图 6-10 所示，坯料预先冲制直径为 d 的孔，翻边时，坯料在凸模的作用下，孔径 d 不断扩大，最后变为内径等于 d_p 的竖边。翻边时变形区是内径为 d、外径为 D_d 的环形部分，变形区应力状态为双向拉伸。翻边后变形区厚度变薄，孔边缘切向伸长变形最大，厚度变薄最严重，也是最易产生开裂的部位。坯料在 D_d 的外缘部分受压边力 F 的作用，不能向中心流动，不参与变形。

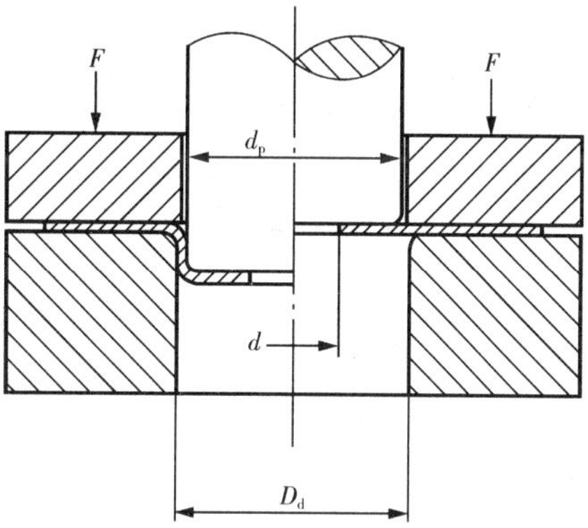

图 6-10 圆孔翻边

圆孔翻边的变形程度用翻边系数 K 表示，翻边系数为翻边前孔径 d 与翻边后孔径 D 的比值。

$$K=\frac{d}{D} \tag{6-2}$$

式中：d——坯料预制孔的直径；

D——翻边后孔的直径(以中线为准)。

翻边系数 K 值越小，则变形程度越大。在翻边孔边不破裂所能达到的最小翻边系数为极限翻边系数，用 K_{min} 表示。如表 6-3 所示是低碳钢圆孔翻边的极限翻边系数。

表 6-3 低碳钢的极限翻边系数 K_{min}

凸模形状	预制孔加工方法	预制孔相对直径(d/t，t 为料厚)									
		100	50	35	20	15	10	8	5	3	1
球形凸模	钻孔	0.70	0.60	0.52	0.45	0.40	0.36	0.33	0.30	0.25	0.20
	冲孔	0.75	0.65	0.57	0.52	0.48	0.45	0.44	0.42	0.42	—
平底凸模	钻孔	0.80	0.70	0.60	0.50	0.45	0.42	0.40	0.35	0.30	0.25
	冲孔	0.85	0.75	0.65	0.60	0.55	0.52	0.50	0.48	0.47	—

(2)圆孔翻边的工艺计算

① 平板坯料翻孔的工艺计算

如图 6-11 所示，毛坯上的预制孔的孔径 d 按照弯曲展开的原则求出，如下式：

$$d=D-2(H-0.43r-0.72t) \qquad (6-3)$$

翻边高度 H 为

$$H=\frac{D-d}{2}+0.43r+0.72t \qquad (6-4)$$

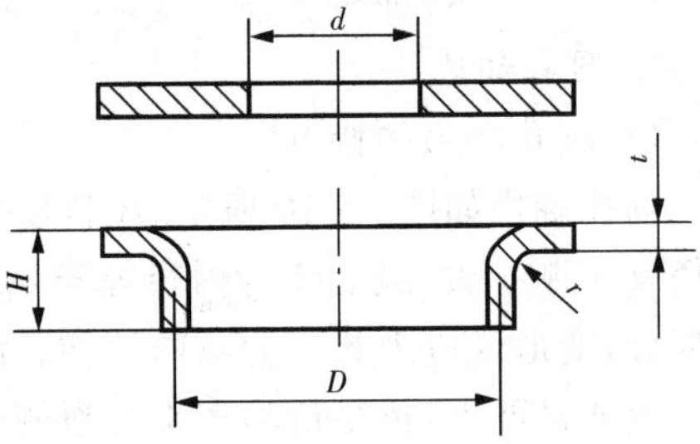

图 6-11　平板坯料翻边尺寸计算

或
$$H=\frac{D}{2}(1-K)+0.43r+0.72t \qquad (6-5)$$

如果以极限翻边系数 K_{min} 代入式(6-5)，即可求得一次翻边所能达到的极限高度为

$$H_{max}=\frac{D}{2}(1-K_{min})+0.43r+0.72t \qquad (6-6)$$

在式(6-3)～(6-6)中：d——坯料预制孔的直径；

D——翻边后孔的直径(以中线为准)；

H——翻边后零件高度；

r——零件圆角半径；

t——材料厚度。

当零件要求的翻边高度 H 大于材料一次翻边所能达到的极限高度 H_{max} 时，应进行多次翻边，在进行下一次翻边前应安排中间退火，以恢复材料的塑性，并且后续翻边的翻边系数要比极限翻边系数大 15%～20%。

② 先拉深后冲底孔再翻边的工艺计算

采用多次翻边所得制件竖边壁部有较严重的变薄，若对壁部变薄有要求时，则可采用预先拉深，在底部冲孔然后再翻边的方法。这种翻边工艺的计算过程是，先计算翻边所能达到的最大高度，然后根据翻边高度及制件来确定拉深高度，如图 6-12 所示。

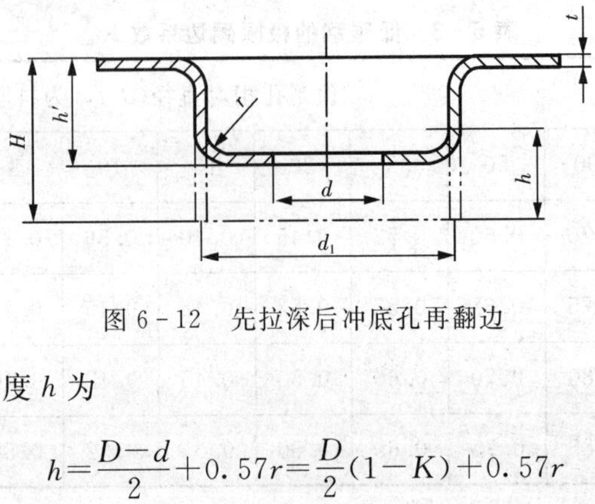

图 6-12　先拉深后冲底孔再翻边

先拉深后翻边的高度 h 为

$$h=\frac{D-d}{2}+0.57r=\frac{D}{2}(1-K)+0.57r \qquad (6-7)$$

如果以极限翻边系数 K_{min} 代入式(6-7)，即可求得翻边的极限高度 h_{max} 为

$$h_{max}=\frac{D}{2}(1-K_{min})+0.57r \tag{6-8}$$

预制孔直径 d 为

$$d=K_{min}D \tag{6-9}$$

或

$$d=D+1.14r-2h_{max} \tag{6-10}$$

拉深高度 h' 为

$$h'=H-h_{max}+r \tag{6-11}$$

(4)翻边模工作部分的设计

① 圆角半径

翻边凹模的圆角半径一般对翻边成形影响不大，可取该值等于零件的圆角半径。

翻边凸模圆角半径应尽量取大些，以便有利于翻边变形，对平底凸模一般取 $r_p \geq 4t$。

② 圆孔翻边凸模的常用结构

如图 6-13a、b、c 所示三种凸模有光滑圆弧过渡，能确保翻孔质量，用于较大孔的翻边。翻边质量以抛物线形凸模最好，球形次之，平底凸模再次之。而从凸模的加工难易看则相反。

如图 6-13d 所示为无预孔的圆孔翻孔凸模，其凸模端部呈锥形，其角度一般取 60°。凹模孔带台阶，以控制凸缘高度，避免直孔引起的边缘不平齐。这种凸模一般用于无预制孔的不精确翻边。

如图 6-13e、f 所示为端部带有定位部分的凸模，其中图 e 用于圆孔直径为 10mm 以上的翻孔，图 f 用于圆孔直径为 10mm 以下的翻孔。

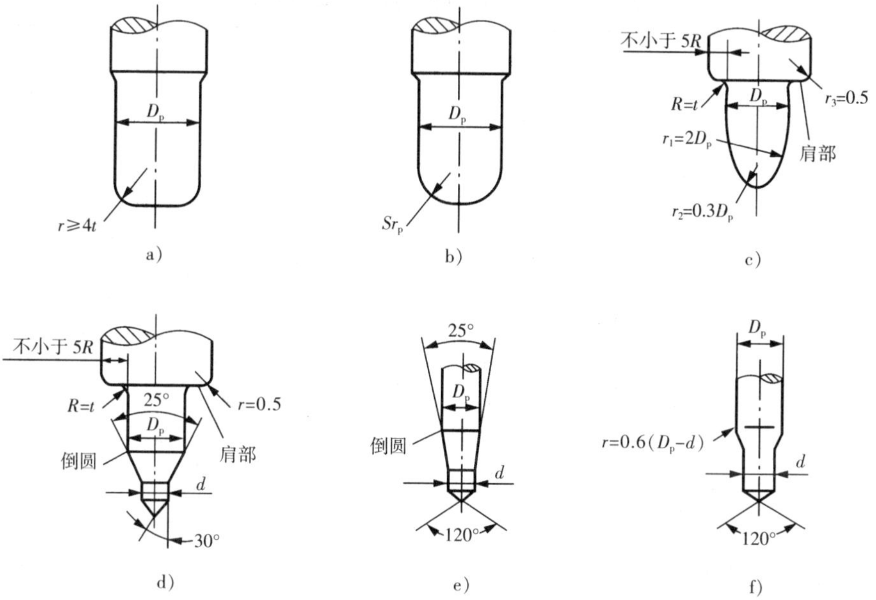

图 6-13　圆孔翻边凸模的结构

③ 翻边凸模、凹模的间隙

翻边时变形区材料厚度变薄，所以翻边时凸模、凹模单边间隙一般取为料厚的 75%～85%。翻边凸模、凹模单边间隙可查看表 6-4。

表 6-4 翻边凸模、凹模单边间隙 (mm)

料厚	平坯料翻边	拉深后翻边	料厚	平坯料翻边	拉深后翻边
0.3	0.25	—	1.0	0.85	0.75
0.5	0.45	—	1.2	1.00	0.90
0.7	0.60	—	1.5	1.30	1.10
0.8	0.70	0.60	2.0	1.70	1.50

2. 非圆孔翻边

非圆孔翻边如图 6-14 所示，对于非圆孔的内孔翻边，变形区沿翻边线其应力与应变分布是不均匀的。在翻边高度相同的情况下，曲率半径较小的部位，切向拉应力和切向伸长变形较大；而曲率半径较大的部位，切向拉应力和切向伸长变形较小。直线部位与弯曲变形相似，由于材料的连续性，曲线部分的变形将扩展到直线部位，使曲线部分的切向伸长变形得到一定程度的减轻。

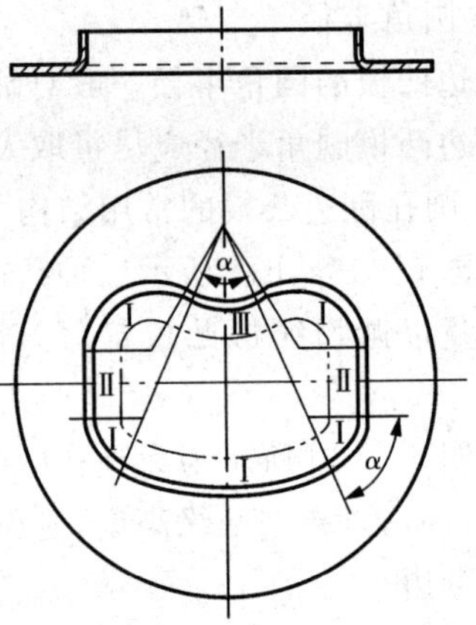

图 6-14 非圆孔翻边

非圆孔的极限翻边系数，可根据各圆弧段的圆心角 α 大小，查表 6-5。

表 6-5 低碳钢非圆孔的极限翻边系数

α/(°)	比值 d/t						
	50	33	20	12～8.3	6.6	5	3.3
180～360	0.8	0.6	0.52	0.5	0.48	0.46	0.45
165	0.73	0.55	0.48	0.46	0.44	0.42	0.41
150	0.67	0.5	0.43	0.42	0.4	0.38	0.375
130	0.6	0.45	0.39	0.38	0.36	0.35	0.34
120	0.53	0.4	0.35	0.33	0.32	0.31	0.3
105	0.47	0.35	0.30	0.29	0.28	0.27	0.26
90	0.4	0.3	0.26	0.25	0.24	0.23	0.225
75	0.33	0.25	0.22	0.21	0.2	0.19	0.185
60	0.27	0.2	0.17	0.17	0.16	0.15	0.145
45	0.2	0.15	0.13	0.13	0.12	0.12	0.11
30	0.14	0.1	0.09	0.08	0.08	0.08	0.08
15	0.07	0.05	0.04	0.04	0.04	0.04	0.04
0°	弯曲变形						

非圆孔翻边坯料的预孔形状和尺寸,可以按圆孔翻边、弯曲和拉深各区分别展开,然后用作图法把各展开线交接处光滑连接起来。

6.2.2　外缘翻边

按变形的性质,外缘翻边可分为伸长类翻边和压缩类翻边。

1. 伸长类翻边

伸长类翻边分为沿不封闭内凹曲线进行的平面翻边(如图 6-15a 所示)和在曲面坯料上进行的伸长类翻边(如图 6-15b 所示)两种。它们的共同特点是坯料变形区主要在切向拉应力作用下产生切向的伸长变形,边缘容易拉裂。

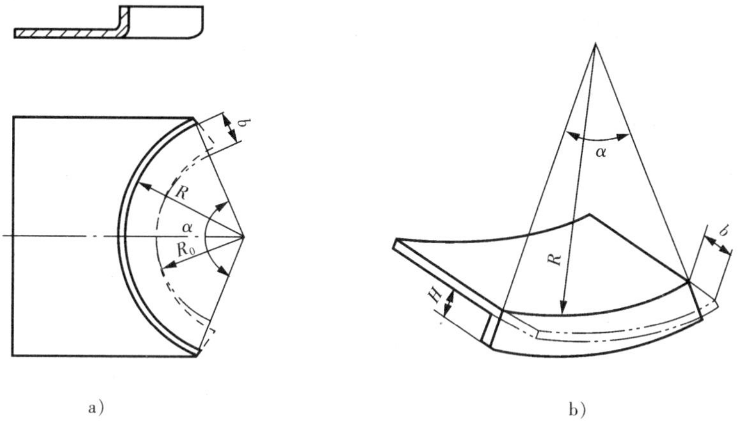

图 6-15　伸长类翻边

伸长类平面翻边时,其变形类似于内孔翻边,但由于是沿不封闭曲线翻边,坯料变形区内切向的拉应力和切向的伸长变形沿翻边线的分布是不均匀的,在中部最大,而两端为零。翻边后零件的高度不平齐,两端高度大,中间高度小。另外,竖边的端线也不垂直,而是向内倾斜成一定的角度。

伸长类曲面翻边时,为防止坯料底部在中间部位上出现起皱现象,应采用较强的压料装置;为创造有利于翻边变形的条件,防止在坯料的中间部位上过早地进行翻边,而引起径向和切向方向上过大的伸长变形,甚至开裂,应使凹模和顶料板的曲面形状与工件的曲面形状相同,而凸模的曲面形状应该修正,如图 6-16 所示。

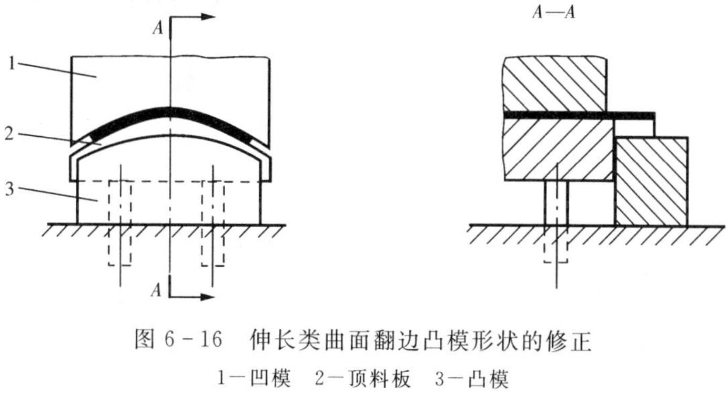

图 6-16　伸长类曲面翻边凸模形状的修正

1—凹模　2—顶料板　3—凸模

2. 压缩类翻边

压缩类翻边分为沿不封闭外凸曲线进行的平面翻边(如图 6-17a 所示)和在曲面坯料上进行的压缩类翻边(如图 6-17b 所示)两种。它们的共同特点是坯料变形区主要在切向压应力作用下产生切向的压缩变形,中间部分容易起皱。

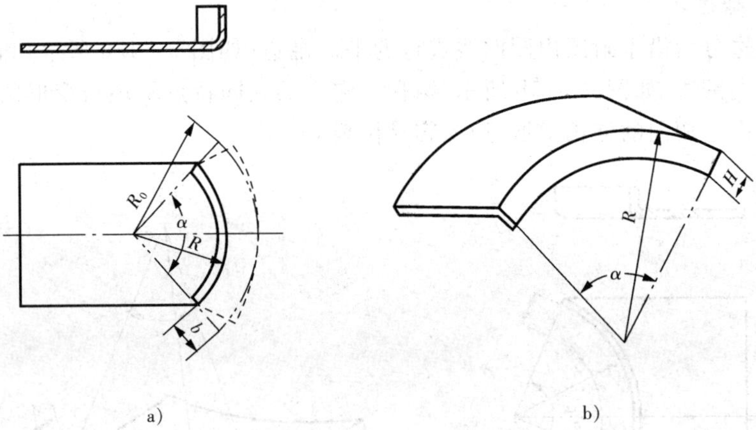

图 6-17　压缩类翻边

压缩类平面翻边其变形类似于拉深,所以当翻边高度较大时,模具上也要带有防止起皱的压料装置。由于是沿不封闭曲线翻边,翻边线上切向压应力和径向拉应力的分布是不均匀的,翻边后零件的高度不平齐,中间高度大,两端高度小。

压缩类曲面翻边时,坯料变形区在切向压应力作用下产生的失稳起皱是限制变形程度的主要因素,为了减少起皱,可以把凹模的形状做成如图 6-18 所示的形状,使中间部分的切向压缩变形向两侧扩展,使局部的集中变形趋向均匀,同时对坯料两侧在偏斜方向上进行冲压的情况也有一定的改善。

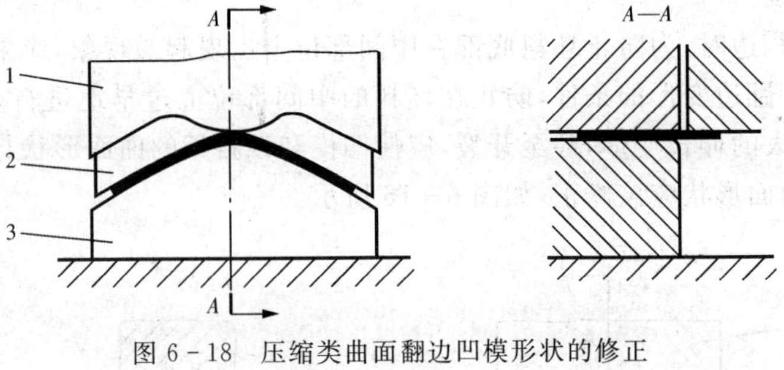

图 6-18　压缩类曲面翻边凹模形状的修正

1—凹模　2—压料板　3—凸模

6.2.3　翻边模结构

如图 6-19 所示为一翻孔模及工件图。工件先经过拉深和预冲孔,然后放在凸模上由定位板定位,凹模下行与压料板一起夹紧毛坯,凹模继续下行进行翻边过程;完成翻边后凹模上行,压料板把工件顶起,若工件留在凹模内不能自行脱出,则由打料杆的推件块将工件推出。

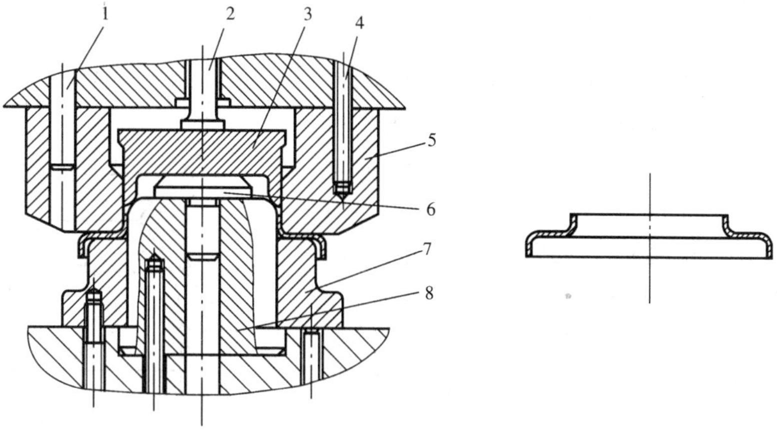

图 6-19　翻孔模工作部分的结构和工件图

1—销钉　2—打料杆　3—推件块　4—螺钉　5—凹模　6—定位板　7—压料板　8—凸模

如图 6-20 所示为落料、拉深、冲孔、翻边复合模。凸凹模 8 与落料凹模 4 均固定在固定板 7 上，以保证同轴度。冲孔凸模 2 压入凸凹模 1 内，并以垫片 10 调整它们的高度差，以此控制冲孔前的拉深高度，确保翻出合格的零件高度。该模的工作顺序是：上模下行，首先在凸模 1 和凹模 4 的作用下落料。上模继续下行，在凸凹模 1 和凸凹模 8 相互作用下将坯料拉深，冲床缓冲器的力通过顶杆 6 传递给顶件块 5 并对坯料施加压料力。当拉深到一定深度后由凸模 2 和凸凹模 8 进行冲孔并翻边。当上模回升时，在顶件块 5 和推件块 3 的作用下将工件顶出，条料由卸料板 9 卸下。

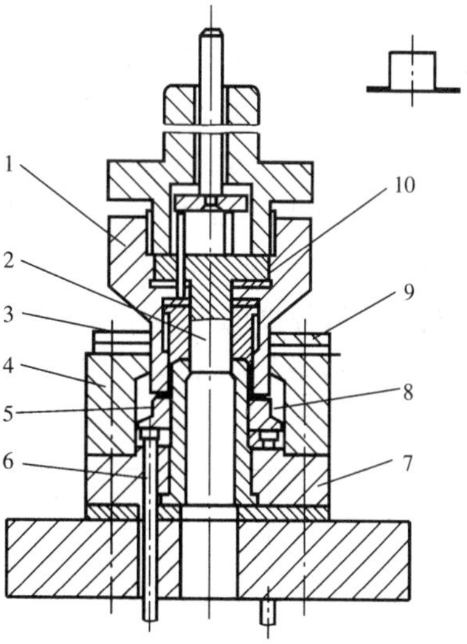

图 6-20　落料、拉深、冲孔、翻边复合模

1、8—凸凹模　2—冲孔凸模　3—推件块　4—落料凹模　5—顶件块　6—顶杆　7—固定板　9—卸料板　10—垫片

6.3　缩口工艺与模具结构

缩口是将管件坯料或预先拉深好的圆筒形件，通过缩口模将其口部直径缩小的一种成形方法。缩口工艺在国防工业和民用工业中有广泛应用，如枪炮的弹壳、钢气瓶等。

6.3.1 缩口的变形特点

1. 缩口的变形特点

缩口属于压缩类成形工序，如图 6－21 所示。在缩口变形过程中，坯料变形区受到压应力的作用，坯料直径减小，壁厚和高度增加，因而切向可能产生失稳起皱。同时，在非变形区的筒壁，在缩口压力 F 的作用下，轴向可能产生失稳而起皱，所以失稳起皱是缩口工序的主要障碍。

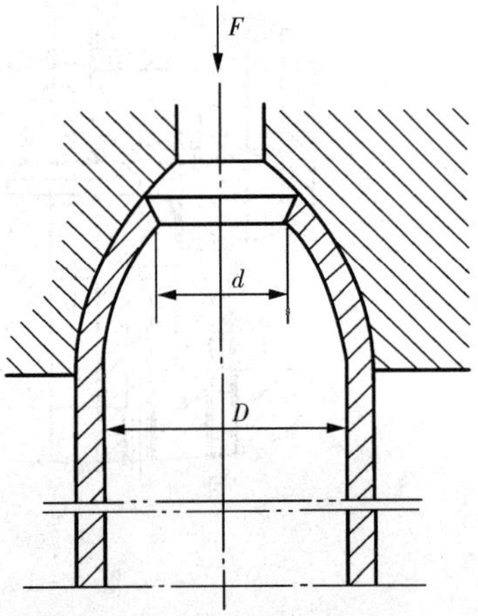

图 6－21 缩口变形

2. 缩口的变形程度

缩口的极限变形程度主要受失稳条件限制，缩口的变形程度用缩口系数 m 表示。

$$m=\frac{d}{D} \tag{6-12}$$

式中：d——制件缩口后的口部直径；

D——制件缩口前的口部直径。

缩口系数 m 越小，变形程度越大。但是缩口极限变形程度受到失稳条件的限制，其值大小主要与材料的机械性能、坯料厚度、模具的结构形式、坯料表面质量和摩擦系数有关。材料的塑性好、屈强比大，允许的缩口变形程度就大；坯料越厚，抗失稳起皱的能力就越强，越有利于缩口成形；采用内支承（模芯）模具结构，可以提高极限变形程度；较小的锥面粗糙度值和良好的润滑条件，都可以降低缩口力，对缩口成形有利。

部分材料在不同厚度的平均缩口系数如表 6－6 所示。各种材料采用不同支承方式下缩口的允许极限缩口系数如表 6－7 所示。

表 6－6 平均缩口系数 m_0

材料	材料厚度 t/mm		
	～0.5	＞0.5～1	＞1
黄铜	0.85	0.8～0.7	0.7～0.65
钢	0.8	0.75	0.7～0.65

表 6－7 部分常用材料的极限缩口系数 m_{min}

材料	支承方式		
	无支承	外支承	内外支承
软钢	0.70～0.75	0.55～0.60	0.3～0.35
黄铜（H62、H68）	0.65～0.70	0.50～0.55	0.27～0.32
铝	0.68～0.72	0.53～0.57	0.27～0.32
硬铝（退火）	0.73～0.80	0.60～0.63	0.35～0.40
硬铝（淬火）	0.75～0.80	0.68～0.72	0.40～0.43

6.3.2　缩口的工艺计算

1. 缩口次数

当工件的缩口系数 m 小于极限缩口系数时，必须进行多次缩口。缩口次数 n 可以按照下式估算：

$$n=\frac{\lg m}{\lg m_0} \tag{6-13}$$

式中：m_0——平均缩口系数，如表 6-6 所示。

如果多次缩口，则首次缩口系数　$m_1=0.9\,m_0$

以后各次缩口系数　$m_n=(1.05\sim1.10)m_0$

考虑材料的加工硬化以及次数增加可能增加的生产成本等因素，缩口次数不宜过多。

2. 缩口直径

如果多次缩口，则首次缩口后工件直径　$d_1=m_1D$

以后各次缩口后工件直径　$d_2=m_2d_1$

$d_3=m_3d_2$

…

$d_n=m_nd_{n-1}$

3. 坯料高度

工件的缩口口部形式有斜口式、直口式和球面式，如图 6-22 所示。

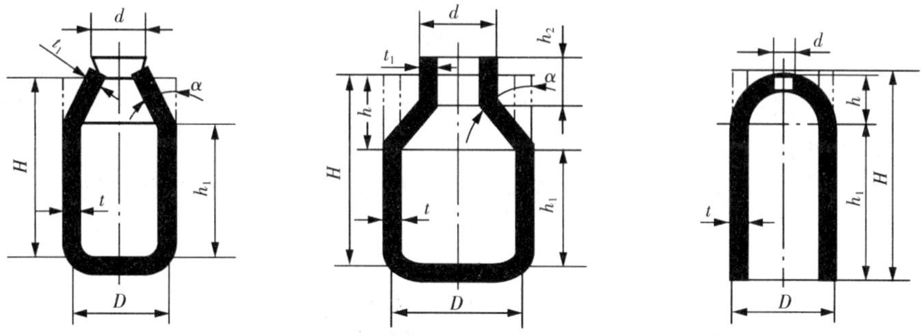

a)斜口式　b)直口式　c)球面式

图 6-22　缩口工件

缩口毛坯高度 H 的计算公式如下：

(1)斜口式

$$H=(1\sim1.05)\left[h_1+\frac{D^2-d^2}{8D\sin\alpha}\left(1+\sqrt{\frac{D}{d}}\right)\right] \tag{6-14}$$

(2)直口式

$$H=(1\sim1.05)\left[h_1+h_2\sqrt{\frac{d}{D}}+\frac{D^2-d^2}{8D\sin\alpha}\left(1+\sqrt{\frac{D}{d}}\right)\right] \tag{6-15}$$

(3)球面式

$$H=h_1+\frac{1}{4}\left(1+\sqrt{\frac{D}{d}}\right)\sqrt{D^2-d^2} \tag{6-16}$$

注意:当缩口变形所需压力大于筒壁材料失稳临界压力时,筒壁将先失稳,缩口就无法进行。此时,要对有关工艺参数进行调整。

6.3.3 缩口模的结构

如图 6-23 所示为不同支承方法的缩口模结构。

无支承的缩口模结构如图 6-23a 所示,模具结构简单,但缩口过程中坯料稳定性差。

外支承的缩口模结构如图 6-23b 所示,模具增加了坯料的稳定性,可以提高变形程度。

内外支承的缩口模结构如图 6-23c 所示,模具结构较前两种复杂,但缩口时坯料的稳定性最好。

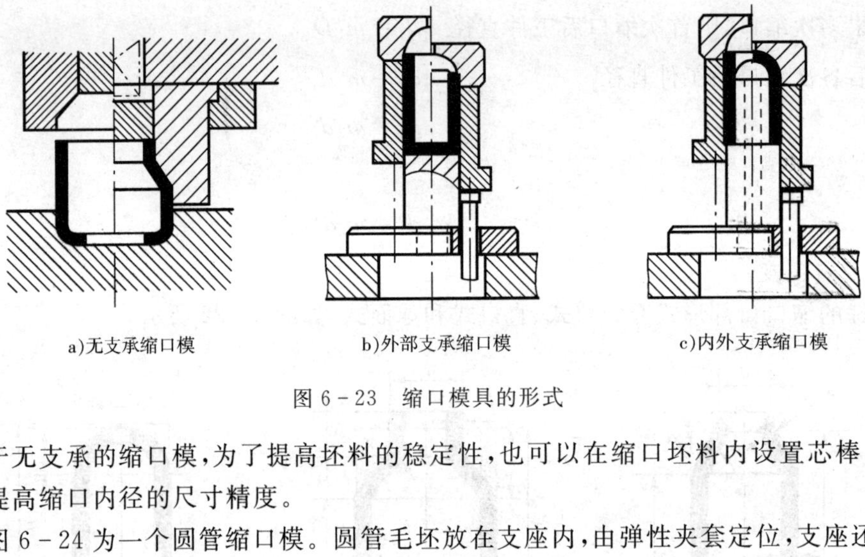

a)无支承缩口模　b)外部支承缩口模　c)内外支承缩口模

图 6-23　缩口模具的形式

对于无支承的缩口模,为了提高坯料的稳定性,也可以在缩口坯料内设置芯棒,这样同时还能提高缩口内径的尺寸精度。

如图 6-24 为一个圆管缩口模。圆管毛坯放在支座内,由弹性夹套定位,支座还起到支

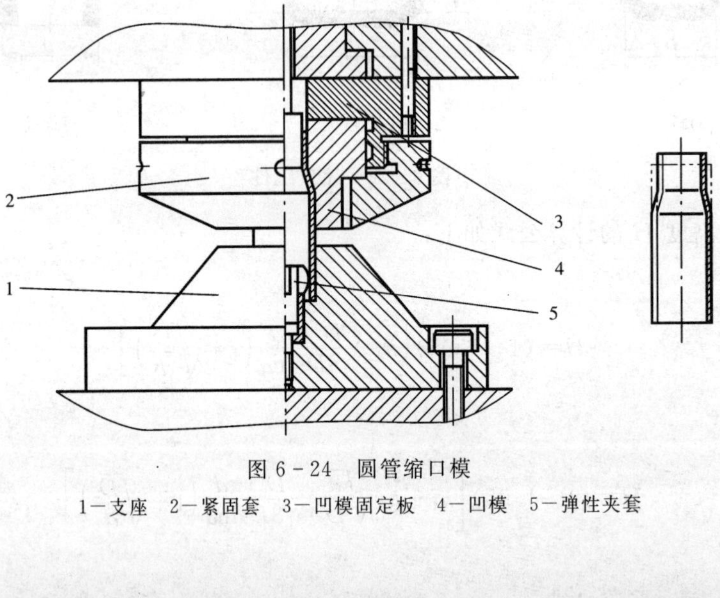

图 6-24　圆管缩口模

1—支座　2—紧固套　3—凹模固定板　4—凹模　5—弹性夹套

撑作用。缩口凹模由螺纹紧固套拧紧，缩口后由推杆推出工件。本模具具有快换功能，如果想改变缩口尺寸，仅需拧下紧固套，更换凹模即可，整个模具拆装很方便。

思考题与实训题

1. 思考题

(1)什么是胀形？胀形有什么特点？胀形变形程度用什么表示？

(2)胀形模的常用结构有哪几种类型？

(2)什么是翻边？翻边可以分为哪两类？

(3)圆孔翻边有什么特点？翻边变形程度用什么表示？

(4)伸长类外缘翻边和压缩类外缘翻边有什么区别？

(5)什么是缩口？缩口有什么特点？缩口变形程度用什么表示？

(6)缩口的工艺计算包括哪几个方面？

2. 实训题

翻边件如图 6-25 所示，材料为 10 号钢，$t=1.5\text{mm}$，试计算翻边件的预制孔直径和翻边系数。

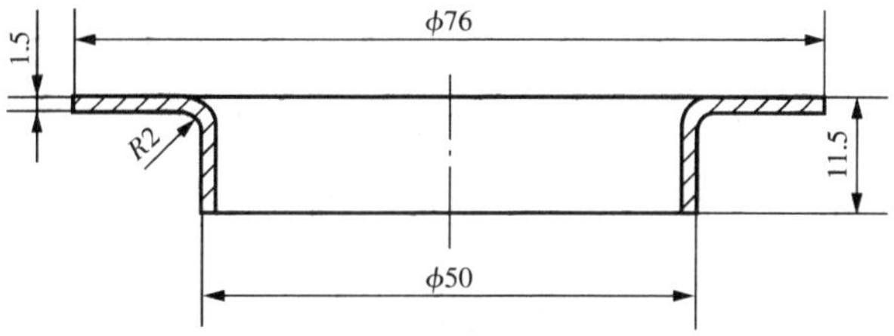

图 6-25　翻边零件图

第7章 塑料成型工艺基础

【知识目标】

- 了解塑料的概念,各组成物的作用。
- 熟悉塑料的分类、塑料的使用性能及用途。
- 掌握塑料的工艺性能和塑件的结构工艺性。

【技能目标】

- 能够分析给定塑料的工艺性能。
- 具备分析塑件结构工艺性的能力。

塑料制品在现代工业产品中广泛应用。将塑料原材料变成具有一定形状和尺寸精度的塑料制品的过程称为塑料成型。塑料成型所用的模具称为塑料模。工业设计师必须熟悉塑料制品的结构和成型工艺,才能设计出合理的塑料模。

7.1 塑料的组成

塑料是以高分子合成树脂为基本原料,加入特定的添加剂而组成。在一定的温度压力下可塑制成具有一定结构形状、能在常温下保持其形状不变的制品材料。

塑料的成分比较复杂,几乎所有的塑料都是以各种树脂为基础,再加入改善其性能的各种各样的添加剂制成的。在塑料中,树脂起决定性作用,但也不能忽视添加剂的作用。

7.1.1 树脂

树脂是塑料中最重要的成分,它决定了塑料的类型和基本性能(如热性能、物理性能、化学性能、力学性能等)。在塑料中,它联系或胶黏着其他成分,并使塑料具有可塑性和流动性,从而具有成型性能。

树脂包括天然树脂和合成树脂。天然树脂是由自然界中得到的,如松香、虫胶、沥青等。天然树脂产量有限,而且性能也较差,目前已不能满足工业生产的需要。合成树脂是用人工合成的方法制成的,如聚乙烯、聚氯乙烯、酚醛树脂等。合成树脂种类较多,性能广泛,所以在塑料生产中,一般都采用合成树脂。不论是天然树脂还是合成树脂,均属高分子化合物。

7.1.2 添加剂

1. 填充剂

填充剂又称填料,是塑料中重要的但并非每种塑料必不可少的成分。填充剂与塑料中的其他成分机械混合，它们之间不起化学作用，但与树脂牢固胶粘在一起。

填充剂在塑料中的作用有两个：一是减少树脂用量，降低塑料成本；二是改善塑料某些性能，扩大塑料的应用范围。

2. 增塑剂

有些树脂（如聚氯乙烯、醋酸纤维、硝酸纤维等）的可塑性很低，刚性和脆性较大，为了改善其加工性能，降低刚性和脆性以及改进某些性能，通常加入能与树脂相溶的不易挥发的高沸点有机化合物，这类物质称为增塑剂。使塑料能在较低温度下具有良好的可塑性和柔软性。增塑剂的加入虽然可以改善塑料的工艺性能和使用性能，但也使树脂的某些性能降低了，如硬度、抗拉强度等。

3. 稳定剂

凡能阻缓材料变质的物质称为稳定剂。在塑料中加入稳定剂是制止或抑制树脂在加工或使用过程中产生降解。所谓降解就是聚合物在外界因素（热、力、光、氧、水、射线、细菌等）作用下，大分子链断裂或分子结构发生有害变化的反应。降解使得聚合物性能大幅下降，无法加工甚至完全失去使用价值。根据稳定剂所发挥的作用，它可分为热稳定剂、光稳定剂和抗氧化剂。

4. 润滑剂

为防止塑料在成型过程中发生黏模和减少塑料对设备的摩擦，同时还能改善塑料的流动性以及提高塑件表面光泽度而加入的添加剂称为润滑剂。常用的塑料聚乙烯、聚丙烯、聚氯乙烯、聚苯乙烯、聚酰胺、ABS等往往都要加润滑剂。常用的润滑剂有硬脂酸及其盐类、石蜡等。

5. 着色剂

着色剂主要起装饰美观作用，同时某些着色剂还能提高塑料的光稳定性、热稳定性和耐候性。着色剂包括无机颜料、有机颜料和染料三类。

7.2　塑料的种类

塑料的品种较多，分类的方式也很多，常用的分类方法有以下两种：

1. 按塑料中树脂的分子结构和树脂的热性能分类

(1)热塑性塑料　这种塑料在加热时软化并熔融，成为可流动的黏稠液体（即聚合物熔体），在此状态下可塑制成一定形状的塑件，冷却后保持已成型的形状。如再次加热又可软化熔融，可再次塑制成一定形状的塑件，如此可反复多次。在上述过程中一般只有物理变化而无化学变化。由于这一过程是可逆的，在塑料加工中产生的边角料及废品可以回收再生利用。聚乙烯、聚丙烯、聚氯乙烯、聚苯乙烯、ABS、聚酰胺、聚甲醛、聚碳酸酯、有机玻璃、聚砜、氟塑料等都属热塑性塑料。

生产中常用的各种热塑性塑料见表7-1。

表 7－1　常用热塑性塑料使用性能

塑料名称	性　能	用　途
硬聚氯乙烯(ROVC)	力学强度高,电气性能优良,耐酸碱力极强,化学稳定性好,但软化点低	适用于制造棒、管、板、焊条、输油管及耐酸碱零件
软聚氯乙烯(SPVC)	伸长率大,力学强度、耐腐蚀性、电绝缘性均低于硬聚氯乙烯,且易老化	适于制作薄板、薄膜、电线电缆绝缘层、密封件等
聚乙烯(PE)	耐腐蚀性、电绝缘性(尤其高频绝缘性)优良,可以氯化、辐射改性,可用玻璃纤维增强; 高密度聚乙烯(HDPE)熔点、刚性、硬度和强度较高,吸水性小,有突出的电气性能和良好的耐辐射性。低密度聚乙烯(LDPE)柔软性、伸长率、冲击韧度和透明性较好。超高分子量聚乙烯冲击韧度高、耐疲劳、耐磨,用冷压烧结成形	HDPE 适于制作耐腐蚀零件和绝缘零件;LDPE 适于制作薄膜等;超高分子量聚乙烯适于制作减摩、耐磨及传动零件
聚丙烯(PP)	密度小,强度、刚性、硬度、耐热性均优于 HDPE,可在 100 ℃左右使用。具有优良的耐腐蚀性,良好的高频绝缘性,不受湿度影响,但低温变脆,不耐磨,易老化	适于制作一般机械零件、耐腐蚀零件和绝缘零件
聚苯乙烯(PS)	电绝缘性(尤其高频绝缘性)优良,无色透明,透光率仅次于有机玻璃,着色性、耐水性、化学稳定性良好,机械强度一般,但性脆,易产生应力碎裂,不耐苯、汽油等有机溶剂	适于制作绝缘透明件、装饰件及化学仪器、光学仪器等零件
丁苯橡胶改性聚苯乙烯(203A)	与聚苯乙烯相比,有较高的冲击韧度,其余性能相似	适于制作各种仪表和无线电结构零件
聚苯乙烯改性有机玻璃(372)	透明性极好,力学强度较高,有一定的耐热、耐寒和耐候性,耐腐蚀。绝缘性良好,综合性能超过聚苯乙烯,但质脆,易溶于有机溶剂,如作透光材料,其表面硬度较低,容易擦毛	适于制作绝缘零件及透明和强度一般的零件
苯乙烯-丙烯腈共聚物(AS)	冲击强度比聚乙烯高,耐热、耐油、耐腐蚀好,弹性模量为现有热塑性塑料中较高的一种,并能很好的耐某些使聚苯乙烯应力开裂的烃类	广泛用来制作耐油、耐热、耐化学腐蚀的零件及电讯仪表的结构零件
苯乙烯-丁二烯-苯烯腈共聚物(ABS)	综合性能较好,冲击韧度、力学强度较高,尺寸稳定,耐化学性、电气性能良好;易于成形和机械加工,与 372 有机玻璃的熔接性良好,可作双色成形塑料,且表面可镀铬	适于制作一般机械零件、减摩耐磨零件、传动零件和电信结构零件

（续表）

塑料名称	性　　能	用　　途
聚酰胺（PA）	坚韧、耐磨、耐疲劳、耐油、耐水、抗霉菌，但吸水性大； PA6 弹性好，冲击强度高，吸水性较大； PA66 强度高，耐磨性好； PA610 与 PA66 相似，但吸水性和刚性都较小； PA1010 半透明，吸水性较小，耐寒性较好	适于制作一般机械零件、减摩耐磨零件、传动零件，以及化工、电器、仪表等零件
聚甲醛（POM）	综合性能良好，强度、刚度高，抗冲击、疲劳、蠕变性能较好，减摩耐磨性好，吸水性小，尺寸稳定性好，但热稳定性差，易燃烧，长期在大气中曝晒会老化	适于制作减摩零件、传动零件、化工容器及仪器仪表外壳
聚碳酸酯（PC）	冲击韧度高，并具有较高的弹性模量和尺寸稳定性。无色透明，着色性好，耐热性比尼龙、聚甲醛高，抗蠕变和电绝缘性较好，耐蚀性、耐磨性良好，但自润性差，不耐碱、酮、芳香烃，有应力开裂倾向，高温易水解，与其他树脂相溶性差	适于制作仪表小零件、绝缘透明件和耐冲击零件
氯化聚醚	突出的耐腐蚀性能（略次于氟塑料），摩擦系数低，吸水性很小，尺寸稳定性高，耐热性比硬氯乙烯好，抗氧化性比尼龙好，可焊接、喷涂，但低温性能差	适于制作腐蚀介质中的减摩耐磨零件、传动零件，以及一般机械及精密机械零件
聚砜（PSF）	耐热耐寒性、抗蠕变及尺寸稳定性优良，耐酸、耐碱、耐高温蒸汽。聚砜硬度和冲击韧度高，可在 −65 ℃～+150 ℃下长期使用，在水、湿空气或高温下仍保持良好的绝缘性，但不耐芳香烃和卤化烃。聚芳砜耐热和耐寒性好，可在 −240 ℃～−260 ℃下使用，硬度高，耐辐射	适于制作耐热件、绝缘件、减摩耐磨零件、传动零件、仪器仪表零件、计算机零件及抗蠕变结构零件。聚芳砜还可用于低温下工作的零件
聚苯醚（PPO）	综合性能良好，抗拉、刚性、强度冲击、抗蠕变及耐热性较高，可在 120 ℃蒸汽中使用。电绝缘性优越，受温度及频率变化的影响很小，吸水性小，但有应力开裂倾向。改性聚苯醚可消除应力开裂，成型加工性好，但耐热性略差	适于制作耐热件、绝缘件、减摩耐磨零件、传动零件、医疗器械零件和电子设备零件

（续表）

塑料名称	性　能	用　途
氟塑料	耐腐蚀性、耐老化及电绝缘性优越，吸水性很小。聚四氟乙烯对所有化学药品都能耐蚀，摩擦系数在塑料中最低，不粘，不吸水，可在－195 ℃～＋250 ℃下长期使用，但冷流性大，不能注射成型；聚三氟氯乙烯耐蚀、耐热和电绝缘性略次于聚四氟乙烯，可在－180 ℃～＋190 ℃下长期使用，可注塑成型，在芳香烃和卤化烃中稍微溶胀；聚全氟乙丙烯除使用温度外，几乎保留聚四氟乙烯所有的优点，且可挤塑、压塑及注塑成型，自粘性好，可热焊	适于制作耐腐蚀件、减摩耐磨零件、密封件、绝缘件和医疗器械零件
醋酸纤维素（EC）	强韧性好，耐油耐稀酸，透明有光泽尺寸稳定性好，易涂饰、染色、粘合、切削，在低温下冲击韧度和抗拉强度下降	适于制作汽车、飞机、建筑用品，机械、工具用品，化妆品器具，照相、电影胶卷
聚酰亚胺	综合性能优良，强度高，抗蠕变、耐热性好，可在－200 ℃～＋260 ℃下长期使用，减摩耐磨、电绝缘性优良，耐辐射，耐电晕，耐稀酸，但不耐碱、强氧化剂和高压蒸汽。均苯型聚酰亚胺成型困难，醚酰型聚酰亚胺可挤塑、压塑、注塑成型	适于制作减摩耐磨零件、传动零件、绝缘零件、耐热零件，用作防辐射材料、涂料和绝缘薄膜

(2)热固性塑料　这类塑料成型结束后，树脂既不溶解也不熔化。也就是塑件形状一旦固定下来不再变化，这一过程称为固化。如再加热，塑料也不再软化，不再具有可塑性。酚醛塑料、氨基塑料、环氧塑料、有机硅塑料、不饱和聚酯、硅酮塑料等属热固性塑料。

生产中常用的各种热固性塑料见表 7－2。

表 7－2　常用热固性塑料使用性能

塑料名称	性　能	用　途
酚醛树脂（PF）	可塑性和成型工艺良好；冲击韧度、耐油、耐磨性、耐水、耐酸性、介电性、机械强度良好和电绝缘性能优良适宜于压缩成型。也可压注成型	主要用来制造日用电器的绝缘结构件和文教用品；制造耐磨，耐热的电气绝缘件和电热仪器零件。适宜在湿热带使用

（续表）

塑料名称	性　能	用　途
氨基树脂	耐弧性和电绝缘性良好，耐水、耐热性较高。适宜于压塑成型，塑 33－5 还适宜于压注成型	主要用来制造要求耐电弧的电工零件以及绝缘、防爆等矿用电器零件
	着色性好，色泽鲜艳，外观光亮，无特殊气味，不怕电火花，有灭弧能力，防霉性良好，耐热、耐水性比酚醛塑料弱	用来制造日用品、航空和汽车的装饰件、电器开关、灭弧器材及矿用电器等
有机硅树脂（SI）	耐高温和低温、耐潮、憎水性好，电阻高、高频绝缘性好，耐辐射、耐臭氧	主要用于电工、电子元件及线圈的灌封与固定，用来制造耐高温、耐电弧和高频绝缘件
硅酮树脂	电性能良好，可在很宽的频率和温度范围内保持良好性能，耐热性好，可在－90 ℃～300 ℃下长期使用，耐辐射、防水、化学稳定性好，抗裂性良好，可低压成形	主要用于低压压注封装整流器、半导体管及固体电路等
环氧树脂（EP）	强度高、电绝缘性优良、化学稳定性和耐有机溶剂性好，对许多材料的粘接力强，但性能受填料品种和用量的影响。脂环族环氧塑料的耐热性较高。适用于浇注成型和低压压注成型	主要用于电工、电子元件及线圈的灌封与固定，还可用来修复零件
脲醛树脂（UF）	不但胶合强度高，无毒、无色、耐光性好、成本低，而且硬度、机械强度优良。另一方面，有发脆、具有吸水性、尺寸稳定性不良的缺点，甚至静置也往往产生裂纹	脲醛树脂是可用作模压料、粘接剂等的无色塑料，可制造餐具、瓶盖等日用品和机械零部件，还可做粘接剂
三聚氰胺－甲醛树脂（MF）	无色透明，成型色彩鲜艳，耐热性好、表面硬度大，机械特性、电学性能良好，耐水性、耐溶剂性和耐化学药剂性优越	可用于餐具、各种日用品（包括家具）、工业用品的领域
聚氨酯（PU）	聚氨酯弹性体是一种合成橡胶，具有优异的性能	主要用途是在低温下，要求绝缘性能好，如低温运输车辆作保冷层，还可用于建材、家具等
氟树脂	它具有优异的耐热性（260 ℃）、耐冷性（－260 ℃）、摩擦系数低、自润滑性很好，且具有极好的耐化学药品性，能在“王水”（硝酸与盐酸混合物）中煮沸，有“塑料王”之美称。但不能用通常的加工方法加工，价格高	氟塑料主要用作防腐、耐热、绝缘、耐磨、自润滑材料，还可用作医用材料

2. 按塑料的性能及用途分类

(1)通用塑料　指产量大、用途广、价格低的一类塑料。主要包括六大品种:聚乙烯、聚丙烯、聚氯乙烯、聚苯乙烯、酚醛塑料和氨基塑料,它们的总产量占塑料总产量的一半以上。

(2)工程塑料　这类塑料在工程技术中常作为结构材料来使用,它们的力学性能、耐摩擦性、耐腐蚀性、尺寸稳定性等均较高,它们具有某些金属特性,因而现在越来越多地代替金属来作某些机械零件。

目前用得较多的工程塑料有聚酰胺、聚碳酸酯、聚甲醛、ABS、聚砜、聚苯醚,氯化聚醚、聚四氟乙烯等。

(3)特殊塑料　这是一类具有某些特殊性能的塑料。如氟塑料、聚酰亚胺塑料、有机硅树脂、环氧树脂、导电塑料、导磁塑料、导热塑料以及为某些专门用途而改性得到的塑料。

7.3　塑件的工艺性

塑件的工艺性就是塑件对成型加工的适应性。塑件工艺性的好坏不但关系到塑件能否顺利成型,也关系到塑件的质量以及塑料模具结构是否经济合理。在设计塑件时,必须充分考虑以下一些因素:

(1)不同的成型方法对其塑件的工艺性要求不同,以下着重介绍压缩成型和注射成型对塑件的工艺性要求。

(2)塑料的成型工艺性能,如流动性、收缩率等。

(3)塑料的使用性能,塑件的尺寸、公差、结构形状应与塑料的物理性能、力学性能等相适应。在保证使用性能的前提下,力求结构简单、壁厚均匀、使用方便。

(4)模具结构及加工工艺性,塑件的形状应有利于简化模具结构,要考虑模具零件尤其是成型零件的加工工艺性。

塑件工艺性设计的主要内容包括:尺寸、精度、表面质量、结构形状、螺纹、齿轮、嵌件等。

7.4.1　塑件的尺寸、精度和表面粗糙度

1. 塑件的尺寸

这里的塑件尺寸是指塑件的总体尺寸,而不是壁厚、孔径等结构尺寸。塑件尺寸的大小与塑料的流动性有关。在注射成型和压注成型中,流动性差的塑料(如布基塑料、玻璃纤维增强塑料等)及薄壁塑件等的尺寸不能设计得过大。大而薄的塑件在塑料未充满型腔时已经固化,或勉强能充满但料的前锋已不能很好熔合而形成冷接缝,影响塑件的外观和结构强度。注射成型的塑件尺寸还要受到注射机的注射量、锁模力和模板尺寸的限制;压缩和压注成型的塑件尺寸要受到压力机最大压力和压力机工作台面最大尺寸的限制。

2. 塑件的尺寸精度

塑件的尺寸精度是指所获得的塑件尺寸与产品图中尺寸的符合程度,即所获塑件尺寸的准确度。影响塑件尺寸精度的因素很多,首先是模具的制造精度和模具的磨损程度,其次是塑料收缩率的波动以及成型时工艺条件的变化,塑件成型后的时效变化和模具的结构形状等。因此,塑件的尺寸精度往往不高,应在保证使用要求的前提下尽可能选用低精度等级。

对塑件的精度要求,要具体分析,根据使用要求确定尺寸公差。一般配合部分尺寸精度高

于非配合部分尺寸精度，受塑料收缩率波动的影响，小尺寸易达到高精度。塑件的精度要求越高，模具的制造精度要求也越高，模具的制造难度及成本亦增高，同时塑件的废品率也会增加。

3. 塑件的表面粗糙度

塑件的外观要求越高，表面粗糙度值应越低。这除了在成型时从工艺上尽可能避免冷疤、云纹等疵点来保证外，主要取决于模具型腔表面粗糙度。一般模具表面粗糙度要比塑件的要求低1～2级。模具在使用过程中，由于型腔磨损而使表面粗糙度不断加大，所以应随时予以抛光复原。透明塑件要求型腔和型芯的表面粗糙度相同，而不透明塑件则根据使用情况决定它们的表面粗糙度。

7.4.2 塑件的几何形状

1. 塑件的表面形状

塑件的内外表面形状应尽可能保证有利于成型。由于侧抽芯或瓣合凹模或凸模不但使模具结构复杂，制造成本提高，而且还会在分型面上留下飞边，增加塑件的修整量。因此，塑件设计时应尽可能避免侧向凹凸，如果有侧向凹凸，模具设计时应在保证塑件使用要求的前提下，适当改变塑件的结构，以简化模具结构。如表7-3为改变塑件形状以利模具成型的典型实例。

表7-3 改变塑件形状以利模具成型的典型实例

序号	不合理	合 理	说 明
1	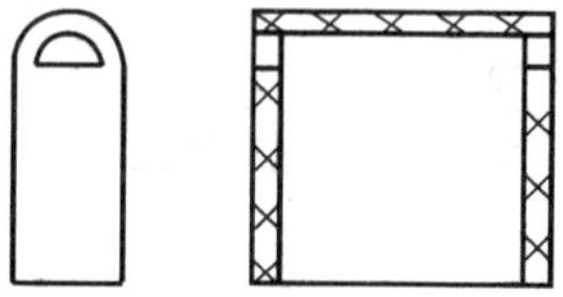	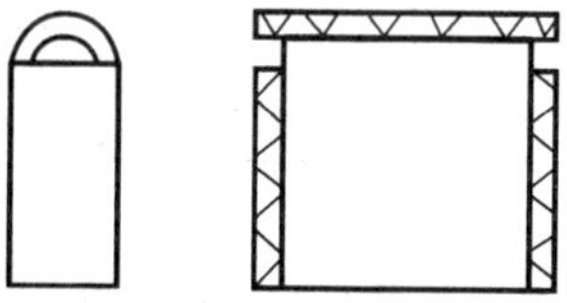	将左图侧孔容器改为右图侧凹容器，则不需采用侧抽式或瓣合分型的模具
2	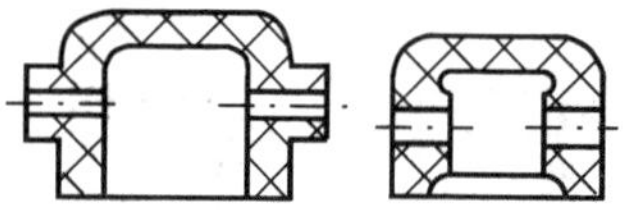	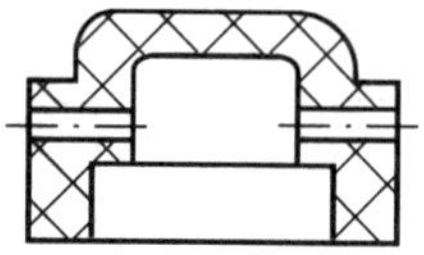	应避免塑件表面横向凹凸，以便于脱模
3	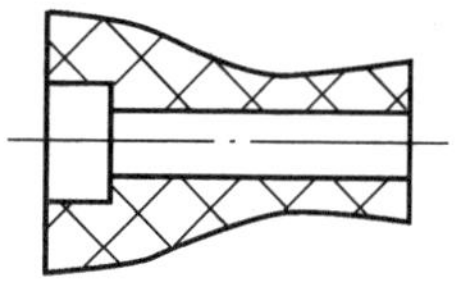	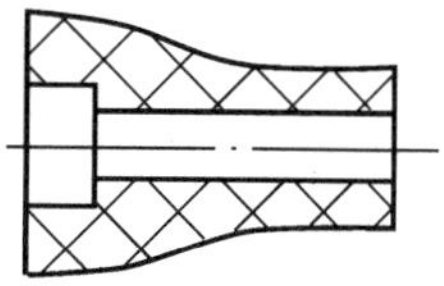	塑件外侧凹，必须采用瓣合凹模，使塑料模具结构复杂，塑件表面有接缝
4	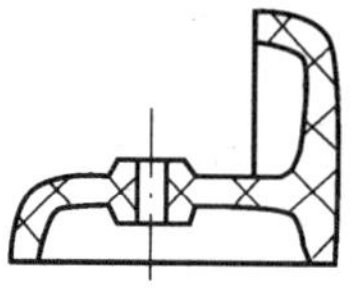	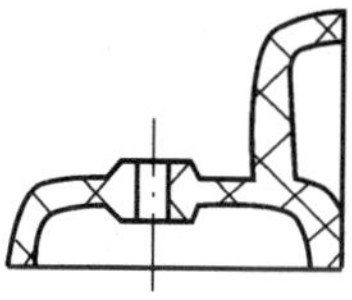	塑件内侧凹，抽芯困难
5	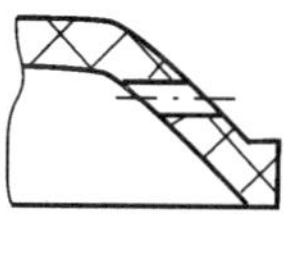	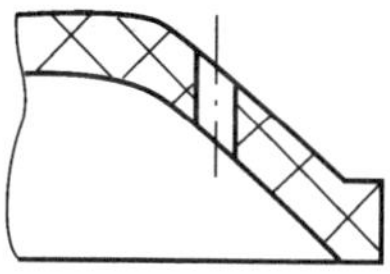	将横向侧孔改为垂直向孔，可免去侧抽芯机构

塑件内侧凹较浅并允许带有圆角时，则可以用整体凸模采取强制脱模的方法使塑件从凸模上脱下，如图 7-1a 所示，但此时塑件在脱模温度下应具有足够的弹性，以使塑件在强制脱下时不会变形，例如聚乙烯、聚丙烯、聚甲醛等能适应这种情况。塑件外侧凹凸也可以强制脱模，如图 7-1b 所示。但是，多数情况下塑件的侧向凸凹不可能强制脱模，此时应采用侧向分型抽芯结构的模具。

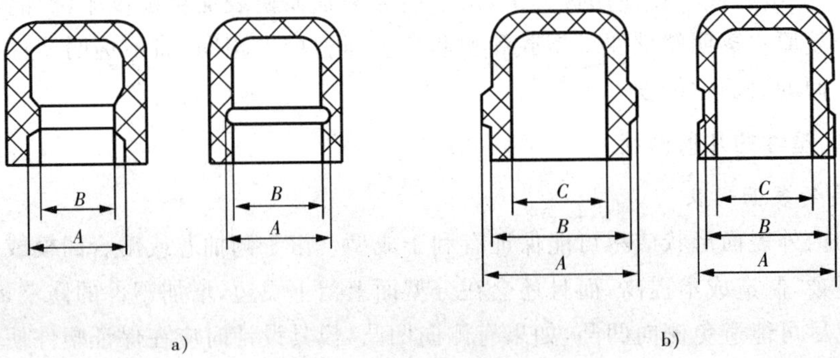

图 7-1　可能强制脱模的侧向凹凸

塑件的形状还应有利于提高塑件的强度和刚度。薄壳状塑件可设计成球面或拱形曲面。如图 7-2～图 7-4 所示。

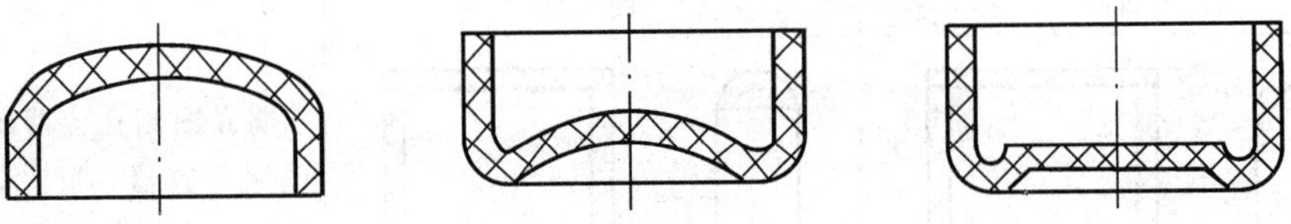

图 7-2　容器底与盖的加强

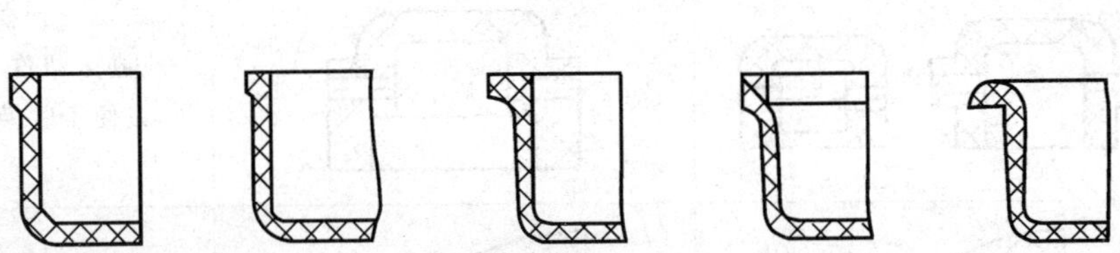

图 7-3　容器边缘的增强

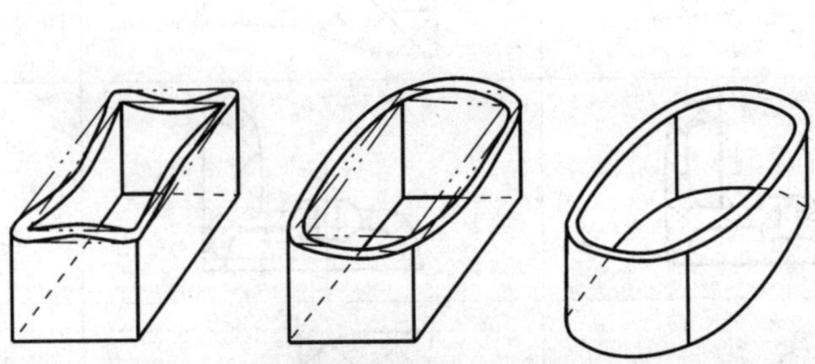

图 7-4　防止矩形薄壁容器侧壁内凹变形

2. 壁厚

塑件的壁厚对塑件质量有很大影响，壁厚过小成型时流动阻力大，大型复杂塑件就难以充满型腔。塑件壁厚的最小尺寸应满足以下几方面要求：具有足够的强度和刚度；脱模时能经受推出机构的推出力而不变形；能承受装配时的紧固力。塑件最小壁厚值随塑料品种和塑件大小不同而异。壁厚过大，不但造成原料的浪费，而且对热固性塑料成型来说增加了模压成型时间，并易造成固化不完全；对热塑性塑料则增加了冷却时间，降低了生产率，另外也影响产品质量，如产生气泡、缩孔、凹陷等缺陷。所以，塑件的壁厚应有一个合理的范围。

热固性塑料的小型塑件，壁厚取 0.6～2.5 mm，大型塑件取 3.2～8 mm。布基酚醛塑料等流动性差者取较大值，但一般不宜大于 10 mm。脆性塑料如矿物填充的酚醛塑料件壁厚应不小于 3.2 mm，表 7-4 为根据外形尺寸推荐的热固性塑件壁厚值。

热塑性塑料易于成型薄壁塑件，最小壁厚能达到 0.25 mm，但一般不宜小于 0.6～0.9 mm，常取 2～4 mm。各种热塑性塑料壁厚常用值如表 7-5 所示。

表 7-4 热固性塑件壁厚 (mm)

塑件名称	塑件外形高度		
	～50	＞50～100	＞100
粉状填料的酚醛塑料	0.7～2.1	2.0～3.0	5.0～6.5
纤维状填料的酚醛塑料	1.5～2.0	2.5～3.5	6.0～8.0
氨基塑料	1.0	1.3～2.0	3.0～4.0
聚酯玻璃纤维填料的塑料	1.0～2.0	2.4～3.2	＞4.8
聚酯无机物填料的塑料	1.0～2.0	3.2～4.8	＞4.8

表 7-5 热塑性塑件最小壁厚及推荐壁厚 (mm)

塑料种类	塑件流程 50mm 的最小壁厚	一般塑件壁厚	大型塑件壁厚
聚酰胺 PA	0.45	1.75～2.60	＞2.4～3.2
聚苯乙烯 PS	0.75	2.25～2.60	＞3.2～5.4
改性聚苯乙烯	0.75	2.29～2.60	＞3.2～5.4
有机玻璃 PMMA	0.80	2.50～2.80	＞4～6.5
聚甲醛 POM	0.80	2.40～2.60	＞3.2～5.4
软聚氯乙烯 LPVC	0.85	2.25～2.50	＞2.4～3.2
聚丙烯 PP	0.85	2.45～2.27	＞2.4～3.2
氯化聚醚 CPT	0.85	2.35～2.80	＞2.5～3.4
聚碳酸酯 PC	0.95	2.60～2.80	＞3～4.5
硬聚氯乙烯 HPVC	1.15	2.60～2.80	＞3.2～5.8
聚苯醚 PPO	1.20	2.75～3.10	＞3.5～6.4
聚乙烯 PE	0.60	2.25～2.60	＞2.4～3.2

同一塑料零件的壁厚应尽可能一致，否则会因冷却或固化速度不同产生附加内应力，使塑件产生翘曲、缩孔、裂纹甚至开裂。塑件局部过厚，外表会出现凹痕，内部会产生气泡。表7-6为改善塑件壁厚的典型实例。如果结构要求必须有不同壁厚时，不同壁厚的比例不应超过1∶3，且应避免厚薄过渡部分的突然变化。

表7-6　改善塑件壁厚的典型实例

序号	不合理	合　理	说　明
1	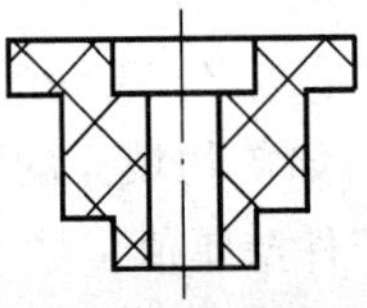	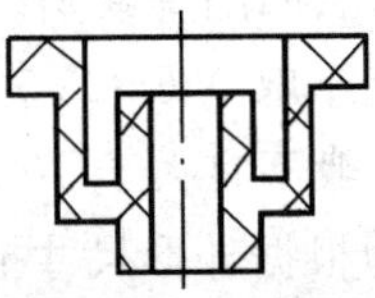	
2	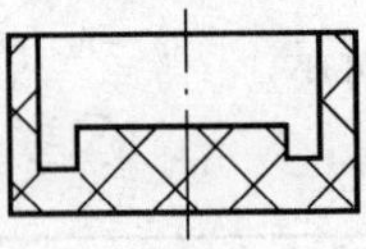	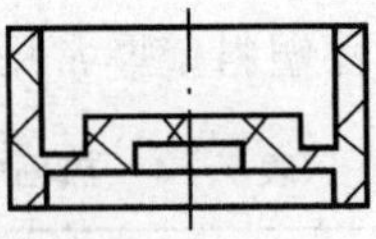	左图壁厚不均匀，易产生气泡及使塑件变形；右图壁厚均匀，改善了成型工艺条件，有利于保证质量
3	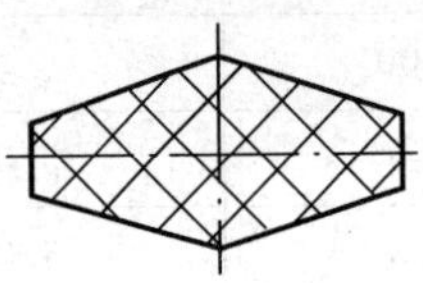	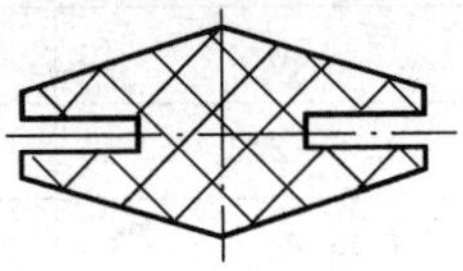	

3. 脱模斜度

塑件冷却时的收缩会使它包紧模具型芯或型腔中的凸起部分，因此，为了便于从塑件中抽出型芯或从型腔中脱出塑件，防止脱模时擦伤塑件，在设计塑件时，必须使塑件内外表面沿脱模方向留有足够的斜度，在模具上即称为脱模斜度，如图7-5所示。

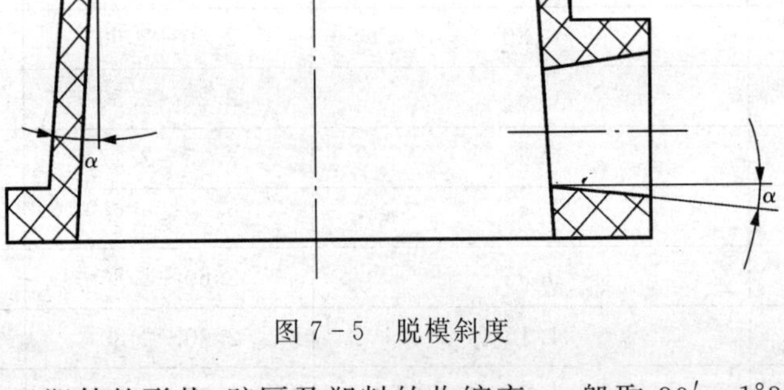

图7-5　脱模斜度

脱模斜度取决于塑件的形状、壁厚及塑料的收缩率，一般取30′～1°30′。成型型芯愈长或型腔愈深，则斜度应取偏小值；反之可选用偏大值。塑件高度不大（通常小于2～3 mm）

时可不设计脱模斜度。当使用上有特殊要求时，脱模斜度可采用外表面(型腔)为 5′，内表面(型芯)为 10′～20′。沿脱模方向有几个孔或呈矩形槽而使脱模阻力增大时，宜采用较大的脱模斜度。侧壁带有皮革花纹时应留有 4°～6°的斜度。在一般情况下，若斜度不妨碍塑件的使用，则可将斜度值取大些。有时开模后为了使塑件留在凹模内或凸模上，往往有意地减小凹模或凸模的脱模斜度。热固性塑料一般较热塑性塑料收缩率要小一些，故脱模斜度也相应小一些。压缩成型较大的塑件时，内表面的脱模斜度应比外表面的大些，以保证顶缘部分的密度。一般情况下，脱模斜度不包括在塑件的公差范围内。表 7 - 7 为常用塑件的脱模斜度推荐范围。

表 7 - 7　常用塑件的脱模斜度

塑料名称	脱模斜度	
	型　腔	型　芯
聚乙烯、聚丙烯、软聚氯乙烯、聚酰胺、氯化聚醚	25′～45′	20′～45′
硬聚氯乙烯、聚碳酸酯、聚砜	35′～40′	30′～50′
聚苯乙烯、有机玻璃、ABS、聚甲醛	35′～1°30′	30′～40′
热固性塑料	25′～40′	20′～50′

4. 塑件的圆角

塑件除了使用上要求采用尖角之外，其余所有转角处应尽可能采用圆角过渡。因为带有尖角的塑件，往往会在尖角处产生应力集中，在受力或受冲击振动时发生破裂，甚至在脱模过程中由于成型内应力而开裂，特别是塑件的内角处。理想的内圆角半径应为壁厚的1/3以上。

塑件上转角处采用圆弧过渡，不仅避免了应力集中，提高了强度，而且还使塑件变得美观，有利于塑料充模时的流动。此外，有了圆角，模具在淬火或使用时不致因应力集中而开裂。但是采用圆角会使凹模型腔加工复杂化，使钳工劳动量增大。通常，内壁圆角半径应是壁厚的一半，而外壁圆角半径可为壁厚的 1.5 倍，一般圆角半径不应小于 0.5 mm。壁厚不等的两壁转角可按平均壁厚确定内、外圆角半径。对于塑件的某些部位，在成型必须处于分型面、型芯与型腔配合处等位置时，则不便制成圆角，而采用尖角。

5. 塑件的加强肋

为了确保塑件的强度和刚度而又不致于使塑件的壁厚过大，可在塑件适当的位置上设置加强肋。有的加强肋还能改善成型时熔体的流动状况。加强肋的尺寸如图 7 - 6 所示。加强肋的厚度比塑件壁厚小。

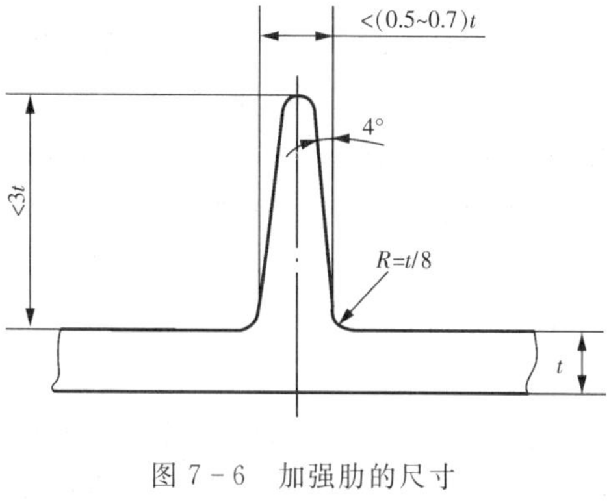

图 7 - 6　加强肋的尺寸

6. 凸台

凸台是用来增强孔或装配附件的凸出部分的。凸台应有足够的强度，同时应避免因凸台尺寸过渡而在其周围发生形状突变。

如图 7-7 所示，凸台应设置在塑料制件的边角，高度应高出平面 0.5 mm 以上，有足够的强度，恰当的脱模斜度。

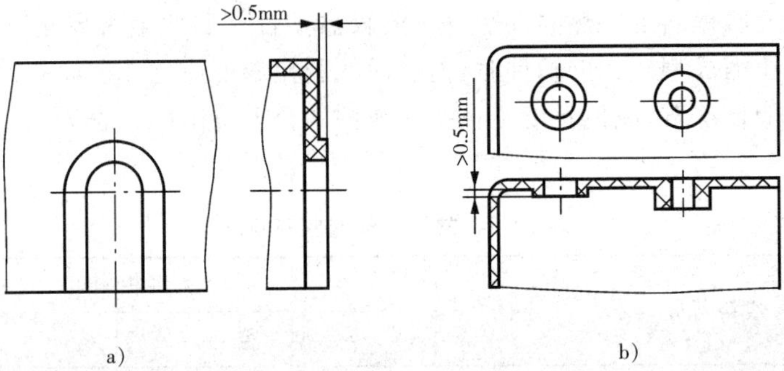

图 7-7 凸台结构

7. 孔

塑料制件上常常带有各种通孔和盲孔，这些孔是用模具的型芯来成型的，在设计上应注意以下几点：

(1)孔应设置在不易削弱塑料制件强度的地方。

(2)在孔之间及孔与边缘之间均应有足够的距离(一般应大于孔径)。表 7-8 所示是热固性塑料制件孔径相等时的孔间距、孔边距与孔径的关系，当两孔直径不一样时，按小的孔径取值。热塑性塑料制件按表中值的 75%确定。

表 7-8 热固性塑料制件孔间距、孔边距与孔径的关系 (mm)

孔径 d	<1.5	1.5~3	3~6	6~10	10~18	18~20	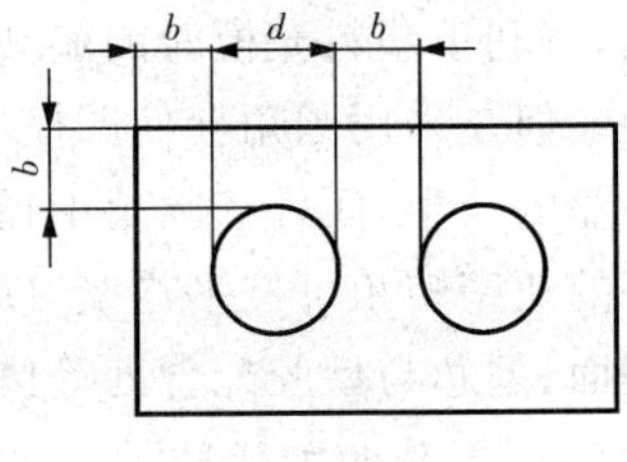
孔间距 b 孔边距 b	1~1.5	1.5~2	2~3	3~4	4~5	5~7	

(3)塑料制件上起固定作用的孔，其四周应采用凸台来加强，如图 7-7 所示。

(4)盲孔只能用一端固定的型芯成型，其深度应浅于通孔。通常，注射成型时孔深不超过孔径的 4 倍，压缩成型时压制方向的孔深不超过孔径的 2 倍。

(5)当塑料制件的孔为异型孔时(斜孔或复杂形状孔)，可采用拼合型芯的方法成型，以避免侧向抽芯结构。如图 7-8 所示是几种异型孔的成型方法，图 a 所示是异型孔的特殊形状，图 b 所示是拼合型芯的布置方法。

8. 螺纹

塑料制件上的螺纹可以模塑时直接成型，也可在模塑后机械加工成型。一般情况下，直接采用塑料模成型后，无需机械加工，其应用范围越来越广泛。

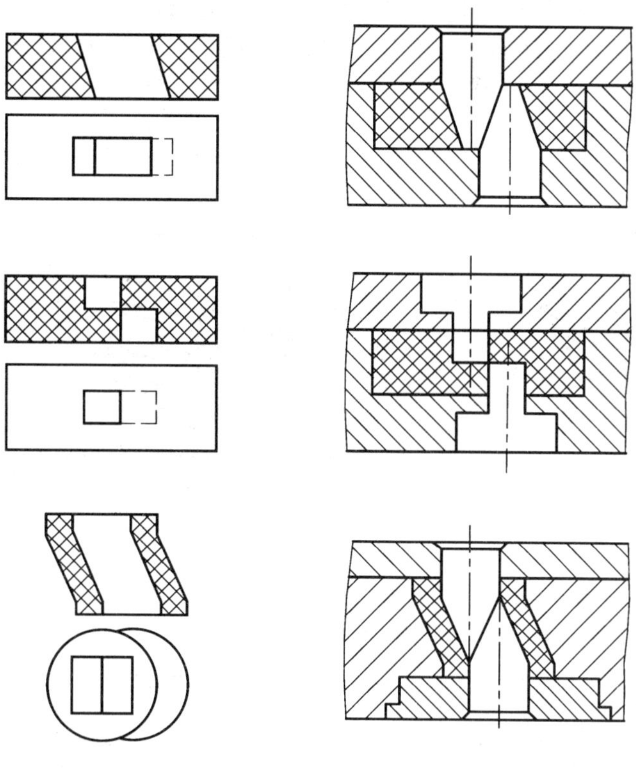

a)　　　　b)

图 7-8　几种复杂孔的成型方法

螺纹在设计上应注意以下点：

(1)模塑的螺纹其外螺纹直径不宜小于 4 mm，内螺纹直径不宜小于 2 mm，精度不高于 3 级。并且螺纹应选用螺纹牙型尺寸较大的，螺纹直径较小时不宜采用细牙螺纹，因为螺纹牙型尺寸过小会影响使用强度，可参照表 7-9 合理选择螺纹的大小。

表 7-9　塑料螺纹选用范围

螺纹公称直径 (mm)	螺纹类别				
	公制标准螺纹	1 级细牙螺纹	2 级细牙螺纹	3 级细牙螺纹	4 级细牙螺纹
＜3	+	—	—	—	—
3～6	+	—	—	—	—
6～10	+	+	—	—	—
10～18	+	+	+	—	—
18～30	+	+	+	+	—
30～50	+	+	+	+	+

注：“＋”为建议采用的范围，“－”为建议不采用的范围。

(2)为防止塑料制件上螺孔的最外围螺纹崩裂或变形，应使孔始端有一深度 0.2～0.8 mm 的台阶孔，螺纹末端也不宜延伸到与底面相接处，一般留有不小于 0.2 mm 距离，如图7－9所示。

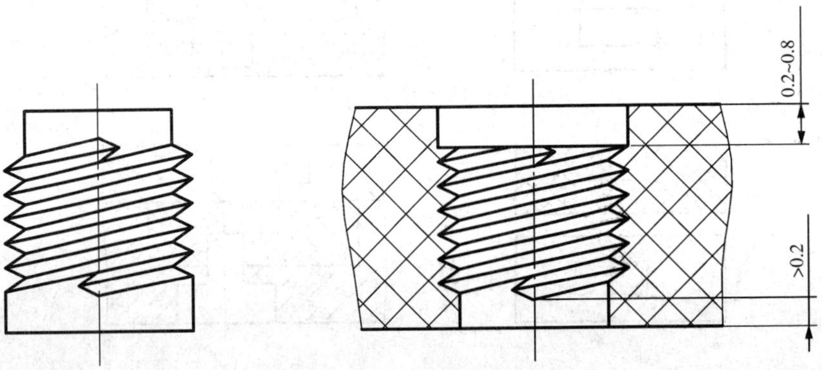

图 7－9　塑料螺纹结构

(3)螺纹的形状尽量采用圆形或梯形，如图 7－10 所示。

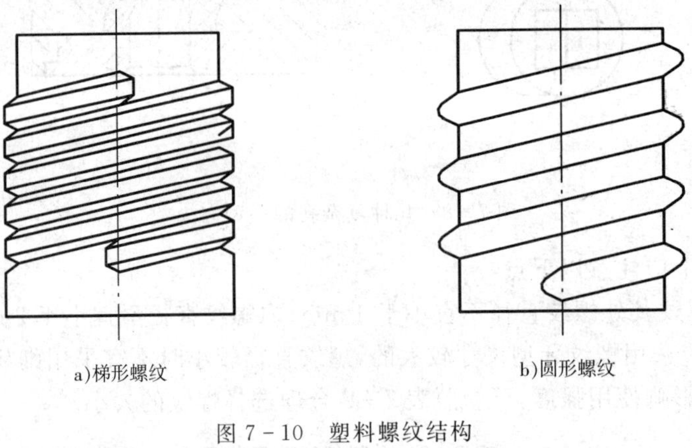

图 7－10　塑料螺纹结构

(4)当需要在塑料制件的同一轴线上压制两段或几段螺纹时，必须使螺纹和旋转方向相同，否则就无法拧下来。

9. 嵌件

模塑在塑料制件中的金属零件，简称为嵌件。嵌件的材料有各种有色或黑色金属，也有玻璃、木材和已成型的塑料件等，其中金属嵌件使用的最多。

(1)嵌件的用途

① 提高塑料制件局部的强度、硬度、耐磨性、导电性、导磁性。

② 增强塑料制件的尺寸和形状的稳定性，提高精度。

③ 降低塑料的消耗及满足其他多种要求。

采用嵌件一般会增加塑料制件的成本，使模具结构复杂，并且在塑料制件成型加工时，需要安插嵌件会降低生产率，难以实现自动化。

常见的金属嵌件形式如图 7－11 所示。

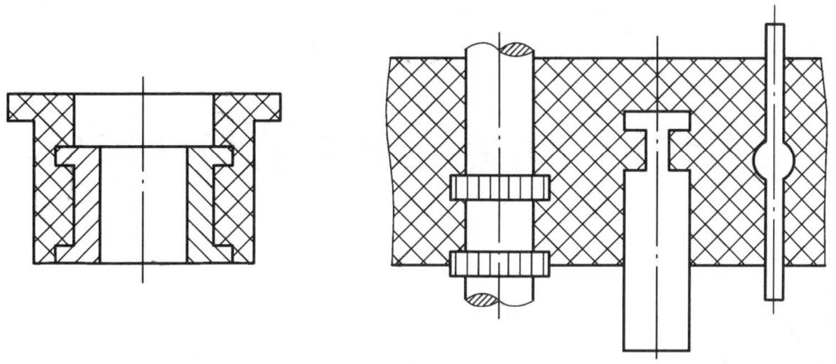

图 7－11　常见的金属嵌件形式

(2)嵌件的结构要求

① 金属嵌件尽可能采用圆形或对称形状,以保证收缩均匀。

② 为了防止塑料制件应力开裂，嵌件周围的塑料层应有足够的厚度,同时嵌件本身结构不应带有尖角。金属嵌件周围的塑料壁厚见表 7－10。

表 7－10　金属嵌件周围的塑料层厚度　(mm)

	金属嵌件直径 D	塑料层最小厚度 C	顶部塑料层最小厚度 H
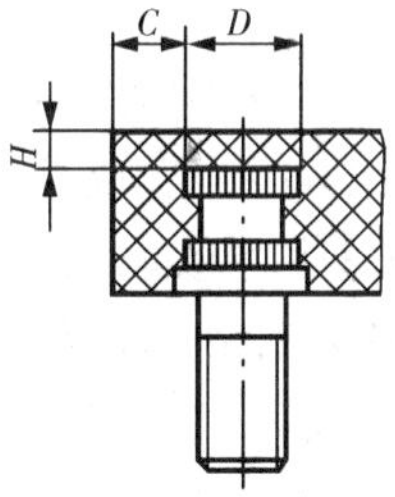	～4	1.5	0.8
	4～8	2.0	1.5
	8～12	3.0	2.0
	12～16	4.0	2.5
	16～25	5.0	3.0

③ 为了防止嵌件受力时转动或拔出,嵌件部分表面应制成交叉滚花、直纹滚花、沟槽、开孔、弯曲等结构,使嵌件固定在模具内,如图 7－11b 所示。

思考题

1. 塑料有哪些使用性能?
2. 常用塑料如何分类? 塑料的各组成成分各自有何功能?
3. 影响制品收缩的因素有哪些?
4. 塑料的成型工艺特性包括哪些?
5. 设计塑料制品时,制品的壁厚的设计原则是什么?
6. 脱模斜度对塑料制品的成型有何意义? 如何确定脱模斜度?
7. 塑料制品在设计时,对孔的位置有什么要求?
8. 设计塑料制件上的螺纹应注意什么?
9. 嵌件的结构要求有哪些?

第8章 注射成型工艺与注射模

【知识目标】

- 掌握注射成型工作原理、成型工艺过程及特点。
- 了解注射机的分类、工作原理和技术参数。
- 掌握注射模分型面、浇注系统、排气系统和冷却装置的设计方法。
- 掌握典型注射模的基本结构、组成特点。

【技能目标】

- 能够合理选择注射成型设备的能力。
- 能够正确确定塑件成型工艺参数的能力。
- 能够合理选择分型面和设计浇注系统的能力。
- 具备设计中等复杂注射模具的能力。

注射成型又称为注塑成型，是热塑性塑料制品一种重要的成型方法。到目前为止，除氟塑料外，几乎所有的热塑性塑料都可以采用此法成型。它具有成型周期短，能一次成型外形复杂、尺寸精确、带有金属或非金属嵌件的塑件；对各种塑料的适应性强；生产效率高，易于实现全自动化生产等一系列优点。目前，注射成型工艺发展很快，除了热塑性塑料注射成型以外，一些热固性塑料也可以采用注射成型。但是，注射成型的设备价格及模具制造费用较高，不适合单件及批量较小的塑件生产。本章现以电流线圈架注射模设计为例(电流线圈架，材料为增强聚丙烯，大批量生产，零件简图如图 8－1 所示)，详细介绍注射成型方法。

8.1 注射成型原理和工艺过程

8.1.1 注射成型原理

以如图 8－2 所示的螺杆式注射机的注射成型为例，颗粒状或粉状塑料经料斗加入到外部料筒内，料筒安装有电加热圈，颗粒状或粉状的塑料在螺杆的作用下边塑化边向前移动，被加热预塑的塑料在转动螺杆作用下通过其螺旋槽输送至料筒前端的喷嘴附近；螺杆的转动使塑料进一步塑化，料温在剪切摩擦热的作用下进一步提高，塑料得以均匀塑化。当料筒前端积聚的熔料对螺杆产生一定的压力时，螺杆就在转动中后退，直至与调整好的行程开关相接触，塑料预塑和储料(即料筒前部熔融塑料的储量)结束。接着注射液压缸开始工作，与液压缸活塞相连接的螺杆以一定的速度和压力将熔料通过料筒前端的喷嘴注入温度较低的闭合模具型腔中，如图 8－2a 所示；保压一定时间，经冷却固化后即可保持模具型腔所赋予的形状，如图 8－2b 所示；然后开模分型，在推出机构的作用下，将注射成型的塑料制件推出型腔，如图 8－2c 所示。

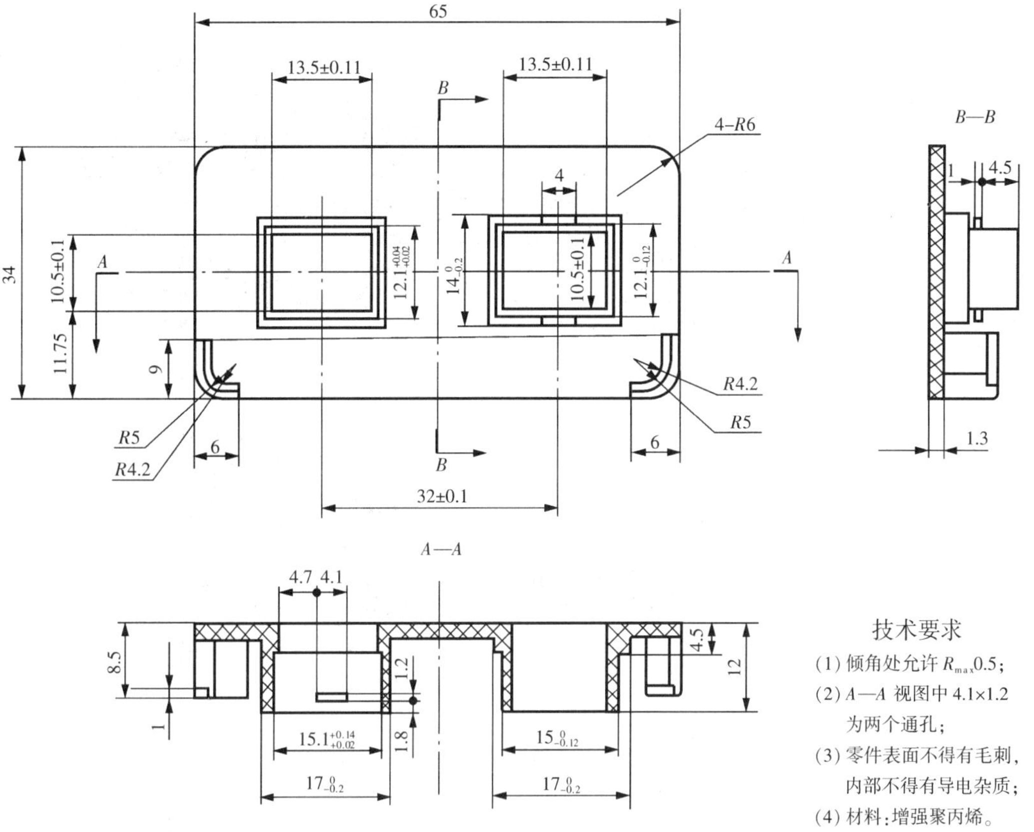

a)零件简图

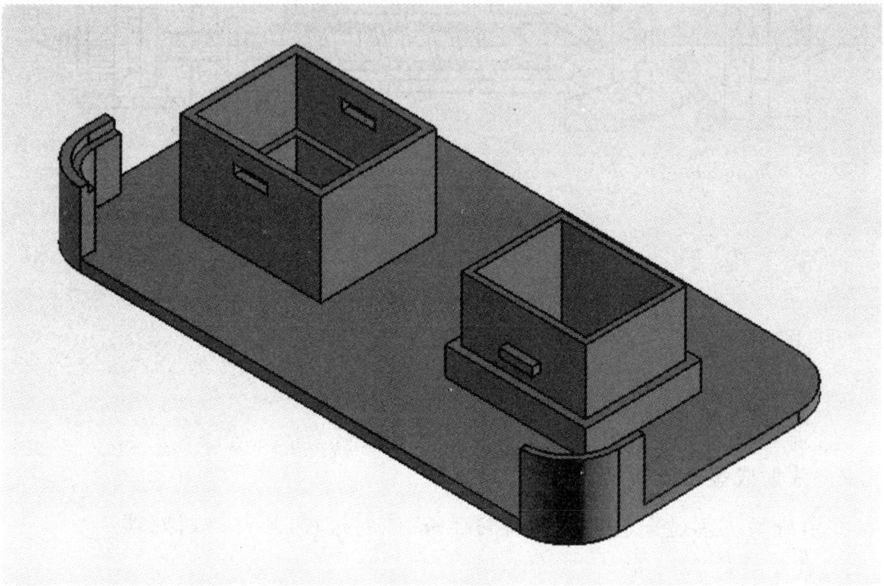

b)实体图

图 8－1　电流线圈架

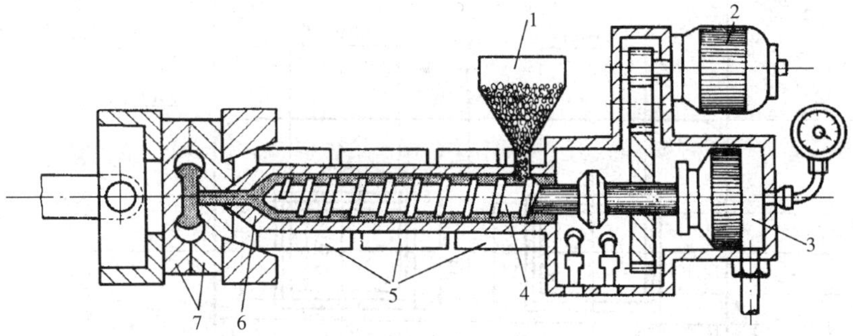

a)塑化阶段

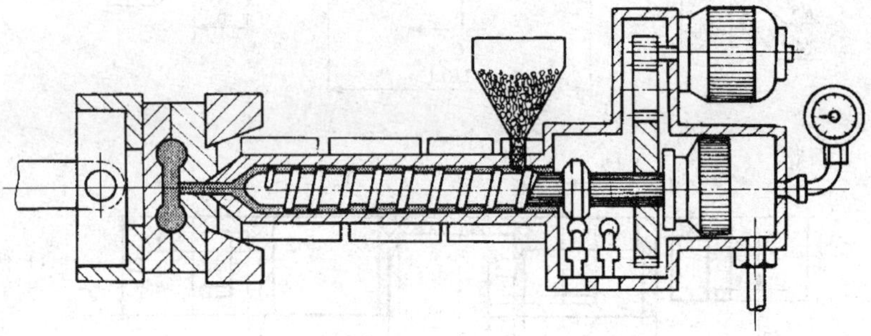

b)注射阶段

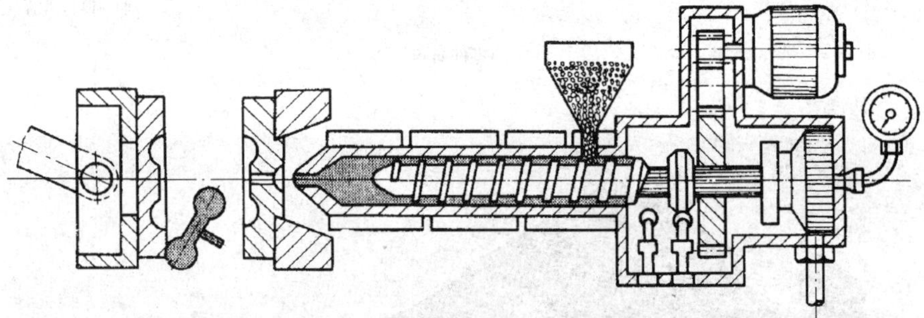

c)塑件脱模

图 8-2　螺杆式注射机注射成型原理

1—料斗　2—螺杆转动传动装置　3—注射液压缸

4—螺杆　5—加热器　6—喷嘴　7—动模和定模

8.1.2　注射成型工艺过程

塑料注射成型工艺过程包括成型前的准备、注射过程、塑件的后处理。

1. 注射成型前的准备

为了使注射成型顺利进行，保证塑件质量，在注射成型之前应进行的准备工作包括：对原料进行外观和工艺性能检验、嵌件的预热、注射机料筒的清洗和脱模剂的选用等。

2. 注射过程

注射过程一般包括加料、塑化、注射、冷却和脱模几个步骤。

(1)加料　由于注射成型是一个间歇过程,因而需定量(定容)加料,以保证操作稳定,塑料塑化均匀,最终获得良好的塑件。

(2)塑化　塑料在料筒中受热,由固体颗粒转换成黏流态并且形成具有良好可塑性均匀熔体的过程称为塑化。

(3)注射　塑料注射成型机分为柱塞式和螺杆式两种。注射最大容量在 60 cm^3 以下时,可使用柱塞式注射机,大注射量均采用螺杆式注射机,以使塑料充分混料。不论何种形式的注射机,注射的过程可分为充模、保压、倒流、浇口冻结后的冷却和脱模等几个阶段。

① 充模。塑化好的熔体被柱塞或螺杆推挤至料筒前端,经过喷嘴及模具浇注系统进入并充满型腔,这一阶段称为充模。

② 保压。在模具中熔体冷却收缩时,继续保持施压状态的柱塞或螺杆迫使浇口附近的熔料不断补充入模具中,使型腔中的塑料能成型出形状完整而致密的塑件,这一阶段称为保压。

③ 倒流。保压结束后,柱塞或螺杆后退,型腔中压力解除,这时型腔中的熔料压力将比浇口前方的高,如果浇口尚未冻结,就会发生型腔中熔料通过浇口流向浇注系统的倒流现象,使塑件产生收缩、变形及质地疏松等缺陷。如果保压结束之前浇口已经冻结,那就不存在倒流现象。

④ 浇口冻结后的冷却。当浇口冻结后,继续保压已不再需要,因此可退回柱塞或螺杆,卸除对料筒内塑料的压力,对模具进行进一步的冷却,这一阶段称为浇口冻结后的冷却。实际冷却过程从塑料注入型腔起就开始。

⑤ 脱模。塑件冷却到一定的温度即可开模,在推出机构的作用下将塑件推出模外。

3. 塑件的后处理

塑件的后处理包括退火处理和调湿处理。

退火处理是把塑件放在一定温度的烘箱中或液体介质(如热水、热矿物油、甘油、乙二醇和液体石蜡等)中一段时间,然后缓慢冷却。退火处理的目的是消除塑件的内应力,稳定尺寸。退火的时间决定于塑料品种、加热介质的温度、塑件的形状和壁厚、塑件精度要求等因素。

对于结晶型塑料还能提高结晶度、稳定结晶结构,从而提高其弹性模量和硬度,但却降低了断裂伸长率。

调湿处理是将刚脱模的塑件放在热水中,隔绝空气,防止塑件氧化,加速达到吸湿平衡。调湿处理的目的是使塑件的颜色、性能以及尺寸稳定。调湿处理主要是用于聚酰胺类塑料的塑件。

8.1.3　注射成型工艺条件

在塑件的生产中,工艺条件的选择和控制是保证成型顺利进行和塑件质量的关键因素之一,注射成型最主要的工艺条件是温度、压力和时间。

1. 温度

在注射模塑中需要控制的温度有料筒温度、喷嘴温度和模具温度。

(1)料筒温度　料筒的温度分布，一般从料斗一侧(后端)起至喷嘴(前端)止，是逐步升高的。螺杆式注射机料筒中的塑料，由于受螺杆剪切摩擦作用，有助于塑化，故料筒前段的温度可能略低于中段，以防塑料的过热分解。

(2)喷嘴温度　喷嘴温度通常比料筒的温度低，以防熔体在直通式喷嘴上可能发生的“流涎”现象。虽然喷嘴温度低，但当塑料熔体由狭小喷嘴经过时，会产生摩擦热，使进入模具的熔体温度升高，在快速注射时尤其是这样。喷嘴温度也不能太低，否则，喷嘴处的塑料可能产生凝固而将喷嘴堵死，或将凝料注入型腔成为零件的一部分而影响塑件的质量。

(3)模具温度　模具温度对塑料熔体的充型能力及塑件的内在性能和外观质量影响很大。模具温度的高低决定于塑料结晶性的有无、塑件的尺寸和结构、性能要求以及其他工艺条件(熔料温度、注射速度及注射压力、模塑周期等)。

模具温度是由通入定温的冷却介质来控制的，也有靠熔料注入模具自然升温和自然散热达到平衡而保持一定模温的。一般根据不同塑料成型时所需的模具温度，确定需要设冷却或加热系统。

2. 压力

(1)塑化压力　塑化压力又称背压，是指采用螺杆式注射机时，螺杆顶部熔体在螺杆转动后退时所受到的压力。

塑化压力大小对熔体实际温度、塑化效率及成型周期等均有影响。在其他条件相同的情况下，增加塑化压力，会提高熔体温度及温度的均匀性，有利于色料的均匀混合，有利于排除熔体中的气体。但塑化压力增高会降低塑化效率，从而延长模塑周期，而且增加了塑料分解的可能性。因此，塑化压力一般应在保证塑件质量的前提下，以低些为好，通常很少超过2 MPa。塑化压力大小应根据塑料品种而定，总的来说塑化压力不宜高。

(2)注射压力　注射机的注射压力是指柱塞或螺杆头部对塑料熔体所施加的压力。在注射机上常用表压指示注射压力的大小，一般在40～130 MPa之间。其作用是克服熔体从料筒流向型腔的流动阻力，给予熔体一定的充模速率以及对熔体进行压实等。

注射压力的大小取决于注射机的类型、塑料的品种、模具浇注系统的结构、尺寸与表面粗糙度、模具温度、塑件的壁厚及流程的长短等。

(3)保压压力　型腔充满后，继续对模内熔料施加的压力称为保压压力。保压压力的作用是使熔料在压力下固化，并在收缩时进行补缩，从而获得完整的塑件。在生产中，保压压力等于或小于注射时所用的注射压力。

3. 时间

完成一次注射成型过程所需的时间称为成型周期。它包括以下各部分：

- 成型周期
  - 注射时间
    - 充模时间(柱塞或螺杆前进时间)
    - 保压时间(柱塞或螺杆停留在前进位置的时间)
  - 闭模冷却时间(柱塞后撤或螺杆转动后退的时间均包括在这段时间内)
  - 其他时间(指开模、脱模、涂拭脱模剂、安放嵌件和闭模等时间)

成型周期直接影响到生产率和设备利用率，应在保证产品质量的前提下，尽量缩短成型周期中各阶段的时间。

在整个成型周期中，注射时间和冷却时间最重要。它不仅是成型周期的主要组成部分，而且对塑件的质量有决定性的影响。

注射时间中的充模时间与充模速率成反比，而充模速率决定于注射速率，为保证塑件质量，应正确控制充模速率。在生产中，充模时间一般不超过 10 s。注射时间中的保压时间(即压实时间)，在整个注射时间内所占的比例较大，一般约为 20～120 s，壁厚特别大的可达 5～10 min。其值不仅与制品的结构尺寸有关，而且与料温、模温、主流道及浇口大小有密切关系。

冷却时间主要决定于塑件的壁厚、模具的温度、塑料的热性能和结晶性能。冷却时间的长短应以保证塑件脱模时不引起变形为原则，一般约为 30～120 s。冷却时间过长，不仅增长了成型周期，有时还会造成塑件脱模困难，强行脱模会导致塑件应力过大而破裂。

成型周期中的其他时间与生产自动化程度和生产组织管理有关，应尽量减小这些时间，以缩短成型周期，提高劳动生产率。

常用塑料的注射工艺参数如表 8-1 所示。

【例 8-1】 电流线圈架的注射工艺性分析。

(1)塑件的原材料分析

塑件的材料采用增强聚丙烯(本色)，属热塑性塑料。从使用性能上看，该塑料具有刚度好、耐水、耐热性强，其介电性能与温度和频率无关，是理想的绝缘材料；从成型性能上看，该塑料吸水性小，熔料的流动性较好，成型容易，但收缩率大。另外，该塑料成型时易产生缩孔、凹痕、变形等缺陷，成型温度低时，方向性明显，凝固速度较快，易产生内应力。因此，在成型时应注意控制成型温度，浇注系统应较缓慢散热，冷却速度不宜过快。

(2)塑件的结构和尺寸精度及表面质量分析

① 结构分析　根据图 8-1 分析，该塑件总体形状为长方形，在宽度方向的一侧有高度为 8.5 mm、半径为 5 mm 的两个凸耳，在高度为 12 mm 及长和宽分别为 17 mm、14 mm 的两个凸台上，一个带有 4.1 mm×1.2 mm 的凹槽(对称分布)，另一个带有 4 mm×1 mm的凸台(对称分布)。因此，模具设计时必须设置侧向分型抽芯机构，该塑件属于中等复杂程度。

② 尺寸精度分析　该塑件重要尺寸如：$12.1_{-0.12}^{\ 0}$ mm、$12.1_{+0.02}^{+0.04}$ mm、$15.1_{+0.02}^{+0.14}$ mm、$15_{-0.12}^{+0}$ mm 等尺寸精度为 3 级(SJ1372—78)，次重要尺寸如 13.5±0.11 mm、$17_{-0.2}^{\ 0}$ mm、10.5±0.1 mm、$14_{-0.2}^{\ 0}$ mm 等的尺寸精度为 4～5 级(SJ1372—78)。由以上分析可见，该塑件的尺寸精度中等偏上，对应的模具相关零件的尺寸加工可以保证。

从塑件的壁厚上来看，壁厚最大处为 1.3 mm，最小处为 0.95 mm，壁厚差为 0.35 mm，较均匀，有利于零件的成型。

③ 表面质量分析　该塑件的表面除要求没有缺陷、毛刺，内部不得有导电杂质外，没有特别的表面质量要求，故比较容易实现。

综上分析可以看出，注射时在工艺参数控制得较好的情况下，塑件的成型要求可以得到保证。

表 8-1 各种塑料的注射工艺参数

项目 \ 塑料		LDPE	HDPE	乙丙共聚 PP	PP	玻纤增强 PP	软 PVC	硬 PVC	PS	HPS	ABS	高抗冲 ABS	耐热 ABS	电镀级 ABS	阻燃 ABS	透明 ABS	ACS
注射机类型		柱塞式	螺杆式	柱塞式	螺杆式	螺杆式	柱塞式	螺杆式	柱塞式	螺杆式	螺杆式	螺杆式	螺杆式	螺杆式	螺杆式	螺杆式	螺杆式
螺杆转速/(r/min)		—	30～60	—	30～60	30～60	—	20～30	—	30～60	30～60	30～60	30～60	20～60	20～50	30～60	20～30
喷嘴	形式	直通式	直通式	直通式	直通式	直通式	直通式	直通式	直通式	直通式	直通式	直通式	直通式	直通式	直通式	直通式	直通式
	温度/℃	150～170	150～180	170～190	170～190	180～190	140～150	150～170	160～170	160～170	180～190	190～200	190～200	190～210	180～190	190～200	160～170
料筒温度/℃	前段	170～200	180～190	180～200	180～200	190～200	160～190	170～190	170～190	170～190	200～210	200～210	200～220	210～230	190～200	200～220	170～180
	中段	—	180～200	190～220	200～220	210～220	—	165～180	—	170～190	210～230	210～230	220～240	230～250	200～220	220～240	180～190
	后段	140～160	140～160	150～170	160～170	160～170	140～150	160～170	140～160	140～160	180～200	180～200	190～200	200～210	170～190	190～200	160～170
模具温度/℃		30～45	30～60	50～70	40～80	70～90	30～40	30～60	20～60	20～50	50～70	50～80	60～85	40～80	50～70	50～70	50～60
注射压力/MPa		60～100	70～100	70～100	70～120	90～130	40～80	80～130	60～100	60～100	70～90	70～120	85～120	70～120	60～100	70～100	80～120
保压压力/MPa		40～50	40～50	40～50	50～60	40～50	20～30	40～60	30～40	30～40	50～70	50～70	50～80	50～70	30～60	50～60	40～50
注射时间/s		0～5	0～5	0～5	0～5	2～5	0～8	2～5	0～3	0～3	3～5	3～5	3～5	0～4	3～5	0～4	0～5
保压时间/s		15～60	15～60	15～60	20～60	15～40	15～40	15～40	15～40	15～40	15～30	15～30	15～30	20～50	15～30	15～40	15～30
冷却时间/s		15～60	15～60	15～50	15～50	15～40	15～30	15～40	15～30	10～40	15～30	15～30	15～30	15～30	10～30	10～30	15～30
成型周期/s		40～140	40～140	40～120	40～120	40～100	40～80	40～90	40～90	40～90	40～70	40～70	40～70	40～90	30～70	30～80	40～70

（续表）

项目 \ 塑料	SAN（AS）	PMMA		PMMA/PC	氯化聚醚	均聚 POM	共聚 POM	PET	PBT	玻纤增强 PBT	PA6	玻纤增强 PA6	PA11	玻纤增强 PA11	PA12	PA66
注射机类型	螺杆式	螺杆式	柱塞式	螺杆式	螺杆式	螺杆式	螺杆式	螺杆式	螺杆式	螺杆式	螺杆式	螺杆式	螺杆式	螺杆式	螺杆式	螺杆式
螺杆转速/（r/min）	20～50	20～30	—	20～30	20～40	20～40	20～40	20～40	20～40	20～40	20～50	20～40	20～50	20～40	20～50	20～50
喷嘴 形式	直通式	直通式	直通式	直通式	直通式	直通式	直通式	直通式	直通式	直通式	直通式	直通式	直通式	直通式	直通式	自锁式
喷嘴 温度/℃	180～190	180～200	180～200	220～240	170～180	170～180	170～180	250～260	200～220	210～230	200～210	200～210	180～190	190～200	170～180	250～260
料筒温度/℃ 前段	200～210	180～210	210～240	230～250	180～200	170～190	170～190	260～270	230～240	230～240	220～230	220～240	185～200	200～220	185～220	255～265
料筒温度/℃ 中段	210～230	190～210	—	240～260	180～200	170～190	180～200	260～280	230～250	240～260	230～240	230～250	190～220	220～250	190～240	260～280
料筒温度/℃ 后段	170～180	180～200	180～200	210～230	180～190	170～180	170～190	240～260	200～220	210～220	200～210	200～210	170～180	180～190	160～170	240～250
模具温度/℃	50～70	40～80	40～80	60～80	80～110	90～120	90～100	100～140	60～70	65～75	60～100	80～120	60～90	70～110	60～120	
注射压力/MPa	80～120	50～120	80～130	80～130	80～110	80～130	80～120	80～120	60～90	80～100	80～110	90～130	90～120	90～130	90～130	80～130
保压压力/MPa	40～50	40～60	40～60	40～60	30～40	30～50	30～50	30～50	30～40	40～50	30～50	30～50	30～50	40～50	50～60	40～50
注射时间/s	0～5	0～5	0～5	0～5	0～5	2～5	2～5	0～5	0～3	2～5	0～4	2～5	0～4	2～5	2～5	0～5
保压时间/s	15～30	20～40	20～40	20～40	15～50	20～80	20～90	20～50	10～30	10～20	15～50	15～40	15～50	15～40	20～60	20～50
冷却时间/s	15～30	20～40	20～40	20～40	20～50	20～60	20～60	20～30	15～30	15～30	20～40	20～40	20～40	20～40	20～40	20～40
成型周期/s	40～70	50～90	50～90	50～90	40～110	50～150	50～160	50～90	30～70	30～60	40～100	40～90	40～100	40～90	50～110	50～100

（续表）

项目 \ 塑料	玻纤增强 PA66	PA610	PA612	PA1010		玻纤增强 PA1010		透明 PA	PC		PC/PE		玻纤增强 PC	PSU	改性 PSU	玻纤增强 PSU
注射机类型	螺杆式	螺杆式	螺杆式	螺杆式	柱塞式	螺杆式	柱塞式	螺杆式	螺杆式	柱塞式	螺杆式	柱塞式	螺杆式	螺杆式	螺杆式	螺杆式
螺杆转速/(r/min)	20～40	20～50	20～50	20～50	—	20～40	—	20～50	20～40	—	20～40	—	20～30	20～30	20～30	20～30
喷嘴 形式	直通式	自锁式	自锁式	自锁式	自锁式	直通式	直通式	直通式	直通式	直通式	直通式	直通式	直通式	直通式	直通式	直通式
喷嘴 温度/℃	250～260	200～210	200～210	190～200	190～210	180～190	180～190	220～240	230～250	240～250	220～230	230～240	240～260	280～290	250～260	280～300
料筒温度/℃ 前段	260～270	220～230	210～220	200～210	230～250	210～230	240～260	240～250	240～280	270～300	230～250	250～280	260～290	290～310	260～280	300～320
料筒温度/℃ 中段	260～290	230～250	210～230	220～240	—	230～260	—	250～270	260～290	—	240～260	—	270～310	300～330	280～300	310～330
料筒温度/℃ 后段	230～260	200～210	200～205	190～200	180～200	190～200	190～200	220～240	240～270	260～290	230～240	240～260	260～280	280～300	260～270	290～300
模具温度/℃	100～120	60～90	40～70	40～80	40～80	40～80	40～80	40～60	90～110	90～110	80～100	80～100	90～110	130～150	80～100	130～150
注射压力/MPa	80～130	70～110	70～120	70～100	70～120	90～130	100～130	80～130	80～130	110～140	80～120	80～130	100～140	100～140	100～140	100～140
保压压力/MPa	40～50	20～40	30～50	20～40	30～40	40～50	40～50	40～50	40～50	40～50	40～50	40～50	40～50	40～50	40～50	40～50
注射时间/s	3～5	0～5	0～5	0～5	0～5	2～5	2～5	0～5	0～5	0～5	0～5	0～5	2～5	0～5	0～5	2～7
保压时间/s	20～50	20～50	20～50	20～50	20～50	20～40	20～40	20～60	20～80	20～80	20～80	20～80	20～60	20～80	20～70	20～50
冷却时间/s	20～40	20～40	20～50	20～40	20～40	20～40	20～40	20～40	20～50	20～50	20～50	20～50	20～50	20～50	20～50	20～50
成型周期/s	50～100	50～100	50～110	50～100	50～100	50～90	50～90	50～110	50～130	50～130	50～140	50～140	50～110	50～140	50～130	50～110

（续表）

项目 \ 塑料	聚芳砜	聚醚砜	PPO	改性PPO	聚芳酯	聚氨酯	聚苯硫醚	聚酰亚胺	醋酸纤维素	醋酸丁酸纤维素	醋酸丙酸纤维素	乙基纤维素	F46
注射机类型	螺杆式	螺杆式	螺杆式	螺杆式	螺杆式	螺杆式	螺杆式	螺杆式	柱塞式	柱塞式	柱塞式	柱塞式	螺杆式
螺杆转速/(r/min)	20～30	20～30	20～30	20～50	20～50	20～70	20～30	20～30	—	—	—	—	20～30
喷嘴 形式	直通式	直通式	直通式	直通式	直通式	直通式	直通式	直通式	直通式	直通式	直通式	直通式	直通式
喷嘴 温度/℃	380～410	240～270	250～280	220～240	230～250	170～180	280～300	290～300	150～180	150～170	160～180	160～180	290～300
料筒温度/℃ 前段	385～420	260～290	260～280	230～250	240～260	175～185	300～310	290～310	170～200	170～200	180～210	180～220	300～330
料筒温度/℃ 中段	345～385	280～310	260～290	240～270	250～280	180～200	320～340	300～300	—	—	—	—	270～290
料筒温度/℃ 后段	320～370	260～290	230～240	230～240	230～240	150～170	260～280	280～300	150～170	150～170	150～170	150～170	170～200
模具温度/℃	230～260	90～120	110～150	60～80	100～130	20～40	120～150	120～150	40～70	40～70	40～70	40～70	110～130
注射压力/MPa	100～200	100～140	100～140	70～110	100～130	80～100	80～130	100～150	60～130	80～130	80～120	80～130	80～140
保压压力/MPa	50～70	50～70	50～70	40～60	50～60	30～40	40～50	40～50	40～50	40～50	40～50	40～50	50～60
注射时间/s	0～5	0～5	0～5	0～8	2～8	2～6	0～5	0～5	0～3	0～5	0～5	0～5	0～8
保压时间/s	15～40	15～40	30～70	30～70	15～40	30～40	10～30	20～60	15～40	15～40	15～40	15～40	20～60
冷却时间/s	15～20	15～30	20～60	20～50	15～40	30～60	20～50	30～60	15～40	15～40	15～40	15～40	20～60
成型周期/s	40～50	40～80	60～140	60～130	40～90	70～110	40～90	60～130	40～90	40～90	40～90	40～90	50～130

(3)计算塑件的体积和重量

计算塑件的重量是为了选用注射机及确定模具型腔数。

计算塑件体积：$V=4087\ mm^3$

计算塑件的重量：根据设计手册可查得增强聚丙烯的密度为 $\rho=1.04\ g/mm^3$

故塑件的重量为 $W=V\rho=4.25\ g$

采用一模两件的模具结构，考虑其外形尺寸，注射时所需压力和工厂现有设备等情况，初步选用注射机为 XS－Z－60 型。

(4)塑件注射工艺参数的确定

通过查找技术资料和参考工厂实际应用的情况，增强聚丙烯的成型工艺参数可作如下选择。试模时，可根据实际情况作适当调整。

注射温度：包括料筒温度和喷嘴温度。

料筒温度：后段温度 t_1 选用 220 ℃；

中段温度 t_2 选用 240 ℃；

前段温度 t_3 选用 260 ℃。

喷嘴温度：选用 220 ℃。

注射压力：选用 100 MPa(相当于注射机表压 35 kgf)。

注射时间：选用 30 s。

保　　压：选用 72 MPa(相当于注射机表压 25 kgf)

保压时间：选用 10 s。

冷却时间：选用 30 s。

8.2　注射模的分类和结构组成

注射成型生产中使用的模具称为注射成型模具，简称注射模，也称为注塑模。注射模主要适用于热塑性塑料的成型加工，近年来也逐渐用于加工部分热固性塑料制件。注射模具有很多优点，如对塑料的适应性较广，塑料制件的外观质量较好，生产效率特别高，易于实现自动化生产等，广泛用于塑料制件的生产中。

8.2.1　注射模的分类

1. 按注射模具所用注射机的类型不同分类

可分为卧式注射机用模具、立式注射机用模具和角式注射机用模具。

2. 按塑料的性质分类

可分为热塑性塑料注射模具、热固性塑料注射模具。

3. 按注射模具的典型结构特征分类

可分为单分型面注射模具、双分型面注射模具、斜导柱(弯销、斜导槽、斜滑块、齿轮齿条)侧向分型与抽芯注射模具、带有活动镶件的注射模具、定模带有推出装置的注射模具和自动卸螺纹注射模具等。

4. 按浇注系统的结构形式分类

可分为普通流道注射模具、热流道注射模具。

5. 按注射成型技术不同分类

可分为低发泡注射模、精密注射模、气体辅助注射成型注射模、双色注射模、多色注射模等。

8.2.2 注射模的结构组成

注射模具的结构由塑件的复杂程度及注射机的结构形式等因素决定。注射模具可分为动模和定模两大部分，定模部分安装在注射机的固定模板上，动模部分安装在注射机的移动模板上，注射时动模与定模闭合构成浇注系统和型腔，开模时动模与定模分离，由推出机构推出塑品。

注射模具的总体结构组成如图8－3所示。根据模具上各个零部件所起的作用，可以将其分为以下几个组成部分。

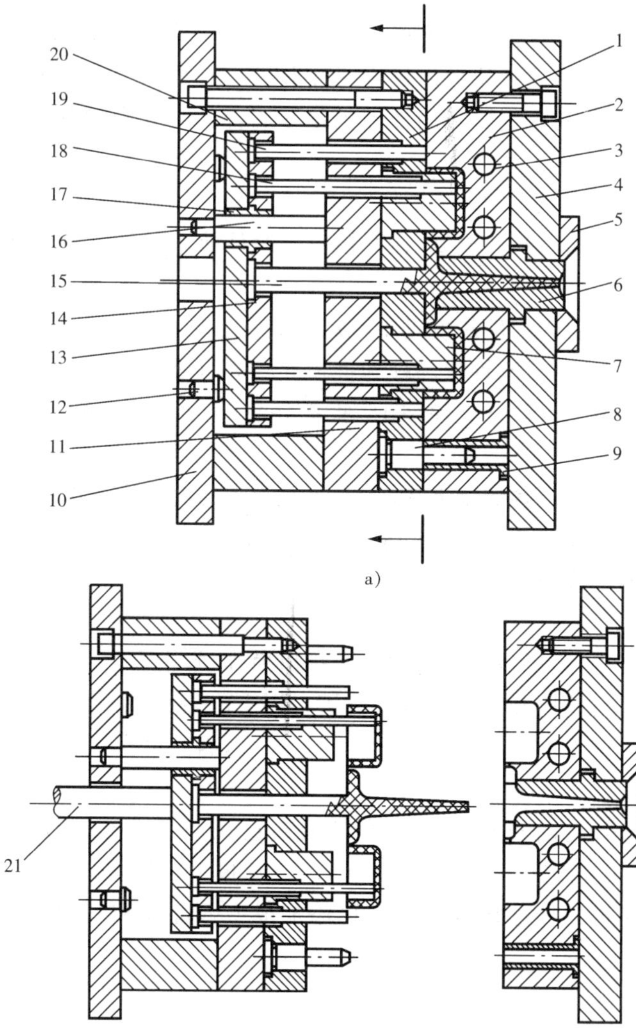

a)

b)

图8－3 注射模的结构

1—动模板 2—定模板 3—冷却水道 4—定模座板 5—定位圈 6—浇口套 7—凸模 8—导柱 9—导套 10—动模座板 11—支承板 12—支承柱 13—推板 14—推杆固定板 15—拉料杆 16—推板导柱 17—推板导套 18—推杆 19—复位杆 20—垫块 21—注射机液压顶杆

1. 成型零部件

成型零部件是指与塑件直接接触、成型塑件内表面和外表面的模具部分，它由凸模(型芯)、凹模(型腔)以及嵌件和镶块等组成。凸模(型芯)形成塑件的内表面形状，凹模形成塑件的外表面形状，合模后凸模和凹模便构成了模具型腔，用于填充塑料，它决定制件的形状和尺寸。在图 8-3 所示的注射模中，模腔由动模板 1、定模板 2、凸模 7 等组成。

2. 浇注系统

浇注系统是熔融塑料从注射机喷嘴进入模具型腔所流经的通道。浇注系统由主流道、分流道、浇口及冷料穴等组成。浇注系统对塑料熔体在模内流动的方向与状态、排气溢流、模具的压力传递等起到重要的作用。

3. 导向机构

为了保证动模、定模在合模时的准确定位，模具必须设计有导向机构。导向机构分为导柱、导套导向机构与内外锥面定位导向机构两种形式。图 8-3 中的导向机构由导柱 8 和导套 9 组成。此外，大中型模具还要采用推出机构导向，图 8-3 中的推出机构的导向由推板导柱 16 和推板导套 17 组成。

4. 侧向分型与抽芯机构

用于带有侧孔或侧凹的制件成型，在开模推出制件前进行侧向抽芯或侧向分型。

5. 推出机构

推出机构是将成型后的塑件从模具中推出的装置。推出机构一般是由推杆、复位杆、推杆固定板、推板、主流道拉料杆、推板导柱和推板导套等组成。图 8-3 中的推出机构由推板 13、推杆固定板 14、拉料杆 15、推板导柱 16、推板导套 17、推杆 18 和复位杆 19 等零件组成。

6. 温度调节系统

为了满足注射工艺对模具的温度要求，必须对模具的温度进行控制，模具结构中一般都设有对模具进行冷却或加热的温度调节系统。模具的冷却方式是在模具上开设冷却水道，加热方式是在模具内部或四周安装加热元件。

7. 排气系统

在注射成型过程中，为了将型腔内的气体排出模外，常常需要开设排气系统。排气系统通常是在分型面上有目的地开设几条排气沟槽，另外许多模具的推杆或活动型芯与模板之间的配合间隙可起排气作用。小型塑件的排气量不大，因此可直接利用分型面排气。

8. 标准模架

为了缩短模具设计与制造的周期，注射模具现已采用了标准模架结构。如图 8-3 所示，其组成有定模座板 4、定位圈 5、动模座板 10、支承板 11、垫块 20 以及导柱、导套等。

任何注射模均可以以标准模架为基础再添加成型零部件和其他必要的功能结构件来形成。

8.3 注射成型设备

注射成型的设备是注射机，每副注射模都只有安装在注射机上才能使用，所以两者在注射成型生产中是一个不可分割的整体。

8.3.1　注射机的分类

注射机的类型和规格较多,分类的方法也不同,主要的分类方法如下:

(1)按外形可分为卧式、立式和角式。

(2)按传动方式可分为机械式、液压式和机械—液压联合作用式。

(3)按用途可分为通用注射机和专用注射机。

通常都是按其外形来分类,其中应用较多的是卧式注射机,如图 8-4 所示。

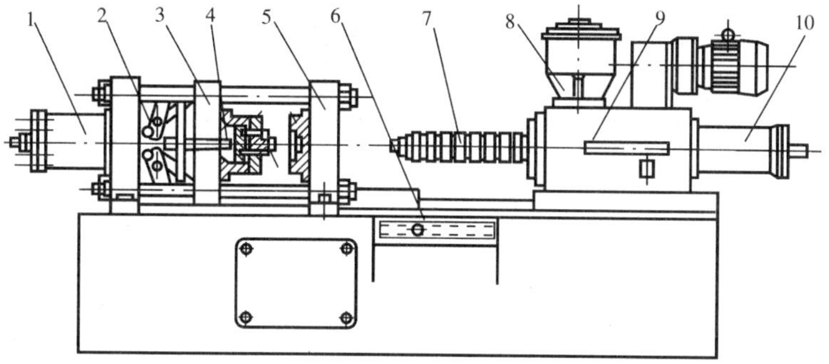

图 8-4　卧式注射机

1—锁模液压缸　2—锁模机构　3—移动模板　4—顶杆　5—固定模板
6—控制台　7—料筒及加热器　8—料斗　9—定量供料装置　10—注射液压缸

卧式注射机是柱塞或螺杆与合模机构均沿水平方向布置的注射机。这类注射机重心低、稳定加料、操作及维修均很方便,塑件推出后可自行脱落,便于实现自动化生产。大、中型注射机一般均采用这种形式。其主要缺点是模具安装较麻烦,嵌件放入模具有倾斜和落下的可能,机床占地面积较大。

常用的卧式注射机型号有 XS—Z—30、XS—ZY—60、XS—ZY—125、XS—ZY—500、XS—ZY — 1000 等。其中:XS 表示塑料成型机;Z 表示注射机;Y 表示螺杆式;30、60、125 等表示注射机的最大注射量。

8.3.2　常用注射机的主要技术参数

注射机应具有较完整的技术参数,供用户选择和使用。常用国产注射机主要技术规格如表 8-2 所示。

8.4　分型面

为了塑件的脱模和安放嵌件的需要,模具型腔必须分成两部分或更多部分,模具上用以取出塑件和浇注系统凝料的可分离的接触面,通称为分型面。一副模具根据需要可能有一个或两个以上的分型面。分型面可能是垂直于合模方向或倾斜于合模方向也可能是平行于合模方向。所谓合模方向通常是上模与下模、动模与定模闭合的方向。

8.4.1　分型面的形状

分型面的结构形式应尽可能简单,以便于模具的制造和塑料制件的脱模。

表 8-2 常用国产注射机主要技术规格

项目 \ 型号	XS—Z—22	XS—Z—30	XS—Z—60	XS—ZY—125	SZY—300	XS—ZY—500	XS—ZY—1000	SZY—2000	XS—ZY—4000
额定注射量/ cm^3	30、20	30	60	125	300	500	1000	2000	4000
螺杆直径/mm	25、20	28	38	42	60	65	85	110	130
注射压力/MPa	75、115	119	122	120	77.5	145	121	90	106
注射行程/mm	130	130	170	115	150	200	260	180	370
注射方式	双柱塞式（双色）	柱塞式	柱塞式	螺杆式	螺杆式	螺杆式	螺杆式	螺杆式	螺杆式
锁模力/kN	250	250	500	900	1500	3500	4500	6000	10000
最大开合模行程/mm	160	160	180	300	340	500	700	750	1100
模具最大厚度/mm	180	180	200	300	355	450	700	800	1000
模具最小厚度/mm	60	60	70	200	285	300	300	500	700
喷嘴圆弧半径/mm	12	12	12	12	12	18	18	18	
喷嘴孔直径/mm	2	2	4	4		3、5、6、8	7.5	10	
动定模固定板尺寸/mm	250×280	250×280	330×340	428×458	620×520	700×850	900×1000	1180×1180	
拉杆空间/mm	235	235	190×300	260×290	400×300	540×440	650×550	760×700	1050×950
合模方式	液压—机械	液压—机械	液压—机械	液压—机械	液压—机械	液压—机械	两次动作液压式	液压—机械	两次动作液压式

分型面的形状有平面、斜面、阶梯面、曲面，如图8－5所示。分型面应尽量选择平面的，但是为了适应塑件成型的需要与便于塑件脱模，也可采用后三种分型面。后三种分型面虽然加工麻烦，但型腔加工却比较容易。

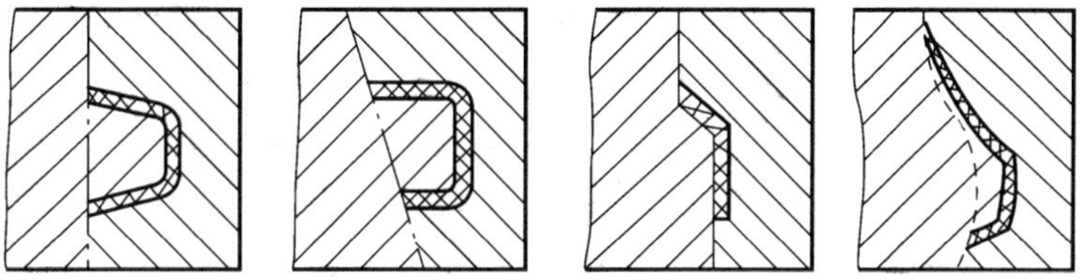

a)　b)　c)　d)

图8－5　分型面的形状

8.4.2　分型面的选择原则

分型面的选择受到塑件的形状、壁厚、尺寸精度、嵌件位置及其形状、塑件在模具内的成型位置、脱模方法、浇口的形式及位置、模具类型、模具排气、模具制造及成型设备结构等因素的影响。因此，在选择分型面时，应反复比较与分析，选取一个较为合理的方案。

选择模具分型面时，通常应考虑以下几项基本原则：

1. 分型面应选在塑件外形最大轮廓处

塑件在动、定模的方位确定后，其分型面应选在塑件外形的最大轮廓处，否则塑件会无法从型腔中脱出，这是最基本的选择原则。如图8－6所示的塑件，分型面选择在A处而不是B处。

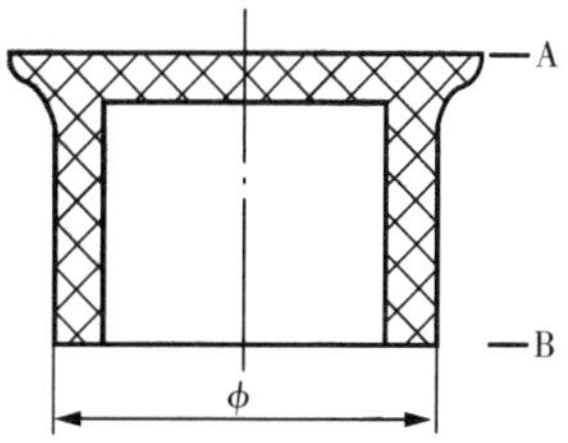

图8－6　分型面应选在塑件外形最大轮廓处

2. 分型面的选择应有利于塑件顺利脱模

由于注射机的顶出装置在动模一侧，所以分型面的选择应尽可能使塑件在开模后留在动模一侧，这样有助于在动模部分设置的推出机构工作，若在定模内设置推出机构就会增加模具的复杂程度。如图8－7a所示，塑件在分型后由于收缩包紧在定模的大型芯上而留在定模，这样就必须在定模部分设置推出机构，增加了模具复杂性；若按图8－7b分型，分型后塑件留在动模，利用注射机的顶出装置和模具的推出机构很容易推出塑件。

3. 分型面的选择应保证塑件的精度要求和外观质量

分型面不能选在塑料制件的光滑表面和外观面，以免影响制件的外观质量。如图8－8所示的塑件，如果采用图8－8a所示的分型，则所产生的飞边不易清除，且影响塑件的外观质量，而采用图8－8b所示的分型较好。

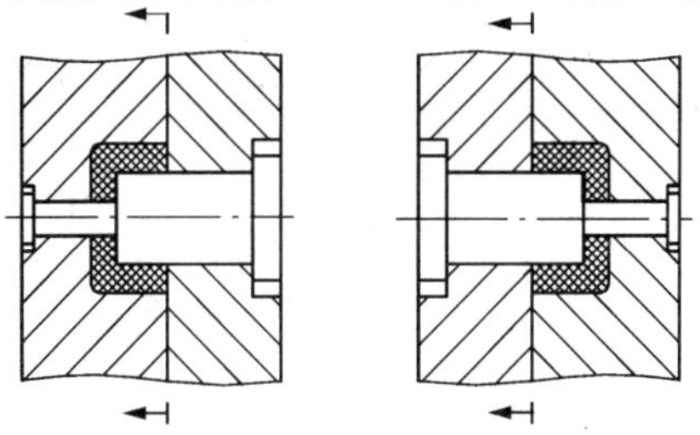

a)　b)

图8－7　分型面对脱模的影响

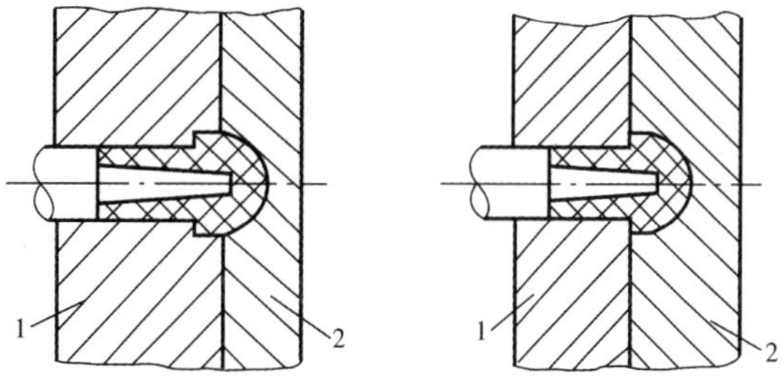

a)不合理　b)合理

图8－8　分型面对外观质量的影响

1—定模　2—动模

对于塑料制件要求同轴度较高的部分，选择分型面时最好将它们设置在模具的同一侧型腔内，如图 8－9 所示的塑件。

4. 分型面的选择应有利于模具的加工

通常在模具结构设计中，选择平直分型面居多。但为了便于模具的制造，应根据模具的实际情况选择合理的分型面。如图 8－10 所示的塑件，若采用图 8－10a 的形式，推管的工作端部需要制出塑件下部的阶梯形状，而这种推管制造困难，推管还需要采取止转措施。另外在合模时，推管会与定模型腔配合接触，模具制造难度大；而采用图 8－10b 所示的阶梯分型形式，则模具加工十分方便。

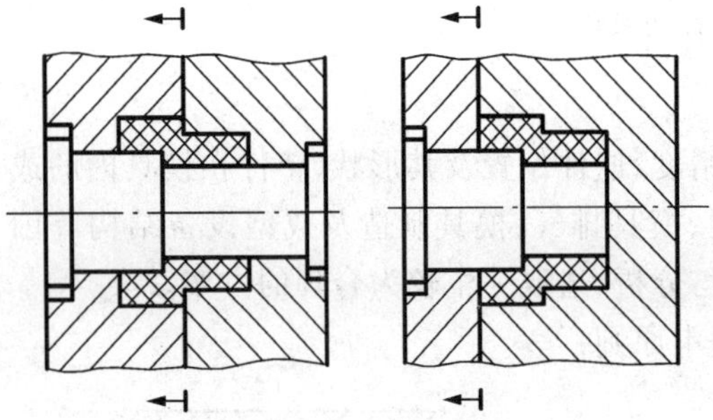

a)不合理　　b)合理

图 8－9　分型面对同轴度的影响

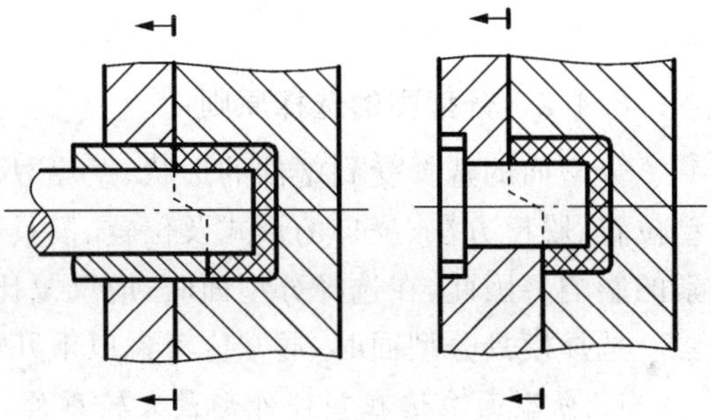

a)不合理　　b)合理

图 8－10　分型面对模具加工的影响

5. 分型面的选择应有利于排气

分型面是模具结构中主要的排气渠道，应尽量设置在塑料熔体流动方向的末端，并且与浇注系统的设计应同时考虑，便于模具型腔内的气体排出。如图 8－11a 所示的结构形式，塑料熔体充填型腔时先封住分型面，在型腔深处的气体就不易排出；而如图 8－11b 所示的结构形式，分型面处最后充填，形成了良好的排气条件。

6. 分型面的选择应考虑模具的侧向抽拔距

为了保证侧向型芯的放置容易和抽芯机构的动作顺利，选择分型面时，应以浅的侧向凹孔或短的侧向凸台作为抽芯方向，将较深的凹孔或较高的凸台放置于开合模的方向，并尽量把侧向抽芯机构放置在动模一侧，如图 8－12 所示，图 b 比图 a 合理。

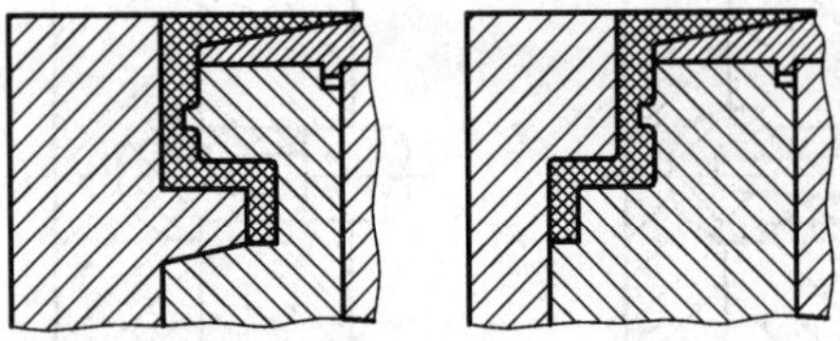

a)不合理　　b)合理

图 8－11　分型面对排气的影响

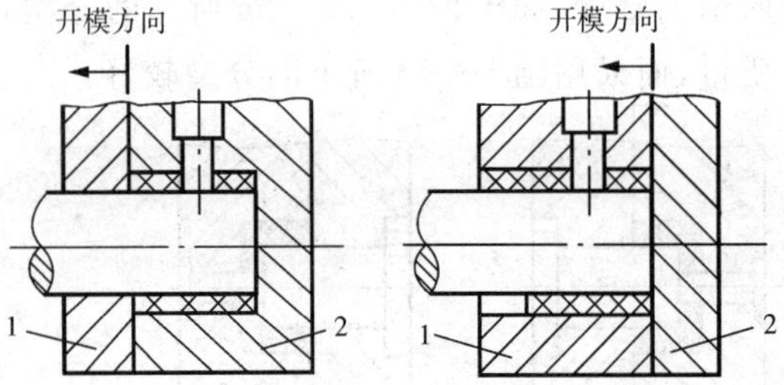

a)不合理　　b)合理

图 8－12　分型面对开模抽芯的影响

1—动模　2—定模

【例8-2】 选择电流线圈架的注射模的分型面。

如图8-1所示，该塑件为机内骨架，表面质量无特殊要求，但在绕线的过程中上端面与工人的手指接触较多因此上端面最好自然形成圆角。此外，该零件高度为12 mm，且垂直于轴线的截面形状比较简单和规范，所以选择如图8-13所示的水平分型方式，既可降低模具的复杂程度，减少模具加工难度又便于成型后出件。

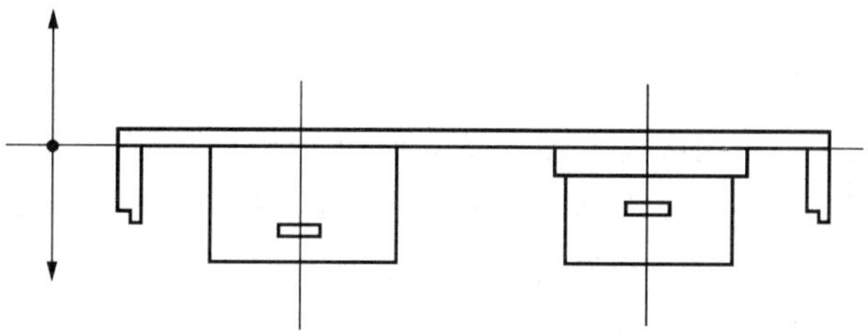

图8-13 电流线圈架的注射模的分型面

8.5 浇注系统

浇注系统是指模具中由注射机喷嘴到型腔之间的进料通道。其作用是将塑料熔体充满型腔，并将注射压力传递到模腔的各个部位，以获得组织致密、外形清晰、表面光洁和尺寸精确的塑件。浇注系统设计好坏对塑件性能、外观和成型难易程度影响颇大。浇注系统可分为普通浇注系统和热流道浇注系统两大类型。热流道浇注系统与普通流道浇注系统的区别是在整个生产过程中，热流道浇注系统内的塑料始终处于熔融状态，压力损失小，没有凝料，省去了去除浇口的工序，节省人力、物力。

8.5.1 浇注系统的组成及设计原则

1. 浇注系统的组成

普通浇注系统的组成如图8-14所示，其中图a适用于卧式和立式注射机；图b适用于直角式注射机。浇注系统通常由主流道1、分流道2、浇口3和冷料穴5等几部分所组成。

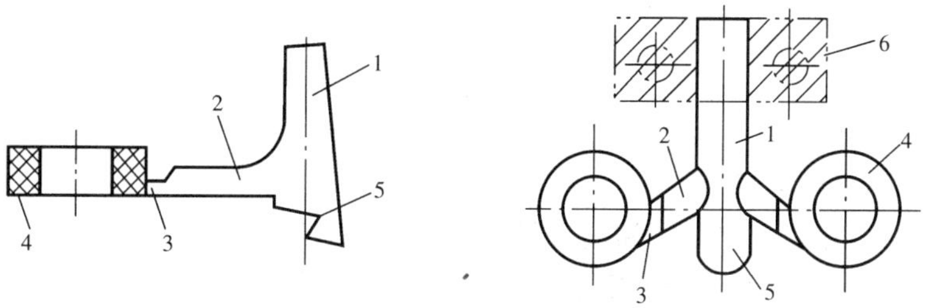

a)直浇口式　　b)横浇口式

图8-14 浇注系统的组成

1—主流道 2—分流道 3—浇口 4—塑件 5—冷料穴 6—镶块

2. 浇注系统的设计原则

(1)流程要短。减少压力和热量损失及塑料消耗量,同时缩短了充模时间。

(2)排气良好。使料流平稳顺利充满型腔。

(3)防止型芯变形和嵌件位移。应避免料流直冲较小的型芯和嵌件。

(4)防止塑件翘曲变形和表面形成冷疤、冷斑等缺陷,应减轻浇口附近应力集中。

(5)合理选择冷料穴。

8.5.2 主流道的设计

主流道是指连接注射机喷嘴与分流道或型腔(单腔模)的进料通道。负责将塑料熔体从喷嘴引入模具,其形状、大小直接影响塑料的流速及填充时间。在卧式或立式注射机用的模具中,主流道垂直于分型面,通常作在淬硬浇口套内,如图 8-15a 所示。为了拆卸更换方便,模具的定位圈常与浇口套分开设计,如图 8-15b 所示。

为了使塑料凝料能从主流道中顺利拔出,需将主流道设计成圆锥形,具有 $\alpha=2^\circ\sim6^\circ$ 的锥角,内壁为 $R_a0.8\ \mu m$ 以下的表面粗糙度,小端直径应大于喷嘴直径约 0.5~1 mm,凹坑半径 R 也应比喷嘴头半径大 1~2 mm,以便凝料顺利拔出。浇口套大端高出定模端面 $H=5\sim10$ mm,起定位作用,与注射机定模板的定位孔呈间隙配合。

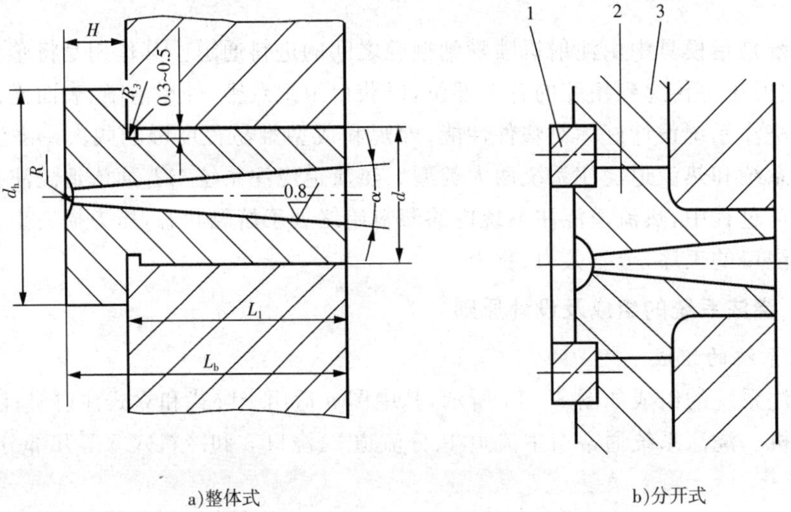

图 8-15 浇口套形式

1—定位圈 2—浇口套 3—定模板

8.5.3 分流道的设计

分流道是指主流道和浇口之间的进料通道。分流道的作用是通过流道截面及方向变化使熔料平稳地转换流向,并均衡分配给各个型腔(多型腔模)。

1. 分流道的截面形状与尺寸

常见分流道的截面形状有圆形、梯形、U 形、半圆形及矩形等几种形式,如图 8-16 所示。其中圆形截面分流道的比表面积(流道表面积与其体积之比)最小,但须开设在分型面两侧,且对应两部分须吻合,加工不方便;梯形及 U 形截面分流道加工较容易,且热量损失和流动阻力均不大,为最常用形式;半圆形和矩形截面的分流道则因比表面积较大不常采用。

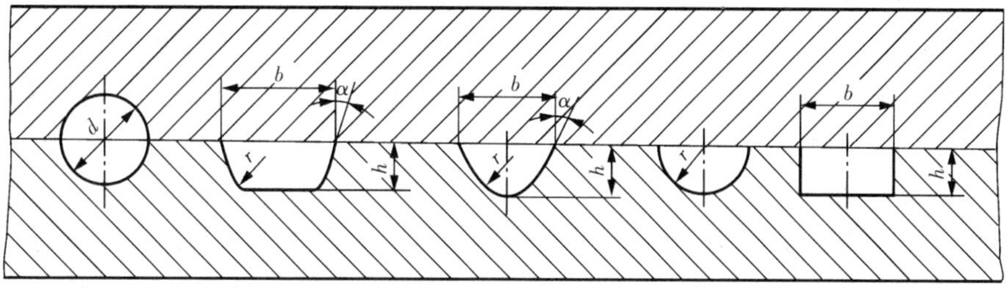

图 8-16　分流道截面形状

分流道截面尺寸可根据塑料品种、塑件尺寸、成型工艺条件以及流道的长度等因素来确定。通常圆形截面分流道直径为 2～10 mm。对流动性较好的尼龙、聚乙烯、聚丙烯等塑料，圆形截面的分流道在长度很短时，直径可小到 2 mm；对流动性较差的聚碳酸酯、聚砜等塑料，直径可大至 10 mm；对于大多数塑料，分流道截面直径常取 5～6 mm。

梯形截面分流道的截面尺寸一般为：$h=\frac{2}{3}b$，$\alpha=5^\circ\sim10^\circ$，$b=4\sim10$ mm。

U 形截面分流道的截面尺寸一般为：$h=1.25r$，$r=0.5b$，$\alpha=5^\circ\sim10^\circ$。

2. 分流道的平衡布置

分流道常用的布置形式有平衡式和非平衡式两种。多型腔模具应尽量采用平衡式分流道，使熔融塑料几乎同时到达每个型腔的进料口，这样，塑料到每个型腔的压力和温度是相同的，塑件的品质也几乎相同，如图 8-17a、b 所示。如果采用非平衡式分流道，因各个型腔的分流道长短不同，则远端型腔处的压力与温度较低，塑件可能形成较明显的熔接痕。甚至塑料可能填充不足，如图 8-17c、d 所示。

当分流道采用平衡式布置有困难时，可使远端型腔的进料口比近端型腔的进料口稍大，即加大进料口的宽度或深度以求各塑件品质接近。对于流动性差的塑料，要避免采用非平衡式分流道。

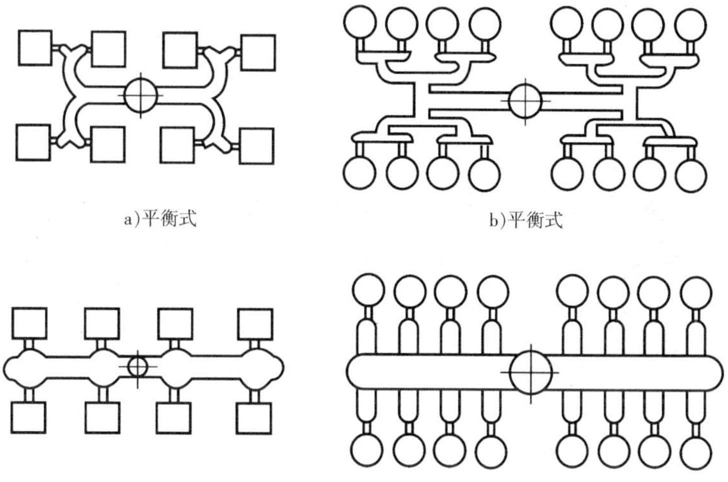

a)平衡式　　b)平衡式

c)非平衡式　　d)非平衡式

图 8-17　分流道布置形式

8.5.4 浇口的设计

浇口又称进料口，是分流道与型腔之间的狭窄部分，也是浇注系统中最短小的部分，它使塑料熔体的流速产生加速度，以利于迅速充满型腔，同时还起封闭型腔防止熔体倒流的作用，并在成型后使浇口凝料与塑件易于分离。

1. 浇口的设计要求

浇口的设计与塑料性能、塑件形状、截面尺寸、模具结构及注射工艺参数等有关。总的要求是使熔料以较快的速度进入并充满型腔，同时在充满后能适时冷却封闭，因此浇口的截面要小、长度要短，这样可增大料流速度，快速冷却封闭，且便于塑件与浇口凝料分离，不留明显的浇口痕迹，保证塑件外观质量。对于多型腔模具，浇口能用来平衡进料，对于多浇口单型腔模具，浇口既能用来平衡进料又能用以控制熔合纹在塑件中的位置。

2. 浇口的形式

浇口的形式很多，常见有以下几种：

(1)直接浇口　直接浇口如图 8-18 所示。从主流道流入型腔顶部，流程最短，成型容易，排气顺畅，流量大，适于成型深型腔大型塑件。但去除浇口费工，且塑件上留有较大痕迹、影响外观。

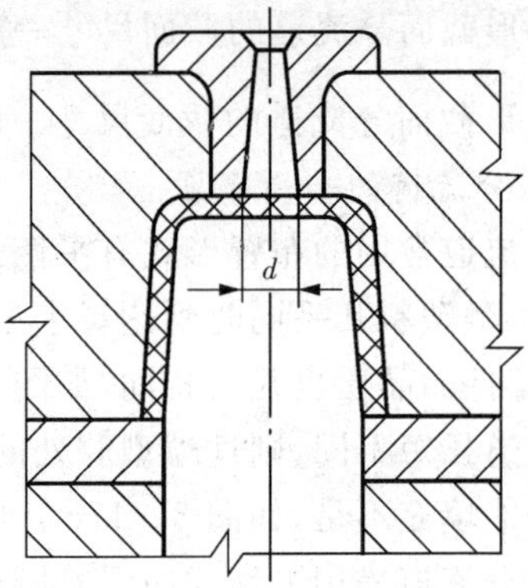

图 8-18　直接浇口

(2)侧浇口　侧浇口常设在多型腔模具上，一般开设在分型面上，塑料熔体从内侧或外侧填充模具型腔，其截面形状多为矩形(扁槽)，如图 8-19 所示。其优点是可以根据塑件的形状特征选择其位置，浇口的深度及宽度在试模以后根据需要可加深或加宽。其缺点是在塑件一端侧壁处进料，流程较长，容易形成熔接痕、缩孔、气孔等缺陷，注射压力损失较大，深型腔底部易生气孔，影响塑件质量。由于制造、调整方便，它是应用较广泛的一种浇口形式。

从外侧进料的侧浇口，一般宽度 $b=1.5\sim5$ mm，深度 $t=0.5\sim2.0$ mm，长度 $l=0.7\sim2.0$ mm。侧浇口的位置可根据塑料制件的形状特点灵活地选择。

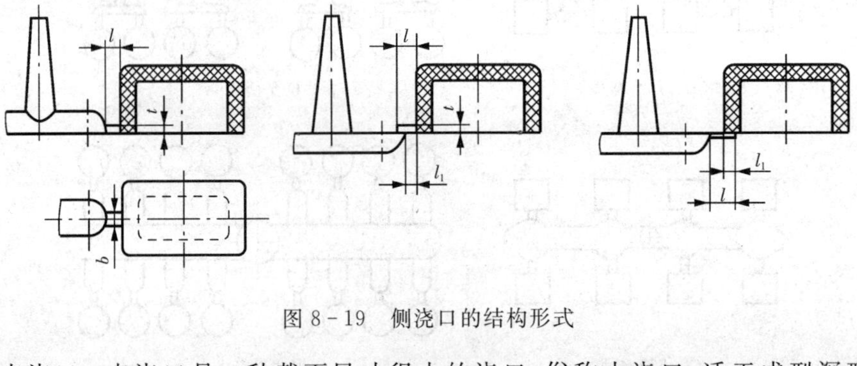

图 8-19　侧浇口的结构形式

(3)点浇口　点浇口是一种截面尺寸很小的浇口，俗称小浇口，适于成型深型腔盒形塑件。

点浇口的优点是:进料口设在型腔底部,排气顺畅,成型良好。大型塑件可设多点浇口;小型塑件可一模多型腔,一型腔一个点浇口,使各个塑件质量一致。进料口直径很小,点浇口拉断后,仅在塑件上留下很小痕迹,不影响塑件的外观质量。

点浇口的缺点是:不适于热敏性塑料及流动性差的塑料;进料口直径受限制,加工较困难;需定模分型,取出浇口,模具应设有自动脱落浇口的机构;模具必须是三板式,结构较复杂。

图 8-20a 所示为常用的点浇口形式。图 8-20b 所示的点浇口为在型芯顶部设窝,可改善流动性,减少剪切应力。

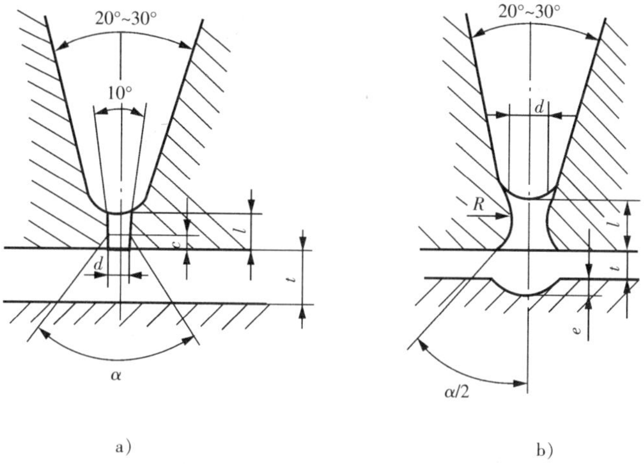

图 8-20 点浇口

3. 浇口的位置

浇口的形式很多,但无论采用什么形式的浇口,其开设的位置对塑件的成型性能及成型质量影响都很大。所以,合理选择浇口的开设位置是提高塑件质量的一个重要设计环节。在选择浇口位置时,应针对塑料制件的几何形状特点及技术要求,来分析熔融塑料在模内的流动状态、填充条件及排气条件等因素,合理设计。

(1)浇口应开设在塑件断面最厚处 当塑件的壁厚相差较大时,若将浇口开设在壁薄处,这时塑料熔体进入型腔后,不但流动阻力大,而且还易冷却,影响熔体的流动距离,难以保证充填满整个型腔。塑件壁厚处往往是熔体最晚固化的地方,如果浇口开设在薄壁处,那么壁厚的地方因液体收缩得不到补缩而会形成表面凹陷或缩孔。

(2)浇口的尺寸及位置选择应避免产生喷射和蠕动现象 小的浇口如果正对着一个宽度和厚度较大的型腔,则高速料流经过浇口时,由于受到很高的切应力,将产生喷射和蠕动等熔体断裂现象。有时喷射现象还会使塑料制件形成波纹状流痕。

(3)浇口位置的选择应使塑料的流程最短,料流变化方向最少。

(4)浇口位置的选择应有利于型腔内气体的排出。

(5)应防止料流将型腔、型芯、嵌件挤压变形。

(6)浇口位置的选择应减少熔接痕,提高熔接强度。

由于浇口位置的原因,塑料熔体充填型腔时会造成两股或两股以上的熔体料流的汇合,汇合之处料流前端是气体，且温度最低，所以在塑件上就会形成熔接痕。熔接痕处会降低塑件的熔接强度，影响塑件外观，在成型玻璃纤维增强塑料制件时尤其严重。如无特殊需要最好不要开设一个以上的浇口，以免增加熔接痕。如图 8－21a 所示为方环形塑件，开设两个侧浇口，在塑件上有两处可能会产生熔接痕；而图 8－21b 为同一塑件开设一个侧浇口，则只有一处可能会产生熔接痕。

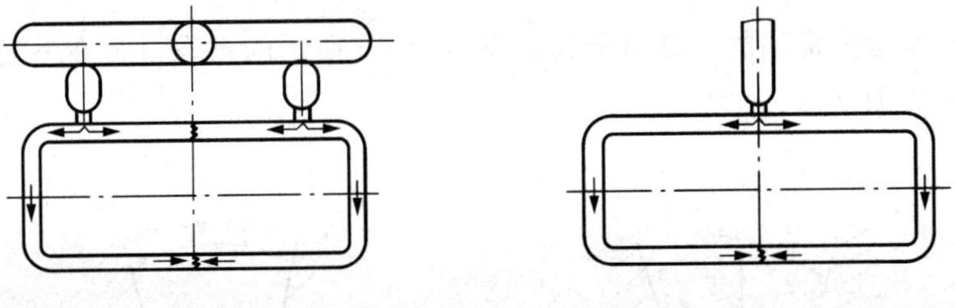

a)　　　　b)

图 8－21　浇口位置对熔接痕的影响

浇口的理想尺寸很难计算，一般可根据经验估算。浇口断面积约为分流道断面积的 3％～9％，断面形状常为矩形或圆形，浇口的长度约为 1～1.5 mm。在设计浇口时往往先取较小的尺寸值，以便在试模后逐步加以修正。

8.5.5　冷料穴设计

冷料穴的作用是贮存注射间隔期间喷嘴产生的冷凝料头和熔体流动的前锋冷料，以防止这些冷料进入型腔，既影响熔体充填的速度，又影响成型塑件的质量。冷料穴一般设在主流道的末端，冷料穴底部常作成曲折的"Z"形或下陷的凹槽，使冷料穴兼有分模时将主流道凝料从主流道衬套中拉出，并滞留在动模一侧的作用。

常见的冷料穴有以下两种结构。

1. 带"Z"形头拉料杆的冷料穴

在冷料穴底部有一根"Z"形头的拉料杆，这是最常用的冷料穴形式。如图 8－22a 所示。拉料杆头部的侧凹能将主流道凝料钩住，开模时滞留在动模一侧。拉料杆是固定在推板上的，让凝料与拉料杆一道被推出机构从模具中推出。开模后稍许将制品作侧向移动，即可将制品连同凝料一道从拉料杆上取下。

同类型的还有带推杆的倒锥形冷料穴（见图 8－22b）和圆环槽形冷料穴（见图 8－22c）。

在开模时靠冷料穴的倒锥或侧凹起拉料作用，使凝料脱出主流道衬套并滞留在动模一侧，然后通过推出机构强制推出凝料。这几种形式冷料穴适用于弹性较好的塑料制品。

2. 带球形头拉料杆的冷料穴

这种拉料杆专用于借助推板将制品脱模的模具中。如图 8－22d 所示，前锋冷料进入冷料穴后，紧包在拉料杆的球形头上，开模时便可将主流道凝料从主流道中拉出。球头拉料杆固定在动模一侧的型芯固定板上，并不随推出机构移动，所以当推件板从型芯上推出制品时，也就将主流道凝料从球头拉料杆上硬刮下来。蘑菇形拉料杆（见图 8－22e）和锥形拉料杆（见图 8－22f）均是球形头拉料杆的变异形式。这三种拉料杆无储存冷料的作用，它依靠塑料收缩的包紧力将主流道凝料拉出，故可靠性较差，但尖锥的分流作用好，常用在成型带孔的塑件上，如塑料齿轮等。

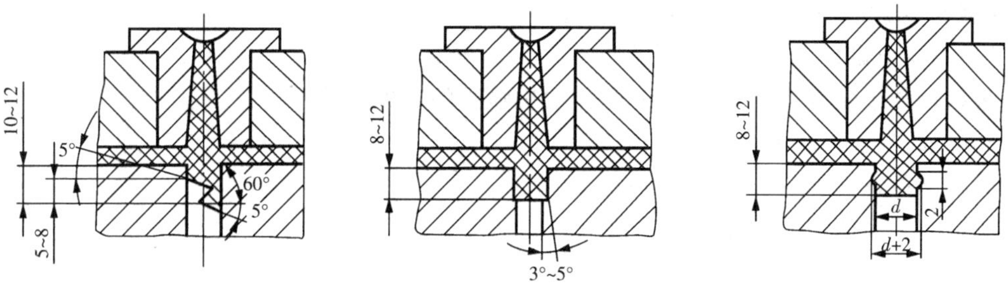

a)Z 形　　b)倒锥形　　c)环槽形

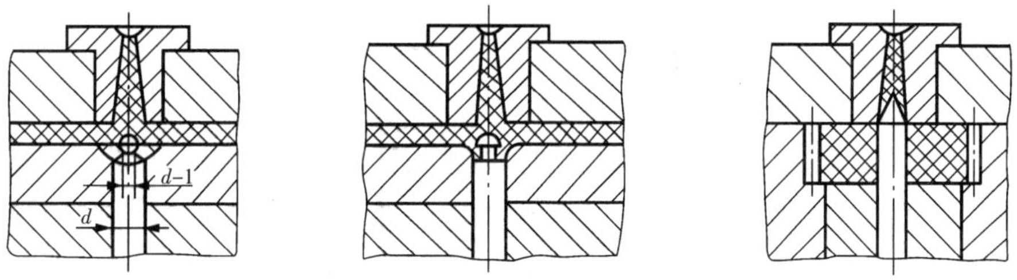

d)球形头　　e)蘑菇形　　f)锥形

图 8-22　冷料穴与拉料杆

【例 8-3】 确定电流线圈架的注射模的型腔排列方式。

本塑件在注射时采用一模两件，即模具需要两个型腔，型腔排列方式有两种，如图8-23和图 8-24 所示。

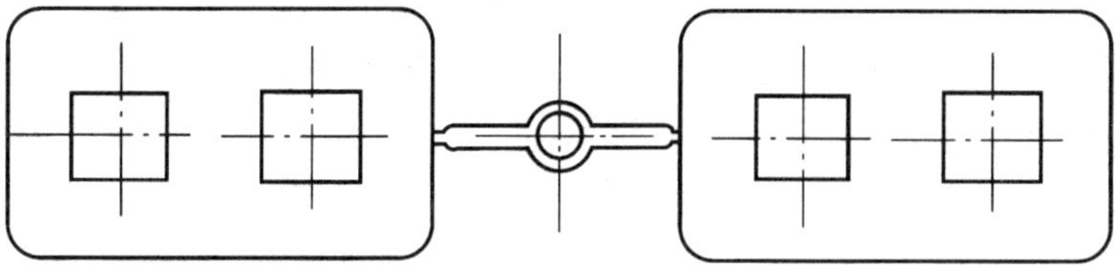

图 8-23　型腔排列方式一

采用如图 8-23 所示的型腔排列方式的最大优点是便于设置侧向分型抽芯机构，其缺点是熔料进入型腔后到另一端的料流长度较长，但因本塑件较小，故对成型没有太大影响。

若采用图 8-24 所示的型腔排列方式，显然料流长度较短，但侧向分型抽芯机构设置则相当困难，势必成倍增大模具结构的复杂程度。

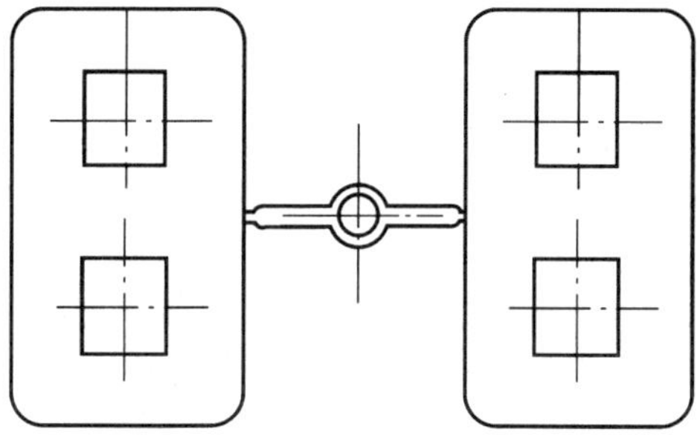

图 8-24　型腔排列方式二

综合考虑浇注系统、模具结构的复杂程度等因素，本注射模拟采用如图 8-23所示的型腔排列方式。

【例 8 - 4】 设计电流线圈架的注射模的浇注系统。

(1)主流道设计

根据设计手册查得 XS—Z—60 型注射机喷嘴的有关尺寸：

喷嘴前段孔径：$d_0=4$ mm；

喷嘴前段球面孔径：$R_0=12$ mm；

根据模具主流道与喷嘴的关系：

$$R=R_0+(1\sim2)\ \text{mm}$$

$$d=d_0+(0.5\sim1)\ \text{mm}$$

取主流道球面半径 $R=13$ mm；

取主流道的小端直径 $d=4.5$ mm。

为了便于将凝料从主流道中拨出，将主流道设计成圆锥形，其斜度为 $1°\sim3°$，经换算得主流道大端直径 $D=8.5$ mm。为了使熔料顺利进入分流道，可在主流道出料端设计半径 $r=5$ mm的圆弧过渡。

(2)分流道设计

分流道的形状及尺寸，应根据塑件的体积、壁厚、形状的复杂程度、注射速率、分流道长度等因素来确定。本塑件的形状不算太复杂，熔料填充型腔比较容易。根据型腔的排列方式可知分流道的长度较短，为了便于加工，选用截面形状为半圆形分流道，查表 $r=4$ mm。

(3)浇口设计

根据塑件的成型要求及型腔排列方式，选择侧浇口较为理想。

设计时考虑选择从壁厚 1.3 mm 处进料，料由厚处往薄处流，而且在模具结构上采取镶拼式型腔、型芯，有利于填充、排气。故采用截面为矩形的侧浇口，查表可得初选尺寸为($b\times l\times h$)1 mm×0.8 mm×0.6 mm，试模时修正。

8.6 成型零件

成型零件是决定塑料制件的形状与尺寸的零件。注射模的成型零件由型腔及型芯组成。

8.6.1 成型零件的结构设计

1. 型腔的结构

成型零件由型腔及型芯组成，型腔较难加工。成型塑件外形的型腔，一般设在定模一边。型腔若在定模板上直接加工称整体式型腔，适于形状简单的塑件。但大多数采用镶嵌式型腔，即在定模芯上用铣刀或电脉冲加工出型腔，再将定模芯固定到定模板的孔中。

(1)整体式型腔 整体式型腔如图 8 - 25 所示，它具有较高的强度和刚度，但加工困难、热处理不方便。它仅适用于形状简单的中小型塑料制品的成型。

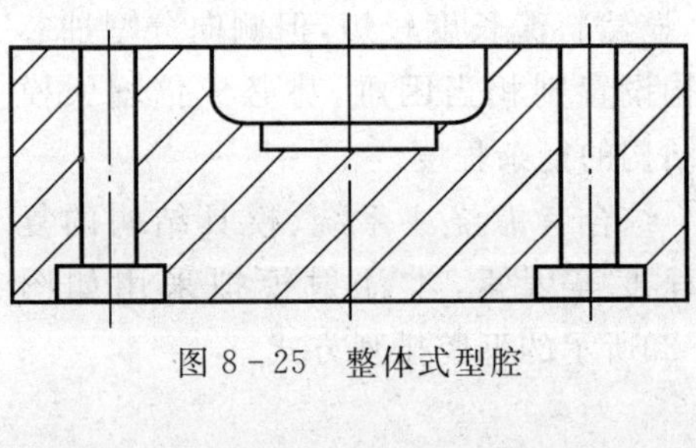

图 8 - 25 整体式型腔

(2)镶嵌式型腔　型腔的镶嵌形式如图 8－26 所示。

图 8－26a 所示为最常用的形式,模板加工成通孔,背台加工成合肩状,嵌件压入后牢固可靠。图 8－26b 所示为模板加工成不通孔,模板强度好,适于大型塑件,嵌件与模板的配合加工、装卸均较困难。图 8－26c 所示为深型腔的塑件,仅底部作成局部嵌入,便于加工。图 8－26d 所示为型腔底部形状较复杂,又不允许作成通孔时的局部嵌入结构。图 8－26e 为型腔四壁由 4 个拼块的组合,压入模板后组成的型腔,可用一般的金属切削机床加工。图 8－26f 所示为型腔底部四周有圆角的型腔拼接形式。图 8－26g 所示为瓣合式,常用于垂直分型面模具。

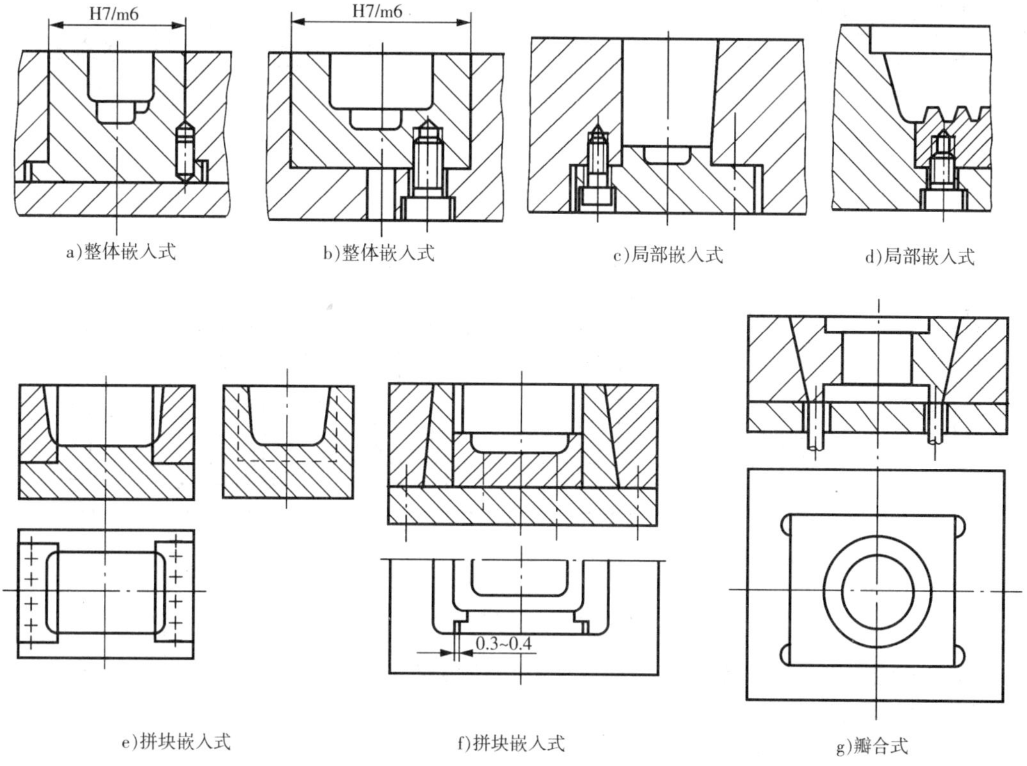

图 8－26　镶嵌式型腔

2. 型芯的结构

型芯是成型塑件内表面的零件,成型其主体部分内表面的零件称为主型芯或凸模,而成型其他小孔的型芯称为小型芯。

型芯的固定形式如图 8－27 所示。图 8－27a 所示为拼块组合镶嵌形式,便于机械加工和钳工修配。图 8－27b 所示为小型芯嵌入型芯中。图 8－27c 所示为成型长方形孔的型芯嵌入形式。图 8－27d 所示为成型异形孔的型芯嵌入形式,模板上的孔仅为圆孔。图 8－27e 所示为型芯没有背紧装置,故采用过盈配合 H7/s6,以防止型芯被拔出。图 8－27f 所示为型芯背面采用铆接方法。图 8－27g 所示为最常用的背台固定方法。图 8－27h 所示为减少型芯与模板孔的配合长度而将孔局部扩大 0.5 mm。图 8－27i 所示为型芯用垫板固定,更换调整方便。图 8－27j 所示为型芯背面用螺纹背紧的方法,更换方便。

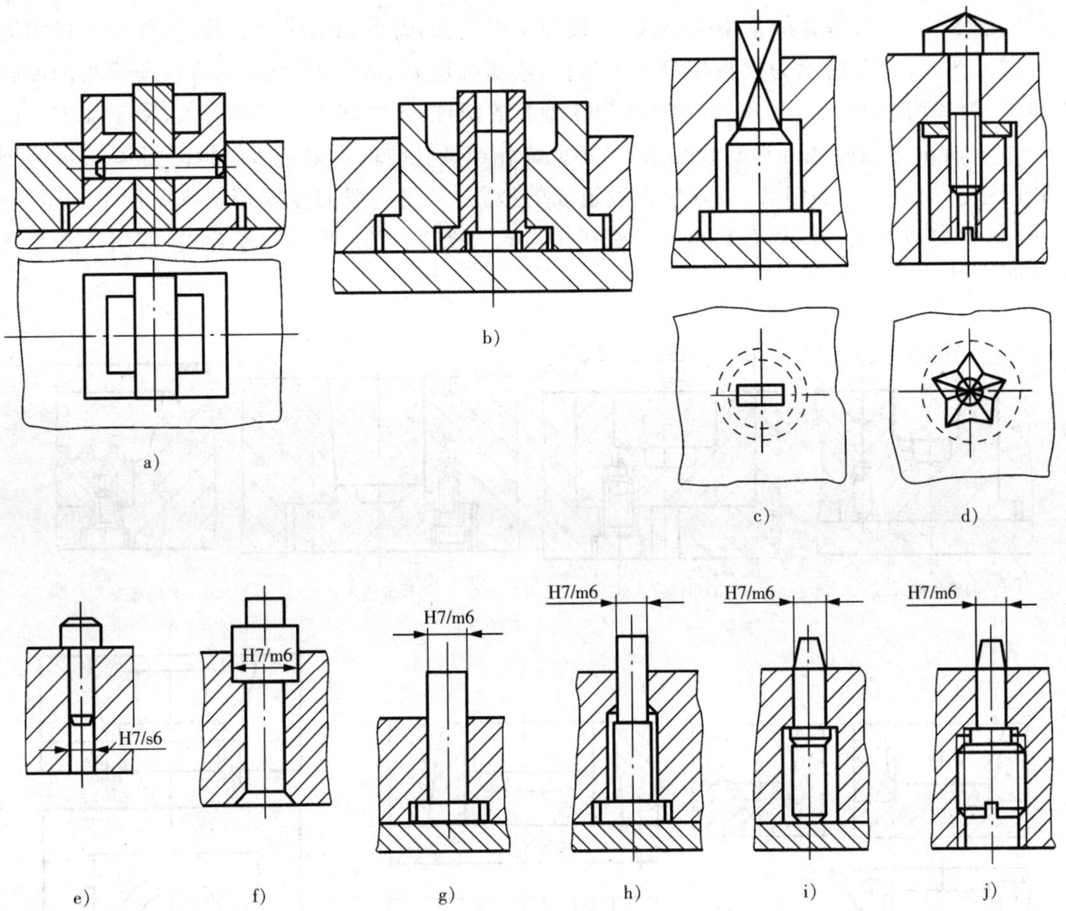

图 8-27 型芯的固定形式

【例 8-5】 电流线圈架注射模的成型零件结构设计。

(1)凹模的结构设计

本例中模具采用一模二件的结构形式，考虑加工的难易程度和材料的价值利用等因素，凹模采用镶嵌式结构，其结构形式如图 8-54 所示。图中件 18 上的两对凹槽用于安放侧型芯。

根据本例分流道与浇口的设计要求，分流道和浇口均设在上凹模镶块上，其结构如图 8-28所示。

(2)凸模的结构设计

凸模主要是与凹模相结合构成模具的型腔，其凸模和侧型芯的结构如图 8-54 中件 17、19、27、28 所示。

8.6.2 成型零件的工作尺寸计算

成型零件的工作尺寸是指型腔和型芯直接构成塑件的尺寸。成型零件的工作尺寸计算要考虑塑料制件的尺寸公差、塑料收缩率、溢料飞边的厚度、塑料制件脱模、模具制造的加工条件等因素。

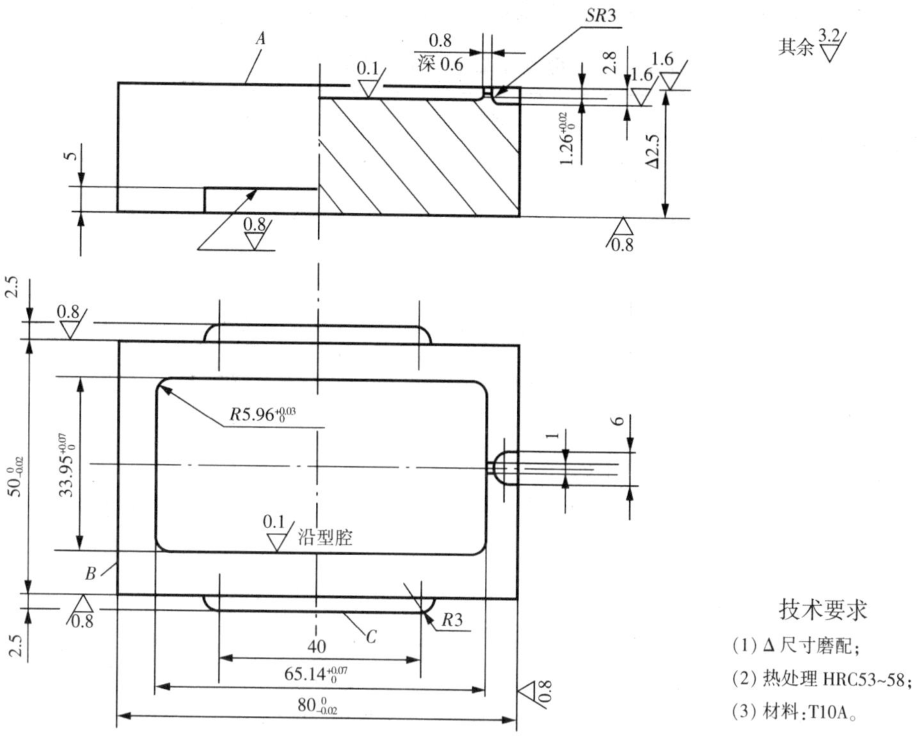

图 8-28 上凹模镶块的结构及尺寸

成型零件的工作尺寸计算方法见表 8-3。

表 8-3 光滑成型零件的工作尺寸计算

尺寸			计算公式
类 别	塑 件	模具成型零件	
Ⅰ	外表面	型腔内表面	$D_M = D_{max} + D_{max} \cdot S_{max} - T_Z$
Ⅱ	内表面	型芯外表面	$d_M = d_{min} + d_{min} \cdot S_{min} + T_Z$
Ⅲ	高度	与飞边厚度无关的型腔高度	$H_M = H_{max} + H_{max} \cdot S_{mid} - 0.5(T_{Z+} T_M)$
Ⅳ		与飞边厚度有关的型腔高度	$H_{M1} = H_{max} + H_{max} \cdot S_{mid} - C - 0.5(T_{Z+} T_M)$
Ⅴ	中心距	中心距	$L_M = L + L \cdot S_{min}$
Ⅵ	其他(如槽深、凸台高)		$H_M = h_{min} + h_{min} \cdot S_{mid} + 0.5(T_{Z+} T_M)$

注:D_{max},H_{max}——塑件的最大极限尺寸(mm);

d_{min},h_{min}——塑件的最小极限尺寸(mm);

S_{max},S_{min},S_{mid}——塑料相应最大,最小和平均收缩率(%);

T_Z——塑件的公差(mm);

T_M——成型零件工作尺寸公差(mm);

C——考虑注塑时飞边厚度的修正系数。

与塑件成型尺寸的公差等级有关的成型零件工作尺寸的公差，按表 8－4 选用。

表 8－4　成型零件工作尺寸的公差带

塑件尺寸的公差等级	成型零件工作尺寸的公差带		
	型腔内表面和Ⅲ、Ⅳ类高度	型芯外表面和Ⅵ类尺寸	中心距
IT10～IT11	H7	h6	$\pm T_Z/6$
IT12～IT14	H9	H9	
IT15～IT16	H11	H11	
IT17	H12	H12	

注：T_Z——塑件的公差（mm）。

【例 8－6】 电流线圈架注射模的成型零件的工作尺寸计算。

本注射模中成型零件工作尺寸计算时均采用平均尺寸、平均收缩率、平均制造公差和平均磨损量来进行计算。

查表得增强聚丙烯的收缩率为 $Q=0.4\%\sim0.8\%$，故平均收缩率为 $Q_{cp}=(0.4+0.8)\%/2=0.6\%$，考虑到工厂模具制造的现有条件，模具制造公差取 $z=\Delta/3$。

（1）型腔和型芯工作尺寸计算

型腔和型芯工作尺寸计算见表 8－5。

表 8－5　型腔、型芯工作尺寸计算

类别	序号	模具零件名称	塑件尺寸	计算公式	型腔或型芯的工作尺寸
型腔的计算	1	下凹模镶块	$17_{-0.2}^{0}$	$L_M=(L_S+L_S S_{CP}\%-\frac{3}{4}\Delta)_{0}^{+\delta_Z}$	$16.95_{0}^{+0.07}$
			$15_{-0.12}^{0}$		$15_{0}^{+0.04}$
			$14_{-0.2}^{0}$		$13.93_{0}^{+0.07}$
			$12.1_{-0.12}^{0}$	$H_M=(H_S+H_S H_{CP}\%-\frac{2}{3}\Delta)_{0}^{+\delta_Z}$	$12.08_{0}^{+0.04}$
			$4.5_{-0.1}^{0}$		$4.4_{0}^{+0.03}$
			$R5.2_{-0.1}^{0}$		$5.12_{0}^{+0.03}$
	2	凸耳对应的型腔	$R5_{-0.1}^{0}$	$L_R=(L_{RS}+L_{RS} S_{CP}\%-\frac{2}{3}\Delta)_{0}^{+\delta_Z}$	$4.95_{0}^{+0.03}$
			$R4.2_{-0.1}^{0}$		$4.15_{0}^{+0.03}$
			8.5 ± 0.05	$H_M=(H_S+H_S S_{CP}\%-\frac{2}{3}\Delta)_{0}^{+\delta_Z}$	$8.44_{0}^{+0.03}$
			1 ± 0.05		$0.98_{0}^{+0.03}$
	3	上凹模镶块	$65_{-0.2}^{0}$	$L_M=(L_S+L_S S_{CP}\%-\frac{3}{4}\Delta)_{0}^{+\delta_Z}$	$64.4_{0}^{+0.07}$
			$34_{-0.2}^{0}$		$33.95_{0}^{+0.07}$
			$R6_{-0.1}^{0}$	$H_M=(H_S+H_S S_{CP}\%-\frac{2}{3}\Delta)_{0}^{+\delta_Z}$	$5.96_{0}^{+0.03}$
			$1.3_{-0.06}^{0}$		$1.26_{0}^{+0.02}$

（续表）

类别	序号	模具零件名称	塑件尺寸	计算公式	型腔或型芯的工作尺寸
型芯的计算	1	右型芯	10.5±0.1	$L_M=(L_S+L_S S_{CP}\%+\frac{3}{4}\Delta)^{0}_{-\delta_Z}$	$10.61^{0}_{-0.07}$
			13.5±0.11		$13.63^{0}_{-0.07}$
			$12^{+0.16}_{0}$	$h_M=(h_S+h_S S_{CP}\%+\frac{2}{3}\Delta)^{0}_{-\delta_Z}$	$12.17^{0}_{-0.05}$
	2	左型芯	$15.1^{+0.14}_{+0.12}$	$L_M=(L_S+L_S S_{CP}\%+\frac{3}{4}\Delta)^{0}_{-\delta_Z}$	$15.3^{0}_{-0.04}$
			$12.1^{+0.04}_{+0.02}$		$12.2^{0}_{-0.02}$
			$4.5^{+0.1}_{0}$	$h_M=(h_S+h_S S_{CP}\%+\frac{2}{3}\Delta)^{0}_{-\delta_Z}$	$4.59^{0}_{-0.03}$
孔距	型孔之间的中心距		32±0.1	$C_M=(C_S+C_S S_{CP}\%)\pm\frac{\delta_Z}{2}$	32.19±0.03

（2）型腔侧壁厚度和底板厚度计算

① 下凹模镶块型腔侧壁厚度及底板厚度计算

a. 下凹模镶块型腔侧壁厚度计算

下凹模镶块型腔为组合式矩形型腔，根据组合式矩形型腔侧壁厚度计算公式

$$h=\sqrt[3]{\frac{paL_1^4}{32EA[\delta]}}$$

进行计算。式中各参数分别为：

$p=40$ MPa；(选定值)

$a=12$ mm；

$L_1=16.85$ mm；

$E=2.1\times10^5$ MPa；

$A=40$ mm（初选值）；

$[\delta]=0.025\sim0.04$ mm，取$[\delta]=0.035$ mm。

代入公式计算得

$$h=\sqrt[3]{\frac{paL_1^4}{32EA[\delta]}}$$

$$=\sqrt[3]{\frac{40\times12\times16.85^4}{32\times2.1\times10^5\times40\times0.035}}$$

$$=1.6\text{ mm}$$

考虑到下凹模镶块还需安装侧向抽芯机构，故取下凹模镶块的外形尺寸为 80 mm×50 mm。

b. 下凹模镶块底板厚度计算

根据组合式型腔底板厚度计算公式

$$H=\sqrt{\frac{3pbl^2}{4B[\delta]}}$$

进行计算。式中各参数分别为：

p=40 MPa；(选定值)

b=13.83 mm；

l=90 mm；(初选值)

B=190 mm(根据模具初选外形尺寸确定)；

$[\delta]$=160 MPa(底板选定材料为45钢)。

代入公式计算得

$$H=\sqrt{\frac{3pbl^2}{4B[\delta]}}$$

$$=\sqrt{\frac{3\times40\times13.83\times90^2}{4\times190\times160}}$$

$$=10.5\ \text{mm}$$

考虑模具的整体结构协调，取 H=25 mm。

② 上凹模型腔侧壁厚度的确定

上凹模镶块型腔为矩形整体式型腔，根据矩形整体式型腔侧壁厚度计算公式进行计算。由于型腔高度 a=1.2 mm 很小，因而所需的 h 值也较小，故在此不作计算，而是根据下凹模镶块的外形尺寸来确定。上凹模镶块的结构及尺寸如图 8-28 所示。

8.7 合模导向机构

在模具进行装配或成型时，合模导向机构主要用来保证动模和定模两大部分或模内其他零件之间准确对合，以确保塑料制件的形状和尺寸精度，并避免模内各零部件发生碰撞和干涉。合模导向机构主要有导柱导向和锥面定位两种形式。

8.7.1 导柱导向结构

导柱导向机构是比较常用的一种形式，其主要零件是导柱和导套，如图 8-29所示。

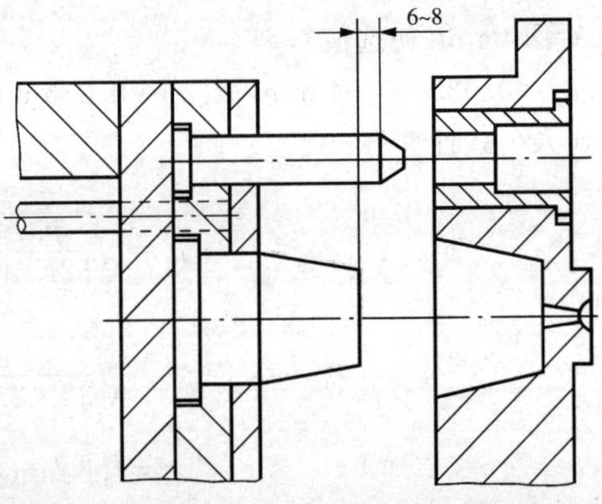

图 8-29 导柱导向机构

1. 导柱的布置形式

根据注射模具体结构形状和尺寸，导柱一般可设置 4 个，小型模具可以设置 2 个，圆形模具可设置 3 个。导柱应合理均布在模具分型面的四周，导柱中心至模具边缘应有足够的距离，以保证模具强度。为确保模具装配或合模时方位的正确性，导柱的布置可采用等径导柱不对称或不等径导柱对称分布的形式，如图 8－30 所示。

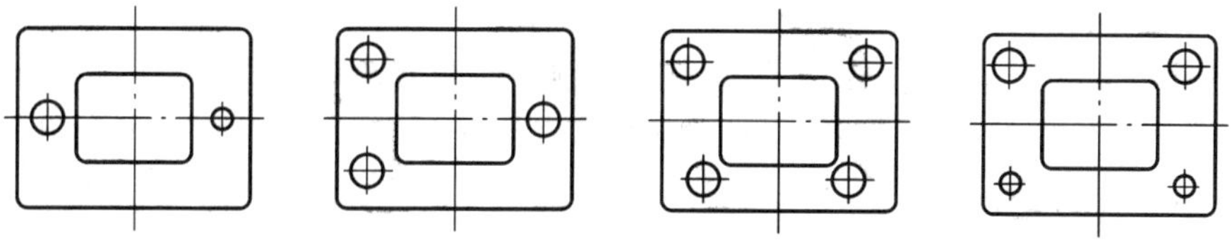

图 8－30　导柱的布置形式

根据模具的具体结构需要，导柱可以固定在动模一侧，也可以设置在定模一侧。标准模架一般将导柱设置在动模一侧；如果模具采用推件板脱模时，导柱须设置在动模侧；如果模具采用三板式结构（如点浇口模具）而且采用推件板脱模时，则动、定模两侧均需设置导柱。

2. 导柱与导套的配合形式

导柱与导套的配合形式可根据模具结构及生产要求而不同，常见的配合形式如图 8－30 所示。

图 8－31a 所示为 A 型导柱直接与模板上的导向孔相配合的形式，容易磨损。

图 8－31b 所示为 A 型导柱和 B 型导套相配合的形式；图 8－31c 所示为 A 型导柱和 A 型导套相配合的形式，这两种配合方式由于导柱和导套安装孔径不一致，不便于同时配合加工，在一定程度上不能很好地保证两者的同轴度。

图 8－31d 为 B 型导柱和 A 型导套相配合的形式；图 8－31e 为 B 型导柱和 B 型导套相配合的形式，上述两种配用方式，导柱和导套安装孔径的同轴度能很好地保证。

图 8－31f 为 C 型导柱和 C 型导套相配合的形式，结构比较复杂。

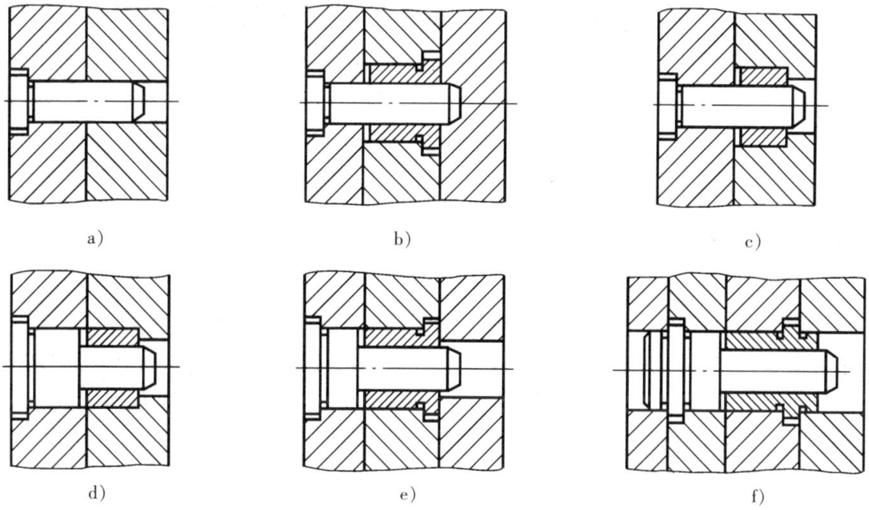

图 8－31　导柱与导套的配合形式

导柱与导套的配合精度通常采用 H7/f7 或 H8/f7。

8.7.2 锥面定位机构

在成型大型深腔薄壁和高精度的塑件或偏心的塑件时，动、定模之间应有较高的合模定位精度，由于导柱与导向孔之间是间隙配合，无法保证应有的定位精度。另外在注射成型时往往会产生很大的侧向压力，如仍然仅由导柱来承担，容易造成导柱的弯曲变形，甚至使导柱卡死或损坏，因此还应增设锥面定位机构。

如图 8－32 所示为采用锥面定位的模具。锥面配合有两种形式：一是两锥面之间有间隙，将淬火的零件装于模具上，使之和锥面配合，以制止偏移；二是两锥面配合，这时两锥面应都要淬火处理，角度 5°～20°，高度为 15 mm 以上。

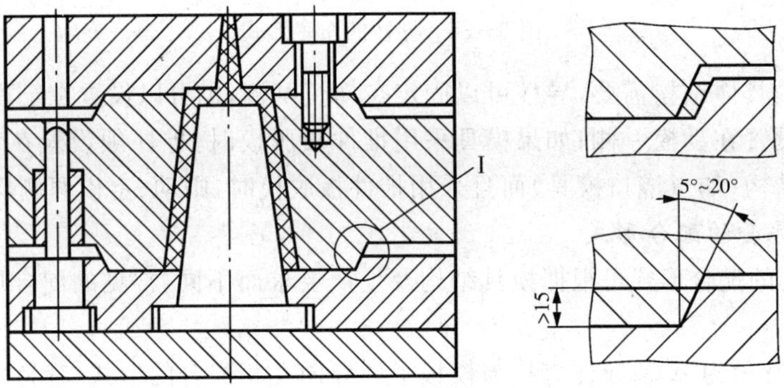

图 8－32 锥面定位机构

8.8 推出机构

注射成型后，必须顺利推出塑件及浇道凝料。从模具中推出塑件及其浇注系统凝料的机构称为推出机构。推出机构应有足够的强度与刚度，推出动作应灵活可靠，推出位置应选择在不影响塑件外观的地方。为了克服由塑件收缩引起的包紧力及塑件与模芯的黏附力，必须仔细考虑推出力的分布状况，相应地确定推杆的大小和位置，以保证推出塑件时不变形。

8.8.1 推出机构的设计原则

推出机构的结构类型虽然多样化，但必须遵守统一的设计原则。

1. 应尽量使塑件留于动模一侧

由于推出机构的动作是通过注射机动模一侧的顶杆或液压缸来驱动的，所以一般情况下模具的推出机构设置在动模一侧。正是由于这种原因，在考虑塑件在模具中的位置和分型面的选择时，应尽量使模具分型后塑件留在动模一侧，这就要求动模部分所设置的型芯被塑件包围的侧面积之和要比定模部分的多。

2. 塑件在推出过程中不发生变形和损坏

为了使塑件在推出过程中不发生变形和损坏，设计模具时应仔细进行塑件对模具包紧力和黏附力大小的分析与计算，合理地选择推出的方式、推出的位置、推出零件的数量和推出面积等。

3. 不损坏塑件的外观质量

对于外观质量要求较高的塑件,尽量不选塑件的外部表面作为推出位置,即推出塑件的位置尽量设在塑件内部。当塑件内外表面均不允许存在推出痕迹时,应改变推出机构的形式或设置专为推出塑件用的工艺塑料块,在推出后再与塑件分离。

4. 合模时应使推出机构正确复位

设计推出机构时,应考虑合模时推出机构的复位。在斜导杆和斜导柱侧向抽芯及带有活动镶件的模具设计时,在活动零件后面设置推杆等特殊的情况下还应考虑推出机构的预先复位问题等。

5. 推出机构应动作可靠

推出机构在推出与复位的过程中,结构应尽量简单,动作可靠、灵活,制造容易。

8.8.2　推出机构的类型

1. 推出机构的典型结构

如图 8-33 所示。图中,由推杆 8 将制品从型腔中推出,并用推杆固定板 7 和推板 4 将推杆夹在中间固定。注射机上的顶杆将推出力作用在推板上,再通过推杆产生脱模力使制品从型腔中脱出。为了使推出过程平稳可靠,一般还应在模具座板和推板之间设置导柱 5 和导套 6。推板在推出制品后的复位依靠复位杆实现。拉料杆 3 的作用是钩住浇注系统的凝料,使凝料随同制品一起留在动模内。限位钉 1 起调节推杆位置和便于清除杂物的作用。

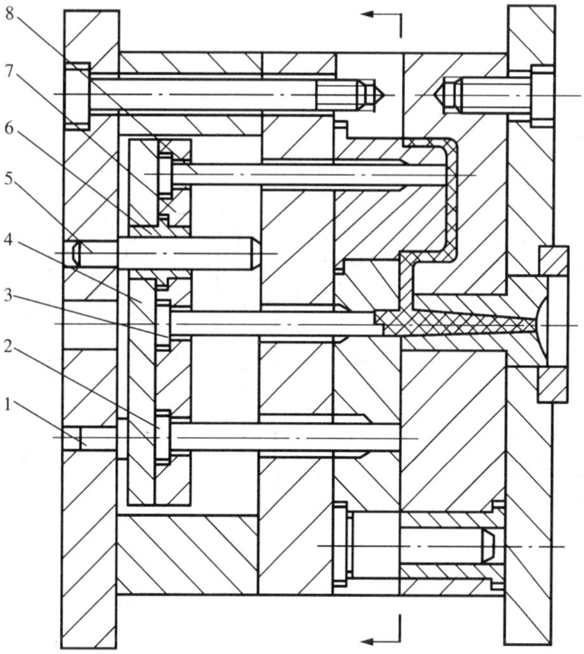

图 8-33　推出机构的典型结构

1—限位钉　2—复位杆　3—拉料杆　4—推板　5—导柱　6—导套　7—推杆固定板　8—推杆

2. 推出机构的类型

推出机构的类型取决于制品的形状、塑料的性能及注射机的顶出形式。推出机构常用的类型有一次推出机构、二次推出机构、顺序推出机构。

(1)塑件的一次推出机构

一次推出机构又称简单推出机构，它是指开模后在动模一侧用一次推出动作完成塑件的推出。一次推出机构常采用推杆、推板或推管推出塑件，有的塑件需要推杆、椎管与推件板的联合推出，以保证塑件变形最小。图 8-34 所示为一次推出机构的常用形式。

图 8-34a 为推杆推出机构，这种机构广泛地应用于推出各类塑件；图 8-34b 为推管推出机构，主要用于推出中心带孔的圆形制品或圆形凸台塑件；图 8-34c 为推件板推出机构，这种机构适用于薄壁容器、壳形塑件及外表面不允许留有推出痕迹的塑件；图 8-34d 为联合推出机构，这种机构采用以推件板为主，推杆及推管为辅的推出方式，适用于型芯内部阻力大、仅用推件板或推杆易使塑件变形或损坏的场合。

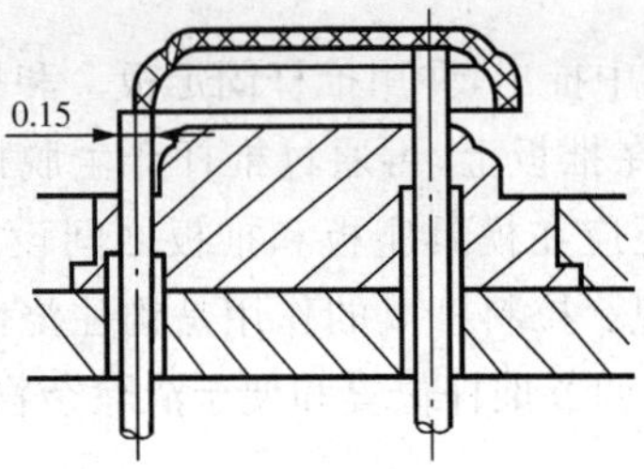

a)推杆推出机构

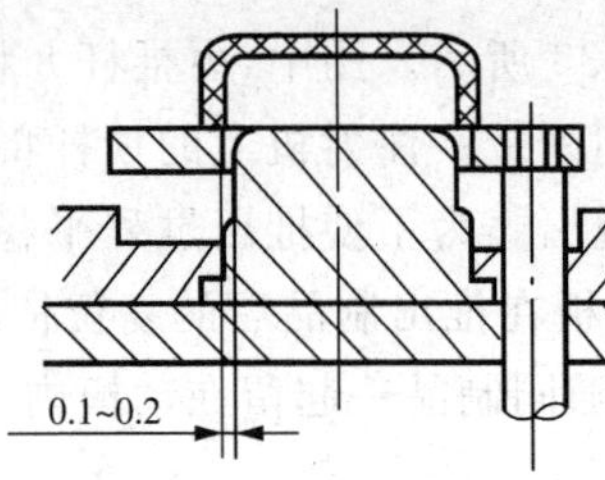

c)推件板推出机构

b)推管推出机构

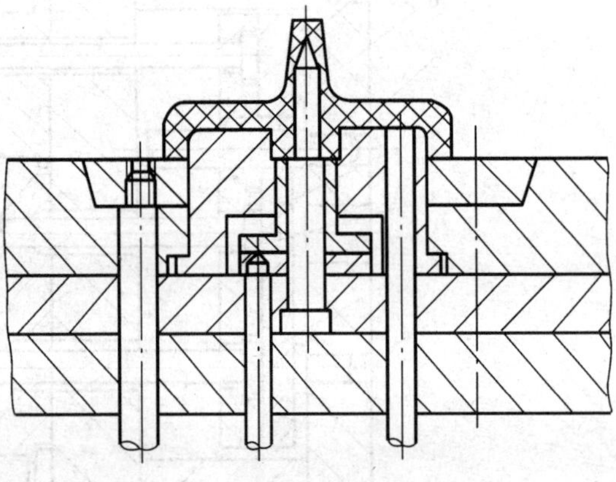

d)联合推出机构

图 8-34　一次推出机构常用形式

(2)塑件的二次推出机构

当塑件形状特殊或因生产自动化需要，在一次脱模动作后，塑件仍难于从型腔中取出或不能自动脱落时，必须增加一次脱模动作，才能使塑件脱模。有时为避免一次脱模使塑件受力过大，也采用二次脱模，以保证塑件质量，这类脱模机构称为二次推出机构。

图 8－35a 所示为弹簧式二次推出机构，开模后利用弹簧 2 实现第一次推出，然后由推杆 1 完成二次推出。该方法结构简单，模具结构紧凑，但弹簧易失效，需及时更换。图 8－35b 所示为棘爪式二次推出机构。开模时，注射机顶杆 1 推动二次推板 7，由于弹簧 2 拉住棘爪 3 使一次推板 8 也随之运动，推件板 5 使制品脱离型芯，完成第一次推出。二次推出板 7 再继续运动时，棘爪 3 接触到动模固定板 4 的斜面 A，迫使棘爪转动而脱离二次推板，因此一次推板停止运动，塑件在推杆 6 的作用下脱离推件板 5，完成二次推出。

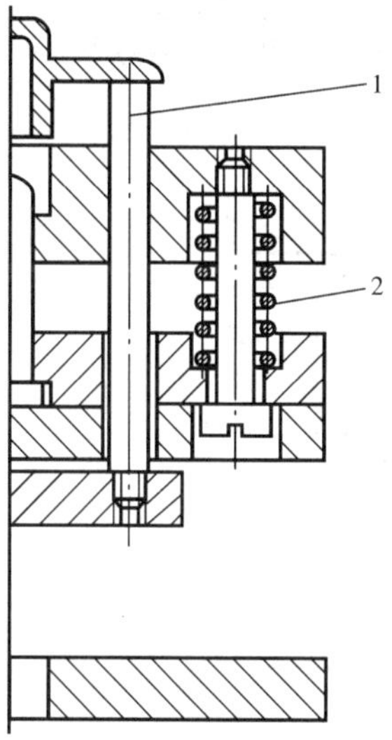

a)弹簧式二次推出机构

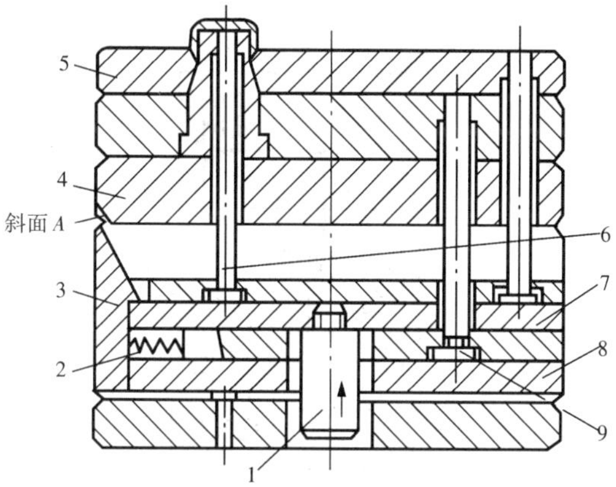

b)棘爪式二次推出机构

图 8－35　二次推出机构

1—推杆　2—弹簧　3—棘爪　4—动模固定板　5—推件板　7、8—推板　6、9—推杆

(3)顺序推出机构

一般的模具设计都尽可能使塑件留在动模一侧，但有时由于塑件形状特殊而不一定留于动模，或因某种特殊需要，模具在分型时需先使定模分型，然后再使动、定模分型，这两种情况均需考虑在定模上设置推出机构，称为顺序推出机构或双向推出机构。

① 顺序推出机构。如图 8－36a 所示为弹簧顺序推出机构，合模时弹簧受压缩，开模过程中，首先在弹簧力作用下，使 A 分型面分型，分开至一定距离，限位螺杆限止中间板的移动，模具从 B 分型面分型脱模。图 8－36b 所示是拉钩顺序脱模的形式。开模时先从 A 分型面分型，开模至一定距离，拉钩在压板作用下摆动而脱钩，中间板受拉板 4 限制而停止运动，于是从 B 面分型脱模。

② 双向推出机构。如图 8－36c 所示的双向推出机构是利用弹簧力使塑件先从定模中脱出，留于动模，然后用动模上的推出机构使塑件脱模。该结构紧凑、简单，但弹簧易失效，用于脱模阻力不大和推出距离不长的场合。

图 8－36d 所示的双向推出机构是利用杠杆的作用实现塑件定模脱模的结构。

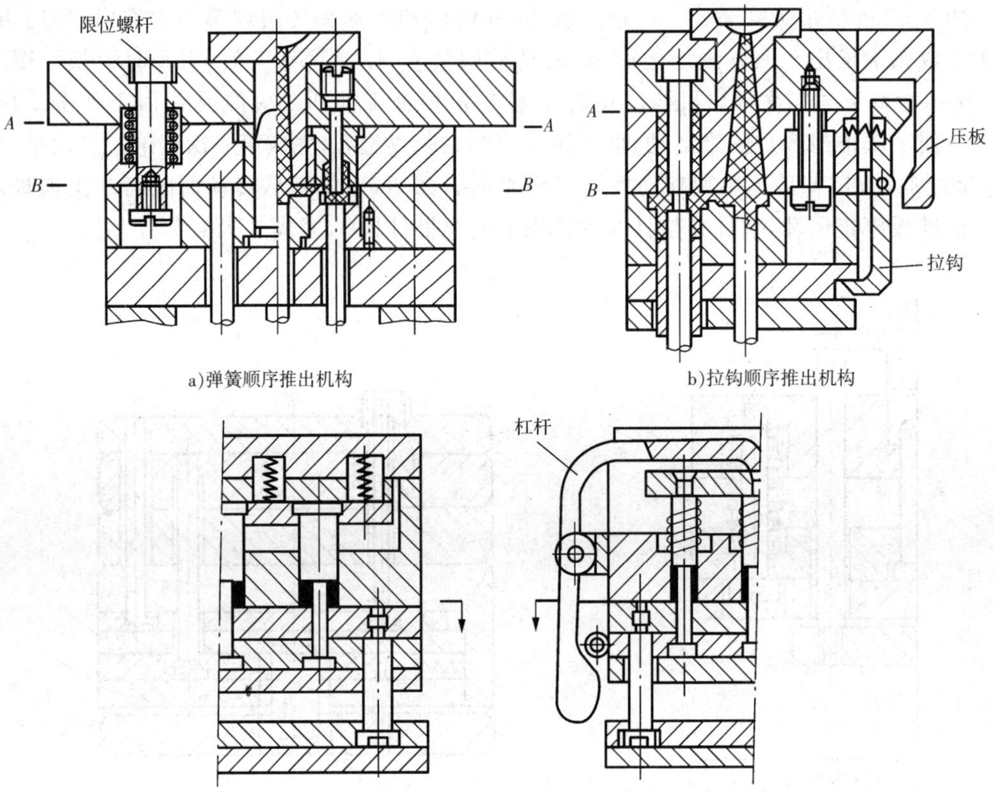

a)弹簧顺序推出机构　b)拉钩顺序推出机构

c)双向推出机构　d)双向推出机构

图 8-36　顺序推出机构与双向推出机构

8.9　抽芯机构

当塑件有侧孔或侧凹时，模具必须设有侧向分型与抽芯机构，在塑件被推出之前，必须先抽出侧型芯。带动侧向成型零件作侧向分型抽芯和复位的整个机构称为侧向抽芯机构。

8.9.1　侧向抽芯机构的分类

按照侧向抽芯动力来源的不同，注射模的侧向抽芯机构可分为机动侧向抽芯机构、液压侧向抽芯机构和手动侧向抽芯机构等三大类。

1. 机动侧向分型与抽芯机构

开模时，依靠注射机的开模力作为动力，通过有关传动零件（如斜导柱、弯销等）将力作用于侧向成型零件使其侧向分型或将其侧向抽芯；合模时，依靠它们使侧向成型零件复位的机构，称为机动侧向抽芯机构。机动侧向抽芯机构虽然使模具结构复杂，但其抽芯力大，生产效率高，容易实现自动化操作，且不需另外添置设备，因此，在生产中得到了广泛的应用。

2. 液压侧向分型与抽芯机构

液压侧向抽芯机构是指以压力油作为分型与抽芯动力，在模具上配制专门的抽芯液压缸（也称抽芯器），通过活塞的往复运动来完成侧向抽芯与复位。这种抽芯方式传动平稳，抽芯力较大，抽芯距也较长，抽芯的时间顺序可以自由地根据需要设置。其缺点是增加了操作工序，而且需要配置专门的液压抽芯器及控制系统。现代注射机随机均带有抽芯的液压管路和控制系统，所以采用液压侧向抽芯也十分方便。

3. 手动侧向分型与抽芯机构

手动侧向抽芯机构是指利用人工在开模前或脱模后使用专门制造的手工工具抽出侧向活动型芯的机构。这类机构操作不方便，工人劳动强度大，生产效率低，而且受人力限制难以获得较大的抽芯力；但模具结构简单、成本低，常用于产品的试制、小批量生产或无法采用其他侧向抽芯机构的场合。

8.9.2 斜导柱侧向抽芯机构

斜导柱侧抽芯机构是机动侧向抽芯机构的一种，应用最为广泛。

1. 斜导柱侧抽芯机构的组成与工作原理

斜导柱侧抽芯机构的基本结构组成如图 8－37 所示。它是由侧型芯 8 和侧向成型块 12，在推件板 1 上的导滑槽内作侧向分型与抽芯运动和复位运动的侧滑块 5、12，固定在定模板 10 内与合模方向成一定角度的斜导柱 7、11，注射时防止侧型芯和侧滑块产生位移的楔紧块 6、13 和使侧滑块在抽芯结束后准确定位的限位挡块 2、14，拉杆 4，弹簧 3 及垫圈螺母等零件组成的限位机构组成。

图 8－37a 所示为注射结束的合模状态，侧滑块 5、12 分别由楔紧块 6、13 锁紧；开模时如图 8－37b 所示，动模部分向后移动，塑件包在凸模上随着动模一起移动，在斜导柱 7 的作用下，侧滑块 5 带动侧型芯 8 在推件板上的导滑槽内向上侧作侧向抽芯。在斜导柱 11 的作用下，侧向成型块 12 在推件板上的导滑槽内向下侧做侧向分型。侧向分型与抽芯结束，斜导柱脱离侧滑块，侧滑块 5 在弹簧 3 的作用下拉紧在限位挡块 2 上，侧向成型块 12 由于自身的重力紧靠在挡块 14 上，以便再次合模时斜导柱能准确地插入侧滑块的斜导孔中，迫使其复位。

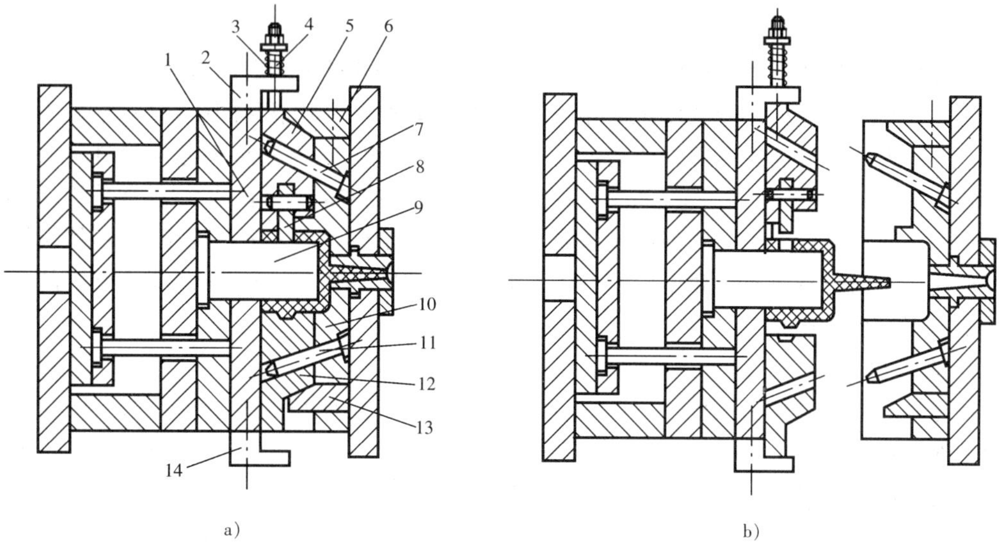

图 8－37 斜导柱侧向抽芯机构

1—推件板 2、14—挡块 3—弹簧 4—拉杆 5—侧滑块 6、13—楔紧块 7、11—斜导柱 8—侧型芯 9—凸模 10—定模板 12—侧向成型块

2. 斜导柱

斜导柱的基本结构形式如图 8-38 所示。

倾斜角 α 是决定斜导柱抽芯机构中工作效果的重要参数，α 的大小对斜导柱的有效工作长度、抽芯距、受力状况等起着直接的重要影响。α 应小于 25°，一般在 12°～25° 内选取。

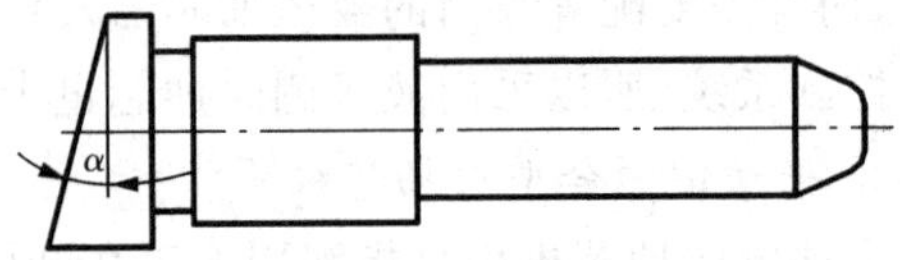

图 8-38 斜导柱的基本结构形式

3. 滑块

滑块是斜导柱侧向分型与抽芯机构中的一个重要零部件。一般情况下，它与侧向型芯(或侧向成型块)分开加工，再装配成侧滑块型芯，称为组合式。在侧型芯简单且容易加工的情况下，也可以直接在滑块上制出侧型芯，称为整体式。在侧向分型与抽芯过程中，塑件的尺寸精度和移动的可靠性都要靠滑块运动的精度来保证。

如图 8-39 所示是应用最广泛的 T 形滑块。在图 8-39a 所示形式中，T 形导滑面设计在滑块的底部，用于较薄的滑块，侧型芯的中心与 T 形导滑面较近，抽芯时滑块稳定性较好；在图 8-39b 所示形式中，T 形导滑面设计在滑块的中间，适用于较厚的滑块，使侧型芯的中心尽量靠近 T 形导滑面，以提高抽芯时滑块的稳定性。

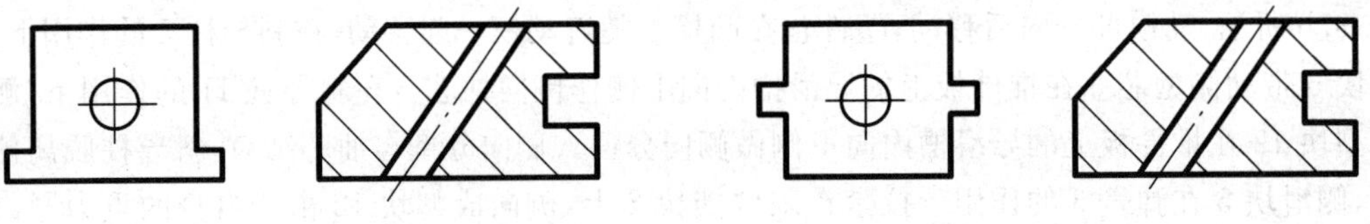

a)　　　　b)

图 8-39 滑块的基本结构形式

在组合式侧型芯滑块结构中，图 8-40 所示是常见的几种侧型芯与滑块的连接形式。

图 8-40a 为侧型芯镶入后用圆柱销定位的形式；图 8-40b 为细小的侧型芯在固定部分经适当放大镶入滑块后再用圆柱销定位的形式；图 8-40c 为小的侧型芯从侧滑块的后端镶入后再使用螺钉固定的形式，在多个侧向圆形小型芯镶拼组合的情况下，经常采用这种形式；图 8-40d 也是多个小型芯镶拼组合的形式，是把各个型芯镶入一块固定板后，用螺钉和销钉将其从正面与滑块连接和定位的形式。如果影响成型，螺钉和销钉也可从滑块的背面与侧型芯固定板连接和定位。

4. 导滑槽

斜导柱侧向抽芯机构工作时，滑块是在导滑槽内按一定的精度和沿一定的方向往复移动的零件。导滑槽的形式很多，但最常用的是 T 形槽和燕尾槽。图 8-41 所示为导滑槽与侧滑块的导滑结构形式。图 8-41a 为整体式 T 形槽，结构紧凑，用 T 形铣刀铣削加工，加工精度要求较高；图 8-41b 是盖板设计成局部的形式，导滑槽开在盖板上；在图 8-41c 的形式中，侧滑块的高度方向仍由 T 形槽导滑，而其宽度方向由中间所镶入的镶块导滑；图 8-41d 是整体燕尾槽导滑的形式，导滑精度较高，但加工更困难。为了燕尾槽加工方便，有的将其中一侧的燕尾槽由局部的镶件组成。

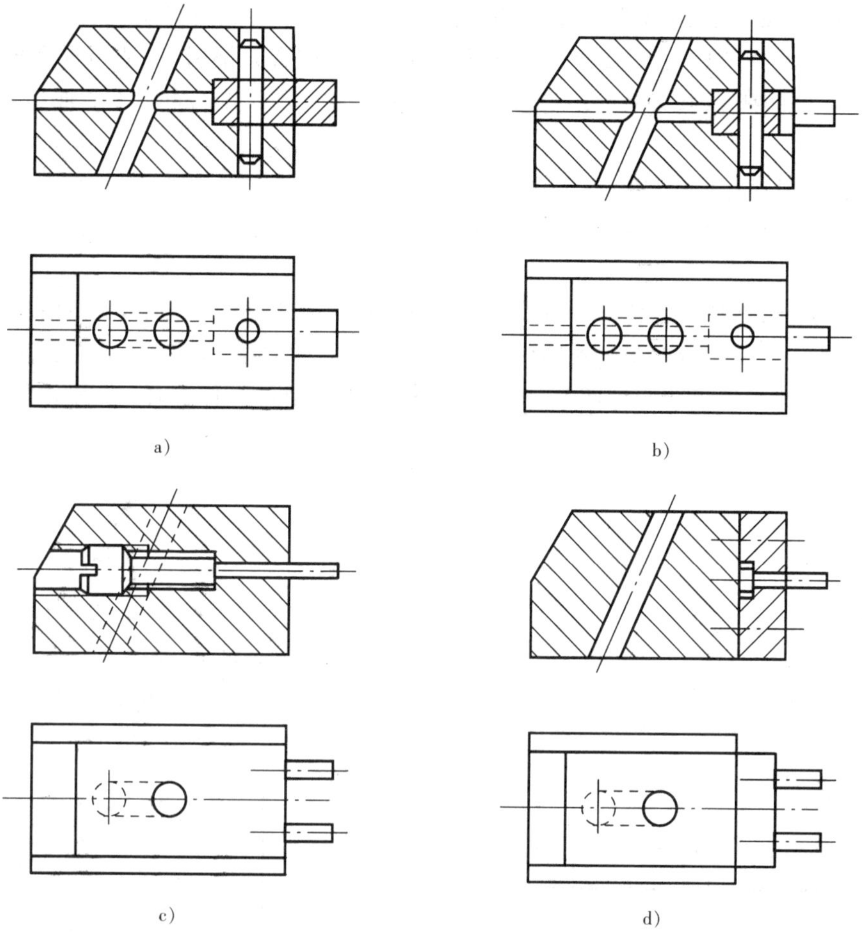

图 8-40　常见的侧型芯与滑块的连接形式

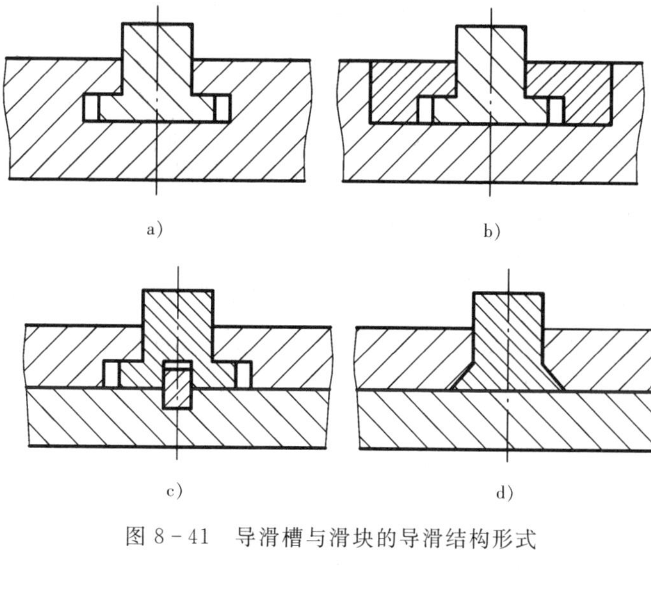

图 8-41　导滑槽与滑块的导滑结构形式

在设计导滑槽与滑块时，要正确选用它们之间的配合。导滑部分的配合一般采用 H8/f8。如果在配合面上成型时与熔融材料接触，为了防止配合处漏料，应适当提高配合精度，可采用 H8/f7 的配合，其余各处均可留 0.5 mm 左右的间隙。配合部分的表面粗糙度 $R_a \leqslant 0.8\ \mu m$。

为了让侧滑块在导滑槽内移动灵活，不被卡死，导滑槽和滑块要求保持一定的配合长度。滑块完成抽拔动作后，保留在导滑槽内的滑块长度不应小于导滑总的配合长度的 2/3。

5. 楔紧块

注射成型时，型腔内的熔融塑料以很高的成型压力作用在侧型芯上，从而使滑块后退产生位移，滑块的后移将力作用到斜导柱上，导致斜导柱产生弯曲变形，必须要设置楔紧块锁紧滑块。楔紧块的常用结构如图 8－42 所示，楔紧块用销钉定位，用螺钉固定于模板外侧面上。

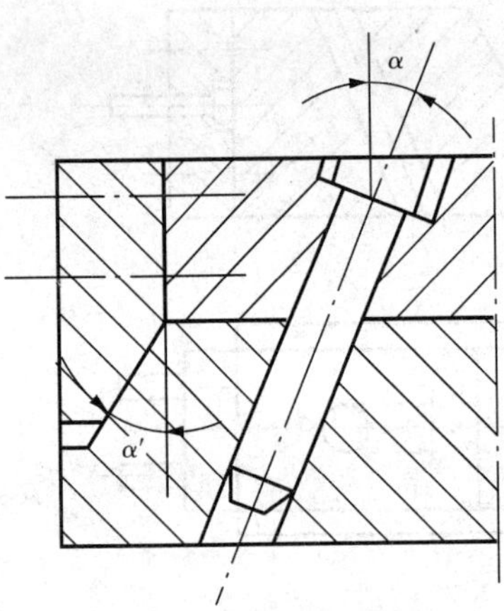

图 8－42　楔紧块的结构形式

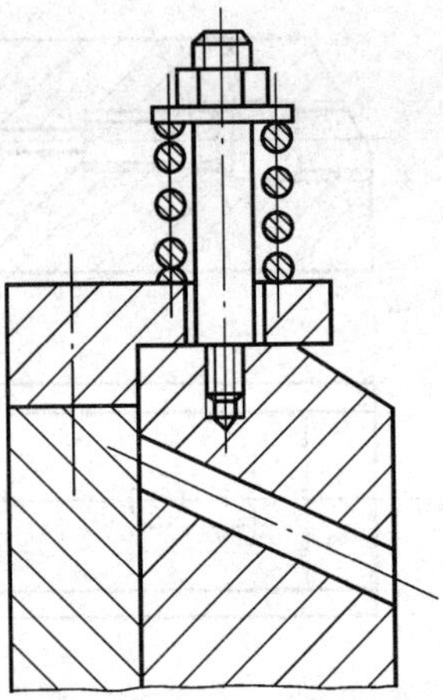

图 8－43　滑块的定位装置

在设计楔紧块时，楔紧块的斜角应大于斜导柱的倾斜角。否则开模时，楔紧块会影响侧抽芯动作的进行。

6. 滑块定位装置

开模后，滑块必须停留在一定位置上，否则合模时斜销不能准确地进入滑块，致使模具损坏，因此必须设置滑块定位装置。滑块定位装置的常用结构形式如图 8－43 所示，滑块向上抽出脱离斜导柱后，依靠弹簧的弹力，使滑块紧贴于定位挡块的下方。

【例 8－7】 设计电流线圈架注射模的抽芯机构。

本例的塑件侧壁各有一对小凹槽和小凸台，它们均垂直于脱模方向，阻碍成型后塑件从模具脱出。因此成型小凹槽或小凸台的零件必须做成活动的型芯，即须设置抽芯机构。

本模具采用斜销抽芯机构。

(1)确定抽芯距

抽芯距一般应大于成型孔（或凸台）的深度，本例中塑件孔壁 H_1、凸台高度 H_2 相等，均为

$$H_1 = H_2 = (14 - 12.1)/2 = 0.95\ \text{mm}$$

另加 3～5 mm 的抽芯安全系数，可取抽芯距 $S=4.9$ mm。

(2)确定倾斜角

斜导柱的倾斜角 α 是斜抽芯机构的主要技术参数之一，它与抽拔力及抽芯距有直接关系，一般取 $\alpha=15^\circ\sim25^\circ$，本例选取 $\alpha=20^\circ$。

(3)确定斜销尺寸

斜导柱的直径取决于抽拔力及其倾斜角度，可按设计资料的有关公式进行计算，本例经验估值，取斜导柱的直径 $d=\phi14$ mm。

斜销的长度根据抽芯距、固定端模板的厚度、斜销直径及斜角大小确定。根据公式 $l=l_1+l_2+l_4+l_5$，由于上模座板和上凸模固定板尺寸尚不确定，即 h_a 不确定，故暂选 $h_a=25$ mm。如后面设计中有变化，则修正 l 的长度，取 $D=20$ mm，经过计算取 $l=55$ mm。

(4)滑块与导滑槽设计

① 滑块与侧型芯(孔)的连接方式设计　本例中侧向抽芯机构主要是用于成型零件的侧向孔和侧向凸台，由于侧向孔和侧向凸台的尺寸较小，考虑到型芯强度和装配问题，采用组合式结构。型芯与滑块的连接采用镶嵌方式，其结构如图 8-54 所示。

② 滑块的导滑方式　本例中为使模具结构紧凑，降低模具装配复杂程度，拟采用整体式滑块和整体式导向槽的形式，如图 8-54 所示。

为提高滑块的导向精度，装配时可对导向槽或滑块采用研磨、配研的装配方法。

③ 滑块的导滑长度和定位装置设计　本例中由于侧抽芯距较短，故导滑长度只要符合滑块在开模时的定位要求即可。滑块的定位装置采用弹簧与台阶的组合形式，结构如图 8-54所示。

8.10　温度控制系统

注射模的温度对于塑料熔体的充模流动、固化定型、生产效率及塑件的质量都有重要影响，所以必须用温度调节系统对模具的温度进行控制。

模具温度控制系统包括冷却与加热两个方面。由于各种塑料的性能和成型工艺要求不同，对模具温度要求也不同：一般注射到模具内塑料熔体的温度为 200 ℃左右，熔体固化成型后塑件从 60 ℃左右的模具中脱模；对于要求较低模温(一般小于 80 ℃)的塑料，如聚乙烯、聚丙烯、聚苯乙烯、ABS 等，仅需设置冷却系统，即在模具内通入冷却水将热量带走，并通过调节水的流量来调节模温。而对于要求模温较高(80 ℃～120 ℃)的塑料，如聚碳酸酯、聚砜、聚苯醚等，且模具较大时，则需设置加热系统。本节只介绍一般热塑性塑料注射成型时的冷却装置。

8.10.1　模具的冷却装置

模具冷却方式一般是在型芯、型腔等部分合理地设置冷却管道，并通过调节冷却水流量及流速来控制模温。

1. 型腔冷却回路

如图 8-44a 所示为简单直流式冷却回路，这种单层的冷却回路只用于较浅的型腔；为避免外部设置接头，冷却管道之间可采用内部钻孔沟通，非进出口均用螺塞堵住，如图8-44

b 所示；图 8-44c 为圆形塑件型腔冷却回路，圆形型腔通常是以镶块形式镶入模板中，对于圆形镶块，一般可在圆形镶块的外圆上开设环形冷却水沟槽；图 8-44d 所示为采用左、右两组对称冷却回路，并用堵头或隔板使冷却水沿规定的回路流动形式，由于两组回路的入口均靠近浇口处，可保证型腔表面温度分布均匀，此形式可用于大面积的浅型腔。

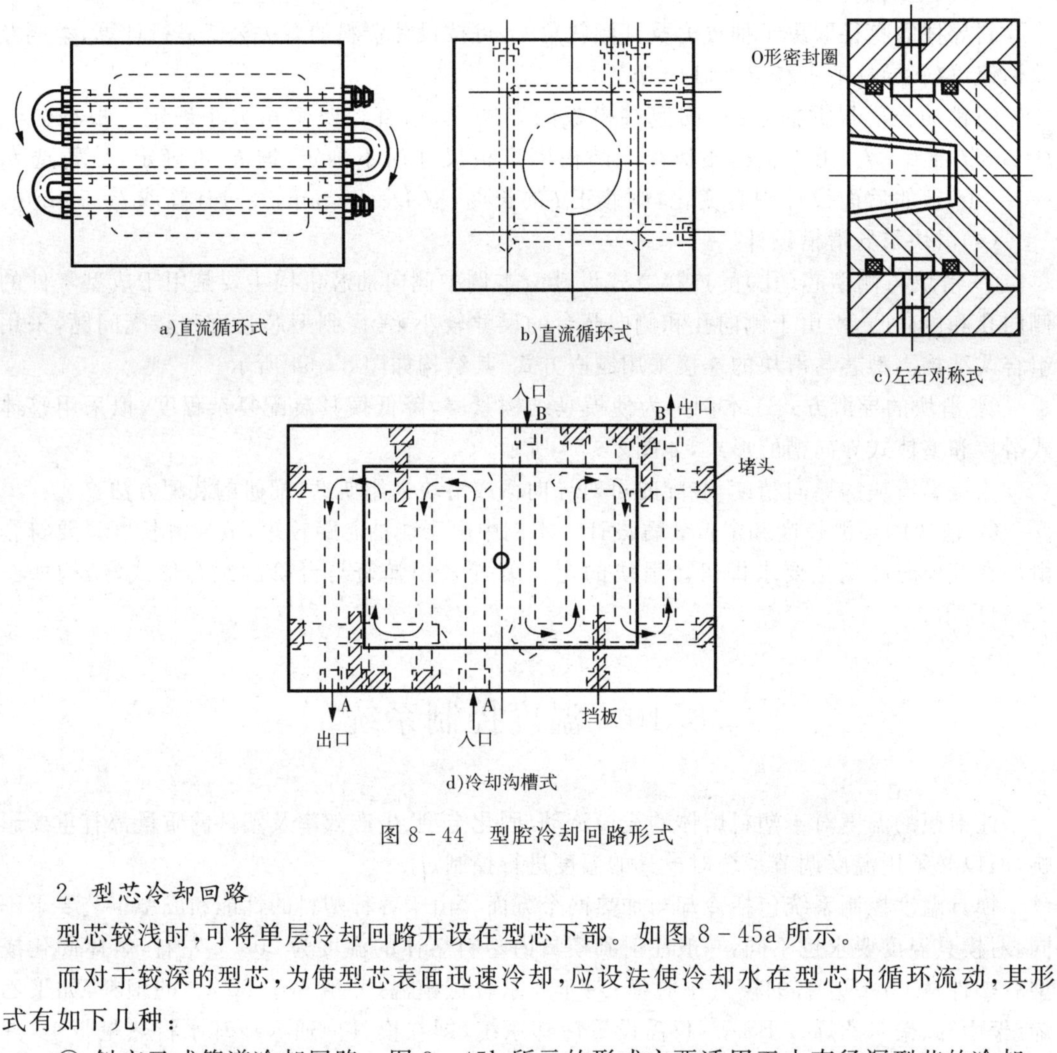

图 8-44　型腔冷却回路形式

2. 型芯冷却回路

型芯较浅时，可将单层冷却回路开设在型芯下部。如图 8-45a 所示。

而对于较深的型芯，为使型芯表面迅速冷却，应设法使冷却水在型芯内循环流动，其形式有如下几种：

① 斜交叉式管道冷却回路。图 8-45b 所示的形式主要适用于小直径深型芯的冷却。

② 直孔隔板式冷却回路。图 8-45c 所示为直孔隔板式冷却回路，平行于型芯轴线的管道与底部横向管道形成了冷却回路，为使冷却水沿回路流动，在直管道中设置有隔板。

③ 对于深度较大的型芯，可采用喷流式及衬套式冷却回路，图 8-45d 所示为在型芯中间装一喷水管，冷却水从喷水管中喷出，分流后向四周流动冷却型芯侧壁，喷流式适用于长型芯单型腔模。图 8-45e 所示为衬套式冷却回路，冷却水从型芯中间衬套的水道喷出，首先冷却型芯顶部，然后向侧壁的环形沟槽流动，冷却型芯周边，最后沿型芯底部流出。该形式冷却效果好，但模具结构复杂，只适用于大直径圆筒形型芯的冷却。

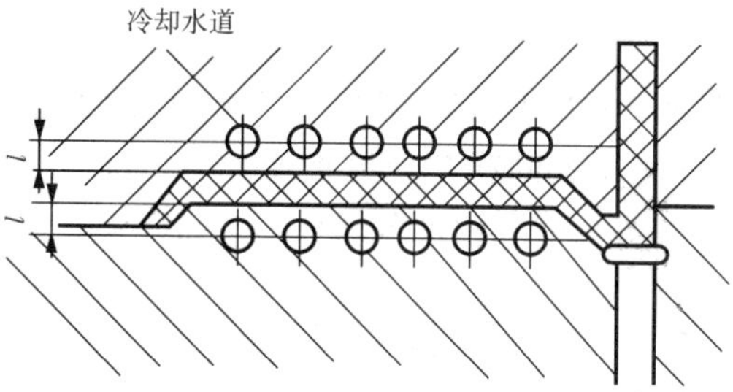

a)浅型芯冷却形式

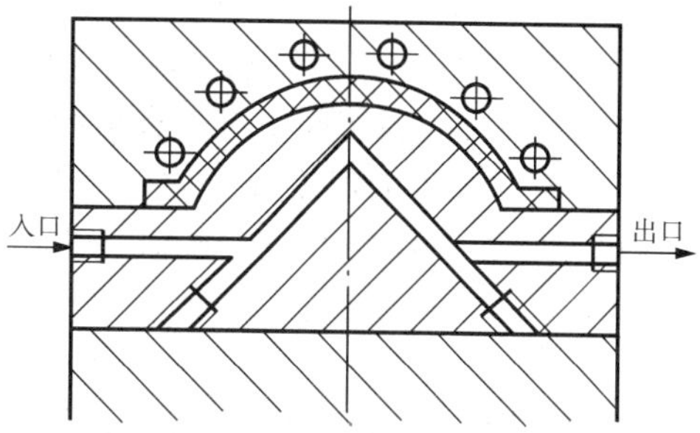

b)斜交叉式

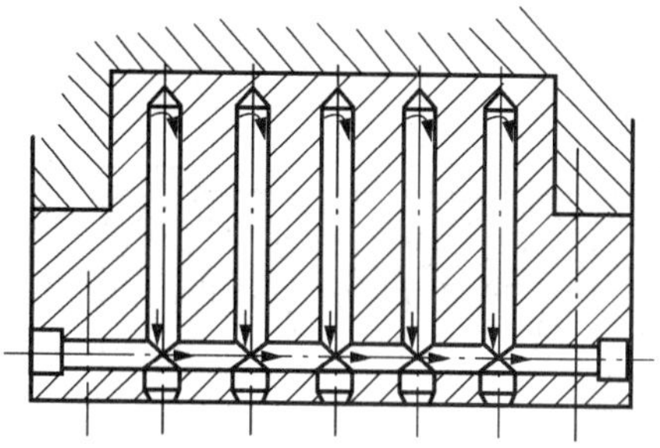

c)直孔隔板式

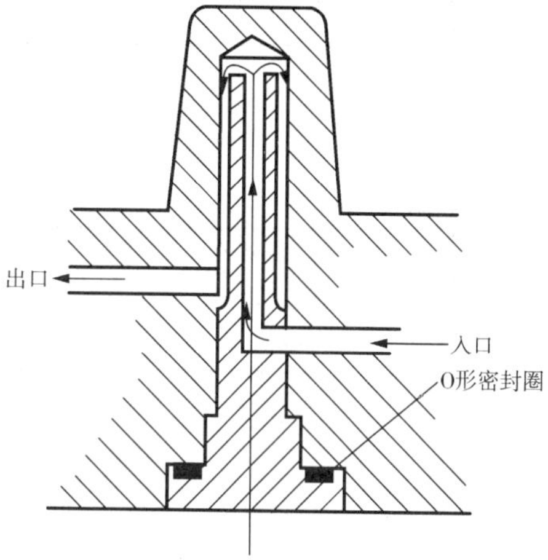

d)喷流式

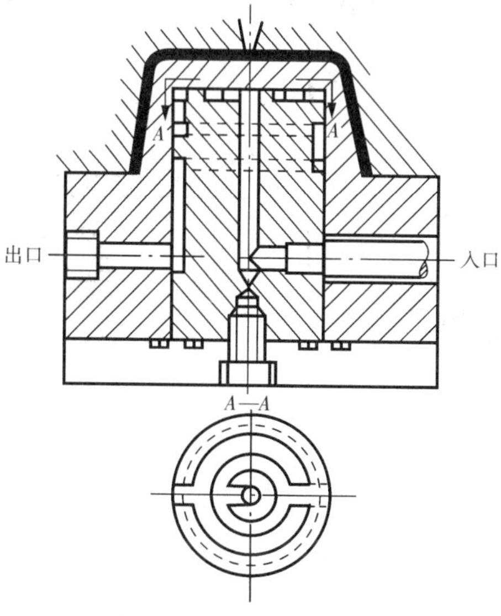

e)衬套式

图 8 - 45　型芯冷却回路形式

8.10.2 模具冷却系统设计要点

1. 合理确定冷却管道的直径、中心距以及与型腔壁的距离

冷却管道的直径与间距直接影响模温分布，如图 8－46 所示。图 8－46a 中布置的冷却管道可保证型腔表面温度分布均匀。而图 8－46b 中布置的冷却管道直径太小，且间距又大，所以型腔表面的温度变化很大（从 53.33～61.66 ℃），造成塑件各部分不均匀收缩。

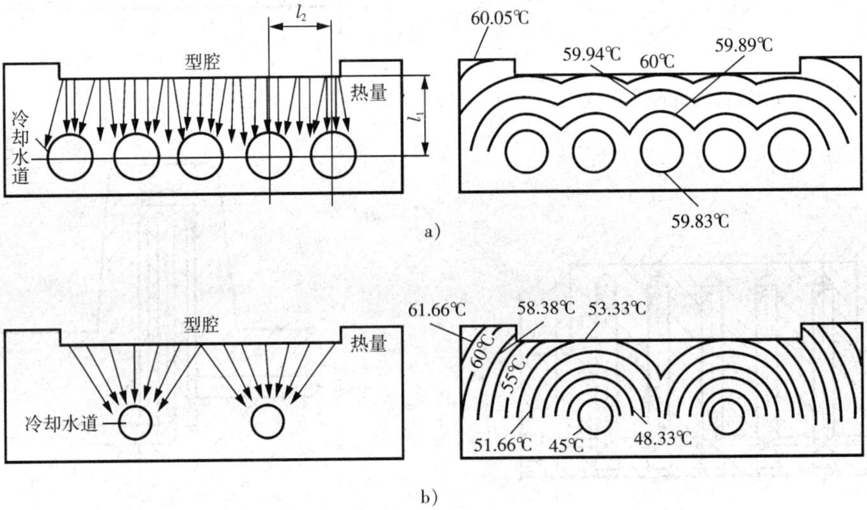

图 8－46 型腔表面温度变化

根据经验，一般冷却管道中心线与型腔壁的距离 l_1；应为冷却管道直径的 1～2 倍（常为 12～15 mm）；冷却管道的中心距 l_2 约为管道直径的 3～5 倍（常取 8～15 mm），并尽可能使管道孔分别到各处型腔表面的距离相等，如图 8－47a 所示。但当塑件壁厚不均匀时，应在厚壁处开设间距较小的冷却管道，如图 8－47b 所示。

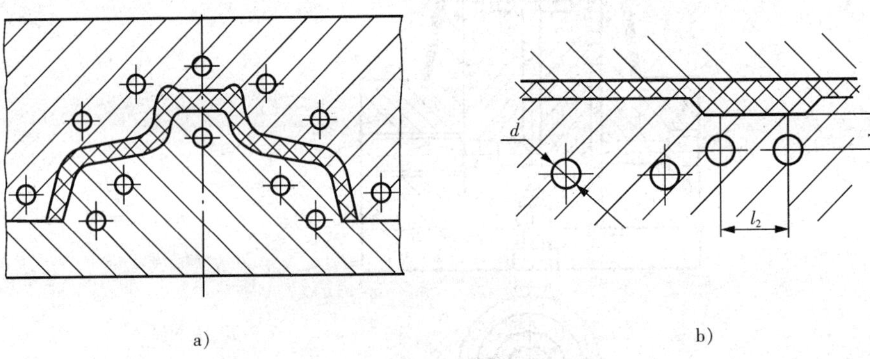

图 8－47 冷却管道的布置

2. 降低进水与出水的温度差

如果冷却系统两端进、出水温度差小，则有利于型腔表面温度均匀分布。通常可通过改变冷却管道的排列形式来降低进、出水的温差，同时可减小冷却回路的长度。对于大型注射模，采用图 8－48a 的排列形式比采用图 8－48b 所示形式的冷却效果要好。

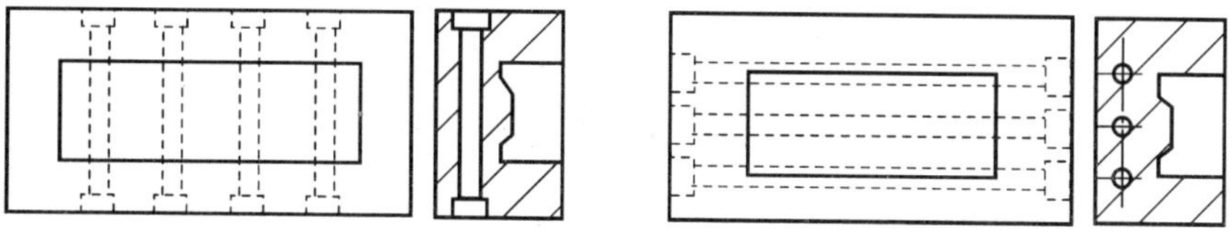

a)　　　b)

图 8－48　冷却管道的排列

3. 浇口处应加强冷却

在塑料熔体充模时，浇口附近的温度最高，而离浇口越远温度越低，因此应加强浇口处的冷却。通常采用将冷却回路的入口设在浇口附近，可使浇口附近在较低水温下冷却。

4. 应避免将冷却管道开设在塑件熔合纹部位并注意干涉及密封等问题

当采用多点浇口进料或型腔形状较复杂时，多股熔体在汇合处将产生熔合纹，该处的温度通常较其他部位要低。为不使温度急剧下降，保证熔合质量，在熔合纹部位尽可能不设冷却管道。冷却管道不应穿过镶块，以免在接缝处漏水；若必须通过镶块时，则应加镶套管密封；同时须考虑避开模具内其他孔道，如推杆孔、螺纹孔及型芯孔等。

5. 冷却水道应便于加工和清理

为便于加工和操作，进出水管接头应尽量设在模具同一侧，宜设在注射机背面，同时水管接头处必须密封，防止漏水。

【例 8－8】 设计电流线圈架注射模的加热和冷却系统。

本塑件在注射成型时不要求有较高的模温因而在模具上可不设加热系统。是否需要冷却系统可作如下设计计算。

设定模具平均工作温度为 40 ℃，用常温 20 ℃的水作为模具冷却介质，其出口温度为 30 ℃，产量为（初算每 2 min 1 套）0.26 kg/h。

（1）求塑件在硬化时每小时释放的热量 Q_3

查表可得聚丙烯的单位热量为 59×10^4 J/kg，则

$$Q_3 = WQ_2 = 0.26\times59\times10^4 = 15.34\times10^4\ \text{J}$$

（2）求冷却水的体积流量 q_V

由公式可得

$$q_V = \frac{WQ_1}{\rho c\times(t_1 - t_2)}$$

$$= \frac{15.34\times10^4/60}{4.187\times10^3\times(30-20)}$$

$$= 0.61\times10^{-4}\ \text{m}^3/\text{min}$$

由体积流量 q_V 查表可知所需的冷却水管直径非常小。

由上述计算可知，因为模具每分钟所需的冷却水体积流量很小，故可不设冷却系统，依靠空冷的方式冷却模具即可。

8.11 注射模典型结构

注射模结构型式多样，分类方法很多，以下介绍几种典型结构的注射模。

8.11.1 单分型面注射模

单分型面注射模是注射模中最简单、最常见的一种结构形式，也称二板式注射模。单分型面注射模只有一个分型面，其典型结构如图 8-3 所示。

合模时，在导柱 8 和导套 9 的导向和定位作用下，注射机的合模系统带动动模部分向前移动，使模具闭合，并提供足够的锁模力锁紧模具。在注射液压缸的作用下，塑料熔体通过注射机喷嘴经模具浇注系统进入型腔，待熔体充满型腔并经保压、补缩和冷却定型后开模如图 8-3a 所示；开模时，注射机合模系统带动动模向后移动，模具从动模和定模分型面分开，塑件包在凸模 7 上随动模一起后移，同时拉料杆 15 将浇注系统主流道凝料从浇口套中拉出，开模行程结束。注射机液压顶杆 21 推动推板 13，推出机构开始工作，推杆 18 和拉料杆 15 分别将塑件及浇注系统凝料从凸模 7 和冷料穴中推或拉出，如图 8-3b 所示，至此完成一次注射过程。合模时，复位杆使推出机构复位，模具准备下一次注射。

单分型面注射模具根据结构需要，既可以设计成单型腔注射模，也可以设计成多型腔注射模，应用十分广泛。

8.11.2 双分型面注射模

双分型面注射模具的结构特征是有两个分型面，常常用于点浇口浇注系统的模具，也叫三板式（动模板、中间板、定模座板）注射模具，如图 8-49 所示。在定模部分增加一个分型面（A 分型面），分型的目的是为取出浇注系统凝料，便于下一次注射成型；B 分型面为主分型面，分型的目的是开模推出塑件。双分型面注射模具与单分型面注射模具比较，结构较复杂。

开模时，动模部分向后移动，由于弹簧 7 的作用，模具首先在 A 分型面分型，中间板 12 随动模一起后退，主流道凝料从浇口套 10 中随之拉出。当动模部分移动一定距离后，固定在中间板 12 上的限位销 6 与定距拉板 8 左端接触，使中间板停止移动，A 分型面分型结束；动模继续后移，B 分型面分型。因塑件包紧在型芯 9 上，这时浇注系统凝料在浇口处拉断，然后在 B 分型面之间自行脱落或由人工取出。动模部分继续后移，当注射机的顶杆接触推板 16 时，推出机构开始工作，推件板 4 在推杆 14 的推动下将塑件从型芯 9 上推出，塑件从 B 分型面自行落下。

图 8-49 所示是弹簧分型拉板定距两次分型机构，适合于一些中小型的模具。在分型机构中，弹簧应至少 4 个，弹簧的两端应并紧且磨平，弹簧的高度应一致，并对称布置于分型面上模板的四周，以保证分型时中间板受到的弹力均匀，移动时不被卡死。定距拉板一般采用两块，对称布置于模具两侧。

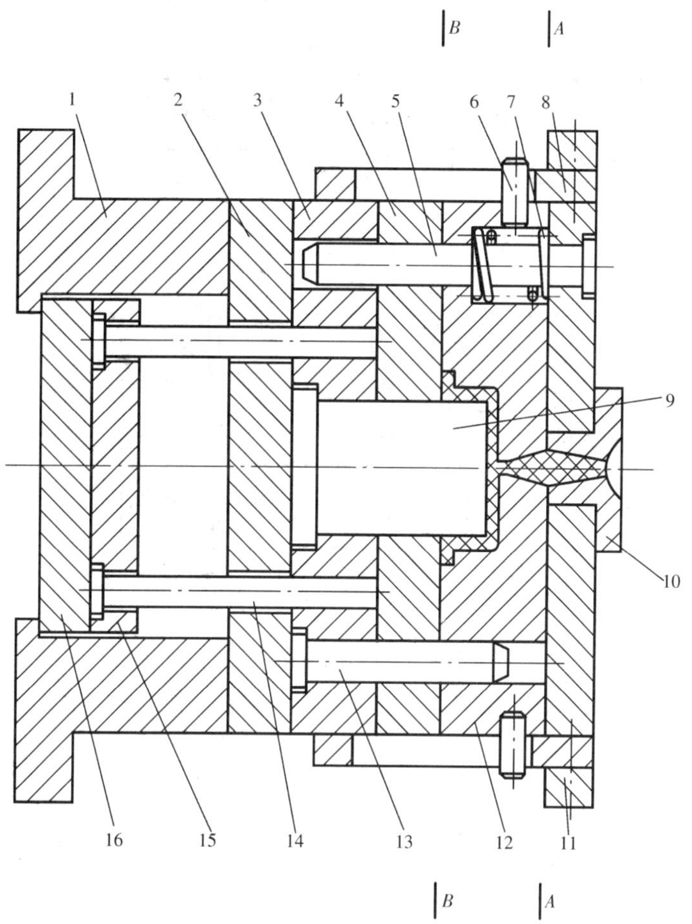

图 8-49　弹簧分型拉板定距双分型面注射模

1—支架　2—支承板　3—型芯固定板　4—推件板　5、13—导柱　6—限位销　7—弹簧　8—定距拉板　9—型芯　10—浇口套　11—定模座板　12—中间板　14—推杆　15—推杆固定板　16—推板

图 8-50 所示是导柱定距双分型面注射模。开模时，由于弹簧 16 的作用使顶销 14 压紧在导柱 13 的半圆槽内，以便模具在 *A* 分型面分型，当定距导柱 8 上的凹槽与定距螺钉 7 相碰时，中间板停止移动，强迫顶销 14 退出导柱 13 的半圆槽。接着，模具在 *B* 分型面分型。这种定距导柱既是中间板的支承和导向，又是动、定模的导向，使模板面上的杆孔大为减少。

8.11.3　斜导柱侧向抽芯注射模

当塑件侧壁有孔、凹槽或凸起时，其成型零件必须制成可侧向移动的，否则塑件无法脱模。带动侧向成型零件进行侧向移动的整个机构称为侧向分型与抽芯机构。斜导柱侧向分型与抽芯注射模如图 8-51 所示，侧向抽芯机构由斜导柱 10、侧型芯滑块 11、楔紧块 9、挡块 5、滑块拉杆 8、弹簧 7、螺母 6 等零件组成。

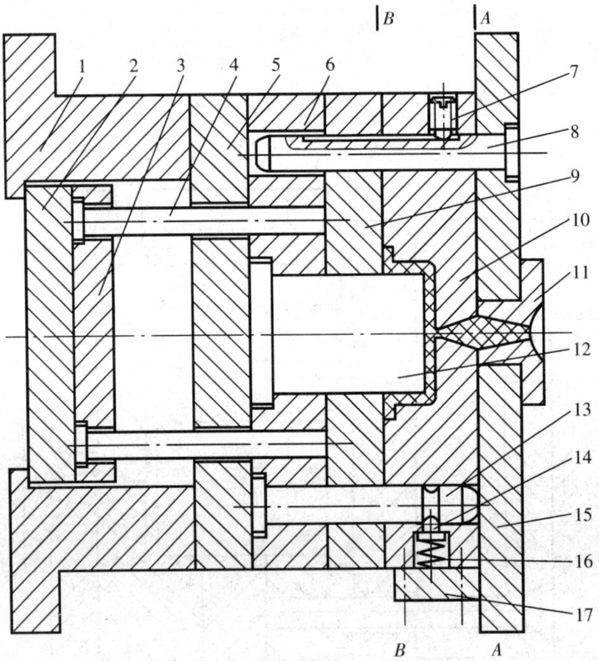

图 8-50　导柱定距双分型面注射模

1—支架　2—推板　3—推杆固定板　4—推杆　5—支承板　6—型芯固定板　7—定距螺钉　8—定距导柱　9—推件板　10—中间板(定模板)　11—浇口套　12—型芯　13—导柱　14—顶销　15—定模座板　16—弹簧　17—压块

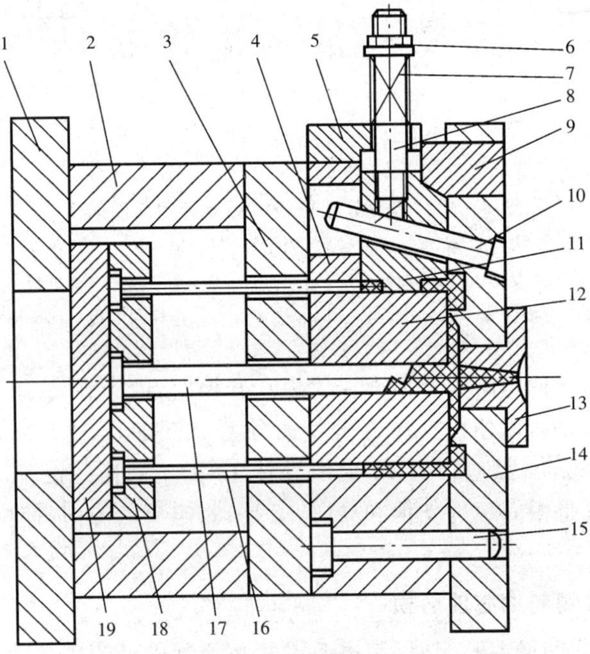

图 8-51　斜导柱侧向分型与抽芯注射模

1—动模座板　2—垫块　3—支承板　4—动模板　5—挡块　6—螺母　7—弹簧　8—滑块拉杆　9—楔紧块　10—斜导柱　11—侧型芯滑块　12—型芯　13—浇口套　14—定模座板　15—导柱　16—推杆　17—拉料杆　18—推杆固定板　19—推板

开模时，动模部分向后移动，开模力通过斜导柱带动侧型芯滑块，使其在动模板 4 的导滑槽内向外滑动，直至侧型芯滑块与塑件完全脱开，完成侧向抽芯动作。塑件包在型芯 12 上，随动模继续后移，直到注射机顶杆与模具推板 19 接触，推出机构开始工作，推杆 16 将塑件从型芯上推出。合模时，复位杆使推出机构复位，斜导柱使侧型芯滑块向内移动复位，最后侧型芯滑块由楔紧块 9 锁紧。

斜导柱侧向抽芯结束后，为了保证滑块不侧向移动，合模时斜导柱能顺利地插入滑块的斜导孔中使滑块复位，侧型芯滑块应有准确的定位。图 8 - 51 的定位装置由挡块 5、滑块拉杆 8、螺母 6、弹簧 7 和垫片等组成。楔紧块的作用是防止注射时熔体压力使侧型芯滑块产生位移，楔紧块的斜面应与侧型芯滑块上斜面的斜度一致。

8.11.4　带有活动成型零部件的注射模

由于塑件的某些特殊结构，要求注射模设置可活动的成型零部件，如活动凸模、活动凹模、活动镶块等，在脱模时活动零部件可与塑件一起移出模外，然后与塑件分离。

如图 8 - 52 所示为带有活动镶块的注射模(立式)，其中件 7 为两块活动镶块。

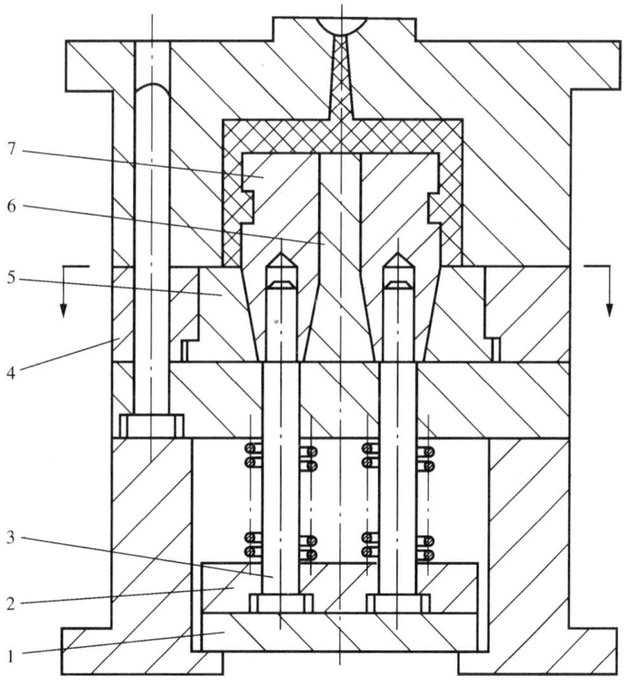

图 8 - 52　带有活动镶块的注射模图

1—推板　2—推杆固定板　3—推杆　4—动模板

5—凸模滑套　6—导向楔块　7—活动镶块

8.11.5　热流道注射模

热流道注射模在开模取塑件时不带出浇注系统凝料，再次注射时只要通过加热器把浇注系统加热到规定的温度，浇注系统凝料就会呈熔融状态，以保证注射成型正常进行。图 8 - 53所示为热流道注射模。

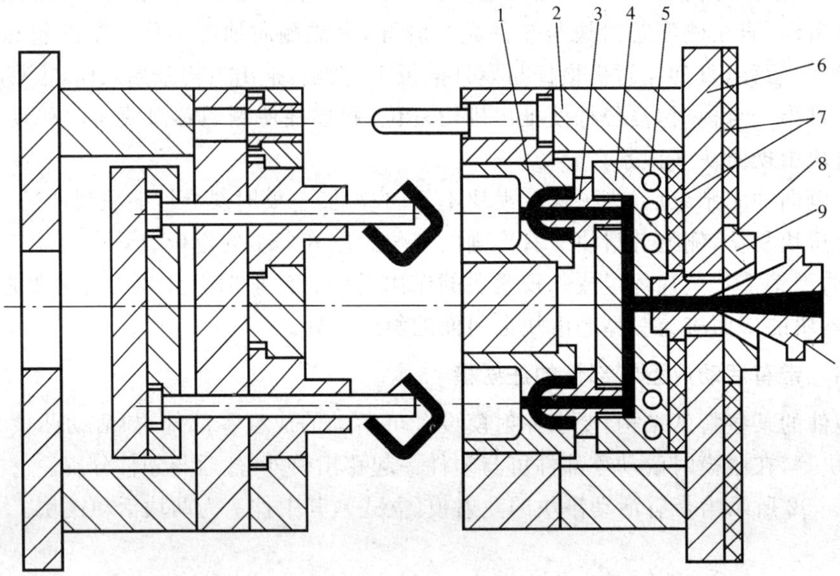

图 8-53　热流道注射模

1—凹模　2—支架　3—喷嘴　4—热流道板　5—加热器孔道
6—定模座板　7—绝热层　8—浇口套　9—定位环　10—注射机喷嘴

【例 8-9】 确定电流线圈架注射模的闭合高度。

根据支承与固定零件的设计中提供的经验数据，确定：

定模座板 $H_1=25$ mm；

上固定板 $H_2=25$ mm；

下固定板 $H_3=40$ mm；

支承板 $H_4=25$ mm；

动模座板 $H_6=25$ mm；

根据推出行程和推出机构的结构尺寸确定垫铁 $H_5=50$ mm，见图 8-54。

因而模具的闭合高度：

$$H=H_1+H_2+H_3+H_4+H_5+H_6$$

$$=25+25+40+25+50+25=190 \text{ mm}$$

【例 8-10】 绘制模具总装图。

本模具的总装图如图 8-54 所示。

本模具的工作原理：模具安装在注射机上，定模部分固定在注射机的定模板上，动模固定在注射机的动模板上。合模后，注射机通过喷嘴将熔料经流道注入型腔，经保压、冷却后塑件成型。开模时动模部分随动板一起运动渐渐将分型面打开，与此同时在斜销 21 的作用下侧抽芯滑块从型腔中退出，完成抽芯动作。当分型面打开到 32 mm 时，动模运动停止，在注射机顶出装置作用下，推动推杆运动将塑件顶出。合模时，随着分型面的闭合侧型芯滑块复位至型腔，同时复位杆也对推杆 8 进行复位。

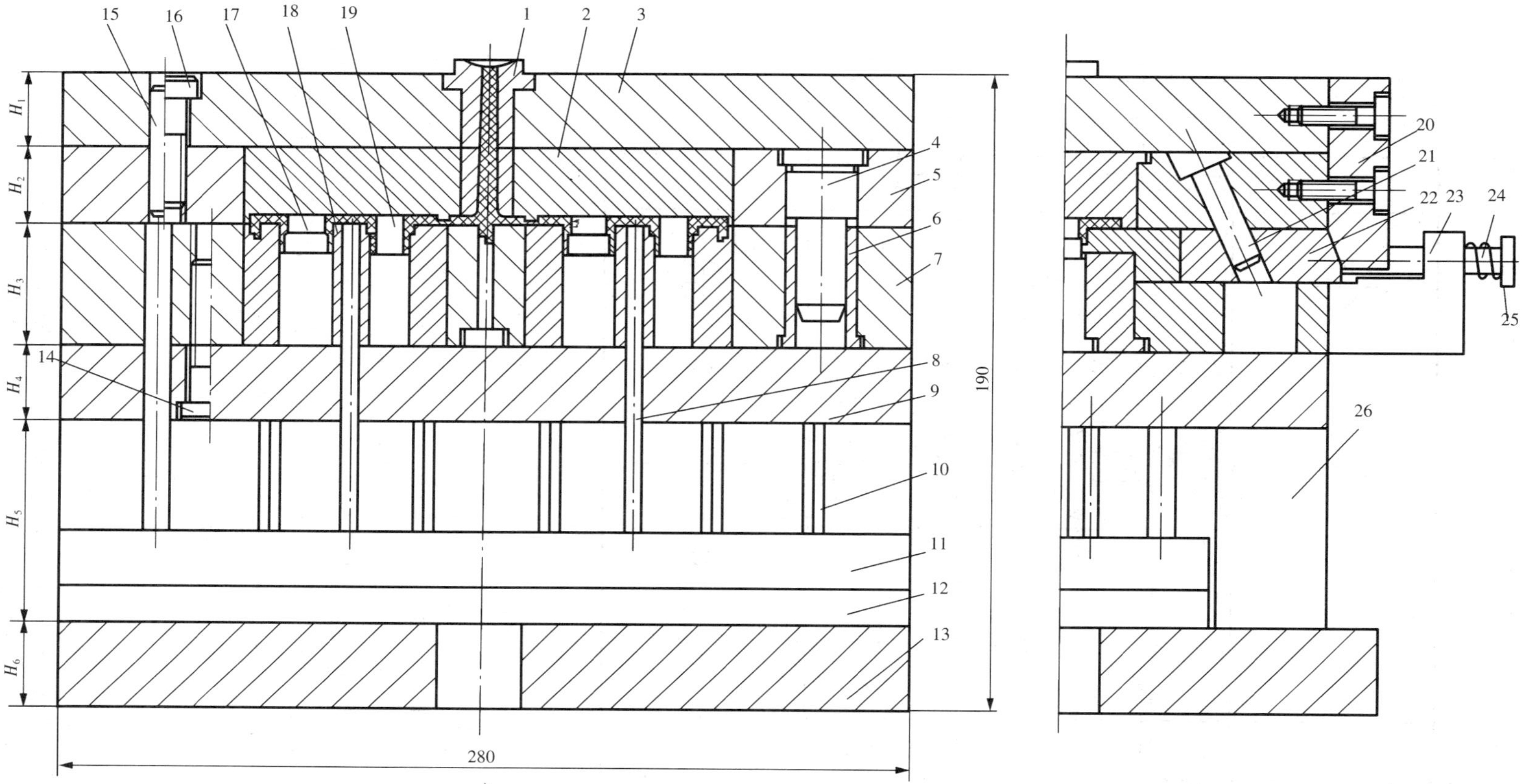

a)　　b)

1—浇口套　2—上凹模镶块　3—定模座板　4—导柱　5—上固定板　6—导套　7—下固定板　8—推杆　9—支承板　10—复位杆　11—推杆固定板　12—推板　13—动模座板　14—螺钉　15—销钉　16—螺钉　17、19—型芯　18—下凹模镶块　20—楔紧块　21—斜销　22—侧抽芯滑块　23—限拉挡块　24—弹簧　25—螺钉　26—垫块　27、28—侧型芯

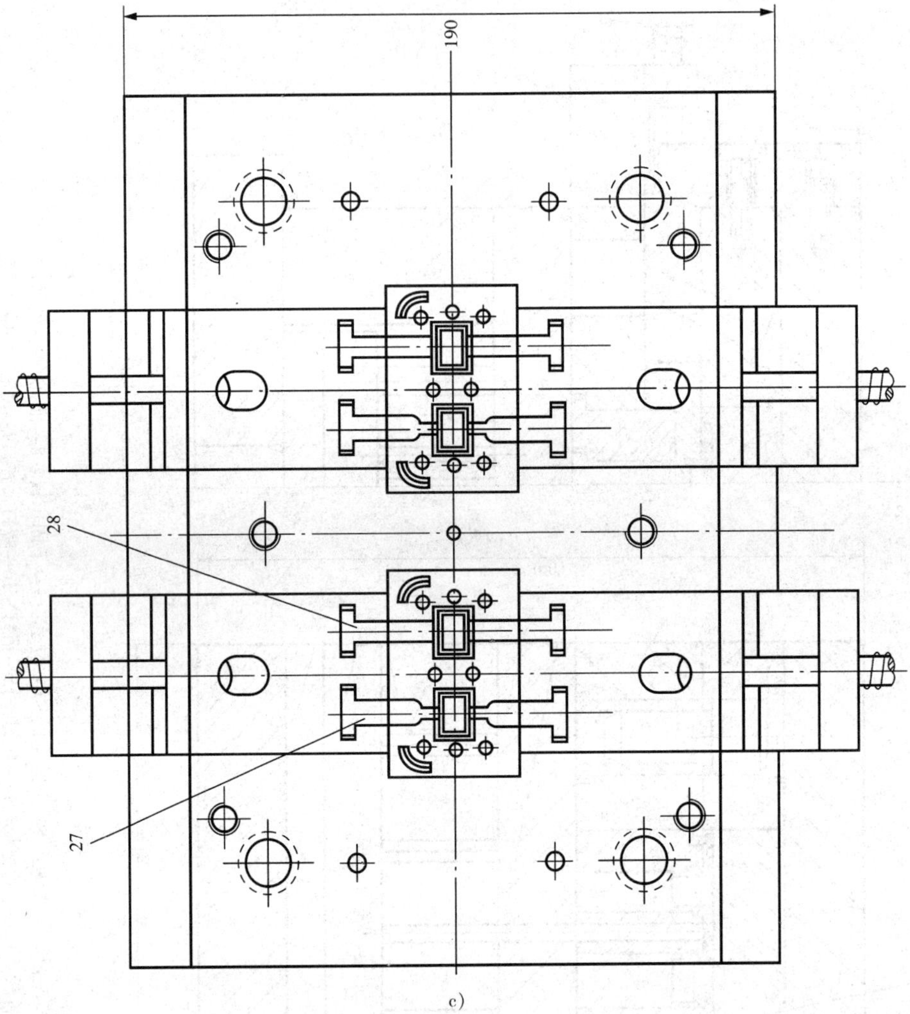

图 8-54　电流线圈架注射模总装图

【例 8-11】　校核注射机的有关参数。

本模具的外形尺寸为 280 mm×190 mm×190 mm。XS—Z—60 型注射机模板最大安装尺寸为 350 mm×280 mm，故能满足模具的安装要求。

由上述计算模具的闭合高度 $H=190$ mm，XS—Z—60 型注射机所允许模具的最小厚度 $H_{min}=70$ mm，最大厚度 $H_{max}=200$ mm，即模具满足 $H_{min} \leqslant H \leqslant H_{max}$ 的安装条件。

经查资料 XS—Z—60 型注射机的最大开模行程 $S=180$ mm，满足出件要求。

$$S \geqslant H_1 + H_2 + (5 \sim 10)$$

$$= 10 + 12 + 10$$

$$= 32 \text{ mm}$$

此外，由于侧分型抽芯距较短，不会过大地增加开模距离，因此注射机的开模行程足够。

经验证，XS—Z—60 型注射机能满足使用要求，故可采用。

思考题与实训题

1. 思考题

(1)简述塑料的注射成型过程。

(2)注射成型的工艺参数有哪些?

(3)注射模按其各零部件所起的作用,一般由哪几部分结构组成?

(4)注射机有哪些分类?

(5)分型面选择的一般原则有哪些?

(6)浇注系统的作用是什么? 注射模浇注系统由哪些部分组成?

(7)分流道设计时应注意哪些问题?

(8)浇口位置选择的原则是什么?

(9)合模导向装置的作用是什么?

(10)为什么要设排气系统? 常见的排气方式有哪些?

(11)斜导柱分型与抽芯机构的结构形式有哪些? 各自有什么特点? 应用在哪些场合?

(12)推出机构设计时应注意什么问题?

(13)常用的简单推出机构有哪些? 分别用在什么场合?

(14)注射模的典型结构有哪几种? 设计时应考虑哪些问题?

2. 实训题

某塑料制件如图 8-55 所示,材料为低密度 PE,产量为 20 万件。

(1)确定分型面;

(2)确定型腔数量和型腔布置方式;

(3)确定浇注系统(主流道、分流道和浇口的形状、位置、大小);

(4)选择顶出方式;

(5)计算成型件工作尺寸;

(6)确定注射模具的结构。

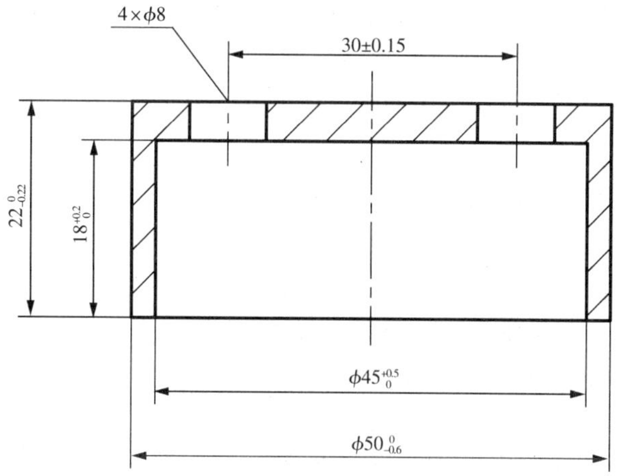

图 8-55　塑料制件

第9章 其他塑料成型工艺与模具

【知识目标】

- 掌握压缩成型、压注成型的原理和工艺过程。
- 熟悉压缩模、压注模的典型结构和组成。
- 熟悉挤出成型、中空吹塑成型的原理和典型模具结构。

【技能目标】

- 能够分析压缩成型、压注成型的异同。
- 掌握压缩成型、压注成型方法的工艺计算。

注射成型是生产塑料制品一种重要的成型方法,除此之外,塑料制品还可以用压缩成型、压注成型、挤出成型、中空吹塑成型等方法生产。

9.1 压缩成型工艺与压缩模

压缩成型也称为压塑成型,一般用于生产热固性塑件。这些塑件用于机械零部件、电器绝缘件和日常生活用品。对于热塑性塑料,由于压缩成型的生产周期长,效率低,同时模具易损坏,所以生产中很少采用,仅在塑料制件较大时才采用。对于热固性塑料,由于注射成型及其他成型方法的相继出现和应用,使压缩成型受到一定的限制,但是生产某些大型特殊产品时还经常采用这种方法。用于压缩成型的塑料主要有:酚醛塑料、氨基塑料、环氧树脂、不饱和聚酯塑料、聚酰亚胺等。

9.1.1 压缩成型原理和工艺过程

1. 压缩成型原理

压缩成型原理如图9-1所示。将粉状、粒状、片状、团状、碎屑状、纤维状的热固性塑料原料放入敞开的模具加料室中,然后合模加热使塑料熔化。在合模压力作用下,熔融塑料充满模腔,同时模腔中的塑料产生化学交联反应,最终固化成为具有一定形状的塑件。

2. 压缩成型工艺过程

压缩成型工艺过程包括:压缩成型前的准备工作、压缩成型过程、压缩成型后处理。

(1)压缩成型前的准备工作

① 预热。成型前对热固性塑料原料进行预热处理,目的是除去其中的水份及其他挥发物,同时提高料温,提高塑件内部固化的均匀性,便于缩短压缩成型周期。生产中常用的预热设备是电烘箱和红外线加热炉。

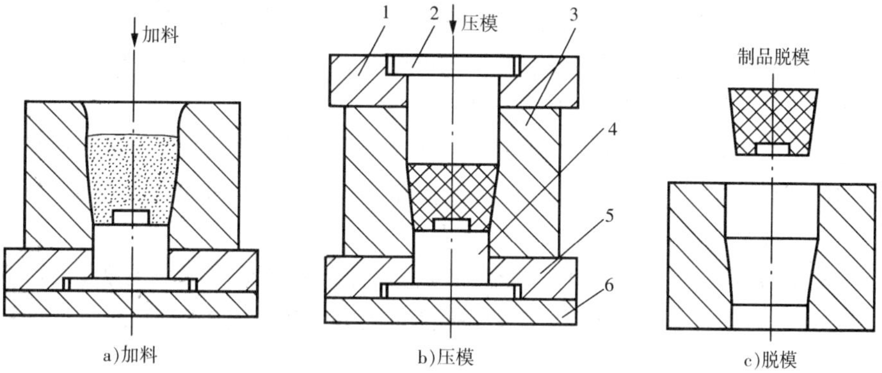

图 9-1 压缩成型原理

1—上模座(兼起固定板作用) 2—上凸模 3—凹模(加料室)
4—下凸模 5—下模板 6—下模座(兼起垫板作用)

② 预压。为了成型操作时的方便和提高塑件的质量,在室温下将热固性塑料原料用预压模在预压机上压成质量一定、形状相似的型坯,型坯的形状以能紧凑地放入模具中预热为宜,多为圆片状及长条状等。

(2)压缩成型过程

热固性塑料的压缩成型工艺过程可以分为六个阶段。

① 嵌件的安放。如果压缩成型带有嵌件的塑件,加料前应预热嵌件并将其安放在模内。安放嵌件一般是用镊子或专用工具进行,安放的嵌件要求位置准确平稳,以防止出现废品和损坏模具。

② 加料。在模具加料室中加入已预热的、定量的塑料称为加料。

③ 合模。加料完成后进行合模。在凸模尚未接触塑料前速度要快,以缩短成型周期和避免塑料过早地固化或过多地分解。在凸模接触塑料后改为慢速,以避免模具中的嵌件、成型杆或型腔遭到损坏。此外放慢速度还可以使模内气体得到充分排除。等到模具闭合后就可以加大压力。合模所需要的时间从几秒到几十秒不等。

④ 排气。压缩热固性塑料时,在模具闭合后,有时还需要卸压,将凸模松动少许时间,以便排除其中的气体。排气不仅可以缩短固化时间,而且有利于提高塑件的性能和表面质量。

⑤ 固化。热固性塑料的固化,是指在压缩成型温度下保持一段时间,以保证其性能达到最佳状态。固化速度不高的塑料,有时也不必将整个固化过程放在模具内完成,而只要塑件能够完整地脱模即可结束固化,从而提高生产率。提前结束固化的塑件,必须用后烘的方法完成固化。

⑥ 脱模。固化结束后塑件从模具型腔中脱出,称为脱模。脱模主要靠推出机构来完成。当塑件带有嵌件时,应先用专用工具将嵌件拔出,然后再进行脱模。

(3)压缩成型后的处理

塑件成型脱模后,模内会留有一些脱落的碎料或飞边等,这些残留物如果压入再次成型的塑件中,会严重影响塑件的质量甚至造成废品,所以应对模具进行清理。

3. 压缩成型工艺参数

压缩成型工艺参数主要是指压缩成型压力、压缩成型温度和压缩时间。

(1)压缩成型压力　压缩成型压力是指压缩时液压机通过凸模对塑料熔体充满型腔和固化时在分型面单位投影面积上施加的压力。

压缩成型压力对塑件的密度和内在质量有很大影响,成型压力大,有利于提高塑料流动性,易于充满型腔,并能使固化速度加快,保证塑件具有稳定的尺寸、形状,减少飞边,防止变形。但是如压缩成型压力过大则会降低模具寿命。

压缩成型压力的大小与塑料种类、塑件形状、塑件结构及模具温度有关。通常情况下,塑料的流动性越小、塑件越厚、形状越复杂,塑料固化速度和压缩比越大,所需要的成型压力越大。

(2)压缩成型温度　压缩成型温度是指压缩成型时所需要的模具温度。它是使热固性塑料流动、充模并最后固化成型的主要影响因素。它决定了成型过程中聚合物交联反应的速度,从而影响塑件的最终性能。

在一定范围内提高模具温度,有利于降低成型压力。因为模具温度越高,传热就越快,此时塑料的流动性好,从而减小了成型压力。但是模具温度过高,会加快固化速度,使塑料的流动性降低,着色剂分解变质,从而造成充模不满以及塑件表面颜色黯淡。特别是成型形状复杂、壁薄、深度大的塑件时更为明显。同时由于外层固化比内层快得多,使水分和挥发物难以排除。这不仅会降低塑件的力学性能,而且会使塑件发生肿胀、开裂、变形和翘曲。但是如果模具温度过低,又会造成塑料固化效果差,塑件表面光泽灰暗,塑件物理性能和力学性能下降。

(3)压缩时间　压缩时间是指模具从闭合到模具开启的一段时间,即塑料从充满型腔到固化成型为塑件,在模腔内停留的时间。压缩时间与塑件种类、塑件形状、压缩成型压力和温度以及操作步骤等因素有关。塑料的流动性差,固化速度慢,水分和挥发物含量多,塑料未经预热或预压,则压缩时间要长一些。塑件厚度大,压缩时间也要长一些,否则会造成塑件内部固化不足。塑件形状复杂的,由于塑料在型腔内受热面积大,塑料流动时摩擦热多,因而压缩时间可以短一些,但必须控制其固化速度,以保证塑料充满型腔。

表 9-1 列出了酚醛塑料和氨基塑料的压缩成型工艺参数。

表 9-1　酚醛塑料和氨基塑料的压缩成型工艺参数

工艺参数	酚醛塑料			氨基塑料
	一般工业用	高压绝缘用	耐高频电绝缘用	
压缩成型温度/℃	150～165	150～170	180～190	140～155
压缩成型压力/MPa	25～35	25～35	＞30	25～35
压缩时间(min/mm)	0.8～1.2	1.5～2.5	2.5	0.7～1.0

注:(1)一般工业用是以苯酚－甲醛线型树脂的粉末为基础的压缩粉;

(2)高压绝缘用是以甲酚－甲醛可溶性树脂的粉末为基础的压缩粉;

(3)耐高频电绝缘用是以苯酚－苯胺－甲醛树脂和无机矿物为基础的压缩粉。

4. 压缩成型的特点

压缩成型有如下特点：

(1)压缩模没有浇注系统，使用的设备和模具比较简单低廉。

(2)适用于流动性差的塑料，比较容易成型大型塑料制件。

(3)压缩成型的塑件收缩率小，变形小，各向性能比较均匀。

(4)生产周期长，生产率低，劳动强度大，不易实现自动化。

9.1.2　压缩成型模具及其分类

1. 压缩模的结构组成

压缩成型模具简称为压缩模，其典型结构如图 9－2 所示。

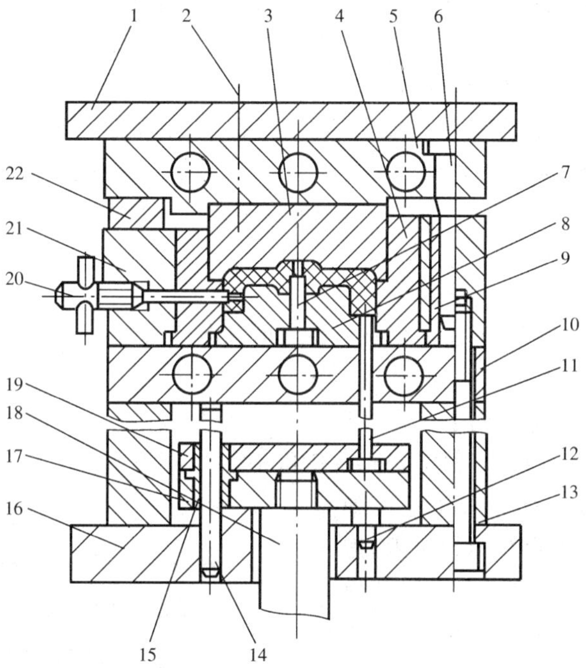

图 9－2　典型压缩模具结构

1—上模座板　2—螺钉　3—上凸模　4—凹模　5、10—加热板　6—导柱　7—型芯　8—下凸模　9—导套　11—推杆　12—挡钉　13—垫块　14—推板导柱　15—推板导套　16—下模座板　17—推板　18—压力机顶杆　19—推杆固定板　20—侧型芯　21—凹模固定板　22—承压板

压缩模可以分为两大部分：固定在压力机模板上的上模和固定在压力机工作台上的下模，两大部分依靠导柱 6 导向开合。上下模闭合使装于加料室和型腔中的塑料受热受压，成为熔融状态并充满整个型腔。当塑件固化成型后开模，上模部分上移，上凸模 3 脱离下模一段距离，手工将侧型芯 20 抽出，推杆 11 将塑件推出模外。

压缩模的具体结构可以分为以下几个部分：

(1)成型零件　成型零件是直接成型塑件的零件。在图 9－2 中成型零件由上凸模 3、下凸模 8、凹模 4、侧型芯 20、型芯 7 组成。上凸模 3、下凸模 8、凹模 4 构成模具型腔，是直接成型塑件的部位。

(2)加料室　加料室是指凹模 4 的上半部，在图 9-2 中为凹模截面尺寸的扩大部分。由于塑料原料与塑件相比具有较小的密度，塑件成型前单靠型腔无法容纳全部原料，因此，在型腔之上设有一段加料室。

(3)导向机构　在图 9-2 中，导向机构由布置在模具上模周边的四根导柱 6 和下模的导套 9 组成。导向机构的作用是保证上、下合模的对中性。为了保证推出机构上下运动平稳，该模具在下模座板 16 上还设有两根推板导柱 14，在推板 17、推杆固定板 19 上装有推板导套 15。

(4)侧向分型抽芯机构　与注射成型模具一样，当压缩成型带有侧孔和侧凹的塑件时，模具必须设有侧向分型抽芯机构，塑件才能脱出。图 9-2 所示的塑件带有侧孔，在顶出前先用手转动丝杠抽出侧型芯 20。

(5)脱模机构　压缩模中一般都要设置脱模机构(推出机构)，它的作用是将塑件脱出模腔。压缩模的脱模机构与注射模具相似。在图 9-2 中，脱模机构由推杆 11、推杆固定板 19、推板 17、压力机顶杆 18 等零件组成。

(6)加热系统　热固性塑料压缩成型需要在较高温度下进行，因此模具必须加热。常见的加热方式有：电加热、蒸汽加热、煤气或天然气加热，但电加热最为普遍。图 9-2 中，在加热板 5、10 中设计有加热孔，加热孔中插入电热棒，分别对上凸模、下凸模和凹模进行加热。

2. 压缩模的分类

压缩模的分类方法很多，下面主要介绍按照模具在压力机上的固定方式和按上、下模配合结构特征进行分类的方法：

(1)按模具在压力机上的固定方式分类

可以分为移动式压缩模、半固定式压缩模和固定式压缩模。

① 移动式压缩模。移动式压缩模如图 9-3 所示。模具不固定在压力机上，塑件成型后将模具移出压力机，用专门卸模工具开模取出塑件。在图 9-3 中，是采用 U 形支架撞击上下模板，使模具分开脱出塑件。这种模具结构简单，制造周期短，但由于加料、开模、取件等工序均为手工操作，劳动强度大、生产率低、模具易磨损。它适用于压缩成型批量不大的中、小型塑件以及形状复杂、嵌件较多、加料困难、带有螺纹的塑件。

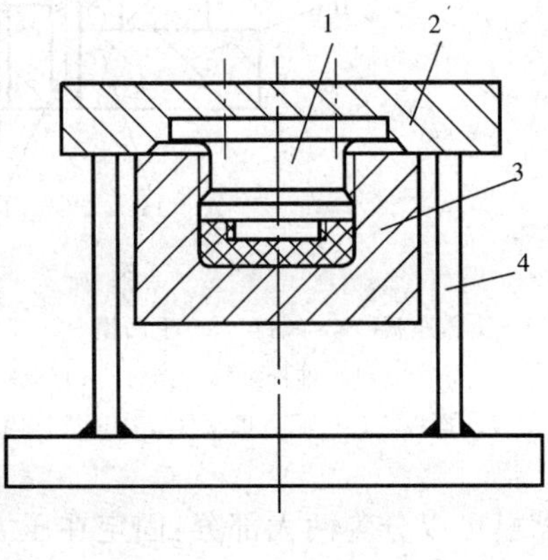

图 9-3　移动式压缩模

1—凸模　2—凸模固定板　3—凹模　4—U 形支架

② 半固定式压缩模。半固定式压缩模如图 9-4 所示。一般将上模固定在压力机上，下模可沿导轨移动，用定位块定位；也可根据需要采用下模固定的形式。塑件成型后移出上模或下模，用手工或卸模架取出塑件。这种模具结构便于安放嵌件和加料，减小劳动强度，并可与通用模架配合使用。当移动式压缩模重量过大或嵌件较多时，为了便于操作，可以采用这种模具。

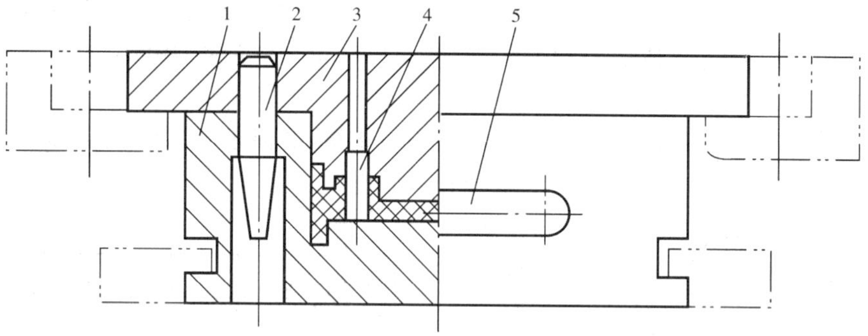

图 9-4　半固定式压缩模

1—凹模(加料室)　2—导柱　3—凸模(上模)　4—型芯　5—手柄

③ 固定式压缩模。固定式压缩模如图 9-2 所示。上下模分别固定在压力机上下工作台上。开模、闭模、推出等动作都在机内完成,因此有生产效率高、操作简单、劳动强度小、开模振动小、模具寿命长的优点,但是模具结构复杂、成本高,且安装嵌件不方便。它适用于成型批量较大或尺寸较大的塑件。

(2)按上、下模配合结构特征分类

可以分为溢式压缩模、不溢式压缩模和半溢式压缩模。

① 溢式压缩模。溢式压缩模如图 9-5 所示。这种模具无单独的加料室,型腔本身作为加料室,型腔高度 h 等于塑件高度。由于凸模和凹模无配合部分,所以压缩时过剩的塑料极易溢出。宽度为 B 的环形面积是挤压面,由于其宽度较窄,可以减薄塑件的飞边。合模后压缩阶段的初期,挤压面仅对溢料产生有限的阻力,直到合模终点时挤压面才完全密合,因此制件密度往往较低,力学性能不佳。

溢式压缩模的凸模和凹模的配合完全靠导柱定位,没有其他的配合面,所以塑件的径向壁厚尺寸精度不高。

溢式压缩模结构简单,造价低廉、耐用,塑件容易取出,安装嵌件方便,特别是扁平塑件可以不设推出机构。适用于成型扁平的塑件,特别是对强度和尺寸无严格要求的塑件。

② 不溢式压缩模。不溢式压缩模如图 9-6 所示。这种模具的加料室为型腔上部截面的延续,无挤压面,理论上压力机所施加的压力将全部作用在制件上,塑料的溢出量很少。

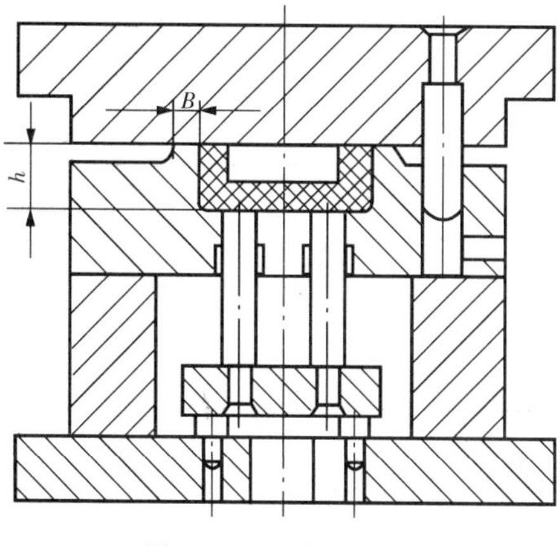

图 9-5　溢式压缩模

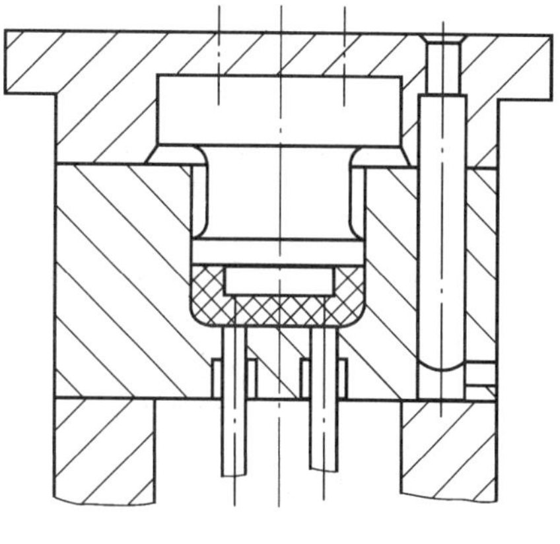

图 9-6　不溢式压缩模

凸模和加料室之间有一段配合,配合间隙如果过小,在压缩时型腔内的气体就无法顺畅排出;配合间隙如果过大,会造成溢料增多,影响塑件质量。一般单边间隙为 0.025～0.075 mm 较适中。

不溢式压缩模适用于成型体积大、流动性差的塑料,如棉布、玻璃纤维或长纤维填充的塑料,也适用于成型形状复杂、薄壁、长流程和深形塑件。

③ 半溢式压缩模。半溢式压缩模如图 9-7 所示。这种模具在型腔上方设有截面尺寸大于塑件尺寸的加料室,加料室和型腔的分界处有一环形挤压面,其宽度为 4～5 mm。凸模与加料室之间是间隙配合,凸模在四周开有溢料槽,凸模下压到与挤压面接触时为止。每次加料即使稍有过量,多余的塑料仍可以通过配合间隙和溢料槽排出。

这种模具兼有溢式压缩模和不溢式压缩模的优点。塑件径向壁厚尺寸和高度尺寸的精度均较大,塑件密度较高,模具寿命长,塑件脱模容易,在生产中被广泛采用。

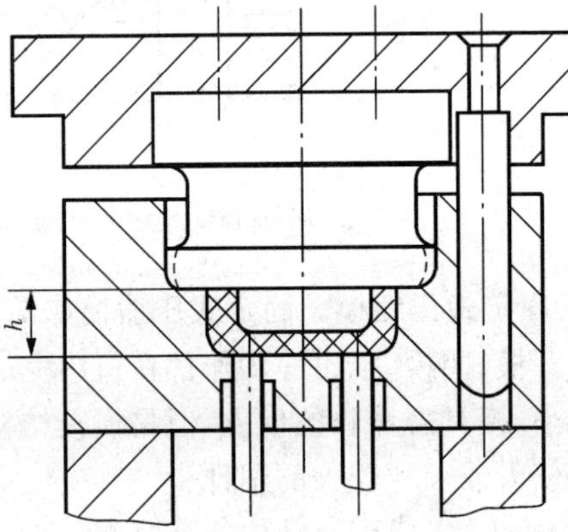

图 9-7 半溢式压缩模

9.1.3 压缩模加料室的设计计算

加料室是压缩模特有的部分,而其他部分都与注射模类似。所以设计压缩模时,主要是加料室的设计。

1. 塑料体积的计算

$$V_{料}=mv=V\rho v \tag{9-1}$$

式中:$V_{料}$——塑件所需塑料原料的体积(cm^3);

V——塑件的体积(包括溢料)(cm^3);

v——塑件的比体积(cm^3/g),见表 9-2;

ρ——塑件的密度(g/cm^3),见表 9-3;

m——塑件的质量(包括溢料)(g)。

表 9-2 部分压制用塑料的比体积

塑料种类	比体积 $v/(cm^3/g)$
酚醛塑料(粉状)	1.8～2.8
氨基塑料(粉状)	2.5～3.0
碎布塑料(片状)	3.0～6.0

塑料体积的计算也可按塑料原料在成型时的体积压缩比来计算:

$$V_{料}=V\kappa \tag{9-2}$$

式中：$V_{料}$——塑件所需塑料原料的体积(cm^3)；

V——塑件的体积(包括溢料)(cm^3)；

κ——塑料压缩比，见表 9-3。

表 9-3　常用热固性塑料的密度和压缩比

塑　　料		密度 $\rho/(g/cm^3)$	压缩比 κ
酚醛塑料	木粉填充	1.34～1.45	2.5～3.5
	石棉填充	1.45～2.00	2.5～3.5
	云母填充	1.65～1.92	2～3
	碎布填充	1.36～1.43	5～7
脲醛塑料	纸浆填充	1.47～1.52	3.5～4.5
三聚氰胺甲醛塑料	纸浆填充	1.45～1.52	3.5～4.5
	石棉填充	1.70～2.00	3.5～4.5
	碎布填充	1.5	6～10
	棉短线填充	1.5～1.55	4～7

2. 加料室高度尺寸的计算

如表 9-4 所示为各种典型塑件的成型情况，加料室的高度尺寸可以分别按照表中公式计算。

表 9-4　加料室高度尺寸 H 的计算

结构形式	简　图	公　式	符号说明
不溢式压缩模加料室	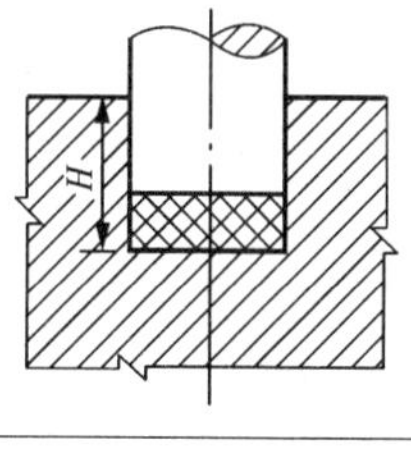	$H=\frac{V}{A}+(5\sim10)mm$	V：塑件体积(mm^3) A：加料室的横截面积(mm^2)
深腔塑件加料室	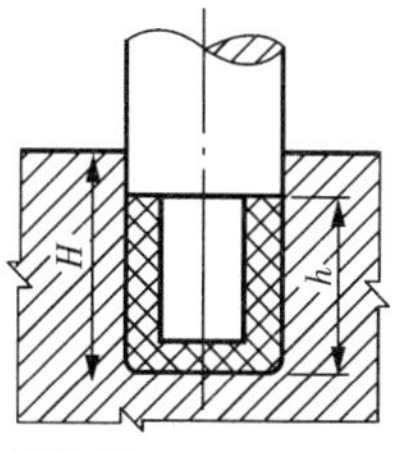	成型薄壁腔塑件时，加料室高度 H 可采用塑件高度加 10～20mm，即 $H=h+(10\sim20)mm$	h：塑件高度(mm)
不溢式压缩模加料室	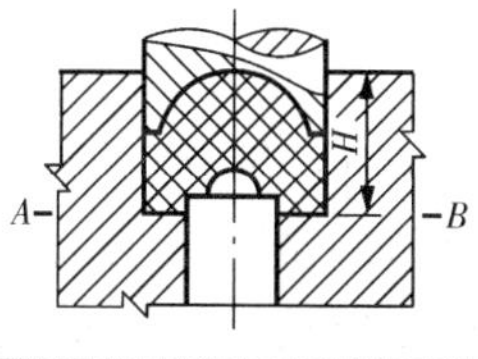	$H=\frac{V+V_1}{A}+(5\sim10)mm$	V_1：下凸模凸出 AB 线部分的体积(mm^3)，其余同上

（续表）

结构形式	简　图	公　式	符号说明
半溢式压缩模加料室	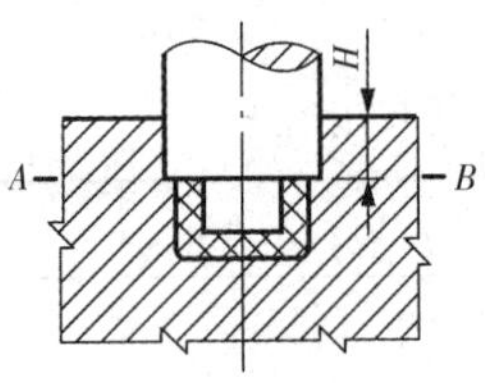	$H=\dfrac{V-V_0}{A}+(5\sim10)\text{mm}$	V_0：下凸模凸出 AB 线部分的体积（mm^3），其余同上
上下模同时成型塑件的加料室	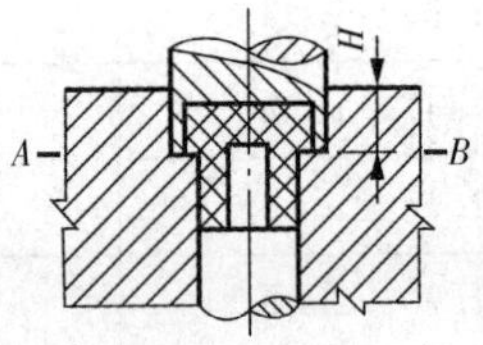	$H=\dfrac{V-(V_a+V_b)}{A}+(5\sim10)\text{mm}$	V_a：塑件在 AB 线以下部分的体积（mm^3）； V_b：塑件在 AB 线以上部分的体积（mm^3），此值使合模前的 H 值变小，故实际使用时可不减该值； A：AB 线以上加料室的横截面积（mm^2），其余同上
带中心导柱的半溢式压缩加料室	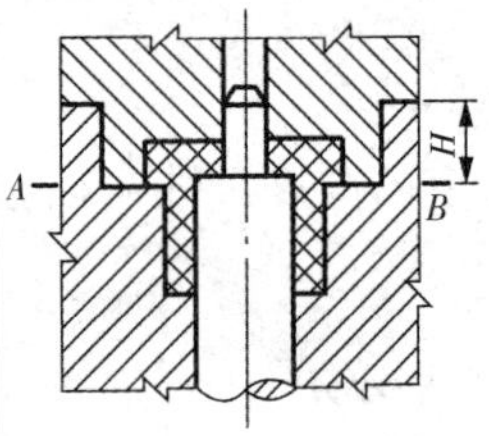	$H=\dfrac{V-(V_a+V_b)-V_c}{A}+(5\sim10)\text{mm}$	V_c：型芯在 AB 线上的体积，直径小时可忽略（mm^3），其余同上
半溢式压缩模多腔压制的加料室	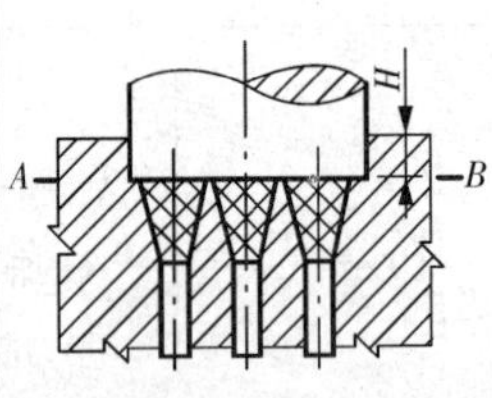	$H=\dfrac{(V-V_k)n}{A}+(5\sim10)\text{mm}$	V：单个型腔所用塑料体积（mm^3）； V_k：AB 线以下单个塑件的体积（mm^3）； n：成型塑件个数，其余同上

注：(1)表中计算适用于粉状塑料，对片状压缩料 H 值可减小 1/2，若用于压锭、多次加料及预成型方法的，H 值可大大减少。

(2)为防止加压时塑料溢出，H 值宜加 1～5 mm 的修正量，当凸模有凸起的成型部分时宜取 10 mm。

9.2　压注成型工艺与压注模

压注成型也称为传递成型，是在克服了压缩成型的缺点，又吸收了注射成型的优点的基础上发展起来的一种加工方法。主要用于热固性塑料的加工成型。压注成型要求塑料在未达到硬化温度以前应具有较大的流动性，而达到硬化温度以后，又要具有较快的硬化速度。

符合这种要求的塑料包括:酚醛塑料、三聚氰胺和环氧树脂等。而不饱和聚酯和脲醛塑料,因为在低温下具有较大的硬化速度,所以不能用来压注成型较大的塑件。

9.2.1　压注成型原理和工艺过程

1. 压注成型原理

压注成型原理如图 9－8 所示。压注模具设有单独的加料室,模具闭合后,将固态的热固性塑料原料(最好是预压成锭或经过预热的)放入到模具的加料室中,如图 9－8a 所示;使原料受热成为熔融状态,在压力机柱塞压力作用下,塑料熔体经过浇注系统进入并充满闭合型腔,如图 9－8b 所示;塑料在型腔内继续受热受压产生化学交联反应而固化定型,最后打开模具取出塑件,如图 9－8c 所示。

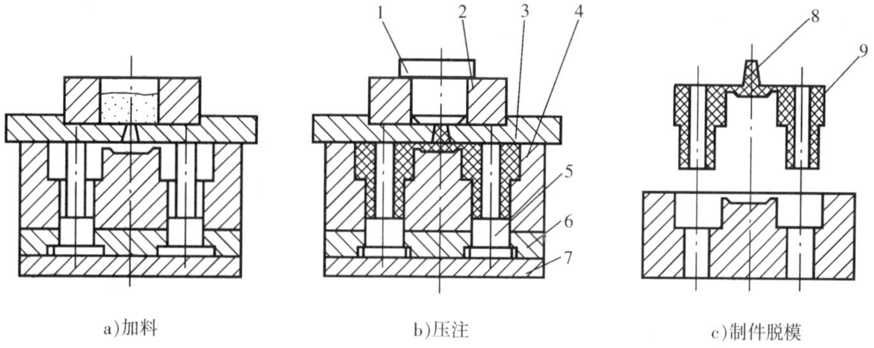

图 9－8　压注成型原理

1—压注柱塞　2—加料室　3—上模座　4—凹模　5—凸模
6—凸模固定板　7—下模座　8—浇注系统凝料　9—制件

2. 压注成型工艺过程

压注成型的工艺过程与压缩成型基本相似,它们的主要区别在于:压缩成型是先加料后合模,而压注成型是先合模后加料。

3. 压注成型工艺参数

压注成型工艺参数主要是指压注成型压力、压注成型温度和压注时间。

(1)压注成型压力　压注成型压力是指压力机通过压柱或柱塞对加料室塑料熔体施加的压力。由于熔体通过浇注系统时会有压力损失,所以压注成型压力一般为压缩成型压力的 2～3 倍。例如,酚醛塑料粉和氨基塑料粉的压注成型压力通常为 50～80 MPa,更高的可达 100～200 MPa;有纤维填料的塑料为 80～160 MPa;环氧树脂、硅酮等低压封装塑料为 2～10 MPa。

(2)压注成型温度　压注成型的模具温度通常要比压缩成型的温度低 15 ℃～30 ℃,一般为 130 ℃～190 ℃,因为塑料通过浇注系统时能从摩擦中取得一部分热量。加料室和下模的温度要低一些,而中框的温度要高一些,这样可以保证塑料进入通畅而不会出现溢料现象,同时也可以避免塑件出现缺料、起泡、接缝等缺陷。

(3)压注时间　压注时间包括加料时间、充模时间、交联固化时间、脱模取塑件时间和清模时间等。压注成型的充模时间通常为 5～50 s,固化时间取决于塑料品种、塑件的大小和形状、壁厚、预热条件和模具结构等,通常为 30～180 s。

表 9－5 列出了一些热固性塑料压注成型的主要工艺参数。

表 9－5 部分热固性塑料压注成型的主要工艺参数

塑 料	填 料	成型温度/℃	成型压力/MPa	压缩率	成型收缩率(%)
环氧双酚A模塑料	玻璃纤维	138～193	7～34	3.0～7.0	0.001～0.008
	矿物填料	121～193	0.7～21	2.0～3.0	0.0002～0.001
环氧酚醛模塑料	矿物和玻璃纤维	121～193	1.7～21	—	0.004～0.008
	矿物和玻璃纤维	190～196	2～17.2	1.5～2.5	0.003～0.006
	玻璃纤维	143～165	17～34	6～7	0.0002
三聚氰胺	纤维素	149	55～138	2.1～3.1	0.005～0.15
酚醛	织物和回收料	149～182	13.8～138	1.0～1.5	0.003～0.009
聚酯(BMC、TMC①)	玻璃纤维	138～160	—	—	0.004～0.005
聚酯(SMC、TMC)	导电护套料②	138～160	3.4～14	1.0	0.0002～0.001
聚酯(BMC)	导电护套料	138～160	—	—	0.0005～0.004
醇酸树脂	矿物质	160～182	13.8～138	1.8～2.5	0.003～0.010
聚酰亚胺	50%玻璃纤维	199	20.7～69	—	0.002
脲醛塑料	α—纤维素	132～182	13.8～138	2.2～3.0	0.006～0.014

注：(1)TMC 指黏稠状模塑料；

(2)在聚酯中添加导电性填料和增强材料的电子材料，用于工业用护套料。

4. 压注成型的特点

(1)压注成型前模具已经闭合，塑料在加料室中加热和熔融，能很快均匀地热透和硬化，所以，塑件制品性能均匀密实，强度高。

(2)由于成型物料在进入型腔前已经塑化，所以能够生产外形复杂、薄壁或壁厚变化很大、带有精细嵌件的塑件。

(3)压注成型的溢料比压缩成型的要少，而且飞边厚度薄，容易去除，所以塑件的尺寸精度高，表面粗糙度也较低。

(4)塑料在模具内的保压硬化时间较短，缩短了成型周期，生产效率高，模具磨损也较小。

(5)压注成型所用模具结构复杂，模具制造成本高。

(6)由于浇注系统的存在，压注成型的塑料浪费较大；因为塑件有浇口痕迹，所以修整工作量大。

(7)压注成型的工艺条件比压缩成型要求更严格，操作难度大。

9.2.2 压注成型模具及其分类

1. 压注模的结构组成

压注成型模具简称为压注模，如图 9－9 所示为典型的固定式压注模结构。

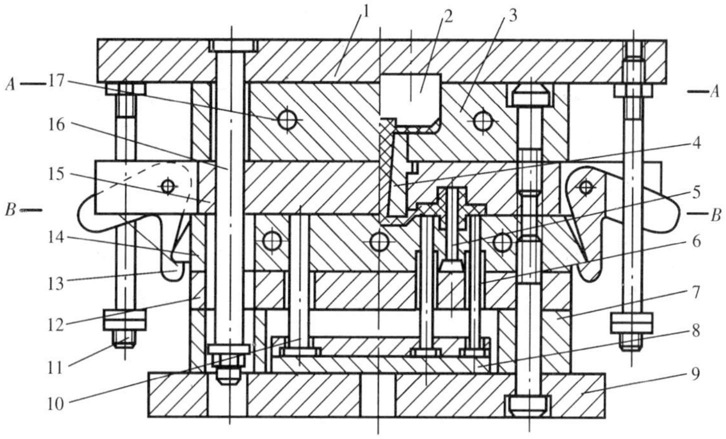

图 9-9 压注模的结构

1—上模座板 2—压柱 3—加料室 4—浇口套 5—型芯 6—推杆 7—垫块 8—推板 9—下模座板 10—复位杆 11—拉杆 12—支承板 13—拉钩 14—下模板 15—上模板 16—定距导柱 17—加热器安装孔

该压注模由压柱、上模、下模三大部分组成，打开上分型面 $A-A$ 面取出主流道凝料并清理加料室；打开下分型面 $B-B$ 面取出塑件和分流道凝料。

压注模的具体结构可以分为以下几个部分：

(1)成型零件 直接与塑件接触的那部分零件，包括凹模、凸模、型芯等，如图 9-9 中 5、14、15 号件。

(2)加料装置 由加料室 3 和和压柱 2 组成，移动式压注模的加料室和模具本体是可分离的，开模前先取下加料室，然后开模取出塑件。固定式压注模加料室与模具在一起，是在上模部分，加料时可以与压柱部分定距分型。

(3)浇注系统 压注模浇注系统与注射模相似，主要由主流道、分流道和浇口组成。

(4)导向机构 由导柱、导套组成，起定位、导向作用。在柱塞与加料室之间、型腔分型面之间，都应设有导向机构。

(5)侧向分型与抽芯机构 如果塑件中有侧孔或侧凹，则必须采用侧向分型与抽芯机构，与注射模和压缩模基本相同。

(6)脱模机构 在图 9-9 中，脱模机构由推杆 6、推板 8、复位杆 10 组成。由拉钩 13、定距导柱 16、可调拉杆 11 等组成的二次分型机构是为了加料室分型面和塑件分型面先后打开而设计的，也包括在脱模机构之内。

(7)加热系统 如图 9-9 所示的固定式压注模，在加料室和型腔周围分别钻有加热孔，插入加热元件，分别对压柱、上模、下模三大部分加热。移动式压注模加热是利用装在压力机上的上、下加热板，压注前柱塞、加料室和压注模都应放在加热板上进行加热。

2. 压注模的分类

根据压注模所使用的压力机类型及其操作方法不同，压注模分为普通压力机用的压注模和专用压力机用的压注模。普通压力机用的压注模又可分为移动式压注模和固定式压注模；专用压力机用的压注模分为上加料室固定式压注模和下加料室固定式压注模。

压注模按加料室的特征可分为罐式压注模和柱塞式压注模，罐式压注模用普通压力机成型，柱塞式压注模用专用压力机成型。下面介绍常用的压注模的结构形式。

(1)罐式压注模　罐式压注模使用较为广泛，它分为以下两种形式：

① 移动式罐式压注模。如图 9－10 所示为典型的移动式罐式压注模，加料室与模具可分离。工作时，模具闭合后放上加料室 4，将定量的塑料加入到加料室 4 内，利用压力机的压力，通过压柱 5 将塑化好的物料高速挤入型腔，硬化定型后，取下加料室和压柱，用手工或专用工具(卸模架)将塑件取出。这种模具对成型设备没有特殊的要求，可以在任何形式的普通压力机上使用。

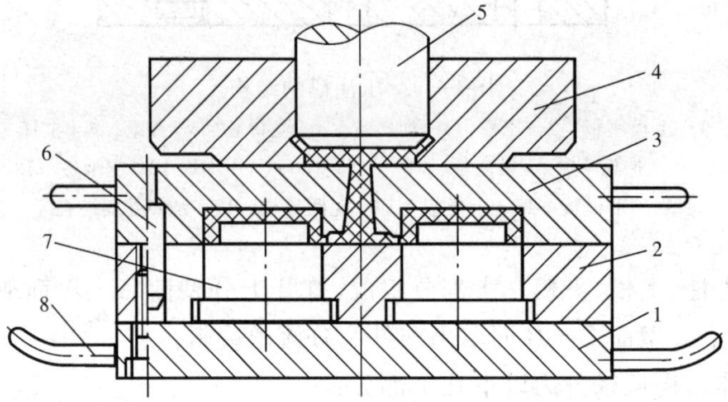

图 9－10　移动式罐式压注模

1—下模板　2—凸模固定板　3—凹模　4—加料室　5—压柱　6—导柱　7—型芯　8—手把

② 固定式罐式压注模。如图 9－9 所示为固定式罐式压注模，加料室在模具的内部，与模具不能分离，用普通的压力机就可以使塑件成型。开模时，压柱随上模座板移动，A 分型面分型，加料室敞开，压柱 2 把浇注系统的凝料从浇口套中拉出，当上模座板上升到一定高度时，拉杆 11 上的螺母迫使拉钩 13 转动，使之与下模部分脱开，接着定距导柱 16 起作用，使 B 分型面分型，最后由推出机构将塑件推出。合模时，复位杆使脱模机构复位，拉钩 13 靠自重将下模部分锁住。

(2)柱塞式压注模　柱塞式压注模与罐式压注模相比，柱塞式压注模没有主流道，只有分流道，主流道变为圆柱形的加料室，与分流道相通。成型时，柱塞所施加的挤压力对模具不起锁模的作用，因此，需要采用专用的压力机。这种专用压力机有两个液压缸：主液压缸和辅助液压缸，主液压缸起锁模作用，辅助液压缸起压入成型作用。柱塞式压注模既可以是单腔的也可以是一模多腔。

上加料室式压注模如图 9－11 所示。压力机的锁模液压缸在压力机的下方，自下而上合模，辅助液压缸在压力机的上方，自上而下将物料挤入模腔。合模加料后，当加入加料室内的塑料受热成熔融状时，压力机辅助液压缸工作，柱塞将熔融塑料挤入型腔，固化成型后，辅助液压缸带动柱塞上移，锁模液压缸带动下工作台将模具分型开模，塑件与浇注系统凝料留在下模，推出机构将塑件从凹模镶块 5 中推出。上加料室式压注模成型时所需的挤压力小，成型质量好。

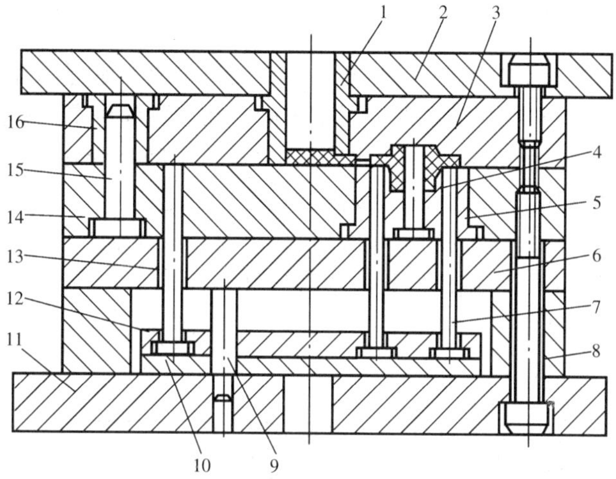

图 9-11　上加料室式压注模

1—加料室　2—上模座板　3—上模板　4—型芯　5—凹模镶块　6—支承板　7—推杆　8—垫块　9—推板导柱　10—推板　11—下模座板　12—推杆固定板　13—复位杆　14—下模板　15—导柱　16—导套

下加料室式压注模如图 9-12 所示。模具所用压力机的锁模液压缸在压机的上方，自上而下合模，辅助液压缸在压力机的下方，自下而上将物料挤入型腔。下加料室式压注模与上加料室式压注模的主要区别在于它是先加料，后合模，最后压注成型；而上加料室柱塞式压注模是先合模，后加料，最后压注成型。由于余料和分流道凝料与塑件一同推出，因此，下加料室式压注模清理方便，节省材料。

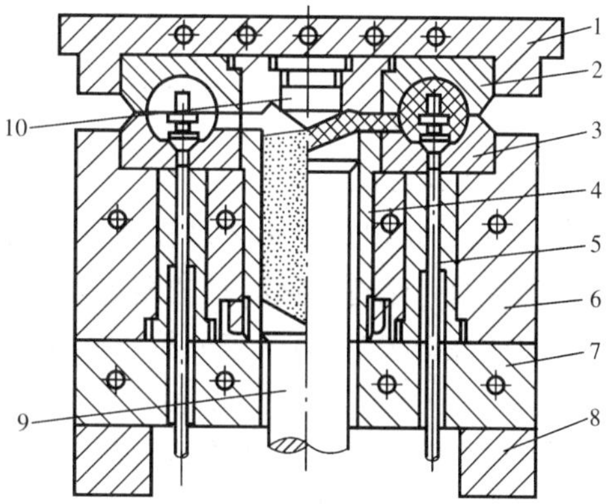

图 9-12　下加料室式压注模

1—上模座板　2—上凸模　3—下凹模　4—加料室　5—推杆　6—下模板　7—支承板　8—垫块　9—柱塞　10—分流锥

9.3　挤出成型工艺与挤出模

挤出成型一般用于热塑性塑料的管材、棒材、板材、薄膜、线材等连续型材的生产，所得到的塑件均具有稳定的截面形状。挤出成型在热塑性塑料成型中是一种用途广泛、所占比例很大的加工方法。挤出成型塑件的截面形状均取决于挤出模具，所以，挤出模具设计的合理与否，是保证良好的挤出成型工艺和挤出成型质量的决定因素。

9.1.1 挤出成型原理和工艺过程

1. 挤出成型原理

下面以管材的挤出成型为例，介绍热塑性塑料的挤出成型原理，如图 9－13 所示。首先将粒状或粉状塑料加入料斗中(加料部分图中未画)，在旋转的挤出机螺杆的作用下，加热的塑料通过螺杆的螺旋槽向前方输送。在此过程中，塑料不断接受料筒的外加热和螺杆与塑料之间、料筒与塑料之间的剪切摩擦热，逐渐熔融呈黏流态。然后在挤压系统的作用下，塑料熔体通过具有一定形状的挤出模具(机头)口模以及一系列辅助装置(定型、冷却、牵引、切割等装置)，从而获得具有一定截面形状的塑料型材。

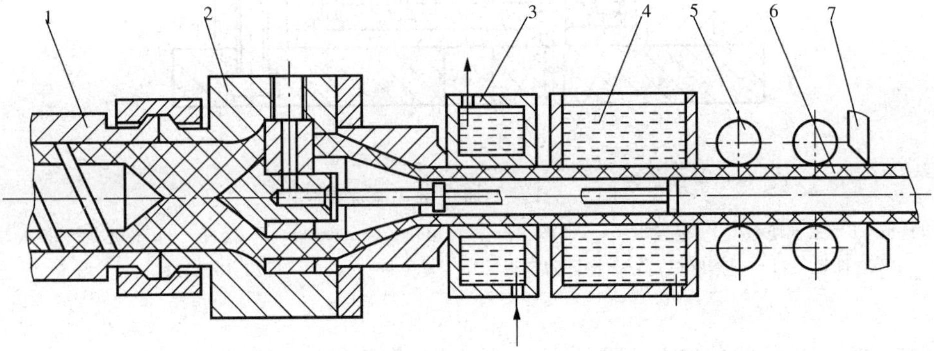

图 9－13 挤出成型原理

1—挤出机料筒 2—机头 3—定型装置 4—冷却装置 5—牵引装置 6—塑料管 7—切割装置

2. 挤出成型工艺过程

热塑性塑料的挤出成型工艺过程可分为四个阶段：

(1)塑化阶段。经过干燥处理的塑料原料由挤出机料斗加入料筒后，在料筒温度和螺杆旋转、压实及混合作用下，由固态的粒状或粉状转变为具有一定流动性的均匀熔体，这一过程称为塑化。

(2)挤出成型阶段。均匀塑化的塑料熔体随螺杆的旋转向料筒前端移动，在螺杆的旋转挤压作用下，通过一定形状的口模而获得与口模形状一致的型材。

(3)定型冷却阶段。塑件离开机头口模后，首先通过定型装置和冷却装置，使其冷却变硬而定型。在大多数情况下，定型和冷却是同时进行的，只有在挤出各种管材和棒材时，才有一个独立的定型过程。挤出管材的定型方法一般有外径定型和内径定型，即使管坯内外形成一定压力差，使其紧贴在定径套上而冷却定型。挤出薄膜、单丝等不需要定型，只需要通过冷却便可。挤出板材或片材，有时还要通过一对压辊压平，兼有定型和冷却的作用。

冷却一般采用空气冷却或水冷却，冷却速度对塑件性能有很大影响。硬质塑件如聚苯乙烯、低密度聚乙烯和硬聚氯乙烯等，不能冷却得过快，否则容易造成残余内应力，并影响塑件的外观质量；软质塑件或结晶型塑件则要求及时冷却，以免塑件变形。

(4)塑件的牵引、切割和卷取。塑件从口模挤出后，一般会因压力的解除而发生膨胀现象，而冷却后又会产生收缩现象，使塑件的形状和尺寸发生改变。如果不加以引导，就会造成塑件停滞，使塑件不能顺利挤出。因此，在冷却的同时，要连续均匀地将塑件引出，这就是牵引。牵引过程通常由牵引装置来完成。牵引速度一般应略大于挤出速度，以便消除塑件尺寸的变化，同时对塑件进行适当的拉伸以提高质量。

不同的塑件牵引速度不同，通常对薄膜、单丝的牵引速度要大些。对于挤出硬制塑件，牵引速度则不能大，通常需要将牵引速度规定在一定范围内，并且要非常均匀。

通过牵引的塑件可根据使用要求在切割装置上裁剪（如棒材、管材、板材、片材等）或在卷取装置上绕制成卷（如薄膜、单丝、电线电缆等）。

此外，为了提高尺寸稳定性，某些塑件（如薄膜）有时还需要进行后处理。

3. 挤出成型工艺参数

挤出成型工艺参数包括温度、压力、挤出速度、牵引速度等。

（1）温度　温度是挤出成型中的重要参数之一。塑料从加入料斗到最后成为塑件，经历了一个较复杂的温度变化过程。严格地说，挤出成型温度应该是指料筒中的塑料熔体温度，但是该温度在很大程度上取决于料筒和螺杆的温度，这是因为塑料熔体的热量除了一部分来自料筒中混合时产生的摩擦热以外，大部分是料筒外部加热器所提供的。所以，在实际生产中为了检测方便，经常用料筒温度近似表示成型温度。

料筒和塑料温度在螺杆各段是有差异的，为了保证塑料制品的质量，必须控制好料筒各段温度。机头的温度必须控制在塑料热分解温度以下，而口模处的温度可以比机头的温度稍低一些，但应保证塑料熔体具有良好的流动性。

此外，即使是在稳定的挤出过程，温度随时间的不同也会产生波动，并且这种波动往往具有一定的周期性。

任何挤出过程中的温差和温度波动，都会影响塑件的质量，使塑件产生残余应力，各点强度不均匀，表面灰暗无光。

（2）压力　在挤出过程中，由于塑料流动的阻力、螺杆槽深度的变化、过滤板、过滤网和口模产生阻碍等原因，在塑料内部形成一定的压力，而这种压力是塑料经历物理状态变化而达到均匀密实的重要条件。增加机头压力可以提高挤出熔体的混合均匀性和稳定性，提高产品致密度，但机头压力如果过大，也会影响产品质量。和温度一样，压力随时间的变化也会产生周期性波动，对塑件质量有不利的影响，如局部疏松、表面不平、弯曲等。为了减小压力波动，应合理控制螺杆转速，保证加热和冷却装置的温控精度。

（3）挤出速度　挤出速度是指在单位时间内，从挤出机头的口模中挤出塑化好的物料量或塑件长度。它反映挤出生产能力的高低。影响挤出速度的因素有很多，如料筒的结构、螺杆转速、加热冷却系统的结构和塑料的性能等。在挤出机结构和塑料品种及塑件类型确定的情况下，挤出速度与螺杆转速有关，因此调整螺杆转速是控制挤出速度的主要措施。

挤出速度在生产过程中也存在波动现象，这会影响塑件的几何形状和尺寸精度。为了保证挤出速度均匀，应正确确定与塑件相适应的螺杆结构和尺寸，严格控制螺杆的转速，严格控制挤出温度。

（4）牵引速度　从机头和口模中挤出的成型塑件，在牵引力作用下将会发生拉伸取向，拉伸取向程度越高，塑件沿取向方位上的拉伸强度也越大，但冷却后长度收缩也大。通常，牵引速度可与挤出速度相当，两者的比值称为牵引比，一般应略大于 1。

表 9－6 列出了几种塑料管材的挤出成型工艺参数。

表9-6　几种塑料管材的挤出成型工艺参数

工艺参数＼塑料管材		硬聚氯乙烯（HPVC）	软聚氯乙烯（SPVC）	低密度聚乙烯（LDPE）	ABS	聚酰胺－1010（PA－1010）	聚碳酸酯（PC）
管材外径/mm		95	31	24	32.5	31.3	32.8
管材内径/mm		85	25	19	25.5	25	25.5
管材壁厚/mm		5±1	3	2±1	3±1	—	—
料筒温度/℃	后段	80～100	90～100	90～100	160～165	250～260	200～240
	中段	140～150	120～130	110～120	170～175	260～270	240～250
	前段	160～170	130～140	120～130	175～180	260～280	230～255
机头温度/℃		160～170	150～160	130～135	175～180	220～240	200～220
口模温度/℃		160～180	170～180	130～140	190～195	200～210	200～210
螺杆转速(r/min)		12	20	16	10.5	15	10.5
口模内径/mm		90.7	32	24.5	33	44.8	33
芯模外径/mm		79.9	25	19.1	26	38.5	26
定径套长度/mm		300	—	160	250	—	250
牵引比		1.04	1.2	1.1	1.02	1.5	0.97
真空定径套内径/mm		96.5	—	25	33	31.7	33
定径套与口模间距/mm		—	—	—	25	20	20
稳流定型段长度/mm		120	60	60	50	45	87

注：稳流定型段长度由口模和芯模的平直部分构成。

4. 挤出成型工艺的特点

(1)连续成型，生产量大，生产率高，成本低。

(2)塑件截面恒定，形状简单。

(3)塑件内部组织均衡紧密，尺寸比较稳定准确。

(4)适用性强，除氟塑料以外，此方法几乎能加工所有热塑性塑料和部分热固性塑料。

9.3.2 挤出成型模具及其分类

1. 挤出模的结构组成

挤出成型模具主要由两部分组成：机头和定径装置(又称为定径套)。

(1)机头　机头是挤出塑料制件成型的主要部件，它的作用是把来自挤出机的熔融塑料由螺旋运动转变为直线运动，并进一步塑化，产生必要的成型压力，保证塑件密实，从而获得截面与口模形状相似的型材。下面以典型的管材挤出成型机头为例，介绍机头的结构组成，如图9-14所示。

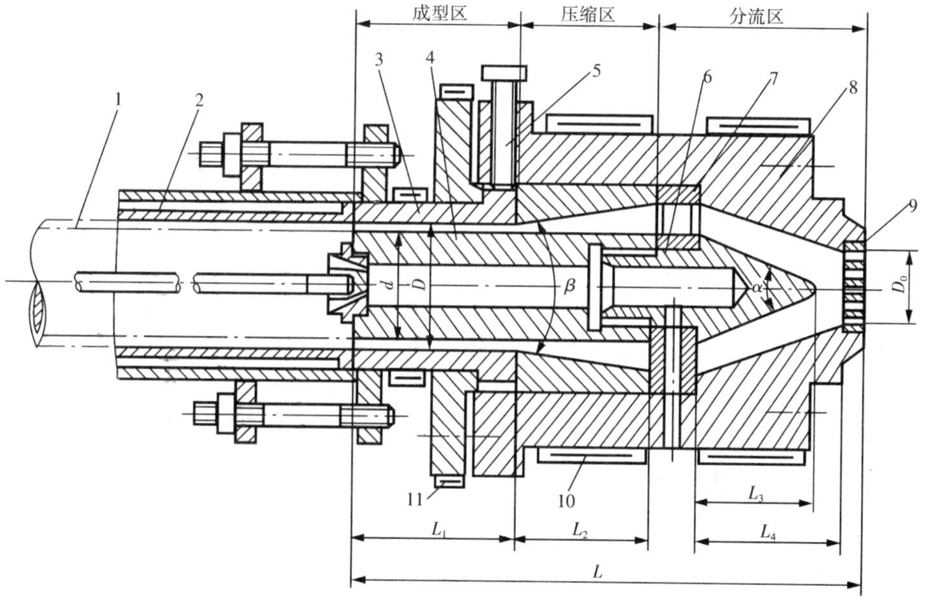

图9-14　管材挤出成型机头

1—管材　2—定径套　3—口模　4—芯棒　5—调节螺钉　6—分流器　7—分流器支架　8—机头体　9—过滤板　10、11—电加热圈(加热器)

机头主要由以下几个部分组成：

① 口模和芯棒。口模的作用是成型塑件的外表面，芯棒的作用是成型塑件的内表面，口模和芯棒的定型部分决定了塑件的截面形状。

② 过滤板和过滤网。过滤板又称为多孔板，和过滤网共同将塑料熔体由螺旋运动转变为直线运动，并能过滤杂质。过滤板同时还起到支承过滤网的作用，并且增加了塑料流动阻力，使塑件更加密实。

③ 分流器和分流器支架。分流器又称为鱼雷头，塑料熔体通过分流器能够分流变成薄

环状而平稳进入成型区，便于进一步加热和塑化。分流器支架主要用来支承分流器和芯棒，同时也能对分流后的塑料熔体起加强剪切混合作用，但有时也会产生熔接痕而影响塑件强度。小型机头的分流器和分流器支架可以设计成一个整体。

④ 机头体。机头体相当于模架，与挤出机料筒连接，用来组装并支承机头的各零部件。机头体与挤出机料筒的连接处应密封以防止塑料熔体泄漏。

⑤ 温度调节系统。为了保证塑料熔体在机头中正常流动及挤出成型质量，机头上一般设有可以加热的温度调节系统，如图 9－14 中的 10、11 电加热圈。

⑥ 调节螺钉。调节螺钉是用来调节控制成型区内口模与芯棒间的环隙及同轴度，以保证挤出塑件壁厚均匀。调节螺钉的数量通常为 4～8 个。

(2)定径装置(定径套)　离开成型区后的塑料熔体虽然已经具有给定的截面形状，但是因为制件温度较高不能抵抗自重而变形，因此需要使用定径套对制件进行冷却定型，使其获得良好的表面质量、准确的尺寸和几何形状。

2. 挤出成型模具分类

由于挤出成型的塑件截面形式多种多样，因此要有相应的机头满足塑件的要求，在生产中需要设计不同的机头，所以挤出成型模具的分类就是机头的分类，一般有以下几种分类方法：

(1)按塑料制件的形状分类　挤出成型的塑件主要有管材、棒材、板材、片材、网材、单丝、粒料、各种异型材、吹塑薄膜、带有塑料包覆层的电线电缆等，所用的机头相应称为管机头、棒机头等。

(2)按塑料制件的出口方向分类　可以分为直通机头和角式机头。直通机头的特点是塑料熔体在机头内的挤出流向与挤出机螺杆的轴线平行。角式机头的特点是塑料熔体在机头内的挤出流向与挤出机螺杆的轴线呈一定角度。当熔体的挤出流向与螺杆轴线垂直时，称为直角机头。

(3)按塑料熔体所受的压力分类　塑料熔体在机头内所受的压力小于 4 MPa 时，该机头称为低压机头。塑料熔体在机头内所受的压力大于 10 MPa 时，该机头称为高压机头。

9.3.3　典型挤出成型模具

1. 管材挤出成型机头

管材挤出成型机头是挤出机头的主要类型之一，应用范围较广，主要用于成型聚乙烯、聚丙烯、聚碳酸酯、尼龙，软、硬聚氯乙烯等塑料的圆形管件。管材机头适用的挤出螺杆长径比(螺杆长度与直径之比)为 15～25，螺杆转速为 10～35 r/min。

管材挤出机头常用的结构有直通式、直角式和旁侧式，另外还有一种微孔流道挤管机头。

如图 9－15 所示为直通式挤管机头。直通式挤管机头结构比较简单，容易制造，但塑料熔体经过分流器和分流器支架时形成的熔接痕不容易消除。另外机头的长度较大，整体笨重。直通式挤管机头主要用于挤出成型聚乙烯、聚碳酸酯、尼龙，软、硬聚氯乙烯等塑料管材。

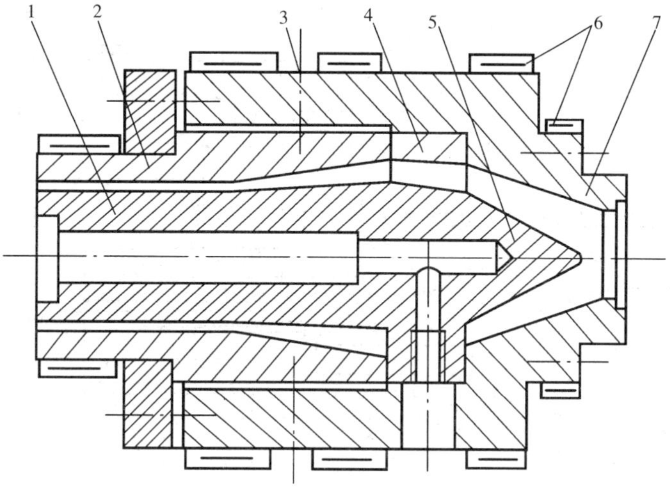

图 9－15　直通式挤管机头

1—芯棒　2—口模　3—调节螺钉　4—分流器支架　5—分流器　6—加热器　7—机头体

如图 9－16 所示为直角式挤管机头。塑料熔体包围芯棒，流动成型时只会产生一条分流痕迹，熔体流动阻力小，料流稳定均匀，生产率高，成型质量好。但机头结构复杂，制造困难。直角式挤管机头主要用于挤出成型聚乙烯、聚丙烯等塑料管材。

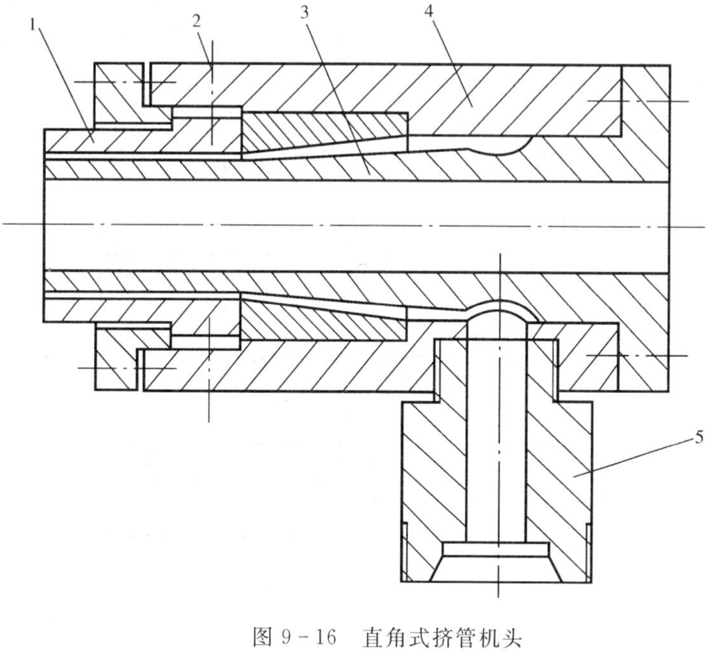

图 9－16　直角式挤管机头

1—口模　2—调节螺钉　3—芯棒　4—机头体　5—连接体

如图 9－17 所示为旁侧式挤管机头。旁侧式挤管机头与直角式挤管机头相似，其机头结构更复杂，制造更困难，熔体流动阻力较大，但机头的体积较小。

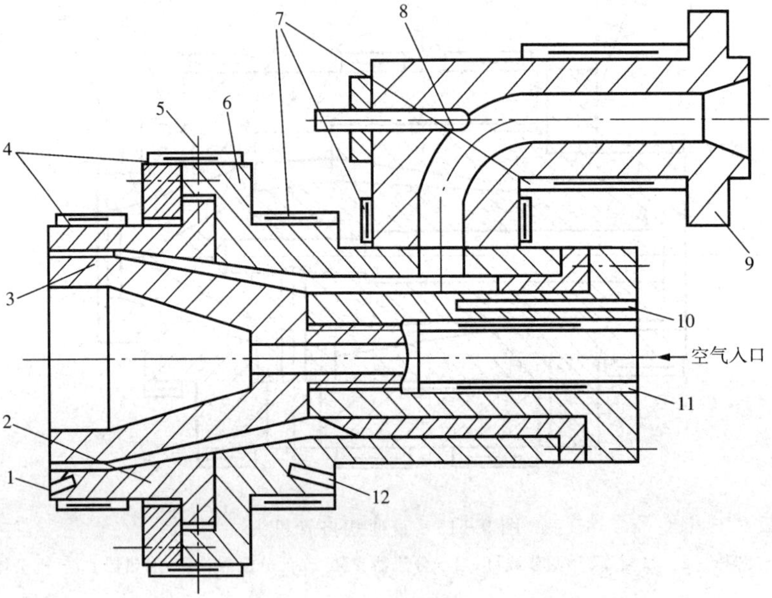

图 9－17　旁侧式挤管机头

1、12－温度计插孔　2－口模　3－芯棒　4、7－电热器　5－调节螺钉

6－机头体　8、10－熔料测温孔　9－连接体　11－芯棒加热器

如图 9－18 所示为微孔流道挤管机头。机头内无芯棒，塑料熔体的流动方向与挤出机螺杆的轴线方向一致，塑料熔体通过微孔管上的微孔进入口模而成型。挤出成型的管材没有分流痕迹，强度较高，特别适合于成型直径大、流动性差的聚烯烃类塑料管材。机头体积小，结构紧凑，但由于管材直径大，管壁厚，容易发生偏心，所以必须考虑到因管材自重而引起的壁厚不均匀，一般应调整口模偏心，口模与芯棒的间隙下面比上面要小 10%～18%。

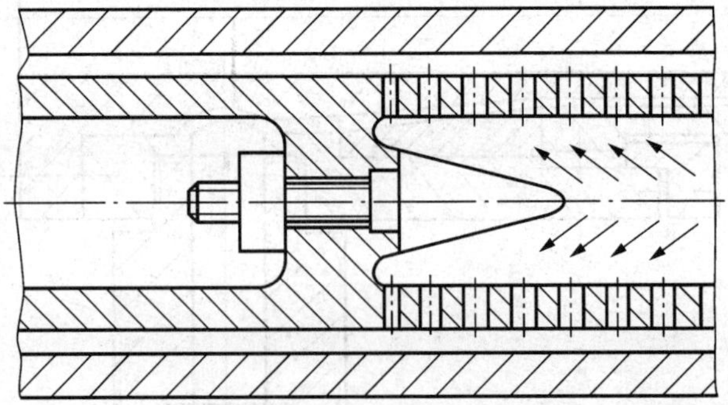

图 9－18　微孔流道挤管机头

2. 棒材挤出成型机头

棒材是指截面为圆形的实心塑料型材。塑料棒材的原材料一般是工程塑料，如尼龙、聚甲醛、聚碳酸酯、ABS、聚砜、玻璃纤维增强塑料等。棒材机头的螺杆长径比为 25～120，除了生产玻璃纤维增强塑料外，可以设置 50～80 目的过滤网。

棒材挤出成型机头的结构较简单，与管材挤出机头基本相似，区别是棒材挤出成型机头中没有芯棒，只有分流器。使用分流器可以减少模腔内部的容积及增加塑料的受热面积。如果模腔内为无滞料区的流线型，也可以不设分流器装置。

如图 9-19 所示为有分流锥的棒材挤出成型机头。机头内的流道有阻流阀的作用，以增加机头内的压力，流道不得有停滞区。棒材定型区的长度为棒材直径的 4～15 倍，比管材定型区长一些。机头进口处的扩张角为 30°～60°，收缩部分的长度为 50～100 mm。机头出口处要制作成喇叭形，便于棒材中心熔融区快速补料，喇叭口的扩张角小于 45°，否则会产生死角。

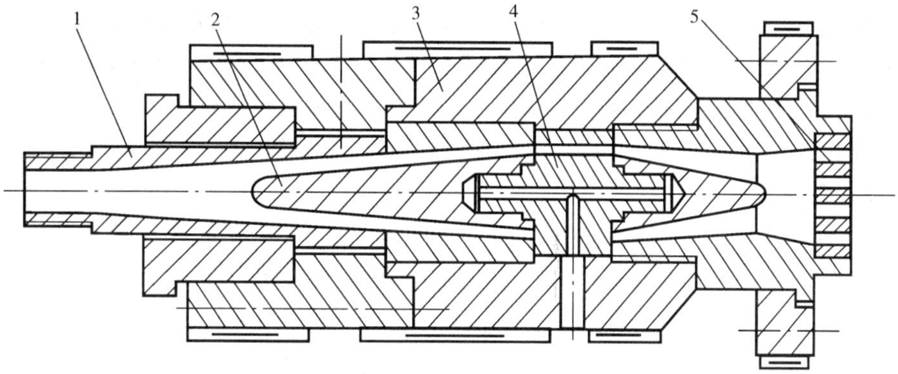

图 9-19　有分流锥的棒材挤出成型机头

1—口模　2—分流器　3—机头体　4—分流器支架　5—过滤板

如图 9-20 所示为无分流锥的棒材挤出成型机头。强劲冷却的定径套以法兰与挤出模相连接，口模与定型模之间设有绝热垫。该模的特点是成型与定型成为一体，口模 1 已成为直径为 8～10 mm 的供冷却定型和补入塑料流体的流道。熔体与定型段的冷壁相接触形成固态表层 8。由于冷却收缩，在棒材中某些部位有形成空洞的可能，因此要求挤出机必须有足够的压力。定型段的熔体压力，通常在 1～1.25 MPa 之间。机头进口压缩角为 30°～60°，其长度视棒材粗细和塑料黏度而定。机头出口的扩张角通常小于 45°，主要是为了便于补料。

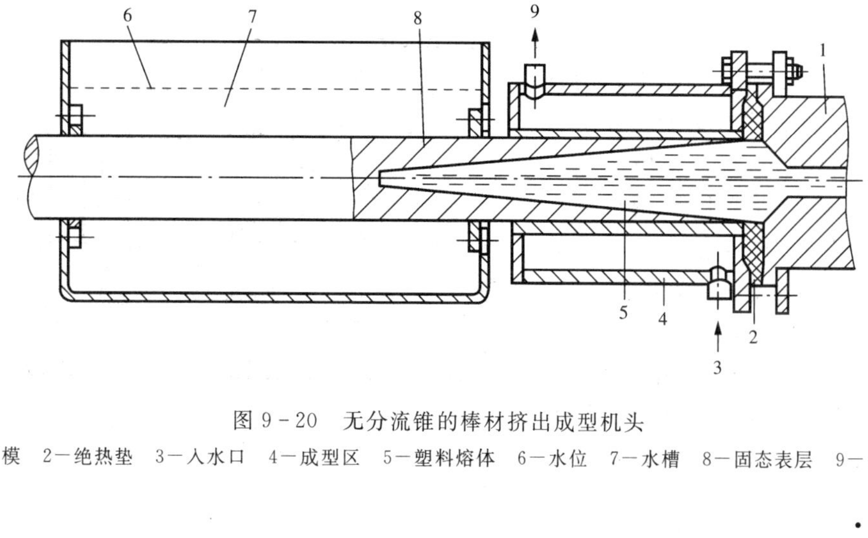

图 9-20　无分流锥的棒材挤出成型机头

1—口模　2—绝热垫　3—入水口　4—成型区　5—塑料熔体　6—水位　7—水槽　8—固态表层　9—出水口

3. 板材、片材挤出成型机头

生产板材和片材的原料应用较多的有软/硬聚氯乙烯、聚乙烯、聚丙烯、ABS 等塑料。片材的尺寸厚度范围是 0.25～1 mm，板材的尺寸厚度在 1 mm 以上，最厚达 20 mm。用挤出成型法生产板材和片材，优点是设备简单，生产过程连续，成本低，缺点是制品表面粗糙，厚度不均匀。

板材和片材的挤出成型机头的进料口为圆形，内部逐渐过渡为狭缝形，最后形成宽而薄的出料口。塑料熔体在挤出成型过程中，随着流道的变化，沿宽度方向均匀分布，而且要求流速相等，这样才能挤出厚度均匀、表面平整的板材和片材。

板材和片材的挤出成型机头有鱼尾式机头、支管式机头、螺杆式机头等类型。

如图 9-21 所示为鱼尾式机头。鱼尾式机头的模腔与鱼尾形状相似，塑料熔体从机头中部进入模腔，向两侧分流。由于熔体在进口处的压力和流速比机头两侧大，而两侧比中部散热快，因此中部出料多，两侧出料少，造成塑件厚度不均匀。为了克服此缺陷，通常在机头模腔内设置阻流器。

鱼尾式机头结构简单，容易制造，可用于多种塑料的挤出成型，但不适于宽幅板材和片材，一般幅宽小于 500 mm，板厚不大于 3 mm。鱼尾的扩张角不能太大，通常取 80°左右。

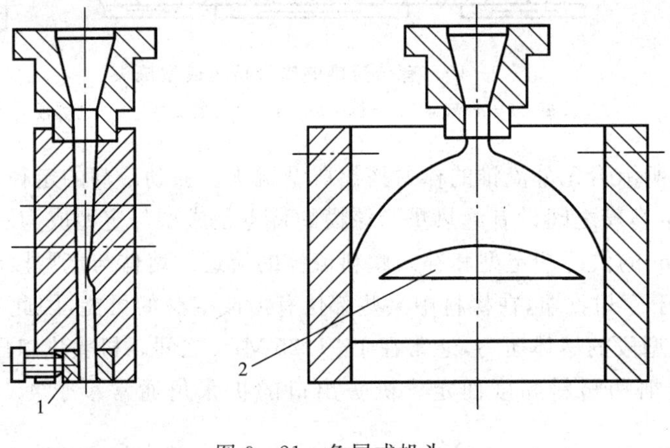

图 9-21 鱼尾式机头

1—模口调节块 2—阻流器

如图 9-22 所示中间供料的直支管机头。支管式机头的模腔为管状，有一个纵向切口与口模区相连通，管状模腔与口模平行，可以储存一定量的物料，同时使进入模腔的料流稳定并均匀地挤出宽幅塑件。

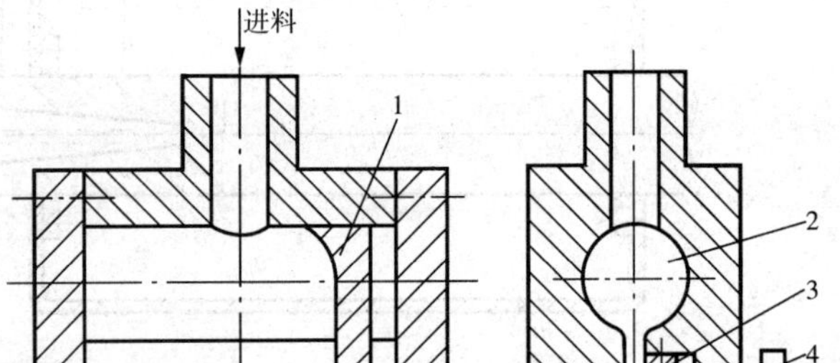

图 9-22 中间供料的直支管机头

1—幅宽调节块 2—支管模腔 3—模口调节块 4—模口调节螺钉

在图 9-22 中，塑料熔体从支管中部进入，分流后充满支管模腔，再从支管模腔的缝隙中挤出。支管模腔与挤出料流方向垂直，幅宽调节块1调节塑件的宽度。塑料熔体在支管模腔内的流程较短，温度较容易调节，板材和片材在宽度方向上具有对称性。

支管式机头体积小，重量轻，模腔结构简单，加工容易，塑件幅宽可调，可以挤出幅宽较大的板材和片材，应用较广泛。

如图9-23所示为一端供料的螺杆式机头，在直支管模腔内加设一根可单独驱动的螺杆。螺杆旋转可以进一步塑化塑料熔体并均匀地进行宽度分配，温度控制也较容易。螺杆为多头螺纹，所以挤出量大，可以减少物料在机头内的停留时间，适用于加工流动性和热稳定性差的塑料。由于螺杆的转动，挤出塑件容易出现波浪形料流痕迹。螺杆式机头挤出成型塑件厚度可达20 mm，幅宽达2000～4000 mm。螺杆式机头结构复杂，制造成本较高。

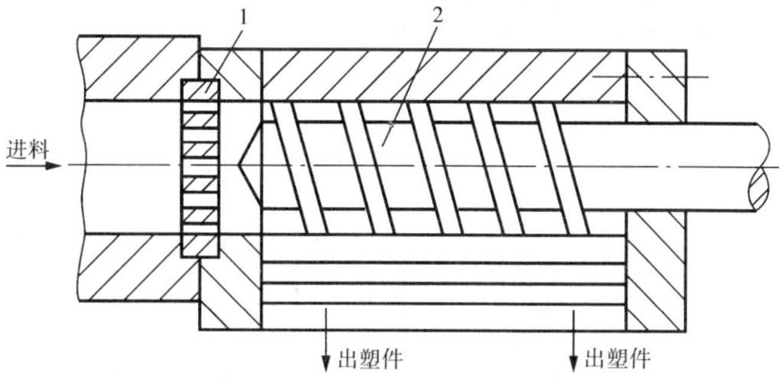

图9-23 一端供料的螺杆式机头

1—过滤板 2—螺杆

9.4 中空吹塑成型工艺与吹塑模

中空吹塑成型是将处于熔融状态的塑料型坯置于模具型腔内，使压缩空气注入型坯中将其吹胀，使之紧贴于模具型腔壁上，经冷却定型得到与模具型腔完全一致的中空塑件的加工方法。适用于中空吹塑成型的塑料有聚乙烯、聚氯乙烯、纤维素塑料、聚苯乙烯、聚丙烯、聚碳酸酯等。最常用的是聚乙烯和聚氯乙烯。

9.4.1 中空吹塑成型原理和分类

根据成型方法不同，中空吹塑成型可分为挤出吹塑成型、注射吹塑成型、注射拉伸吹塑成型及片材吹塑成型等。

1. 挤出吹塑成型

挤出吹塑成型是成型中空塑件的主要方法，挤出吹塑成型原理如图9-34所示。首先，由挤出机挤出管状型坯，如图9-24a所示；截取一段管坯趁热将其放于模具中，在闭合对开式模具的同时夹紧型坯上下两端，如图9-24b所示；然后用吹管通入压缩空气，使型坯吹胀并贴于型腔表壁成型，如图9-24c所示；最后经过保压和冷却定型，便可排出压缩空气并开模取出塑件，如图9-24d所示。

挤出吹塑成型所用的设备和模具结构简单，投资少，操作容易，适于多种塑料的中空吹塑成型。但是塑件的壁厚不易均匀，生产效率较低。

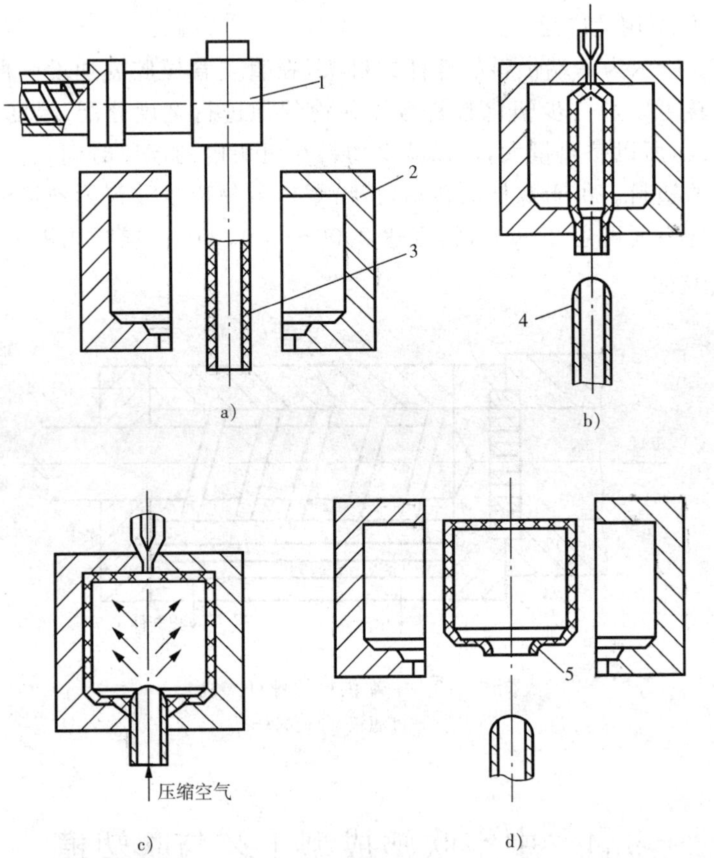

图 9-24 挤出吹塑成型原理

1—挤出机头 2—吹塑模 3—管状型坯 4—压缩空气吹管 5—塑件

2. 注射吹塑成型

注射吹塑成型的原理如图 9-25 所示。首先注射机将熔融塑料注入注射模内形成管坯，管坯成型在周壁带有微孔的空心凸模上，如图 9-25a 所示；接着趁热移至吹塑模内，如图 9-25b 所示；然后合模并从芯棒的管道内通入压缩空气，使型坯吹胀并贴于模具的型腔壁上，如图 9-25c 所示；最后经过保压、冷却定型后放出压缩空气并开模取出塑件，如图 9-25d 所示。注射吹塑成型的优点是壁厚均匀且无飞边，不需要后续加工；由于注射型坯有底，所以塑件底部没有拼合缝，强度高，生产率高。但设备与模具的投资较大，这种成型方法多用于小型塑件的大批量生产。

3. 注射拉伸吹塑成型

与注射吹塑成型相比，注射拉伸吹塑成型增加了延伸这一工序。经过拉伸吹塑成型的塑件其透明度、抗冲击能力、表面硬度、刚度和气体阻透性能都有很大提高。注射拉伸吹塑最典型的产品是线形聚酯饮料瓶。

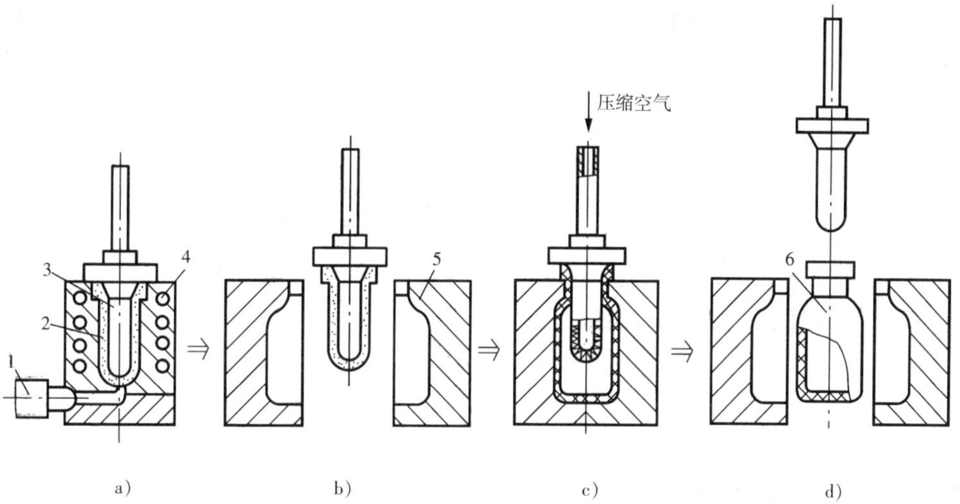

图 9-25 注射吹塑成型原理

1—注射机喷嘴 2—注射管型坯 3—空心凸模 4—加热器 5—吹塑模 6—塑件

如图 9-26 所示为热坯法注射拉伸吹塑成型工艺过程。首先将注射成型的有底型坯加热到熔点以下适当温度后置于模具内,然后用拉伸杆进行轴向拉伸后再通入压缩空气吹胀成型。这种成型方法省去了冷型坯的再加热,所以节省能源,同时由于型坯的制取和拉伸吹塑在同一台设备上进行,所以占地面积小,生产易于连续进行,自动化程度高。

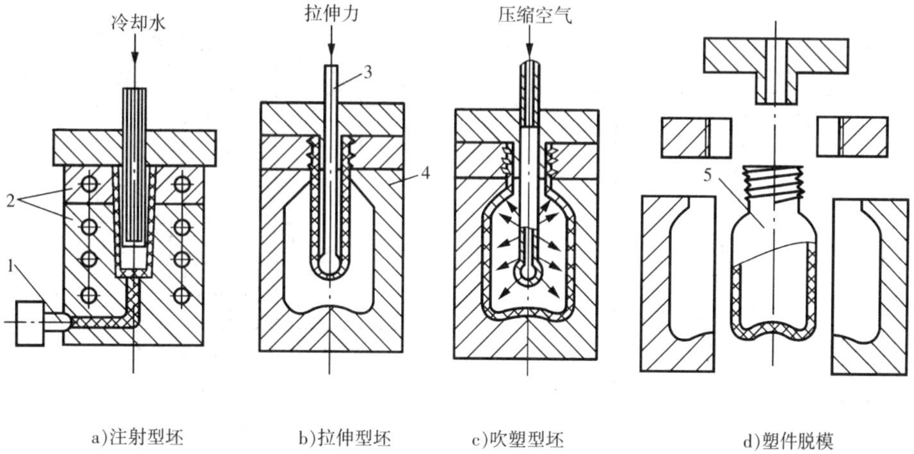

图 9-26 注射拉伸吹塑成型原理

1—注射机喷嘴 2—注射模 3—拉伸芯棒(吹管) 4—吹塑模 5—塑件

还有一种是用冷坯法注射拉伸吹塑成型,即将注射好的型坯加热到合适的温度后再将其置于吹塑模中进行拉伸吹塑的成型方法。采用冷坯法成型时,型坯的注射和塑件的拉伸吹塑成型分别在不同设备上进行。在拉伸吹塑之前,为了补偿型坯冷却散发的热量,需要进行二次加热,以确保型坯的拉伸吹塑成型。这种成型方法的主要特点是设备结构相对较简单。

4. 片材吹塑成型

片材吹塑成型是最早使用的中空塑件成型方法，如图 9－27 所示。将压延或挤出成型的片材再加热，使之软化，放入型腔，合模后在片材之间通入压缩空气而成型出中空塑件。

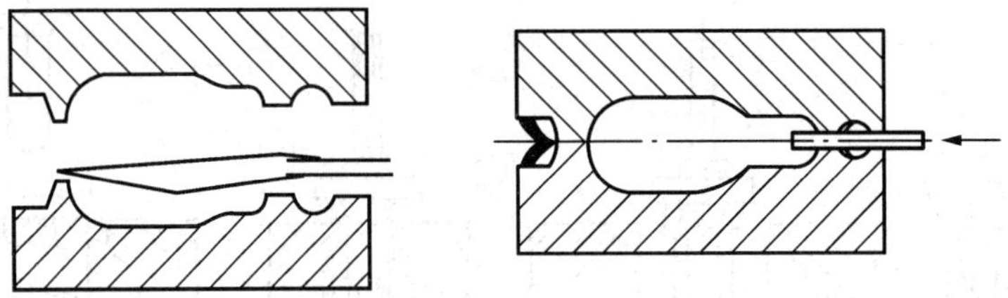

a)合模前　　b)合模后

图 9－27　片材吹塑成型原理

9.4.2　中空吹塑成型模具的结构设计

吹塑模通常是对开式的，对于大型挤出吹塑模或连续自动生产的注射吹塑模一般要设置冷却水道，用于对模具的冷却。

从模具的结构及工艺方法上看，吹塑模可分为上吹口和下吹口两类。图 9－28 所示为典型的上吹口挤出吹塑模具，压缩空气由模具上端吹入模腔；图 9－29 所示为典型的下吹口挤出吹塑模具，使用时，型坯套在底部芯轴上，合模后压缩空气从芯轴吹入模腔。

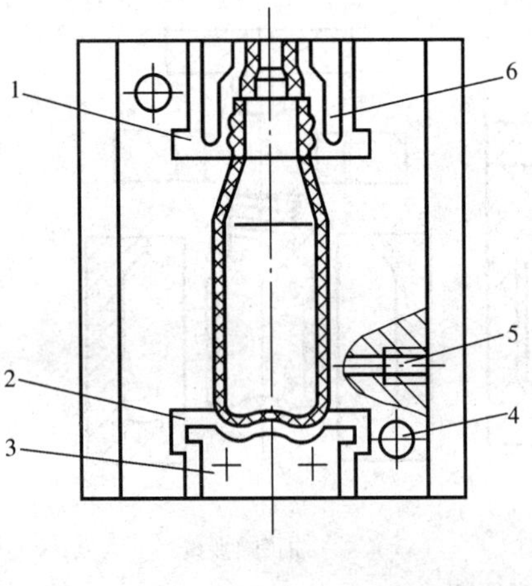

图 9－28　上吹口模具结构

1—口部镶块　2—底部镶块　3、6—余料槽　4—导柱　5—冷却水道

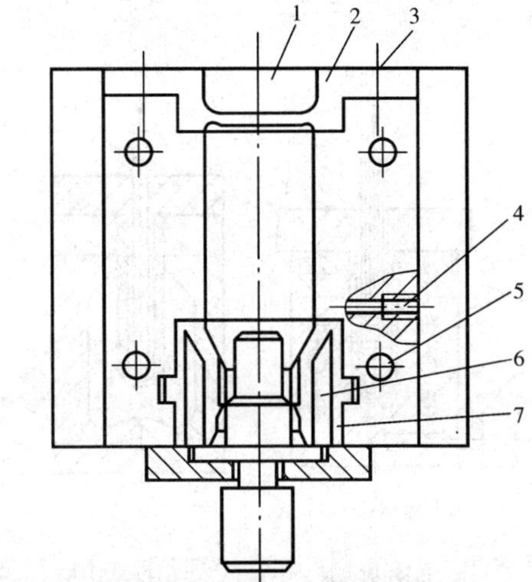

图 9－29　下吹口模具结构

1、6—余料槽　2—底部镶块　3—螺钉　4—冷却水道　5—导柱　7—瓶颈(吹口)镶块

吹塑模具的结构设计要点如下：

1. 夹坯口

夹坯口也称为切口。挤出吹塑过程中，模具在闭合的同时需将型坯封口并将余料切除，

因此在模具的相应部位要设置夹坯口。例如吹塑加仑桶的底部、上部及把手之处，塑料药瓶的底部及上部螺纹处等，均要在模具上做出较窄的夹坯口(切口)，以便把多余型坯切除。瓶底夹坯口的形状和尺寸如图 9-30 所示，夹坯区的深度 h 可选择型坯厚度尺寸的 2～3 倍，夹坯口的斜角 α 选择 15°～45°，切口的宽度 b 对于小型吹塑模可取 1～2 mm，对于中、大型吹塑模可取 2～4 mm。

注射吹塑模具因吹塑时型坯完全置入吹塑模的模腔内，所以不需制出夹坯口(切口)，只需要制出型坯的固定装置。

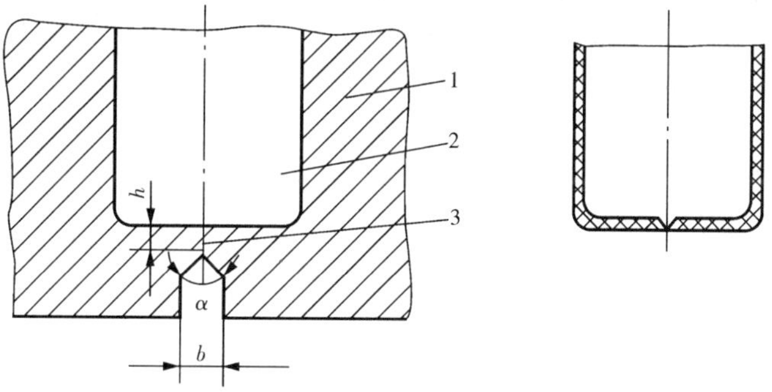

图 9-30　瓶底夹坯口的形状

1—模具　2—型腔　3—夹坯口(切口)

2. 余料槽

余料槽的作用是储存被夹坯口切除的余料，以免余料被夹在分型面上，影响塑件的尺寸和形状。余料槽通常设置在夹坯口的两侧，如图 9-28、图 9-29 所示。余料槽的大小应依据型坯被夹持后余量的宽度和厚度来确定，以模具能严密闭合为准。

3. 排气孔槽

模具合模后，型腔呈封闭状态。在吹胀型坯时，应考虑吹胀型坯时模具内原有气体的排除问题。如果排气不良会使塑件表面出现斑纹、麻坑，以及成型不完整等缺陷。所以，吹塑模应该设置一定数量的排气孔。排气孔一般开设在型腔的凹坑、尖角处以及最后贴模的地方，排气孔的直径通常取 0.5～1 mm。此外，在分型面上开设宽度为 10～20 mm、深度为 0.03～0.05 mm 的排气槽也是排气的主要方法。

4. 模具的冷却

中空吹塑成型时，模具温度一般应控制在 20 ℃～50 ℃，对于大型模具，可以采用箱式冷却，即在型腔背后铣出一个空槽，再用一块板盖上，中间加上密封件。对于小型模具，可以开设冷却水通道进行冷却。

思考题

1. 压缩成型的原理是什么？压缩成型有什么特点？其主要工艺参数有哪些？
2. 压缩成型工艺过程可分为哪几个阶段？
3. 压缩成型模具包括几部分？由哪些零件组成？分别有什么作用？
4. 压缩成型模具可以分为哪几类？各有什么特点？
5. 溢式压缩模、半溢式压缩模、不溢式压缩模的凸模、凹模配合结构的设计要求有哪些？

6. 压注成形的原理是什么？压注成形有什么特点？其主要工艺参数有哪些？
7. 压注成型的工艺过程与压缩成型的工艺过程的主要区别是什么？
8. 压注成型模具由哪些零件组成？
9. 压注成型模具可以分为哪几类？各有什么特点？
10. 挤出成型的原理是什么？挤出成型有什么特点？其主要工艺参数有哪些？
11. 挤出成型工艺过程可以分为哪几个阶段？
12. 挤出机头由哪些零件组成？分别有什么作用？
13. 管材挤出机头有哪几种典型结构？
14. 棒材挤出成型机头与管材挤出成型机头有什么不同？
15. 中空吹塑成型的原理是什么？可以分为哪几种类型？各有什么特点？
16. 余料槽和排气孔槽的作用是什么？应设置在什么位置？

第10章 冲压模具制造与装配

【知识目标】

- 掌握冲裁模工作零件(凸模、凹模)、模座、导柱、导套零件的常见加工方法与工艺路线。
- 熟悉弯曲模和拉深模工作零件的加工方法和加工工艺路线。
- 熟悉冲压模具零件的主要固定方法和调整凸模、凹模间隙的方法。
- 掌握冲裁模、弯曲模和拉深模的装配特点和装配过程。
- 熟悉试模技术和冲压件质量分析知识。

【技能目标】

- 具备合理选择冲压模具工作零件的加工方法和初步拟定加工工艺路线的能力。
- 初步具备分析试模时出现缺陷的原因的能力。

冲压模具是由工艺零件和结构零件组成的能实现指定功能的一个有机装配体,不同的零件在模具中的功能和作用不同,其材料和热处理、精度(尺寸公差、形位公差、表面粗糙度等)、装配等技术要求必然不同。有关冲模零件技术要求详情可查阅 GB/T14662—2006《冲模技术条件》等标准。

10.1　冲压模具的制造

10.1.1　冲裁模工作零件的加工

凸模和凹模是冲裁模的主要工作零件,凸模的刃口轮廓和凹模的型孔,有着较高的加工要求。

1. 冲裁凸模的加工

(1)圆形凸模的加工　圆形凸模结构比较简单,其典型结构如图 10－1 所示。

圆形凸模的加工比较简单,其工艺路线一般为:毛坯→车削加工(留磨削余量)→热处理→磨削。

(2)非圆形凸模的加工　非圆形凸模的加工比较复杂,生产中常用的加工方法有压印锉修、仿形刨削、电火花线切割和成形磨削。

① 压印锉修。压印锉修是一种钳工加工方法。如图 10－2 所示的凸模。压印前,根据非圆形凸模的形状和尺寸准备坯料,在车床或刨床上预加工毛坯各表面,在端面上按照刃口轮廓划线,在铣床上按照划线粗加工凸模工作表面,并留有压印后的锉修余量 0.15～0.25 mm(单面)。压印时,在压力机上将粗加工后的凸模毛坯垂直压入已淬硬的

凹模型孔内，如图 10－3 所示。通过凹模型孔的挤压和切削作用，凸模毛坯上多余的金属被挤出，并在凸模毛坯上留下了凹模的印痕，钳工按照印痕锉去毛坯上多余的金属，然后再压印，再锉修，反复进行，直到凸模刃口尺寸达到图样要求为止。压印结束后，再按照图样要求的间隙值锉小凸模，并留有 0.01～0.02 mm（双面）的钳工研磨余量，热处理后，钳工研磨凸模工作表面，直到间隙合适。

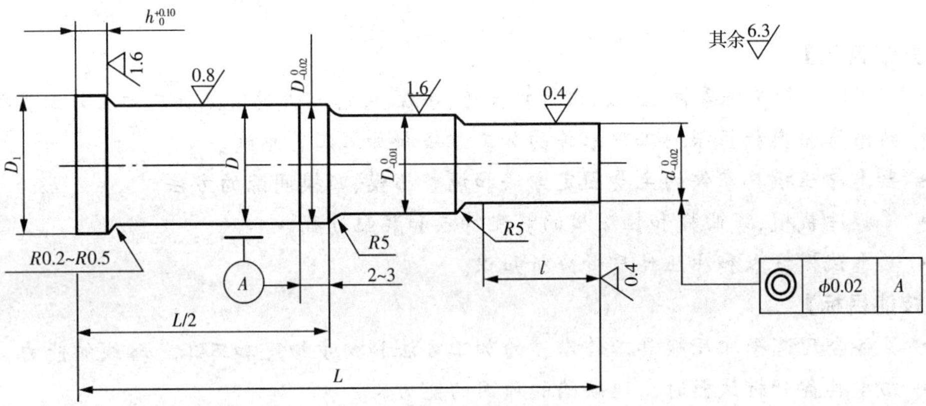

图 10－1　圆形凸模

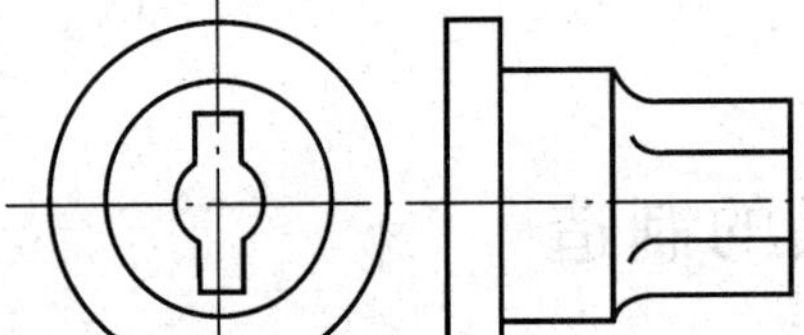

图 10－2　凸模

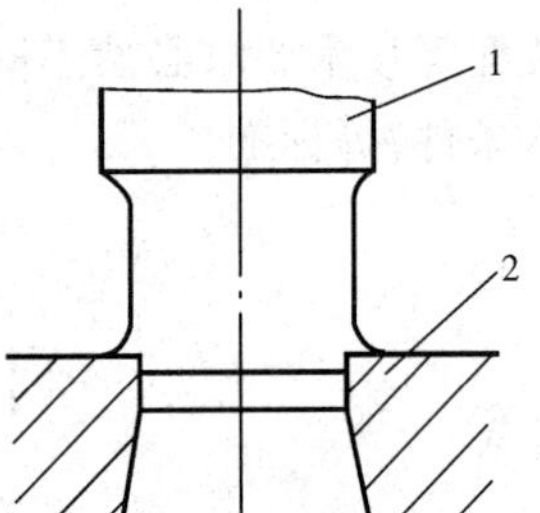

图 10－3　用凹模压印

1—凸模　2—凹模

这种方法最适合于无间隙冲裁模的加工，在缺乏先进模具加工设备的情况下，它是模具钳工经常采用的一种方法，而且十分有效。这种方法的缺点是对钳工的操作水平要求高，生产效率低，模具精度受热处理的影响，因此，它逐渐被其他先进的模具加工方法所取代。

② 仿形刨床切削加工。仿形刨床主要用于加工刃口轮廓由圆弧和直线组成的形状复杂的带有台肩的凸模和型腔冷挤压冲头。加工表面粗糙度 R_a＝1.6～0.8 μm，尺寸精度可达±0.02 mm。刨削前，毛坯各表面先在普通机床上加工，然后在端面上划出刃口轮廓线，按线铣削加工，留单边刨削余量 0.2～0.3 mm，在仿形刨床上精加工，并留研磨余量 0.01～0.02 mm。

仿形刨削加工凸模的生产效率低，对工人的操作水平要求高。由于仿形刨削是在凸模热处理之前进行，加工后的热处理变形将会引起凸模变形。

③ 电火花线切割加工。采用电火花线切割方法加工凸模时，凸模形状应设计成直通形式，而且其长度尺寸不应超过线切割机床的加工范围。

④ 成形磨削。成形磨削是目前常用的加工凸模的最有效方法。用万能夹具成形磨削凸模的工艺要点是：

a. 应选择合适的直角坐标系，一般取零件的设计坐标系为工艺坐标系。

b. 将形状复杂的凸模刃口轮廓划分成数个直线段和圆弧段，然后依次磨削。一般先磨削直线，后磨削斜线；先磨削凹圆弧，后磨削凸圆弧；先磨削大圆弧，后磨削小圆弧。

c. 成形磨削时，凸模不能带凸肩，如图 10－4 所示。当凸模形状复杂，某些表面因砂轮不能进入而无法直接磨削时，可考虑将凸模改成镶拼结构，如图 10－5 所示。

d. 选择回转中心，依次调整回转中心与夹具中心重合。

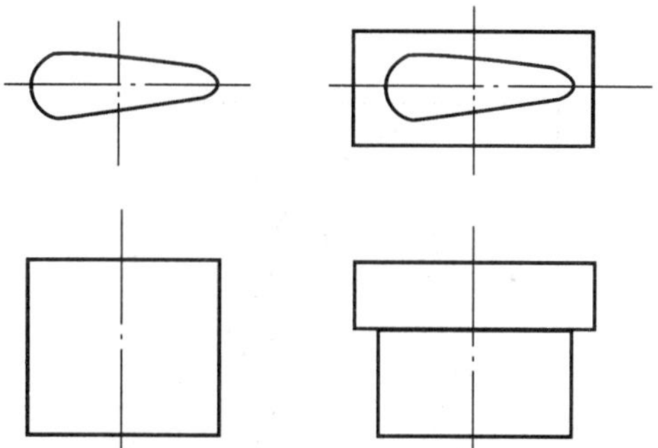

a)无凸肩的凸模　　b)带凸肩的凸模

图 10－4　凸模结构

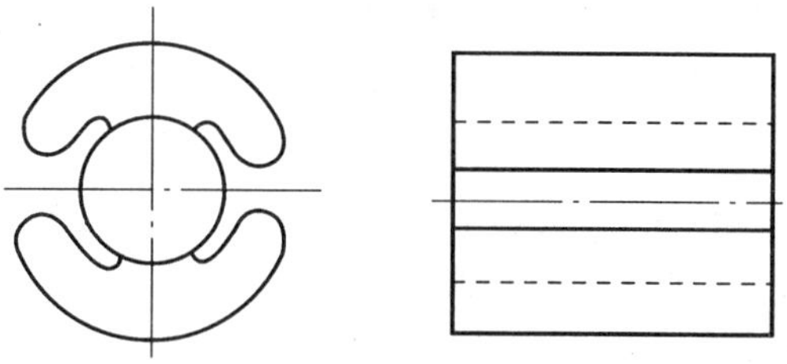

图 10－5　镶拼式凸模

【例 10－1】 试列出加工如图 10－6 所示的凸模的工艺过程。

该凸模形状为直通形式，可以采用电火花线切割进行加工。工艺过程如下：

(1)准备毛坯，将圆形棒料锻造成六面体，并进行退火处理。

(2)在刨床或铣床上加工六面体的六个面。

(3)钻穿丝孔。在线切割加工的起点(图10－6中的 O 点)处钻出直径为 2～3 mm 的电极丝穿丝孔。

(4)钻孔、攻螺纹，加工出固定凸模用的两个螺钉孔。

(5)将工件进行淬火、回火处理，要求表面硬度达到 HRC58～62。

(6)磨削上、下两平面，表面粗糙度 $R_a < 0.8\ \mu m$。

(7)去除穿丝孔内杂质，并进行退磁处理。

(8)线切割加工凸模。

(9)研磨。线切割加工后，钳工研磨凸模工作部分，使工作表面粗糙度降低。

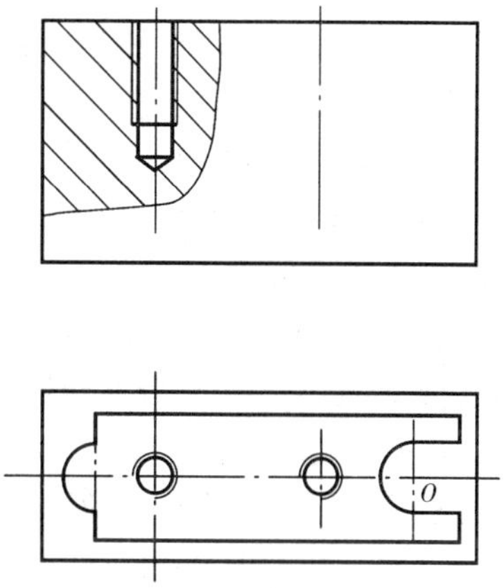

图 10－6　凸模零件图

2. 冲裁凹模的加工

冲裁凹模根据型孔的形式不同采用不同的加工方法。

(1)圆形孔的加工　当孔径小于 5 mm 时采用钻铰法，即车削加工毛坯上、下底面及外圆，钻、铰工作型孔，淬硬磨削上、下底面和工作型孔，抛光；当孔径较大时采用磨削法，即车削加工毛坯上、下底面，钻、镗工作型孔，划线加工安装孔，淬硬磨削上、下底面和工作型孔、抛光。

(2)圆形孔系的加工　对于位置精度要求高的凹模采用坐标镗削，即粗、精加工毛坯上、下底面和凹模外形，磨削上、下底面和定位基面，划线、坐标镗削型孔系列，加工固定孔，淬火后研磨、抛光型孔；对于位置精度要求一般的凹模采用立铣加工，即毛坯粗、精加工方法与坐标镗削方法相同，不同之处在于孔系加工用坐标法在立铣机床上加工，后续加工方法与坐标镗削方法相同。

(3)非圆形孔的加工　非圆形型孔的加工比较复杂，首先要去除非圆形型孔中心的废料，然后进行精加工。非圆形型孔的凹模通常是将毛坯锻造成矩形，加工各平面后进行划线，再将型孔中心的余料去除而成的。如图 10－7 所示是沿型孔轮廓线内侧顺序钻孔后，将孔两边的连接部凿断，去除废料的方法。当凹模尺寸较大时，也可以用氧－乙炔火焰气割的方法去除型孔内部的废料。切割时型孔应留足加工余量。切割后的模坯应进行退火处理，以便进行后续加工。去除余料后，生产中常用的型孔精加工方法有压印锉修、仿形铣削、电火花线切割和电火花加工。

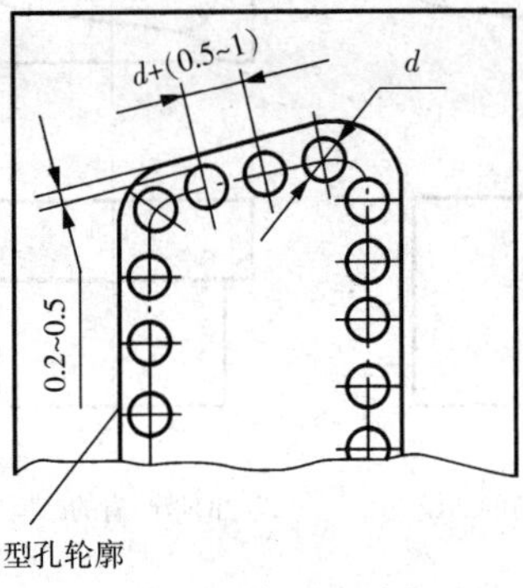

图 10－7　沿型孔轮廓线钻孔

① 压印锉修

用淬硬的加工好的凸模对未淬硬的并留有一定压印余量的凹模毛坯进行压印，方法与凸模的压印方法相同。凹模在压印锉修后，可用油石精细加工。在缺乏专用凹模加工设备的情况下，模具钳工常用这种方法加工凹模型孔。这种方法加工的凹模型孔尺寸精度高、表面粗糙度小，且方法简单，易于操作。

② 仿形铣床切削加工

在仿形铣床上采用平面轮廓仿形，对型孔进行半精加工或精加工，加工精度可达 0.05 mm，表面粗糙度 R_a 为 2.5～1.5 μm。仿形铣削加工容易获得形状复杂的型孔，可以减轻工人的劳动强度，但需要制造靠模，使生产周期增长。靠模通常都是用容易加工的木材制造，受温度、湿度的影响极易变形，影响加工精度。

③ 电火花线切割加工

当凹模形状复杂，带有尖角、窄缝时，常采用电火花线切割方法加工凹模型孔，型孔的加工精度高，质量好。线切割以后，选用钳工研磨型孔，以保证凸模、凹模之间的间隙均匀。

④ 电火花加工

当凹模形状复杂时，采用电火花加工，制模周期短，生产效率高。与电火花线切割相比，电火花加工需要制作成形电极，制模成本比较高，而且加工过程中，电极的损耗也影响加工精度。电火花加工尤其适合于小孔和小异形孔的加工。

【例 10-2】 试列出加工如图 10-8 所示的凹模(凸模、凹模的单边配合间隙为 0.05～0.10 mm)的工艺过程。

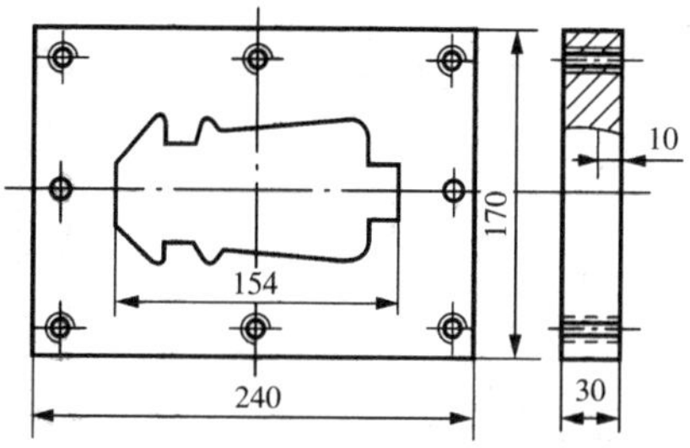

图 10-8 凹模零件图

该凹模形状复杂，凸模、凹模的单边配合间隙小，可以采用电火花加工。工艺过程如下：

(1)准备毛坯，将圆形棒料锻造成六面体，并进行退火处理。

(2)在刨床上加工六面体的六个面。

(3)平磨上、下两平面及角尺面。

(4)钳工划线，划出型孔轮廓线和销孔、螺钉孔位置。

(5)去除型孔内部废料。

(6)加工销孔和螺钉孔。

(7)将工件进行淬火、回火处理，要求表面硬度达到 HRC58～62。

(8)平磨上、下两平面及角尺面。

(9)退磁处理。

(10)电火花加工型孔。由于凸模、凹模的配合间隙较大，所以先用粗规准加工，然后调整平动头的偏心量，再用精规准加工，达到凸模、凹模的配合间隙要求。

当凹模型孔形状过于复杂，导致难以加工时，凹模可以采用镶拼结构，这时可以将内表面加工转变成外表面加工，降低了加工难度。凹模采用镶拼结构时，应尽可能将拼合面选在对称线上，如图 10-9 所示，以便一次同时加工几个镶块。

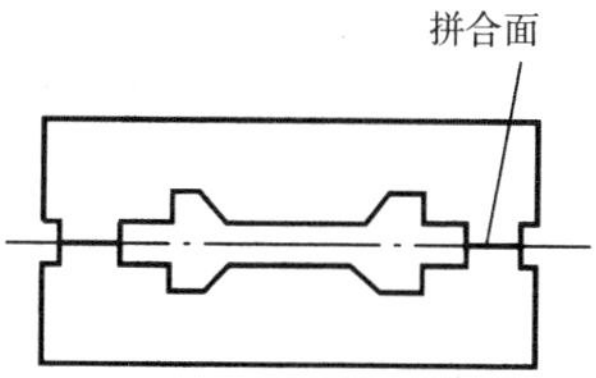

图 10-9 拼合面在对称线上

10.1.2 模座的加工

冲压模具的上、下模座用来安装导柱、导套，连接凸模、凹模固定板等零件，其结构、尺寸已标准化。上、下模座在工作时应具有足够承受冲击载荷的性能，下模座还必须有良好的抗弯曲性能。

如图 10-10 所示为后侧导柱模架的标准模座，上、下模座一般用铸铁或铸钢制作，工艺过程主要是平面加工和孔加工。

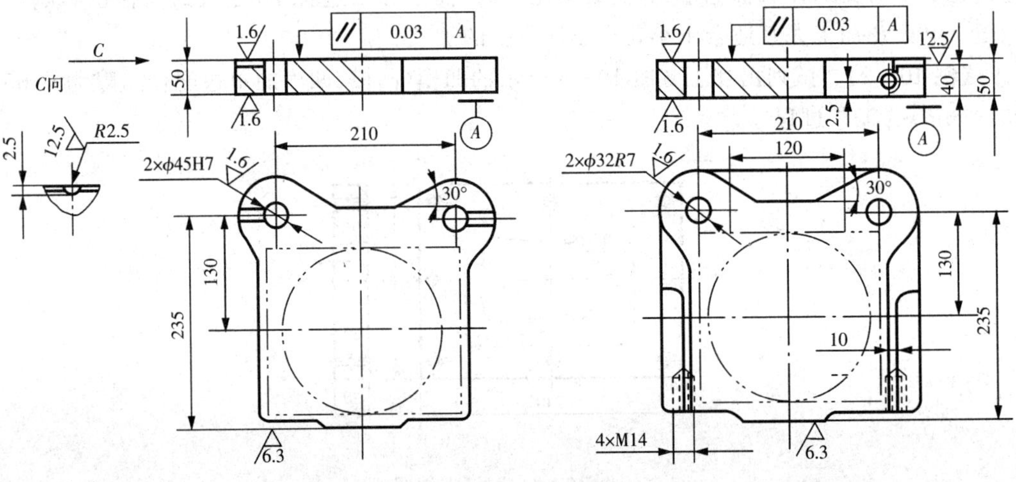

a)上模座　　b)下模座

图 10-10　冷冲模座

1. 上模座的加工工艺路线

上模座如图 10-10a 所示，加工工艺路线如表 10-1 所示。

表 10-1　加工上模座的工艺路线

工序号	工序名称	工序内容及要求	设　备
1	备料	铸造毛坯	
2	刨(铣)平面	刨(铣)上、下平面，保证尺寸 50.8 mm	牛头刨床
3	磨平面	磨上、下平面达尺寸 50mm，保证平面度要求	平面磨床
4	划线	划前部及导套安装孔线	
5	铣前部	按线铣前部	立式铣床
6	钻孔	按线钻导套安装孔至尺寸 ϕ43 mm	立式钻床
7	镗孔	和下模座重叠镗孔达尺寸 ϕ45H7，保证垂直度	卧式镗床
8	铣槽	铣 R2.5 mm 圆弧槽	卧式铣床
9	检验		

2. 下模座的加工工艺路线

下模座如图 10-10b 所示，加工工艺路线如表 10-2 所示。

在上述工艺路线中，模座毛坯经过刨(或铣)削加工后，为了保证模座上、下表面的平面度和表面粗糙度，必须在平面磨床上磨削模座上、下平面。以磨好的平面为基准，进行导柱、导套安装孔的加工，这样才能保证孔与模座上、下平面的垂直度。

镗孔工序可以在专用镗床、坐标镗床、双轴镗床上进行，为了保证上、下模座的导柱，导套孔距一致，在镗孔时可以将上、下模座重叠在一起，一次装夹，同时镗出导柱、导套的安装孔。

表 10-2　加工下模座的工艺路线

工序号	工序名称	工序内容及要求	设　备
1	备料	铸造毛坯	
2	刨(铣)平面	刨(铣)上、下平面,保证尺寸 50.8 mm	牛头刨床
3	磨平面	磨上、下平面达尺寸 50 mm,保证平面度要求	平面磨床
4	划线	划前部,导柱孔线及螺纹孔线	
5	铣床加工	按线铣前部,铣两侧压紧面达尺寸	立式铣床
6	钻床加工	钻导柱孔至尺寸 $\phi30$ mm,钻螺纹底孔,攻螺纹	立式钻床
7	镗孔	和上模座重叠,一起镗孔至尺寸 $\phi32R7$,保证垂直度	卧式镗床
8	检验		

10.1.3　导柱、导套的加工

导柱和导套在冲压模具中起导向作用。导柱安装在下模座上,导套安装在上模座上,导柱和导套滑动配合,以保证凸模和凹模在工作时具有正确的相对位置。如图 10-11 所示为冲压模具的标准导柱和导套。

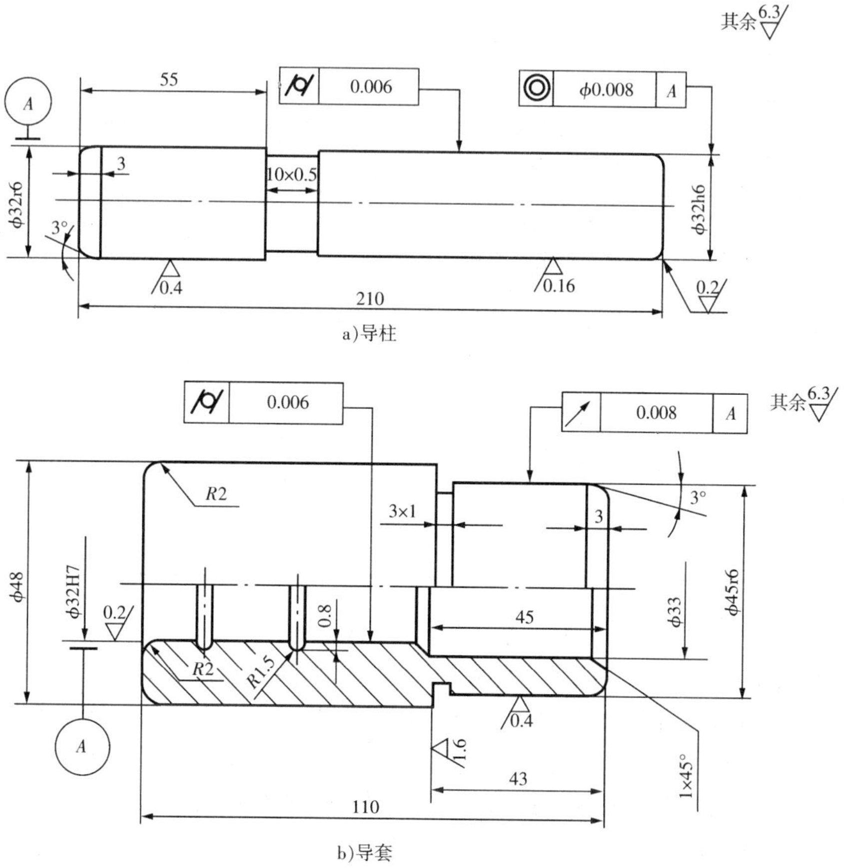

图 10-11　导柱和导套

1. 导柱的加工工艺路线

对于图 10－11a 所示的导柱，采用如表 10－3 所示的加工工艺路线。

表 10－3 导柱的加工工艺路线

工序号	工序名称	工序内容及要求	设　备
1	下料	按尺寸 ϕ35 mm×215 mm 切断	锯床
2	车端面钻中心孔	车端面保证长度 212.5 mm； 钻中心孔； 调头车端面保证 210 mm； 钻中心孔	卧式车床
3	车外圆	车外圆至 ϕ32.4 mm； 切 10 mm×0.5 mm 槽到尺寸； 车端部； 调头车外圆至 ϕ32.4 mm； 车端部	卧式车床
4	检验		
5	热处理	按热处理工艺进行，保证渗碳层深度 0.8～1.2 mm，表面硬度 HRC58～62	
6	研中心孔	研中心孔； 调头研另一端中心孔	卧式车床
7	磨外圆	磨 ϕ32h6 外圆留研磨量 0.01 mm； 调头磨 ϕ32r6 外圆到尺寸	外圆磨床
8	研磨	研磨外圆 ϕ32h6 达要求； 抛光圆角	卧式车床
9	检验		

导柱的心部要求韧性好，材料一般选用 20 号低碳钢。

在导柱加工过程中，外圆柱面的车削和磨削以两端的中心孔定位，使设计基准与工艺基准重合。中心孔的形状精度和同轴度，对导柱的加工质量有着直接的影响。所以，导柱在热处理后要修正中心孔，以消除中心孔在热处理过程中可能产生的变形和其他缺陷，使中心孔与顶尖之间良好接触，以保证外圆柱面的形状精度和位置精度要求。

2. 导套的加工工艺路线

对于图 10－11b 所示的导套，采用如表 10－4 所示的加工工艺路线。

表 10-4　导套的加工工艺路线

工序号	工序名称	工序内容及要求	设　备
1	下料	按尺寸 ϕ52 mm×115 mm 切断	锯床
2	车外圆及内孔	车端面保证长度 113 mm； 钻 ϕ32 mm 孔至 ϕ30 mm； 车 ϕ45 mm 外圆至 ϕ45.4 mm； 倒角； 车 3×1 退刀槽至尺寸； 镗 ϕ32 mm 孔至 ϕ31.6 mm； 镗油槽； 镗 ϕ32 mm 孔至尺寸； 倒角	卧式车床
3	车外圆，倒角	车 ϕ48 mm 的外圆至尺寸； 车端面保证长度 110 mm； 倒内外圆角	卧式车床
4	检验		
5	热处理	按热处理工艺进行，保证渗碳层深度 0.8～1.2 mm，硬度 HRC58～62	
6	磨内外圆	磨 45 mm 外圆达图样要求； 磨 32 mm 内孔，留研磨量 0.01 mm	万能外圆磨床
7	研磨内孔	研磨 ϕ32 mm 孔达图样要求； 研磨圆弧	卧式车床
8	检验		

导套一般选用 20 号圆钢做毛坯。导套加工时必须正确选择定位基准，以保证内外圆柱面的同轴度要求。

10.1.4　弯曲模工作零件的加工

弯曲模工作零件的加工方法与冲裁模基本相同，一般都是根据零件的尺寸精度、形状复杂程度和表面质量要求及设备条件，按照图样进行加工。但是弯曲工艺也有一些特殊性，所以弯曲模工作零件加工也有一些特点。

1. 弯曲模工作零件加工的特点

(1)一般采用样板或样件来控制弯曲凸模、凹模的加工精度。由于弯曲凸模、凹模工作零件部分的几何形状和尺寸精度要求较高，形状也比较复杂，所以在加工时，凸模、凹模的工作曲线和折线一般需要采用事先做好的样板或样件来对照，以保证加工精度，对于大、中型弯曲模更是如此。

(2)必须充分考虑回弹因素。由于弯曲件回弹的影响,导致加工出来的凸模、凹模形状不可能完全与零件相吻合,所以,必须根据生产人员的实践经验和反复试验,确定一定的修正值,并根据修正值来加工样板或样件。

(3)弯曲凸模、凹模的圆角半径和间隙的均匀性对弯曲件的质量影响很大,所以加工时不仅要保证圆角半径对称、间隙均匀,还应便于试模后修正,并在修正角度时不要影响弯曲件的直线尺寸。

(4)弯曲凸模、凹模工作部分的表面质量要求很高,表面粗糙度 R_a 值一般在 0.4 μm 以下,所以在加工或试模时,要将加工时留下的刀痕除去,并在淬火后仔细精修或抛光。

(5)弯曲凸模、凹模的材料和热处理要求。对于一般要求的弯曲件,凸模、凹模常用T8A、T10A,淬硬到 HRC56~60;对于形状复杂或生产批量较大的弯曲件,凸模、凹模常用CrWMn、Cr12、Cr12MoV,淬硬到 HRC58~62。由于凸模、凹模的形状和尺寸要反复修正,所以凸模、凹模的淬火工序安排在试模合格后进行。

2. 弯曲模工作零件的加工工艺路线

工艺路线通常为:锻制毛坯→退火→粗加工毛坯外形→精加工基准面→划线→工作型面粗加工→螺钉孔、销孔或穿丝孔加工→工作型面精加工→淬火与回火→工作型面光整加工。

工作型面的精加工根据具体生产条件应采用合适的方法,如果模具加工设备比较齐全,可以采用电火花加工、电火花线切割加工、成形磨削等较先进的加工方法;如果没有这些设备,可以采用普通金属切削机床加工和钳工锉修相配合的加工方案。

10.1.5 拉深模工作零件的加工

拉深模与弯曲模都属于成形模具,工作零件的加工方法比较类似,但是也有独特的地方。

1. 拉深模工作零件加工的特点

(1)拉深凸模、凹模的断面形状和尺寸精度是选择加工方法的主要依据。对于圆筒形件拉深模,一般先采用车削加工,然后热处理淬硬后再磨削以达到图样要求,圆角部分和重要表面还要进行研磨、抛光。对于非圆筒形件拉深模,一般按照划线进行铣削加工,然后热处理淬硬后再进行研磨或抛光。对于大中型零件的拉深凸模、凹模,必要时可以先做出样板,然后按照样板进行加工。

(2)拉深凸模、凹模的圆角半径是一个十分重要的参数:凸模圆角半径通常根据拉深件要求决定,可一次加工完成;凹模圆角半径一般与拉深件尺寸没有直接关系,往往要通过试模修正才能达到较佳的数值。所以凹模圆角半径设计值不宜过大,要留有修模时由小变大的余地。圆角半径对称和间隙的均匀性对弯曲件的质量影响很大,所以,加工时不仅要保证圆角半径对称、间隙均匀,还应便于试模后修正,并在修正角度时不要影响弯曲件的直线尺寸。

(3)拉深凸模、凹模工作表面的表面粗糙度值要求较高,所以凸模、凹模工作表面一般都要进行研磨、抛光。一般凸模和凹模的工作表面粗糙度 R_a 值均应达到 1.6 μm~1.8 μm。凹模圆角处 R_a 值应达到 0.4 μm,凸模圆角处 R_a 值可以大一些。所以在加工或试模时,要将加工时留下的刀痕除去,并在淬火后仔细精修或抛光。

(4)拉深凸模、凹模的材料和热处理要求。拉深凸模、凹模的材料应具有良好的耐磨性和抗黏附性，热处理后凸模硬度应达到 HRC58～62，凹模硬度应达到 HRC60～64。有时还需要采用表面化学处理来提高其抗黏附能力。由于凸模、凹模的形状和尺寸要反复修正，所以凸模、凹模的淬火工序安排在试模合格后进行。

2. 拉深模工作零件的加工工艺路线

(1)凸模的加工工艺路线　拉深凸模工艺路线通常为：毛坯准备(下料、锻造)→退火→毛坯外形加工→划线→工作型面粗加工、半精加工→通气孔、螺钉孔、销孔加工→淬火与回火→工作型面精加工→研磨或抛光。

是否安排划线工序和螺钉孔、销孔加工，要根据凸模轮廓形状和结构而定。对于非圆筒形件，拉深模的工作型面精加工通常有仿形刨削和成形磨削等。

(2)凹模的加工工艺路线　拉深凹模工艺路线通常为：毛坯准备(下料、锻造)→退火→毛坯外形加工→划线→型孔粗加工、半精加工→螺钉孔、销孔或穿丝孔加工→淬火与回火→型孔精加工→研磨或抛光。

对于非圆形型孔的精加工，通常有仿形铣削、电火花加工和电火花线切割加工等。

10.2　冲压模具主要零件的固定

冲压模具的各个零件、部件是通过定位、固定联接在一起的。零件的固定方法会对模具装配工艺路线产生影响，因此必须掌握常用模具零件的固定方法。

10.2.1　机械固定法

在模具装配中采用机械固定法固定凸模和凹模比较普遍，常用的机械固定法有以下几种：

1. 紧固件法

紧固件法主要通过定位销和螺钉将零件相连接，如图 10－12 所示。圆柱销的最小配合长度 $H_2 \geqslant 2d_2$；螺钉拧入长度，对于钢件，$H_1 = d_1$ 或稍长，对于铸铁件，$H_1 = 1.5d_1$ 或稍长。

2. 斜块固定法

斜块固定法适用于不便于在凸模、凹模上加工出螺孔的场合。如图 10－13 所示为用斜块固定凹模。首先将凹模放入凹模固定板型孔内调好位置，然后压入斜块并用螺钉紧固。应用这种方法固定的凹模、斜块和凹模固定板型孔的斜度均为 10°，而且要准确配合。

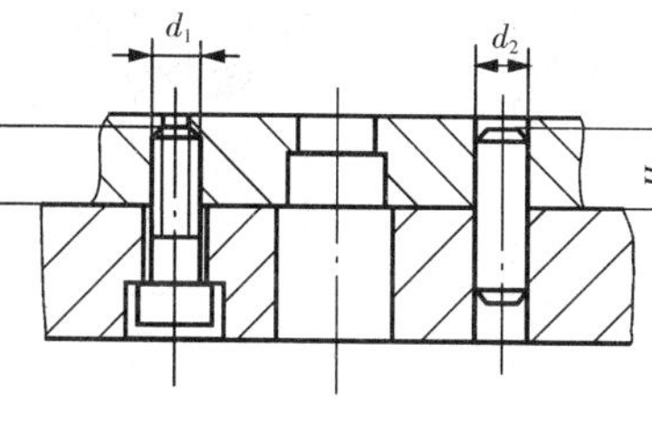

图 10－12　紧固件法

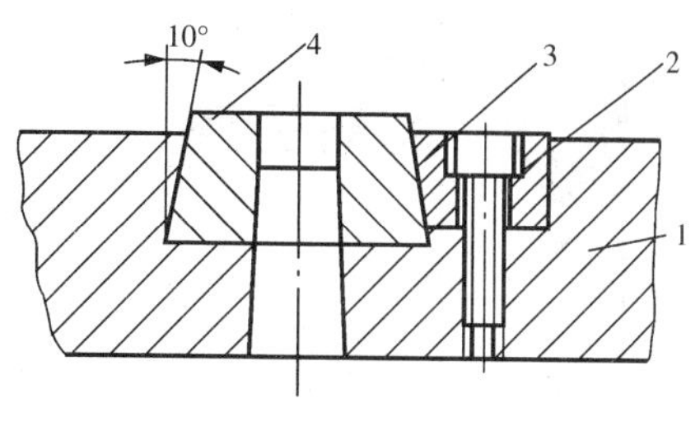

图 10－13　斜块固定法

1—凹模固定板　2—螺钉　3—斜压块　4—凹模

3. 压入法

压入法如图 10－14 所示。该方法适用于冲裁板厚 $t \leqslant 6$ mm 的冲裁凸模和各类模具零件。利用台阶结构限制轴向移动，应注意台阶结构尺寸，使 $H > \Delta D$，$\Delta D > 1.5 \sim 2.5$ mm，$H = 3 \sim 8$ mm。压入法的特点是联接牢固可靠，但对配合孔的加工精度要求较高，配合部分一般采用 H7/m6 和 H7/r6。

4. 铆接法

铆接法适用于冲裁板厚 $t \leqslant 2$ mm 的冲裁凸模和其他轴向拔力不大的零件。凸模和型孔配合部分保持 0.01～0.03 mm 的过盈量，凸模铆接端硬度≤HRC30，而凸模工作部分必须淬硬，淬硬长度应为这个凸模长度的 1/2～1/3，固定板型孔铆接端倒角为 $C0.5 \sim C1$。

用铆接法固定凸模如图 10－15 所示，将凸模固定板放在置于装配平台上的两等高垫铁上，使其与工作台面平行，用压力机或手锤将凸模压入到固定板的型孔中，然后用手锤和凿子将凸模尾部铆翻，经检查凸模的垂直度合格后，将铆翻的支持面用平面磨床磨平。

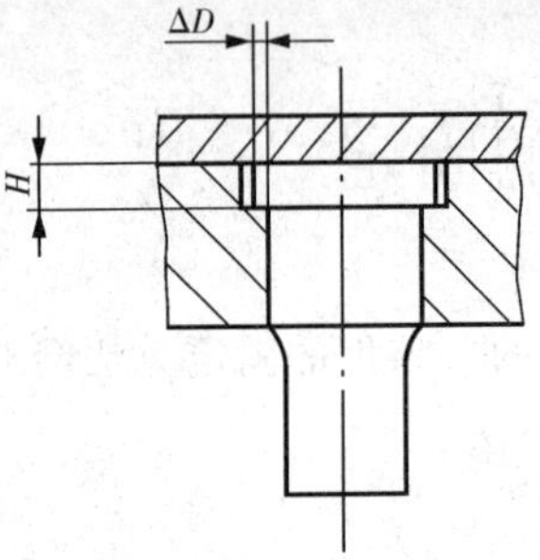

图 10－14　压入法

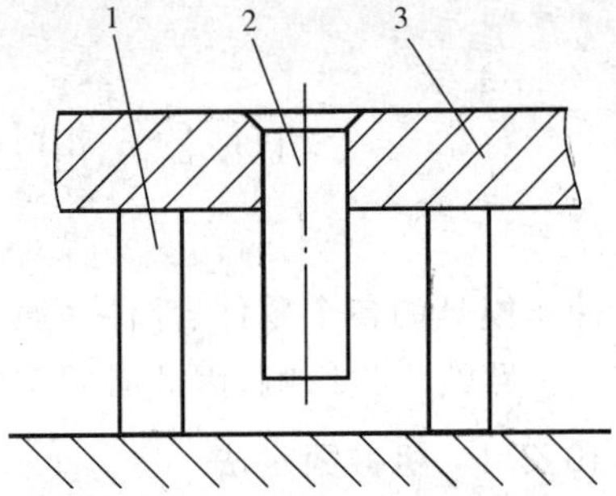

图 10－15　铆接法

1—等高垫铁　2—凸模　3—凸模固定板

5. 焊接法

焊接法如图 10－16 所示。这种方法主要适用于硬质合金模具。焊接前要在 700 ℃～800 ℃进行预热，并清理焊接面，再用火焰钎焊或高频钎焊在 1000 ℃左右焊接，焊缝为 0.2～0.3 mm，焊料为黄铜，并加入脱水硼砂。焊接后放入木炭中缓冷，最后在 200 ℃～300 ℃保温 4～6 小时去除应力。

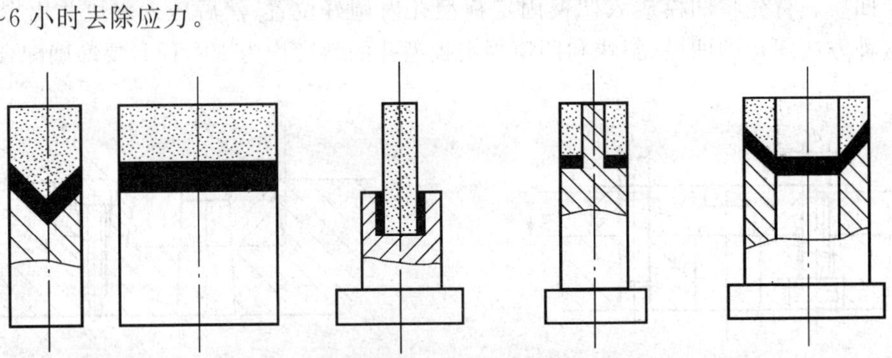

a)　b)　c)　d)

图 10－16　焊接法

10.2.2　物理和化学固定法

物理固定法主要有热套法，化学固定法主要有环氧树脂固定法。

1. 热套法

热套法是利用金属材料热胀冷缩的物理特性对模具零件进行固定的方法，这种方法主要适用于镶拼式凸模、凹模的固定和硬质合金凹模的加固。用热套法固定凹模镶块的方法如图 10－17 所示。对于材料为合金工具钢的凹模镶块一般不预热，将模套加热到 300 ℃～400 ℃，保温 1 小时后即可进行热套，等到模套冷却后即可将凹模镶块固定。

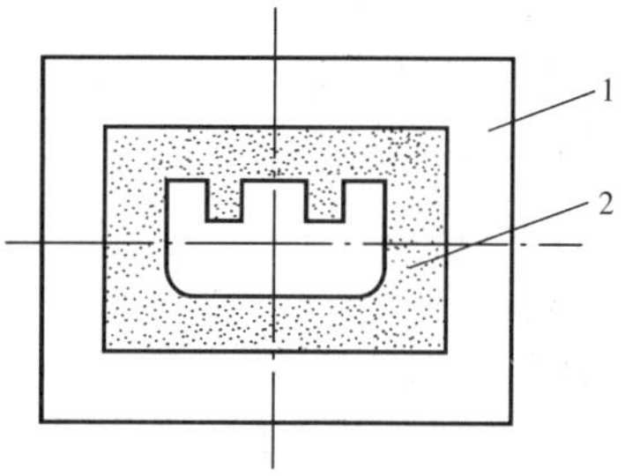

图 10－17　热套法
1—模套　2—凹模块

用热套法固定硬质合金模块时，为了减少内应力，应将硬质合金模块加热到 200 ℃～250 ℃，将模套加热到 400 ℃～450 ℃，再进行热套。

热套法装配的过盈量控制在(0.001～0.002)D 范围内。

2. 环氧树脂固定法

环氧树脂是一种有机合成树脂，当其硬化后对金属和非金属材料有很强的粘接力，而且硬化时收缩率小，粘接时也不需要加温加压，使用非常方便。但环氧树脂硬度低，脆性大，不耐高温，使用温度低于 100 ℃。

环氧树脂固定法常用于固定凸模、导柱、导套和浇注成型卸料孔等。如图 10－18 所示为用环氧树脂粘接法固定凸模的几种结构形式，其中图 a 和图 b 适用于冲制厚度小于 0.8 mm 的材料，图 c 适用于冲制厚度大于 0.8 mm 的材料。

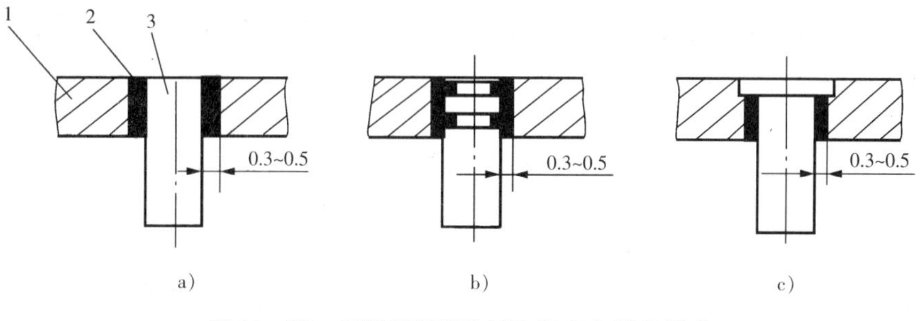

图 10－18　用环氧树脂粘接法固定凸模的形式
1—凸模固定板　2—环氧树脂　3—凸模

10.3　凸模、凹模间隙的控制方法

在冲压模具装配时，凸模、凹模之间的配合间隙对于保证模具的加工质量是十分重要的。为了保证间隙，在装配时应根据具体模具的特点，先固定一件的位置，然后以其为基准，控制好间隙，再固定另一件的位置。

根据模具的特点、间隙的大小和装配条件的不同，可以选择不同的方法，目前常用的控制间隙的方法主要有以下几种。

1. 透光法

透光法是将上、下模合模以后，把灯光从底面照射，用眼睛观察凸模、凹模刃口四周的光隙大小，来判断冲裁间隙是否均匀。如果间隙不均匀，再进行调整、固定，直到间隙均匀为止。

透光法虽然简单，便于操作，但是不容易掌握，常为有经验的工人所采用。这种方法适用于薄板料冲裁模。

2. 垫片法

垫片法是根据凸模、凹模配合间隙的大小，在凸模、凹模的间隙处垫入厚度等于单边间隙值且厚薄均匀的垫片（金属片或纸片）来调整凸模、凹模间隙的方法。

用垫片法调整凸模、凹模配合间隙如图 10－19 所示。

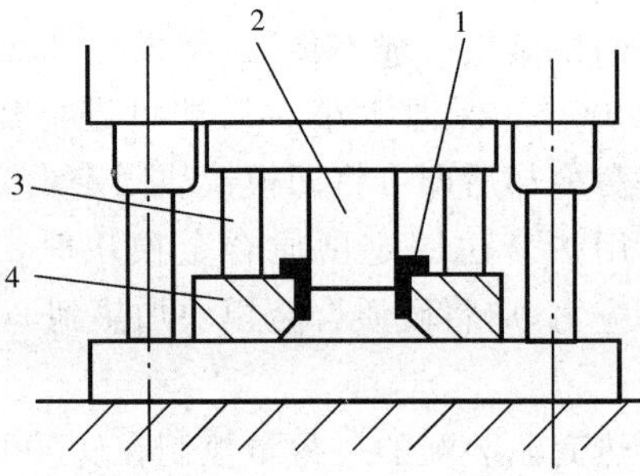

图 10－19　用垫片法调整间隙

1—垫片　2—凸模　3—等高垫铁　4—凹模

首先将凹模固定在下模座上，并打入定位销，将凸模与固定板安装在上模座上，初步对准位置，稍用螺栓紧固，不打定位销。将厚薄均匀、其值等于间隙的纸片、金属片或成形制件，放在凹模刃口四周的位置，然后慢慢合模，将等高垫铁放好，使凸模进入凹模内，观察凸模、凹模的配合间隙状况。如果间隙不均匀，敲击固定板进行调整，直到间隙均匀为止。然后拧紧螺栓，使固定板与上模座紧固联接。

最后放入纸片试冲，以观察间隙是否均匀，不均匀时再重新调整。等到试冲合格后对上模座与固定板同钻同铰定位销孔，并打入定位销。

这种方法是模具装配中最简便的一种控制好间隙或壁厚的方法，广泛应用于中、小冲裁模，拉深模、弯曲模。

3. 镀铜法

对于形状复杂、凸模数量较多的小间隙冲裁模，用垫片法调整凸模、凹模配合间隙比较困难。这时可以在凸模刃口部分 8～10 mm 长度上镀一层铜，镀层厚度等于凸模、凹模单边间隙值。镀层厚度用电流及电镀时间来控制，厚度均匀则容易保证模具冲裁间隙均匀。然后再按照垫片法进行调整、固定和定位。镀层在模具使用过程中可以自行剥落而在装配后不必去除。

4. 涂层法

涂层法与镀铜法类似，是在凸模刃口部分表面涂一层薄膜材料，如磁漆或氨基醇酸绝缘漆等。通过使用不同黏度的涂料或涂抹不同的次数，使涂层在恒温箱内烘干后的厚度等于凸模、凹模的单边配合间隙，装配方法与镀铜法相同。涂层在装配后也不必去除，在使用过程中会自然脱落。

涂层法非常简便，对于小间隙模具非常适用。

5. 测量法

测量法是利用塞尺检查凸模、凹模之间的间隙大小和均匀程度，并据此来调整凸模、凹模之间的位置，以达到间隙均匀。

用测量法调整间隙时，先将凹模固定在下模座上，然后安装上模，但是不必固定上模就与下模合模，用塞尺检测凸模、凹模刃口周边间隙，并随时进行调整，直到间隙均匀后再将上模固定。

测量法调整凸模、凹模间隙虽然工艺过程复杂，但是调整结果理想，常用于单边配合间隙大于 0.02 mm 的大间隙模具的调整。

6. 工艺尺寸法

工艺尺寸法如图 10－20 所示。制造凸模时，将凸模长度适当加长，并使加长部位的尺寸按与凹模型孔尺寸零间隙配合来加工，以便装配时凸模、凹模对中，并保证间隙的均匀。装配完成后，将凸模加长部分磨去。工艺尺寸法主要适用于圆形凸模和凹模。

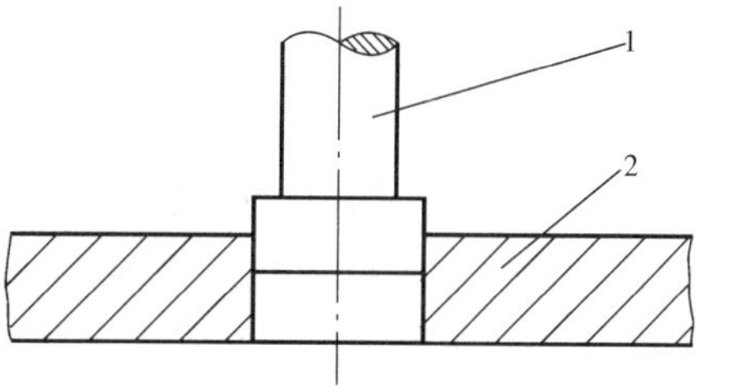

图 10－20　用工艺尺寸法调整间隙

1—凸模　2—凹模

7. 利用工艺定位器调整间隙

利用工艺定位器调整间隙的方法如图 10－21 所示。装配前先加工一个专用工具，即工艺定位器，其尺寸 d_1、d_2、d_3 分别按照与冲孔凸模、落料凹模、凸凹模上相应孔的尺寸的零间隙配合来加工，并且 d_1、d_2、d_3 要在一次装夹中加工出来，以保证它们同轴。装配时用工艺定位器来保证各部分的冲裁间隙。这种方法主要用于复合模。

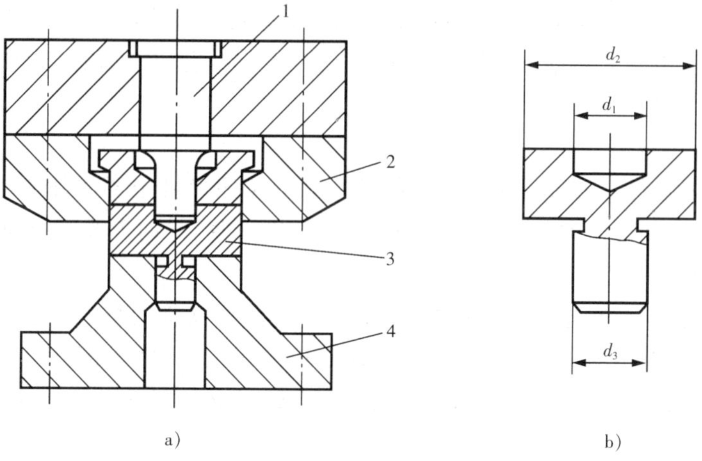

图 10－21　利用工艺定位器调整间隙

1—凸模　2—凹模　3—工艺定位器　4—凸凹模

10.4　冲压模具的装配

冲压模具装配完成后，各模具零件组成模具的上模部分和下模部分。冲压模具工作时，下模部分安装在压力机的工作台上，是模具的固定部分；上模部分通过模柄安装在压力机滑块上，是模具的活动部分。

10.4.1 冲压模具装配的技术要求

(1)模具各组成零件的材料、尺寸精度、几何形状精度、表面粗糙度和热处理工艺以及相对位置精度等都要符合图样要求，零件的工作表面不允许有裂纹和机械伤痕等缺陷。

(2)模具装配后，所有模具的活动部位都应该保证位置准确、配合间隙适当、动作可靠、运动平稳。固定的零件应牢固可靠，在使用过程中不得出现松动和脱落。

(3)凸模和凹模的配合间隙应符合设计要求，沿整个刃口轮廓间隙应均匀一致。

(4)模柄装入上模座后，其轴心线对上模座上平面的垂直度误差，在全长范围内不大于0.05 mm。

(5)上模座的上平面应和下模座的底面平行。导柱和导套装配后，其轴心线应分别垂直于下模座的底面和上模座的上平面。

(6)装配好的模架，其上模座沿导柱上、下移动应平稳，无阻滞现象。导柱和导套的配合精度应符合规定要求。

(7)定位装置要保证毛坯定位正确可靠。

(8)卸料装置和顶件装置应灵活、正确，出料孔畅通无阻，保证制件及废料不卡在冲模内。

(9)模具应在生产的条件下进行现场试验，冲出的制件应符合设计要求。

10.4.2 冲裁模的装配过程

在模具装配之前，要认真研究模具图纸，根据其结构特点和技术条件，制定合理的装配方案，并对提交的零件进行检查，除了必须符合设计图纸要求外，还应满足装配工序对各类零件提出的要求，检查无误方可按规定步骤进行装配。装配过程中，要合理选择检测方法及测量工具。

1. 选择装配基准件

装配时，先要选择基准件。选择基准件的原则是按照模具主要零件加工时的依赖关系来确定。可以作为装配基准件的主要有凸模、凹模、凸凹模、导向板及固定板等。

2. 组件装配

组件装配是指模具在总装前，将两个以上的零件按照规定的技术要求联接成一个组件的装配工作。如模架的组装，凸模和凹模与固定板的组装，卸料与推件机构各零件的组装等。这些组件，应按照各零件所具有的功能进行组装，这将会对整副模具的装配精度起到一定的保证作用。

3. 总装配

总装配是将零件和组件结合成一副完整的模具过程。在总装前，应选好装配的基准件和安排好上、下模的装配顺序。

4. 调整凸模、凹模间隙

在装配模具时，必须严格控制及调整凸模、凹模间隙的均匀性。间隙调整后，才能紧固螺钉及销钉。

5. 试模

冲裁模装配完成后，在生产条件下进行试冲，通过试冲及对试冲件的严格检查，可以发现模具的设计和制造的缺陷，找出产生原因，对模具进行适当的调整和修理后再进行试冲，直到模具能正常工作，冲出合格的制件，模具的装配过程就完成了。

试冲件的数量根据使用部门的要求来确定，一般小型冲裁模应大于 50 件；硅钢片冲裁模应大于 200 件；贵重金属冲裁模的试冲件数量由使用部门自定；自动冲裁模连续试冲时间应大于 3min。

冲裁模试冲时出现的缺陷、原因和调整方法如表 10－5 所示。

表 10－5　冲裁模试冲时出现的缺陷、原因和调整方法

试冲的缺陷	产生的原因	调整方法
送料不通畅或料被卡死	(1)两导料板之间的尺寸过小或有斜度； (2)凸模与卸料板之间的间隙过大，使搭板翻扭； (3)用侧刃定距的冲裁模导料板的工作面和侧刃不平行形成毛刺，使条料卡死； (4)侧刃与侧刃挡块之间不密合形成毛刺，使条料卡死	(1)根据情况修整或重装卸料板； (2)根据情况采取措施减小凸模与卸料板之间的间隙； (3)重装导料板； (4)修整侧刃挡块、清除间隙
卸料不正常退不下来	(1)由于装配不正确，卸料机构不能动作，如卸料板与凸模配合过紧，或因卸料板倾斜而卡紧； (2)弹簧或橡皮的弹力不足； (3)凹模和下模座的漏料孔没有对正，凹模孔有倒锥度造成堵塞，料不能排出； (4)顶出器过短或卸料板行程不够	(1)修整卸料板、顶板等零件； (2)更换弹簧或橡皮； (3)修整漏料孔，修整凹模； (4)加长顶出器的顶出部分或加深卸料螺钉沉孔的深度
凸模、凹模的刃口相碰	(1)上模座、下模座、固定板、凹模、垫板等零件安装面不平行； (2)凸模、凹模错位； (3)凸模、导柱等零件安装不垂直； (4)导柱与导套配合间隙过大，导向不准确； (5)卸料板的孔位不正确或歪斜，使凸模位移	(1)修整有关零件，重装上模或下模； (2)重新安装凸模、凹模，使其对正； (3)重装凸模或导柱； (4)更换导柱或导套； (5)修理或更换卸料板
凸模折断	(1)冲裁时产生的侧向力未抵消； (2)卸料板倾斜	(1)在模具上设置靠块抵消侧向力； (2)修正卸料板或增加凸模导向装置
凹模胀裂	(1)凹模孔有倒锥度现象(上口大、下口小)； (2)凹模孔内卡住工件(废料)太多	(1)修磨凹模孔，消除倒锥现象； (2)修低凹模型孔高度
冲裁件的形状和大小不正确	凸模和凹模的刃口形状及尺寸不正确	先将凸模和凹模的形状及尺寸修准，然后调整冲模的间隙
落料外形和冲孔位置不正产生偏位现象	(1)挡料销位置不正； (2)落料凸模上导正销尺寸过小； (3)导料板和凹模送料中心线不平行使孔偏斜； (4)侧刃定距不准确	(1)修正挡料销； (2)更换导正销； (3)修正导料板； (4)修磨或调整更换侧刃

（续表）

试冲的缺陷	产生的原因	调整方法
冲压件不平整	(1)落料凸模有上口大、下口小的倒锥，冲件从孔中通过时被压弯； (2)冲模结构不当，落料时无压料装置； (3)在连续模中，导正销与预冲孔配合过紧，工件压出凹陷； (4)导正销与挡料销之间的距离过小，导正销使条料前移，条料被挡料销挡住产生弯曲	(1)修磨凹模孔，去除倒锥现象； (2)加压料装置； (3)修整导正销； (4)修整挡料销
冲裁件的毛刺过大	(1)刃口不锋利和刃口淬火硬度不够； (2)凸模、凹模配合间隙过大或间隙不均匀	(1)修磨工作部分刃口； (2)重新调整凸模、凹模间隙

10.4.3 弯曲模和拉深模的装配

弯曲模和拉深模都是通过坯料的塑性变形来获得制件的形状。由于金属的塑性变形过程中，必然伴随弹性变形，而弹性变形的回复会影响到制件的加工精度。

1. 弯曲模的装配特点

(1)弯曲模工作部分形状比较复杂，几何形状和尺寸精度要求较高。制造时，凸模、凹模工作表面的曲线和折线应用事先做好的样板或样件来控制。

(2)凸模与凹模工作部分的表面精度要求较高，一般应进行抛光，粗糙度值 $R_a<0.63\ \mu m$。

(3)凸模和凹模的尺寸和形状应在试模合格以后再进行淬火处理。

(4)装配时可按冲裁模装配方法进行装配，借助样板或样件调整间隙。

(5)选用卸料弹簧或橡皮，一定要保证弹力，一般在试模时确定。

(6)试模的目的不仅是要找出模具的缺陷加以修正和调整，而且还是为了最后确定制件的毛坯尺寸。由于这一工作涉及材料的变形问题，所以弯曲模的调整工作比一般冲裁模要复杂得多。

弯曲模试模时出现的缺陷、原因和调整方法如表 10-6 所示。

表 10-6　弯曲模试模时出现的缺陷、原因和调整方法

试冲的缺陷	产生的原因	调整方法
制件的弯曲角度不够	(1)凸模、凹模的弯曲角制造不能克服回弹； (2)凸模进入凹模的深度太浅； (3)凸模、凹模之间的间隙过大； (4)校正弯曲的实际单位校正力过小	(1)修正凸模、凹模，使弯曲角度达到要求； (2)增加凹模深度，增大制件的有效变形区域； (3)采取措施减小凸模、凹模的配合间隙； (4)增大校正力或修整凸(凹)模形状，使校正力集中在变形部位
制件的弯曲位置不符合要求	(1)定位板位置不正确； (2)弯曲件两侧受力不平衡； (3)压料力不足	(1)重新移装定位板，保证其位置正确； (2)分析制件受力不平衡的原因并纠正； (3)采取措施增大压料力

（续表）

试冲的缺陷	产生的原因	调整方法
制件尺寸过长或不足	(1)间隙过小，将材料拉长； (2)压料力过大，使材料伸长； (3)设计计算错误	(1)修整凸模、凹模，增大间隙值； (2)采取措施减小压料装置的压料力； (3)坯件落料尺寸在弯曲试模后确定
制件表面擦伤	(1)凹模圆角半径过小，表面粗糙度值过大； (2)润滑不良，使坯料贴附在凹模上； (3)凸模、凹模之间的间隙不均匀	(1)增大凹模圆角半径，减小表面粗糙度值； (2)合理润滑； (3)修整凸模、凹模，使间隙均匀
制件弯曲部位产生裂纹	(1)坯料塑性差； (2)弯曲线与板料的纤维方向平行； (3)剪切断面的毛刺在弯曲的外侧	(1)将坯料退火后再弯曲； (2)改变落料排样或改变条料下料方向使弯曲线与板料纤维方向垂直； (3)使毛刺在弯曲的内侧，圆角带在外侧

2. 拉深模的装配特点

(1)拉深模凸模、凹模的工作部分边缘要求修磨出光滑的圆角。

(2)拉深模凸模、凹模工作部分的表面粗糙度要求较高，一般为 $R_a=0.32\sim0.04\ \mu m$。

(3)装配时可按冲裁模装配方法进行装配，借助样板或样件调整间隙。

(4)拉深模即使组成零件制造很精确，装配得也很好，但由于材料弹性变形的影响，拉深出的制件不一定合格。因此，试模后常常要对模具进行修整加工。

拉深模试模时出现的缺陷、原因和调整方法如表 10－7 所示。

表 10－7　拉深模试模时出现的缺陷、原因和调整方法

试冲的缺陷	产生的原因	调整方法
制件拉深高度不够	(1)毛坯尺寸小； (2)拉深间隙过大； (3)凸模圆角半径太小	(1)放大毛坯尺寸； (2)更换凸模或凹模，使间隙适当； (3)加大凸模圆角半径
制件拉深高度太大	(1)毛坯尺寸太大； (2)拉深间隙太小； (3)凸模圆角半径太大	(1)减小毛坯尺寸； (2)修整凸模、凹模，加大间隙； (3)减小凸模圆角半径
制件壁厚和高度不均	(1)凸模和凹模的间隙不均匀； (2)定位板或挡料销位置不正确； (3)凸模不垂直； (4)压边力不均匀； (5)凹模几何形状不正确	(1)调整凸模或凹模，使间隙均匀； (2)调整定位板或挡料销位置，使之正确； (3)修整凸模后重装； (4)调整托杆长度或弹簧位置； (5)重新修整凹模

（续表）

试冲的缺陷	产生的原因	调整方法
制件起皱	(1)压边力太小或不均匀； (2)凸模、凹模间隙太大； (3)凹模圆角半径太大； (4)板料塑性差	(1)增加压边力或调整顶件杆长度、弹性位置； (2)减小拉深间隙； (3)减小凹模圆角半径； (4)更换塑性好的材料
制件破裂或有裂纹	(1)压料力太大； (2)压料力不够，起皱引起破裂； (3)拉深间隙太小； (4)凹模圆角半径太小，表面粗糙； (5)凸模圆角半径太小； (6)拉深系数太小； (7)凸模与凹模不同轴或不垂直； (8)板料质量不好	(1)调整压料力； (2)调整顶杆长度或弹簧位置； (3)加大拉深间隙； (4)加大凹模圆角半径，修磨凹模圆角； (5)加大凸模圆角半径； (6)增加拉深工序或增加中间退火工序； (7)重装凸模、凹模，保证位置精度； (8)更换材料或增加中间退火工序，改善润滑条件
制件表面拉毛	(1)凹模圆角半径太小，表面粗糙太小或不均匀； (2)凹模圆角表面太粗糙； (3)模具或板料不清洁； (4)凹模硬度太低，板料黏作用； (5)润滑油中有杂质	(1)修整拉深间隙； (2)修光凹模圆角； (3)清洁模具或板料； (4)提高凹模硬度或进行镀铬及氮化处理； (5)更换润滑油
制件表面不平	(1)凸模、凹模(顶出器)无出气孔； (2)顶出器在冲压的最终位置时顶力不足； (3)材料本身存在弹性	(1)钻出气孔； (2)调整冲模结构，使冲模闭合时，顶出器处于刚性接触状态； (3)改变凸模、凹模和压料板形状

【例 10-3】 说明如图 10-22 所示冲孔模的装配过程。

(1)主要组件的装配

① 模柄的装配　图 10-22 所示冲裁模采用压入式模柄，在安装凸模固定板和垫板之前应先将模柄压入上模座内，模柄与上模座的配合为 H7/m6。

装配时，先在压力机上将模柄压入，如图 10-23a 所示，再加工定位销钉孔或螺纹孔，然后将模柄端面突出部分在平面磨床上磨平，如图 10-23b 所示。安装好模柄后，用角尺检查模柄与上模座上平面的垂直度，若偏斜要及时进行调整，直到合适后再加工骑缝销孔，打入销钉 4。

② 导柱和导套的装配　图 10-22 所示冲孔模的导柱、导套与上、下模座均采用压入式连接，导柱、导套与模座的配合分别为 H7/r6 和 R7/r6。

导柱压入时要注意校正导柱对模座底面的垂直度。导柱装配后的垂直度误差可以使用百分表或宽座角尺进行检验。

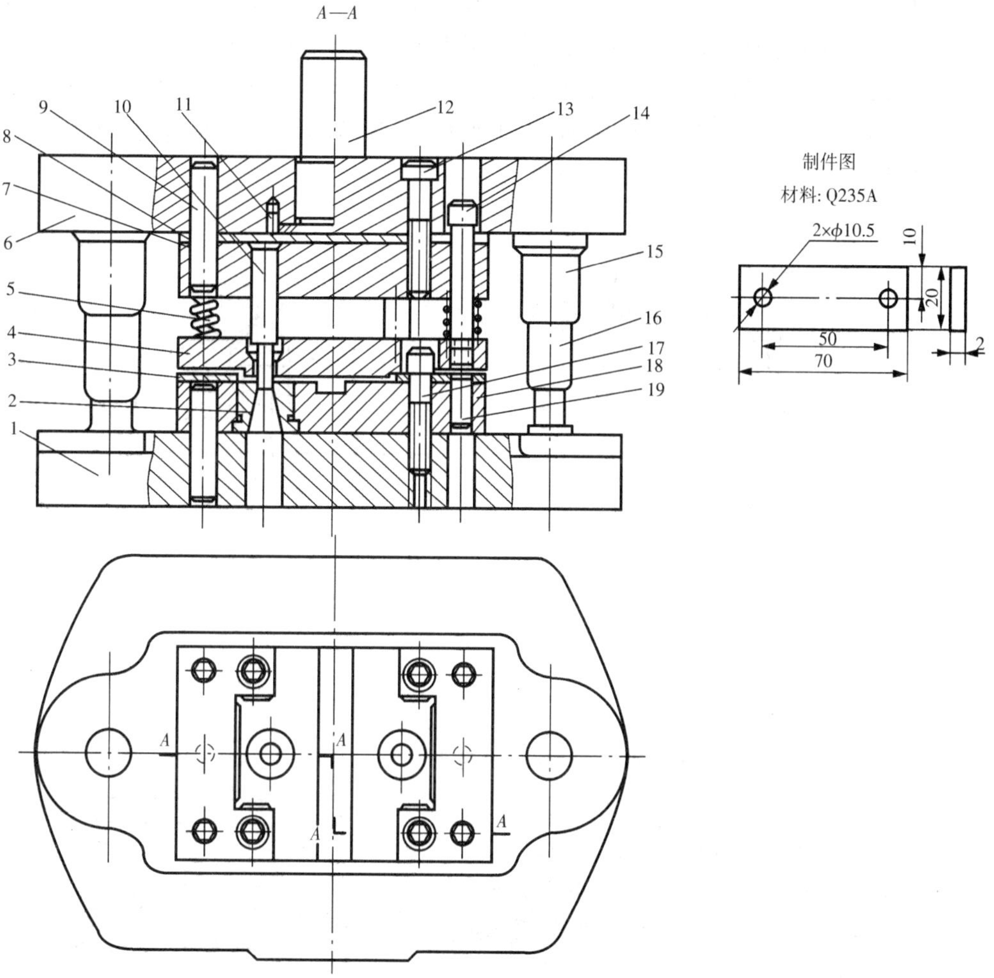

图 10-22　冲孔模

1—下模座　2—凹模　3—定位板　4—弹压卸料板　5—弹簧　6—上模座　7—凸模固定板　8—垫板
9、11、19—销钉　10—凸模　12—模柄　13、17—螺钉　14—卸料螺钉　15—导套　16—导柱　18—凹模固定板

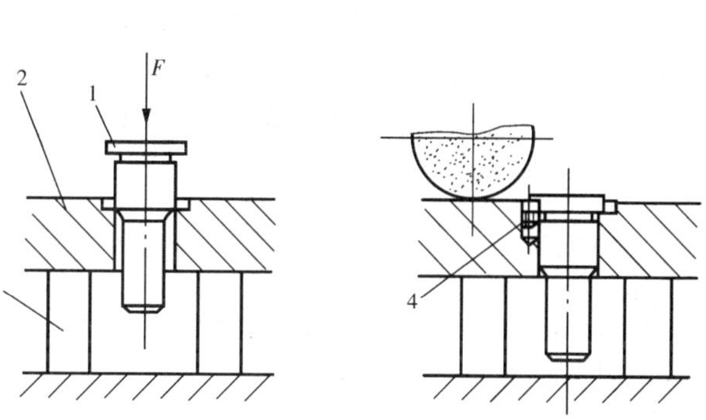

a)　模柄装配　　b)磨平模柄端面

图 10-23　模柄的装配和磨平

1—模柄　2—上模座　3—等高垫铁　4—骑缝销

导套的装配如图 10－24 所示。将上模座反置于导柱上，再套上导套，用千分表检查导套配合部分内外圆柱面的同轴度，使同轴度的最大误差 Δ_{max} 处在导柱中心连线的垂直方向，如图 10－24a 所示。用帽形垫块放在导套上，将导套的一部分压入上模座，取走下模座，继续将导套的配合部分全部压入，如图 10－24b 所示。这样装配可以减小由于导套内、外圆不同轴而引起的孔中心距变化对模具运动性能的影响。

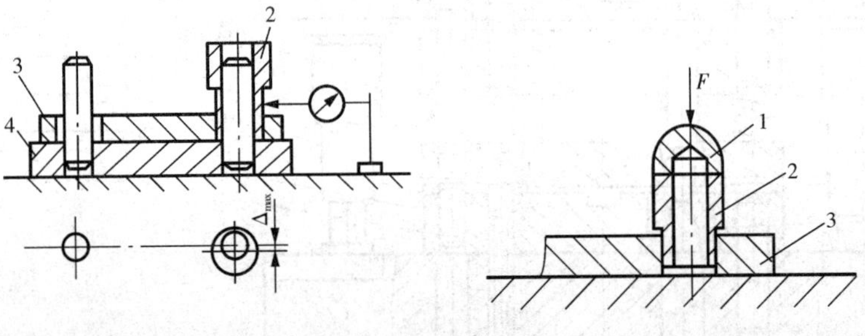

a)装导套　　b)压入导套

图 10－24　导柱、导套的装配

1—帽形垫块　2—导套　3—上模座　4—下模座

将装配好导柱和导套的模座组合在一起，在上、下模座之间垫以球形垫块，在检验平板上按照规定的测量方向，检查模座上平面对底面的平行度，如图 10－25 所示。根据模架大小，可以移动模座或百分表座。在整个被测表面内取百分表的最大与最小读数之差，作为被测模架的平行度误差。

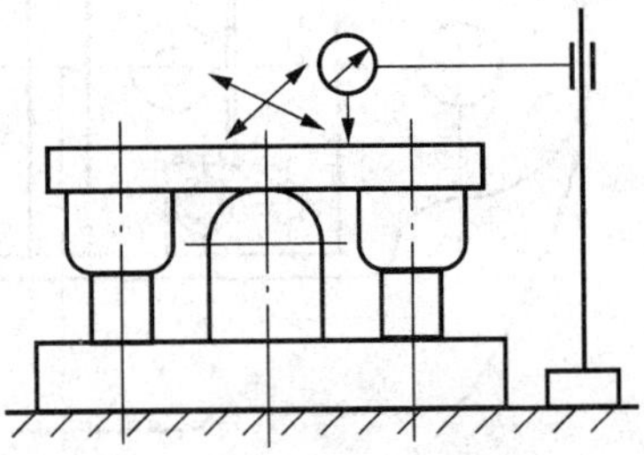

图 10－25　模架平行度的检查

③ 凹模和凸模的装配　凹模与固定板的配合经常采用 H7/n6 或 H7/m6。装配时将凹模压入凹模固定板内，在平面磨床上将上、下平面磨平。

凸模与固定板的配合经常采用 H7/n6 或 H7/m6。装配时，先在压力机上将凸模压入凸模固定板内，如图 10－26a 所示。检查凸模中心线与固定板支承面的垂直度，然后在平面磨床上将凸模固定板的上平面与凸模尾部一起磨平，如图 10－26b 所示。为了保持凸模刃口的锋利，还应以固定板支承面定位，将凸模的端面磨平，如图 10－26c 所示。

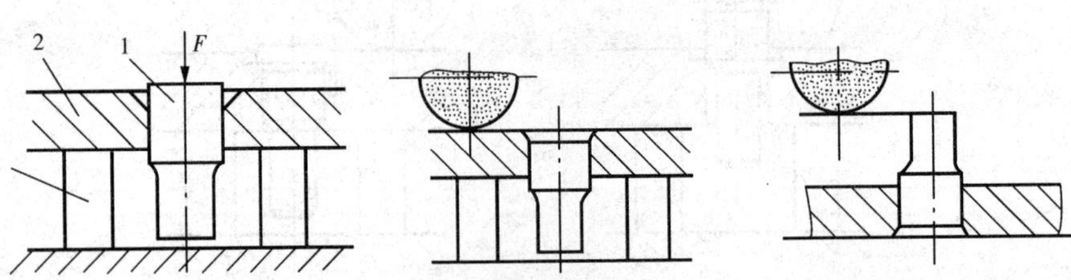

a)压入凸模　　b)磨凸模固定板　　c)磨凸模端面

图 10－26　凸模的装配

1—凸模　2—固定板　3—等高垫铁

④ 弹压卸料板的装配　弹压卸料板起压料和卸料的作用，所以应保证它与凸模之间具有适当的间隙。装配时，先将弹压卸料板套在已装入固定板的凸模上，在固定板和卸料板之间垫上等高垫铁，并用夹板夹紧，然后按照卸料板上的螺钉位置在固定板上钻出锥窝，拆开后钻固定板上的螺纹孔。

(2)总装配

如图 10-22 所示的冲孔模宜先装下模，总装配步骤如下：

① 将凹模 2 装入凹模固定板 18 中，磨平底面。

② 将凹模固定板 18 安放在下模座 1 上，找正凹模固定板 18 的位置后，用平行夹头夹紧，通过螺钉孔在下模座上钻出锥窝。拆去凹模固定板，在下模座上按锥窝钻螺纹底孔并加工出螺纹孔。重新将凹模固定板置于下模座上找正，用螺钉紧固。再加工销钉孔，装入销钉定位，拧紧螺钉。

③ 将定位板 3 安装在凹模固定板上。

④ 将凸模 10 装入凸模固定板 7 内，将弹压卸料板 4 套在凸模上，在凸模固定板上钻出锥窝，拆开后按照锥窝位置钻凸模固定板上的螺钉沉头孔。

⑤ 取下弹压卸料板，将凸模插入凹模的型孔中。在凹模 2 与凸模固定板 7 之间垫入适当高度的等高垫铁，将垫板 8 放在固定板 7 上。再以导柱导套定位安装上模座 6，用平行夹头将上模座 6 和固定板 7 夹紧。通过凸模固定板孔在上模座上钻出锥窝，拆开后按照锥窝位置钻孔，然后用螺钉将上模座、垫板、凸模固定板稍加紧固。

⑥ 调整凸模、凹模的配合间隙。

a. 透光法：再将模具翻转过来，用手灯从侧面进行照射，从下模板的漏料孔观察凸模、凹模之间的配合间隙是否均匀。调整间隙时，用手锤轻轻敲击凸模固定板 7，改变凸模的位置，以得到均匀的间隙。

b. 切纸法：经上述调整后，以纸作冲压材料，放入凸模、凹模之间，用锤子敲击模柄，在纸上切出制件的形状。如果冲出的纸样轮廓齐整，没有毛刺或毛刺均匀，说明间隙是均匀的，如果局部有毛刺，则说明间隙是不均匀的，有毛刺的一边间隙过大，应重新进行调整直到间隙均匀为止。

⑦ 调好间隙后，将凸模固定板的紧固螺钉拧紧。钻、铰定位销孔，装入定位销钉 9。

⑧ 将弹压卸料板 4 套在凸模上，装上弹簧和卸料螺钉，检查卸料板运动是否灵活。并检查凸模的下端面能否缩入卸料板 4 的孔内约 0.5～1 mm。如果达不到，可以通过卸料螺钉 14 进行调整。

⑨ 安装其他零件。

(3)试模

(试模过程略去。)

思考题

1. 非圆形冲裁凸模的加工有哪些方法？各有什么特点？
2. 冲裁凹模非圆形型孔有哪些方法？各有什么特点？
3. 冲压模具的上、下模座的作用是什么？有哪些技术要求？
4. 为了保证上、下模座的孔位一致，应如何加工？

5. 导柱、导套的材料是如何选用的？对导柱、导套有哪些技术要求？

6. 在导柱加工过程中，为什么采用中心孔作为定位基准？

7. 弯曲模工作零件加工的特点是什么？

8. 拉深模工作零件加工的特点是什么？

9. 冲压模具零件的固定方法有哪些？各适应于哪类模具？

10. 冲压模具装配时，控制凸模、凹模间隙的方法有哪些？

11. 冲压模具装配的技术要求和装配顺序是什么？

12. 弯曲模和拉深模的装配特点是什么？

第11章 塑料模具制造与装配

【知识目标】

- 掌握塑料模型腔常用的加工方法和抛光方法。
- 掌握注射模模架、浇口套、侧向型芯滑块等的加工方法。
- 掌握塑料模型芯的固定方法和塑料模型腔的装配方法。
- 熟悉塑料模的常规装配顺序和试模过程。

【技能目标】

- 具备合理选择塑料模型腔的加工方法和装配方法的能力。
- 初步具备分析注射模试模中常见问题及提出解决方法的能力。

塑料模具是成型塑料制件的工艺装备。塑料模具的结构取决于塑料的种类、制品的结构形状、制品的产量、生产的工艺条件、塑压设备的种类等多项因素。有关塑料模具的国家标准包括：GB/T4169.1～4169.11—1984《塑料注射模具零件》，GB/T12555.1～12555.15—1990《塑料注射模具大型模架》，GB/T12556.1～12556.2—1990《塑料注射模具中小型模架》，GB/T12554—1990《塑料注射模具技术条件》等。

11.1　塑料模具的制造

11.1.1　塑料模型腔的加工

塑料模型腔的作用是形成制件外形表面，要求尺寸精度高，表面粗糙度小。而且一般形状也比较复杂，因此型腔的加工是模具制造的难点。

型腔的加工方法有以下六种：

1. 采用通用机床加工

对于圆形型腔、方形型腔等形状简单、规则的型腔，可以采用通用机床加工，但是生产效率较低，成本较高，加工精度也难以保证。

2. 采用仿形铣床加工

使用仿形铣床可以加工各种结构形状的型腔，特别适合于加工具有曲面结构的大尺寸型腔，如图11-1所示。

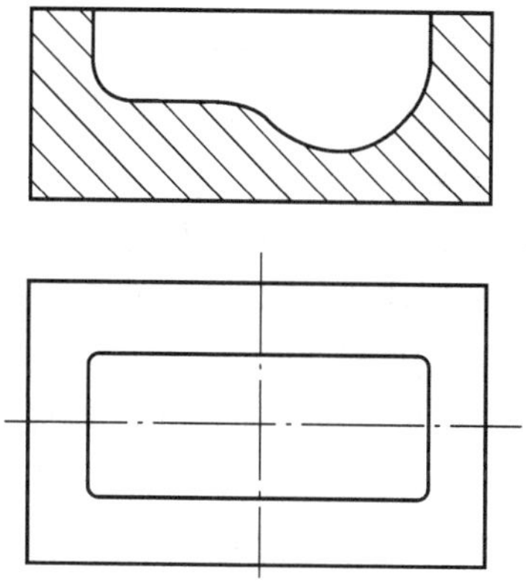

图11-1　曲面结构的型腔

是按照预先制好的靠模，在模坯上加工出与靠模形状完全相同的型腔。这种方法自动化程度较高，能减轻工人的劳动强度，提高生产率。但加工后一般需要修正仿形铣削留下的刀痕、凹角及狭窄的沟槽等部位。

3. 采用电火花加工

电火花加工可以加工切削困难的小孔、窄缝或带有文字花纹的部位，加工精度高。但是电火花加工后的表面呈粒状麻点，需要手工抛光或机械抛光。由于表面为硬化层，手工抛光较费时。

4. 采用电火花线切割加工

电火花线切割适合于加工镶拼结构的型腔，但是如果线切割加工后的表面粗糙度达不到要求，还需要抛光型腔。

5. 采用冷挤压法加工

冷挤压法加工型腔是在常温下，利用安装在压力机上的成形凸模(也称为工艺凸模)，在一定的压力和速度下挤压模具坯料，使之产生塑性变形而形成与凸模工作表面吻合的型腔表面。型腔冷挤压是利用金属塑性变形的原理实现的，属于无屑加工方法。

11.1.2　型腔的抛光

模具型腔在机械加工后表面会留下刀痕，或经过电火花加工后表面会留下一层硬化层。型腔表面的刀痕或硬化层需要抛光去除。抛光加工的质量不仅影响模具的使用寿命，而且影响制件表面光泽、尺寸精度。

抛光可以由钳工手工操作完成，也可以使用抛光机进行。随着现代技术的发展，电解、超声波等技术在型腔的抛光中得到了广泛的运用。

11.1.3　注射模模架的加工

模架是用来安装或支承成型零件和其他结构零件的基础，同时还要保证有关零件的准确对合，并避免模具零件之间的干涉。

模架的基本组成零件有：导柱、导套和各种模板。

导柱、导套的加工主要是内、外圆柱面加工，与冲压模模架的导柱、导套的加工相类似，不再重述。

各种模板都是平板状零件，起支承作用，它们的工艺过程主要是平面加工和孔系加工。对模板进行平面加工时，应特别注意防止变形，保证装配时有关结合平面的平面度、平行度和垂直度要求。

动、定模板上导柱、导套的安装孔，当精度要求较高时，可采用坐标镗床、双轴镗床或数控坐标镗床进行加工。如果精度要求较低且无上述设备时，也可在卧式镗床或铣床上，将动、定模板重叠在一起，一次装夹，同时镗出导柱、导套的安装孔。对模板进行镗孔加工时，应在模板平面精加工后以模板的大平面及两相邻侧面作定位基准，将模板放置在机床工作台的等高垫铁上，使模板大致达到平行以后，轻轻夹住，然后用百分表找正后将其夹紧。模板用螺栓加压板紧固，压板着力点不应偏离等高垫铁，以免模板产生变形，如图 11－2 所示。

对于带有斜导柱的侧抽芯式注射模，模板上的斜导柱安装孔可以根据实际加工条件，将模板装夹在坐标镗床或加工中心的万能转台上进行镗削加工，或者将模板装夹在卧式镗床的工作台上，将工作台偏转一定的角度进行镗孔；也可以将模板装夹在自制的夹具上利用摇臂钻床、摇臂铣床或工具铣床进行镗孔加工。

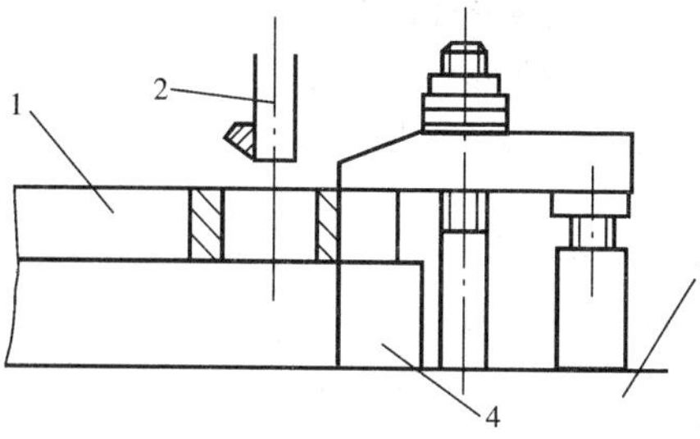

a)模板单个镗孔　　b)动、定模板同时镗孔

图 11－2　模板的装夹

1—模板　2—镗杆　3—工作台　4—等高垫铁

11.1.4　注射模其他结构零件的加工

1. 浇口套的加工

由于在注射成型时浇口套要与高温塑料熔体和注射机喷嘴反复接触和碰撞，因此浇口套一般采用碳素工具钢 T8A 制造，局部热处理，硬度在 HRC57 左右。浇口套的结构类型常见的有两种：A 型和 B 型，如图 11－3 所示。

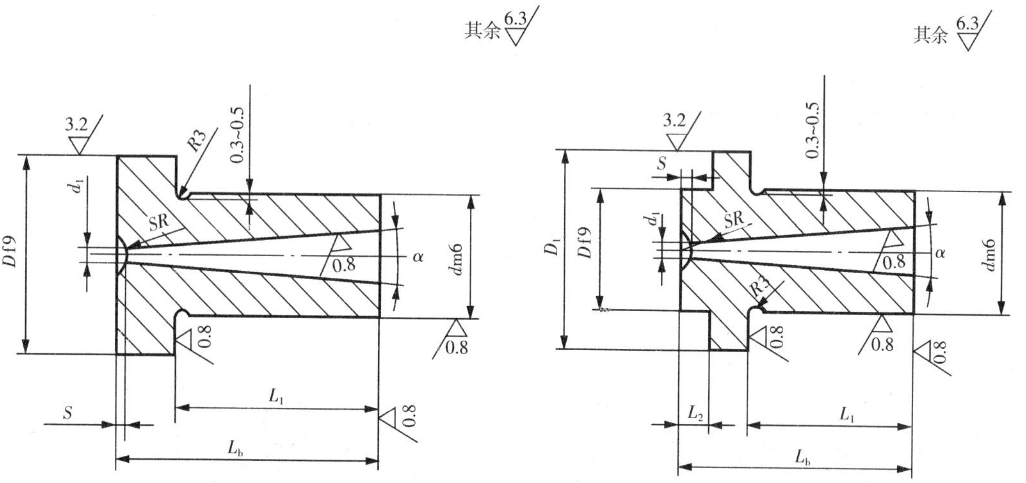

a)A 型　　b)B 型

图 11－3　浇口套

浇口套的锥孔小，其小端直径一般为 3～8 mm，加工较困难。同时还应保证浇口套锥孔与外圆柱面同轴，以便在模具安装时使浇口套与注射机的喷嘴对准。

浇口套的加工工艺路线见表 11－1。

表 11-1 加工浇口套的工艺路线

工序号	工序名称	工艺说明
1	备料	按零件结构及尺寸大小选用热轧圆钢或锻件作毛坯； 保证直径和长度方向上有足够的加工余量； 若浇口套凸肩部分长度不能可靠夹持，应将毛坯长度适当加长
2	车削加工	车外圆 d 及端面，留磨削余量； 车退刀槽达到设计要求； 钻孔； 加工锥孔达到设计要求； 调头车 D_1 外圆达到设计要求； 车外圆 D，留磨削余量； 车端面保证尺寸 L_b； 车球面凹坑达到设计要求
3	检验	
4	热处理	
5	磨削加工	以锥孔定位磨外圆 d 及 D 达设计要求
6	检验	

2. 侧型芯滑块的加工

侧型芯滑块的结构如图 11-4 所示，加工工艺路线见表 11-2。

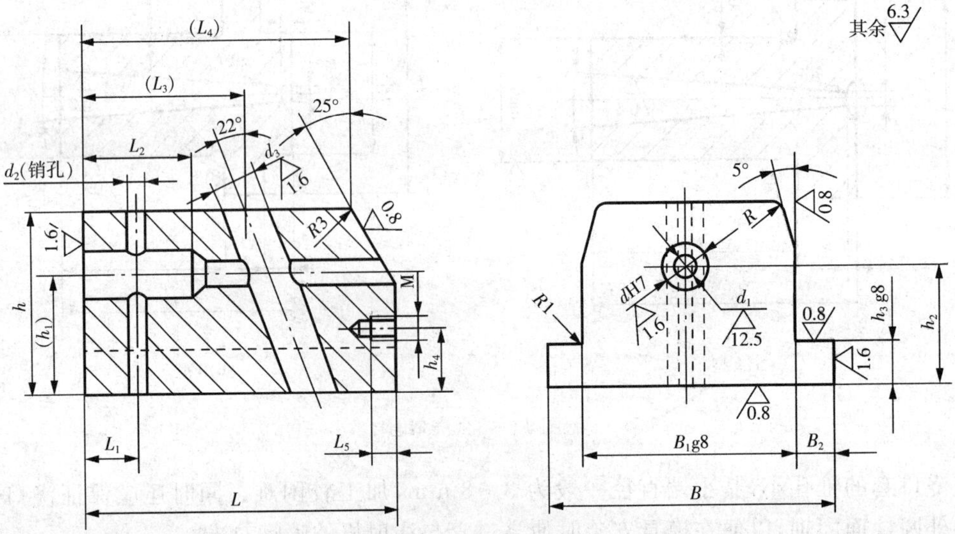

图 11-4 侧型芯滑块

表 11-2　加工侧型芯滑块的工艺路线

工序号	工序名称	工艺说明
1	备料	将毛坯锻成平行六面体，保证各面有足够加工余量
2	铣削加工	铣六个面
3	钳工划线	
4	铣削加工	铣导滑部，留磨削余量； 铣各斜面达到设计要求
5	钳工划线	去毛刺、倒钝锐边； 加工螺纹孔
6	热处理	
7	磨削加工	磨滑块导滑面达到设计要求
8	镗型芯固定孔	将滑块装入滑槽内； 按型腔上侧型芯孔的位置确定侧滑块上型芯固定孔的位置尺寸； 按上述位置尺寸镗滑块上的型芯固定孔
9	镗斜导柱孔	动模板、定模板组合，楔紧块将侧型芯滑块锁紧； 将组成的动、定模板装夹在卧式镗床的工作台上； 按斜导柱孔的斜角偏转工作台，镗孔

11.2　塑料模具的装配

塑料模具装配与冲压模具装配相似，也包括组件装配和总装配。

11.2.1　型芯的装配

由于塑料模的结构不同，型芯在固定板上的固定方式也不相同，常见的固定方式有以下几种。

1. 采用压入式固定

如图 11-5 所示，压入式型芯与固定板孔之间采用过渡配合。装配时用等高垫铁垫平固定板，用手动压力机将型芯慢慢压入固定板孔中。在压入过程中要注意校正型芯的垂直度，防止型芯在压入时损坏孔壁和固定板而产生变形。在型芯和型腔的配合经修配合格后，要在平面磨床上磨平端面 *A*。

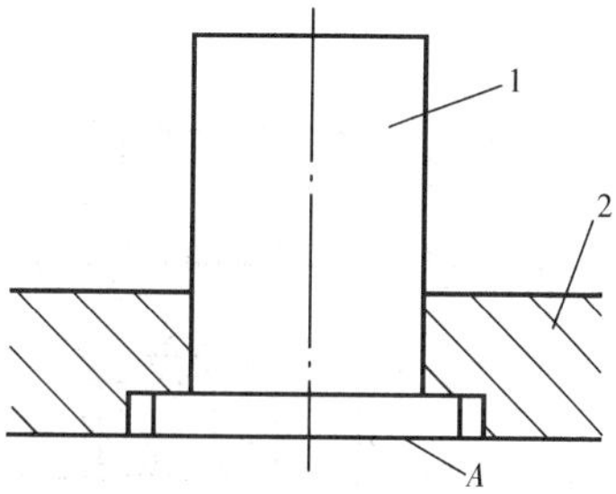

图 11-5　采用压入式固定
1—型芯　2—固定板

2. 采用埋入式固定

如图 11-6 所示，将型芯尾部压入固定板沉孔中，型芯尾部与固定板沉孔之间采用过渡配合。校正型芯的垂直度合格后，用螺钉紧固。

由于这种方法装配的固定板沉孔一般采用立铣加工，当沉孔较深时，沉孔侧面会形成斜度难以修正。为了保证装配精度，可以按照固定板沉孔的实际斜度对型芯配合段进行修整。

当型芯埋入固定板较深时，应将型芯尾部周边修出斜度，否则将影响固定强度，此时，为了避免切坏固定板孔壁而失去定位精度，应将型芯尾端的棱边修磨成小圆弧。

3. 采用螺纹固定

如图 11-7 所示，这种型芯为旋入式型芯，常用于热固性塑料压缩模。装配时将型芯的螺纹旋紧在固定板上，检验型芯的垂直度精度，合格后钻骑缝螺钉孔并旋入骑缝螺钉紧固定位。

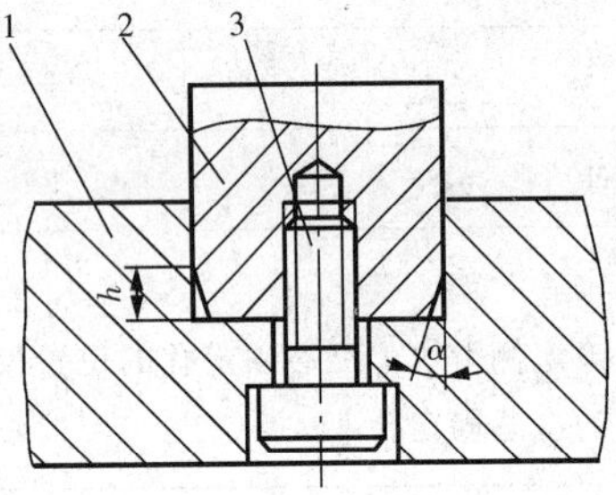

图 11-6 采用埋入式固定

1—固定板 2—型芯 3—螺钉

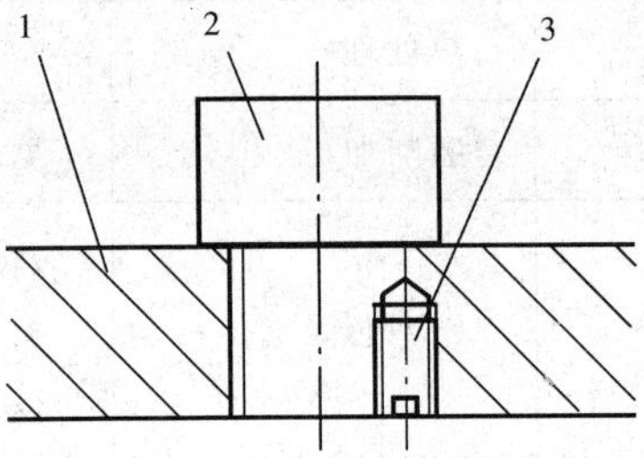

图 11-7 采用螺纹固定

1—固定板 2—型芯 3—骑缝螺钉

4. 采用螺母固定

如图 11-8 所示，对于某些有方向要求的型芯，装配时只需按设计要求将型芯调整到正确位置后，用螺母固定，钻骑缝螺钉孔并旋入骑缝螺钉紧固定位。这种固定形式装配过程简便，适合于固定外形为任何形状的型芯，以及在固定板上同时固定几个型芯的场合。

5. 大型芯的固定

如图 11-9 所示，装配时可按下列顺序进行。

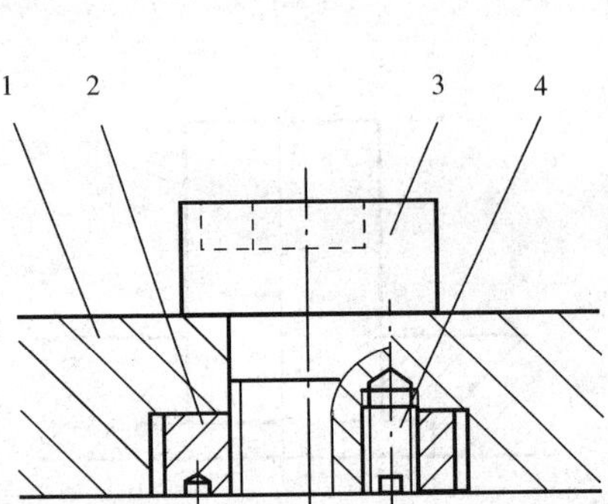

图 11-8 采用螺母固定

1—固定板 2—紧固螺母

3—型芯 4—骑缝螺钉

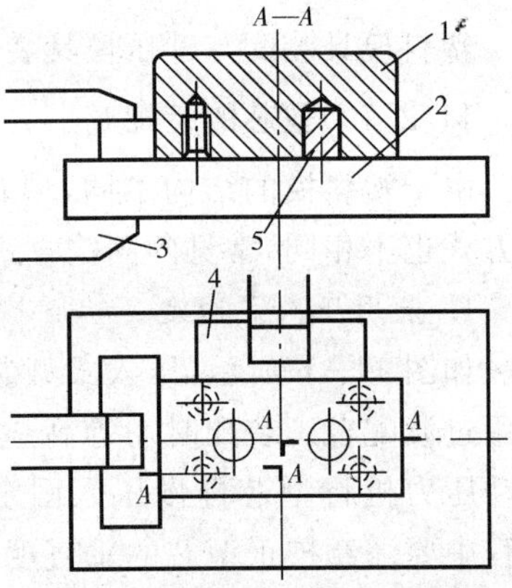

图 11-9 大型芯与固定板的装配

1—型芯 2—固定板 3—平行夹头

4—定位块 5—定位销套

(1)在加工好的型芯 1 上压入实心的定位销套 5(型芯淬火前预钻定位销套孔;型芯如不淬火,则不需要钻孔压入定位销套)。

(2)在型芯螺孔口部抹红丹粉,根据型芯在固定板上的要求位置,用定位块 4 定位,把型芯和固定板合拢,将定位块用平行夹头夹紧在固定板上。

(3)将螺钉孔位置复印到固定板上,取下型芯,在固定板上钻螺钉过孔及锪沉孔,用螺钉将型芯初步固定。

(4)通过导柱导套将卸料板、型芯和支承板装合在一起,将型芯调整到正确位置后拧紧固定螺钉。

(5)在固定板的背面划出销孔位置线。钻、铰销孔,打入销钉。

11.2.2　型腔的装配

1. 整体式型腔

如图 11－10 所示是圆形整体式型腔镶块结构形式。型腔和动、定模板镶合后,其分型面要求紧密贴合。因此,对于压入式配合的型腔,其压入端一般都不允许有斜度,通常将压入时的导入部分设在模板上,可在固定孔的入口处加工出 1°的导入斜度,其高度不超过 5 mm。

型腔用上述方法装入模板中以后,要在平面磨床上将两端面与模板一起磨平。

2. 拼块结构的型腔

拼块结构的型腔是将几块拼块同时压入模板孔中,拼合出来单个或多个型腔。

如图 11－11 所示的是拼块结构的型腔。这种型腔的拼合面在热处理后要进行磨削加工,以保证拼合处紧密、无缝隙,因此型腔拼块在热处理前要留出修磨量在热处理后进行修磨,以达到尺寸精度的要求。

为了不使拼块结构的型腔在压入模板的过程中,各拼块在压入方向上产生错位,应在拼块的压入端放一块平垫板 1,通过平垫板推动各拼块一起平稳地压入模板中。

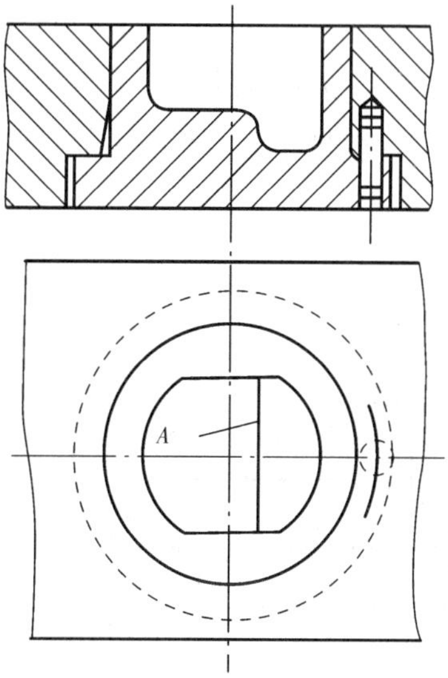

图 11－10　整体式型腔凹模的镶入

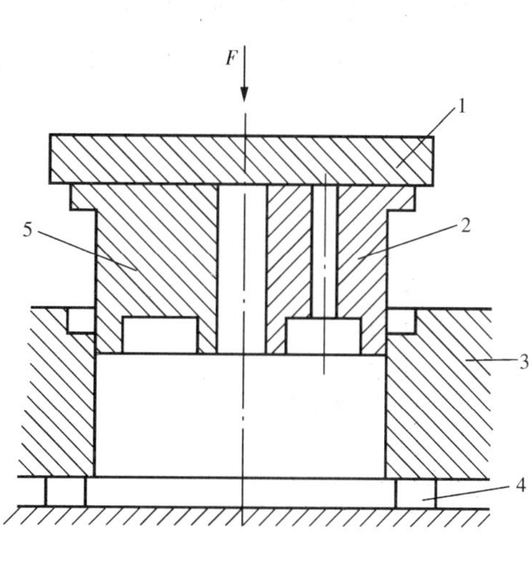

图 11－11　拼块结构型腔的装配

1—平垫板　3—模板　4—等高垫铁　2、5—型腔拼块

11.2.3 浇口套的装配

浇口套与定模板的配合一般采用 H7/m6 的配合。它压入模板后，其台肩应和沉孔底面贴紧。装配好的浇口套，其压入端与配合孔之间应无缝隙。所以，浇口套的压入端不允许有导入斜度，如果需要导入斜度，应将导入斜度开在模板上浇口套配合孔的入口处。为了防止在压入时浇口套将配合孔壁切坏，常将浇口套的压入端倒成小圆角。在浇口套加工时应留有去除圆角的修磨余量 Z，压入后使圆角突出在模板之外，如图 11－12a 所示。然后在平面磨床上磨平，如图 11－12b 所示。最后再把修磨后的浇口套稍微退出，将固定板磨去 0.02 mm，重新压入后成为如图 11－12c 所示的形式。台肩对定模板的高出量 0.02 mm 也可以采用修磨来保证。

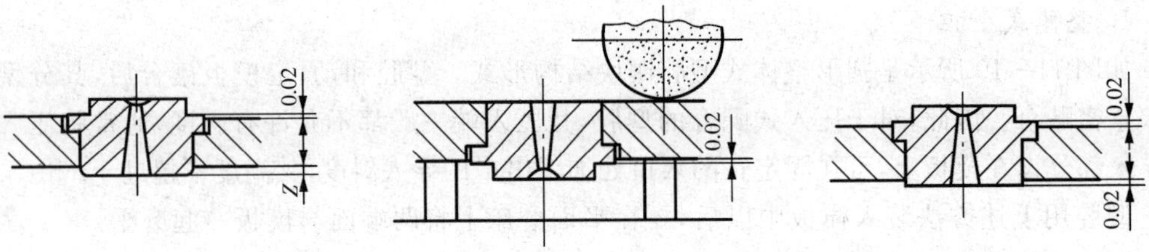

a)压入后的浇口套　　b)修磨浇口套　　c)装配好的浇口套

图 11－12　浇口套的装配

11.2.4 导柱和导套的装配

导柱、导套是脱模机构的定位导向装置，分别安装在塑料模的动模和定模部分上。

导柱、导套采用压入方式装入模板的导柱和导套孔内。导柱、导套与模板一般采用过盈配合。

1. 导柱的装配

对于不同结构的导柱所采用的装配方法也不同。短导柱可以采用图 11－13 所示的方法压入。长导柱应在定模板上的导套装配完成之后，以导套导向将导柱压入固定板内，如图 11－14 所示。

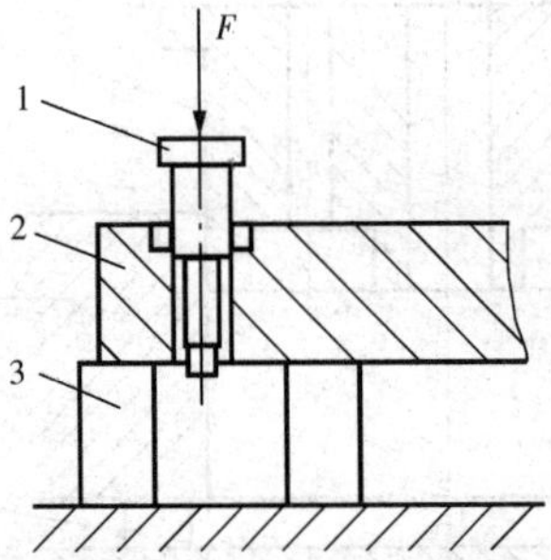

图 11－13　短导柱的装配

1—导柱　2—模板　3—等高垫铁

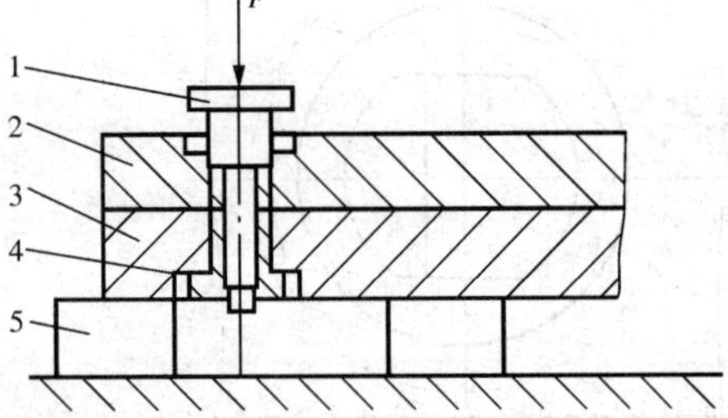

图 11－14　长导柱的装配

1—导柱　2—固定板　3—定模板　4—导套　5—等高垫铁

2. 导套的装配

导套的装配通常是利用导向芯棒在压力机上将导套逐个压入模板，如图 11－15 所示。先将导向芯棒以 H7/f7 的间隙配合固定在模板内，再将导套套在导向芯棒上，用压力机慢慢压入。由于导套内孔在导套压入模板后会有微量收缩，因此导向芯棒直径与导套孔径之间应留有 0.02～0.03 mm 的间隙。

11.2.5　推出机构的装配

推杆是用来推出塑料制件的，推杆推出机构的结构如图 11－16 所示。装配要求是：装配后推杆应运动灵活，尽量避免磨损。推杆在推杆固定板孔中每边有 0.05 mm 的间隙，推杆工作端面应高出型面 0.05～0.10 mm。完成塑件推出后，推板应能在合模时自动退回原始位置。推杆推出机构的装配顺序为：

(1)将导柱垂直压入动模垫板 9 并将端面与支承板一起磨平。

(2)将装有导套 4 的推杆固定板 7 套装在导柱 5 上，并将推杆 8、复位杆 2 装入推杆固定板 7、动模垫板 9 和型腔 11 的配合孔中，盖上推板 6，用螺钉拧紧，并保证其运动灵活。

(3)修磨推杆和复位杆的长度。如果推板 6 和垫圈 3 接触时，复位杆、推杆低于型面，则修磨导柱的台肩。如果复位杆、推杆高于型面，则修磨推板 6 的底面。一般将推杆和复位杆在加工时留长一些，装配后将多余部分磨去。修磨后的复位杆应低于型面 0.02～0.05 mm，推杆工作端面应高出型面 0.05～0.10 mm。

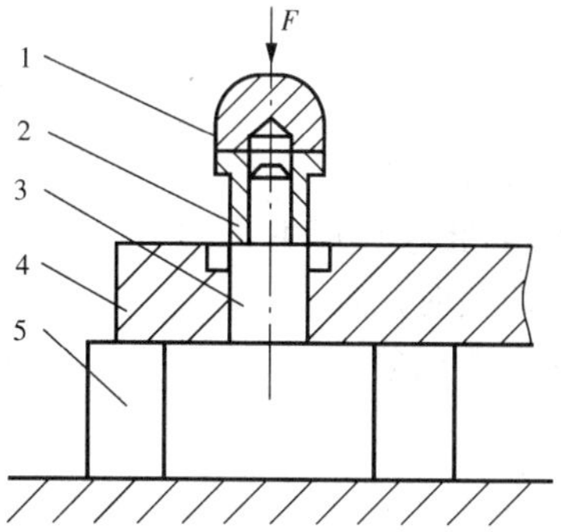

图 11－15　导套的装配

1—压块　2—导套　3—导向芯棒

4—动模板　5—等高垫铁

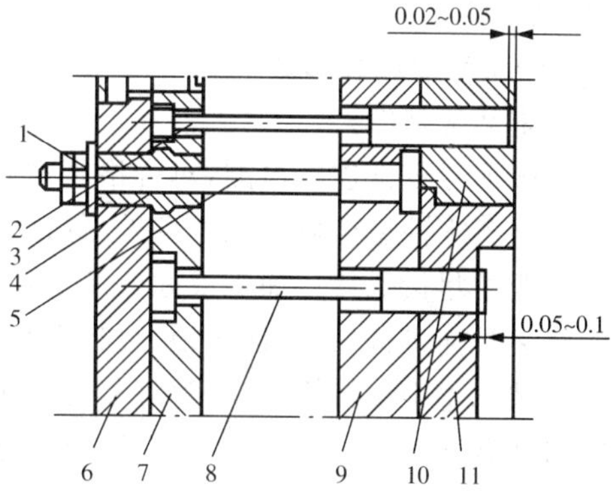

图 11－16　推杆的装配

1—螺母　2—复位杆　3—垫圈　4—导套

5—导柱　6—推板　7—推杆固定板　8—推杆

9—动模垫板　10—动模板　11—型腔镶块

11.2.6　抽芯机构的装配

塑料模中常用的抽芯机构是斜导柱抽芯机构，如图 11－17 所示。装配要求是：闭模后，滑块的上平面与定模底面必须留有 $x=0.2\sim0.8$ mm 的间隙，斜导柱外侧与滑块斜导柱孔留有 $y=0.2\sim0.5$ mm 的间隙。

斜导柱抽芯机构的装配顺序为：

(1)型芯装入型芯固定板成为型芯组件。

(2)安装导滑槽。按设计要求在固定板上调整滑块和导滑槽的位置，待位置确定后，用平行夹板将其夹紧，钻导滑槽安装孔和动模板上的螺孔，安装导滑槽。

(3)安装定模板锁紧楔。保证锁紧楔斜面与滑块斜面有70%以上的面积贴合。如侧型芯不是整体式,在侧型芯位置垫上相当于制件壁厚的铝片或钢片。

(4)闭模,检查间隙 x 值是否合格。如不合格,可以通过修磨或更换滑块尾部垫片保证 x 值。

(5)镗斜导柱孔。将定模板、滑块和型芯组合一起用平行夹板夹紧,在卧式镗床上镗斜导柱孔。

(6)松开模具,安装斜导柱。

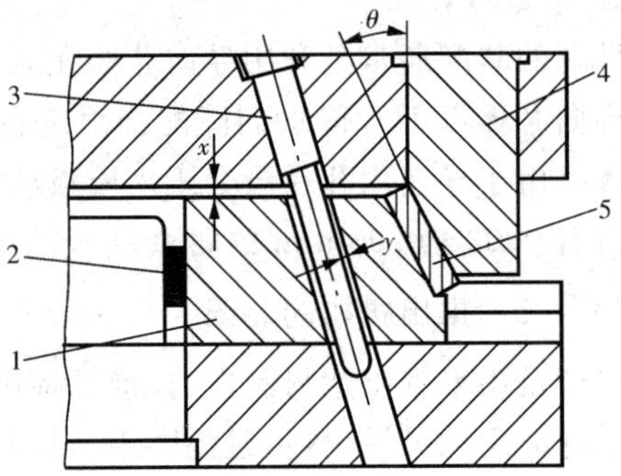

图 11-17　斜导柱抽芯机构

1—滑块　2—壁厚垫片

3—斜导柱　4—锁紧楔　5—垫片

(7)修正滑块上的斜导柱孔口为圆环状。

(8)调整导滑槽,使其与滑块松紧适应,钻导滑槽销钉孔,安装销钉。

(9)镶侧型芯。

11.2.7　总装

由于塑料模的种类很多,结构比较复杂,因此在装配前要根据塑料模的结构特点制订详细合理的装配工艺。

1. 塑料模的常规装配过程

(1)确定装配基准。

(2)装配前对零件进行检测,对合格零件必须去磁处理并清洗干净。

(3)调整各零件组合后的累积误差,保证分型面接触紧密,防止飞边产生。

(4)装配中尽量保持原加工尺寸的基准面,以便总装合模调整时检查。

(5)组装导向机构,并保证开模、合模动作灵活,无松动和卡滞现象。

(6)组装调整推出机构,并调整好复位及推出位置。

(7)组装调整型芯、镶件,并保证配合面间隙达到要求。

(8)组装冷却或加热系统,保证管路畅通,不漏水、不漏电,阀门动作灵活。

(9)组装液压或气动系统,保证运行正常。

(10)紧固所有连接螺钉,装配定位销。

(11)试模,合格后打上模具编号、合模标记、组装基面等标记。

(12)最后检查各种配件、附件及起重吊环等零件,保证模具装备齐全。

2. 塑料模的试模

塑料模的试模过程一般包括:

(1)检查设备　试模前,必须对设备的油路、电路、水路以及机械运动部分进行检查,并按照规定保养设备,做好开机的准备。

(2)检查原料　检查原料的品种、规格、牌号是否符合设计图样要求,检查原料的成型性能是否符合有关规定。

(3)调试料筒和喷嘴温度　由于制件大小、形状和壁厚不同,设备规格、性能的不一样以及塑料性能的差异,所以资料上给出的某一种塑料的料筒和喷嘴温度只是一个大致范围,必须根据具体条件现场调试。判断料筒和喷嘴温度是否合适的最好办法是:在喷嘴和主流道脱开的情况下,用较低的注射压力,使熔融的塑料从喷嘴中缓慢流出,其中如果没有硬块、气泡、银丝和变色等现象,就可以判断料筒和喷嘴温度是合适的。

(4)调节注射压力、成型时间和成型温度　开始试模时,原则上选择在低压、低温和较长的时间条件下成型,然后按照压力、时间、温度这样的先后顺序变动,最好不要同时变动两个或三个工艺条件,以便分析和判断情况。由于压力的变化会很快从制件上反映出来,所以如果制件未充满,应首先增加注射压力,当大幅度增加注射压力仍无显著效果时,才考虑变动时间和温度。由于料筒温度的上升以及塑料温度达到平衡需要一定的时间,一般为 15min 左右。所以不能立刻把料筒温度升得太高,以免塑料过热甚至发生降解。

(5)调节注射速度　注射成型时可以选择高速注射和低速注射两种工艺。一般来说,在制件壁薄而面积大时,应采用高速注射;在制件壁厚而面积小时,应采用低速注射;在高速注射和低速注射都能充满型腔的情况下,除了玻璃纤维增强塑料以外,均宜采用低速注射。

(6)调整螺杆转速和加料背压　螺杆转速和加料背压(预塑化时螺杆的后退阻力)主要与物料的黏度和热稳定性有关,对于黏度高和热稳定性差的塑料,应采用较慢的螺杆转速和略低的背压加料预塑,对于黏度低和热稳定性好的塑料,应采用较快的螺杆转速和略高的背压加料预塑。

(7)记录试模情况　在试模过程中应做好详细记录,并将试模结果、制件成型工艺条件、操作要点和模具质量等情况填入试模记录卡,最好能附上试模加工出来的制件,以供参考。如果模具需要返修,还应提出返修意见。试模后,将合格的模具清理干净,涂上防锈油,然后入库。

注射模试模过程中常见的问题及解决方法如表 11-3 所示。

表 11-3　注射模试模中常见问题及解决方法

试模中的常见问题	解决问题的方法与步骤
主流道黏模	抛光主浇道→重合喷嘴与模具中心→降低模具温度→缩短注射时间→增加冷却时间→检查模具表面→抛光模具表面→检查材料是否污染
塑件脱模困难	降低注射压力→缩短注射时间→增加冷却时间→降低模具温度→抛光模具表面→增加脱模斜度→减小镶块间隙
尺寸稳定性差	改变料筒温度→增加注射时间→增加注射压力→改变螺杆背压→升高模具温度→增大注射速度→调节供料量→减小回料比例
表面波纹	调节供料量→升高模具温度→增加注射时间→增大注射压力→提高物料温度→增大注射速度→增大浇道与浇口的尺寸
塑件翘曲和变形	降低模具温度→降低模具物料温度→增加冷却时间→降低注射时间→降低注射压力→增加螺杆背压→缩短注射时间

（续表）

试模中的常见问题	解决问题的方法与步骤
塑件脱皮分层	检查塑料种类和级别→检查材料是否污染→升高模具温度→物料干燥处理→提高物料温度→降低注射速度→缩短浇口长度→减小注射压力→改变浇口位置→采用大孔喷嘴
银丝斑纹	降低物料温度→干燥物料处理→增大注射压力→增大浇口尺寸→检查塑料的种类和级别→检查塑料是否污染
表面光泽差	物料干燥处理→检查材料是否污染→提高物料温度→增大注射压力→升高模具温度→抛光模具表面→增大浇道与浇口的尺寸
凹模	调节供料量→增大注射压力→增大注射时间→降低物料速度→降低模具温度→增加排气孔→增大浇道与浇口的尺寸→缩短浇道长度→改变浇口位置→降低注射压力→增大螺杆背压
气泡	物料干燥处理→降低物料温度→增大注射压力→增加注射时间→升高模具温度→降低注射速度→增大螺杆背压
塑料填充不足	调节供料量→增大注射压力→增加冷却时间→升高温度→增大注射速度→增加排气孔→增大浇道与浇口的尺寸→缩短浇道长度→增加注射时间→检查喷嘴是否堵塞
塑件溢边	降低注射压力→增大锁模力→降低注射速度→降低物料温度→降低模具温度→重新校正分型面→降低螺杆背压→检查塑件投影面积→检查模板平直度→模具分型面是否锁紧
熔接痕	升高模具温度→提高物料温度→增大注射速度→增大注射压力→增加排气孔→增大浇道与浇口的尺寸→减少脱模剂量→减少浇口个数
塑件强度下降	物料干燥处理→降低物料温度→检查材料是否污染→升高模具温度→降低螺杆转速→降低螺杆背压→增加排气孔→改变浇口位置→降低注射速度
裂纹	升高模具温度→缩短冷却时间→提高物料温度→增加注射时间→增大注射压力→降低螺杆背压→预热嵌件→缩短注射时间
黑点及条纹	降低物料温度→重新对正喷嘴→降低螺杆转速→降低螺杆背压→采用大孔喷嘴→增加排气孔→增大浇道与浇口的尺寸→降低注射压力→改变浇口的位置

【例 11－1】 说明如图 11－18 所示热塑性塑料注射模的装配过程。

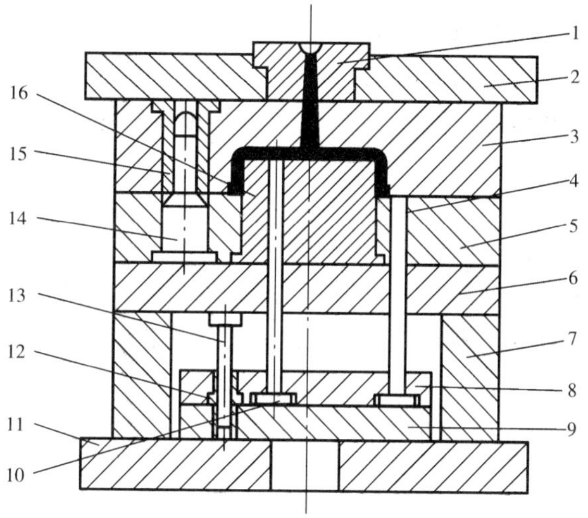

图 11－18　热塑性塑料注射模

1—浇口套　2—定模座板　3—定模　4—复位杆　5—动模固定板
6—垫板　7—支承板　8—推板　9—推板垫板　10—顶杆　11—动模座板
12—推板导套　13—推板导柱　14—导柱　15—导套　16—动模型芯

1. 精修定模

(1)定模经锻、刨后，磨削六面。上、下平面留修磨余量。

(2)划线加工型腔。在铣床上铣削型腔或用电火花加工型腔。深度按要求尺寸增加 0.2 mm。

(3)用油石修整型腔表面。

2. 精修动模型芯及动模固定板型孔

(1)按照图纸将预加工的动模型芯精修成形，钻、铰顶杆孔。

(2)按划线加工动模固定板型孔，并与型芯配合加工。

3. 同镗导柱、导套孔

(1)将定模、动模固定板叠合在一起，使分型面紧密接触，然后夹紧，镗削导柱、导套孔。

(2)锪导柱、导套孔的台阶孔。

4. 复钻各螺孔、销孔及推杆孔

(1)将定模 3 与定模座板 2 叠合在一起，夹紧后复钻螺孔、销孔。

(2)将动模座板 11、动模固定板 5、垫板 6、支承板 7 叠合夹紧，复钻螺孔、销孔。

5. 将动模型芯压入动模固定板

(1)将动模型芯 16 压入动模固定板 5 并配合紧密。

(2)装配后型芯外露部分要符合图纸要求。

6. 压入导柱、导套

(1)将导套 15 压入定模 3。

(2)将导柱 14 压入动模固定板 5。

(3)检查导柱、导套之间的配合松紧程度。

7. 磨平安装基面

(1)将定模 3 上基面磨平。

(2)将动模固定板 5 下基面磨平。

8. 复钻推板上的推板导柱及顶杆孔

通过动模固定板 5 及型芯 16,复钻推板 8 上的推板导柱孔及顶杆孔。卸下后再复钻垫板 6 上各孔。

9. 将浇口套压入定模板

用压力机将浇口套 1 压入定模板。

10. 装配定模部分

在定模板 2、定模 3 上复钻螺钉孔、销钉孔后,拧入螺钉、打入销钉并紧固。

11. 装配动模

在动模固定板 5、垫板 6、支撑板 7、动模座板 11 上复钻螺钉孔、销钉孔后,拧入螺钉、打入销钉并紧固。

12. 修正推板导柱、复位杆、顶杆长度

(1)将动模部分全部装配后,使支撑板 7 底面和推板垫板 9 底面紧贴于动模座板 11。从型芯表面测出推板导柱、复位杆、顶杆长度。

(2)修磨长度后,进行装配,并检查推板导柱、复位杆、顶杆的灵活性。

13. 试模与调整

各部位装配完成后进行试模,并检查塑料制件,验证模具质量状况。

思考题

1. 塑料模型腔的作用是什么？加工方法有哪几种？
2. 塑料模型腔抛光的目的是什么？有哪些抛光方法？
3. 注射模模架的作用是什么？一般由哪些零件组成？
4. 注射模的浇口套和侧型芯滑块一般采用什么材料？热处理后的硬度是多少？
5. 塑料模型芯的固定方法有哪些？
6. 塑料模型腔的装配方法有哪些？
7. 对于塑料模导柱、导套的装配,应注意什么问题？
8. 塑料模的常规装配顺序是什么？
9. 塑料模的试模一般包括哪些过程？
10. 注射模试模过程中常出现哪些问题？应如何调整、修理？

参考文献

[1] 刘建超，张宝忠．冲压模具设计与制造(第二版)．北京：高等教育出版社，2010 年．

[2] 张荣清．模具设计与制造(第二版)．北京：高等教育出版社，2008 年．

[3] 张信群．模具制造技术．北京：人民邮电出版社，2007 年．

[4] 郑展．冲压工艺与模具设计．北京：机械工业出版社，2008 年．

[5] 周斌兴．冲压模具设计与制造实训教程．北京：国防工业出版社，2006 年．

[6] 屈华昌．塑料成型工艺与模具设计．北京：机械工业出版社，2007 年．

[7] 齐卫东．塑料模具设计与制造．北京：高等教育出版社，2004 年．